“十三五”国家重点出版物出版规划项目
中国建筑千米级摩天大楼建造技术研究系列丛书

千米级摩天大楼机电设计关键技术研究

组织编写 中国建筑股份有限公司
中国建筑股份有限公司技术中心
丛书主编 毛志兵
本书主编 满孝新

中国建筑工业出版社

图书在版编目（CIP）数据

千米级摩天大楼机电设计关键技术研究/满孝新本书主编. —北京：中国建筑工业出版社，2018.12
（中国建筑千米级摩天大楼建造技术研究系列丛书/毛志兵丛书主编）
ISBN 978-7-112-23037-2

Ⅰ.①千… Ⅱ.①满… Ⅲ.①超高层建筑-机械设计 Ⅳ.①TU972

中国版本图书馆CIP数据核字（2018）第277518号

本书对高度达千米级的超高层建筑的机电设计关键技术进行了研究和总结，内容共分11章，分别是：概述、千米级摩天大楼的垂直气候与空调负荷特性研究、千米级摩天大楼热压特性研究、千米级摩天大楼能源系统研究、千米级摩天大楼机电系统平面布局优化研究、千米级摩天大楼机电竖向系统分区研究、千米级摩天大楼防排烟系统优化研究、千米级摩天大楼机电安全性及防灾研究、千米级摩天大楼绿色低碳技术研究、千米级摩天大楼风洞风压测试、中国建筑千米级摩天大楼机电概念方案。

本书适用于建筑机电设计、研究人员参考使用，也可作为相关专业大中专院校师生学习参考书。

总 策 划：尚春明
责任编辑：万 李 张 磊
责任校对：党 蕾

“十三五”国家重点出版物出版规划项目
中国建筑千米级摩天大楼建造技术研究系列丛书
千米级摩天大楼机电设计关键技术研究
组织编写 中国建筑股份有限公司
中国建筑股份有限公司技术中心
丛书主编 毛志兵
本书主编 满孝新

*

中国建筑工业出版社出版、发行（北京海淀三里河路9号）
各地新华书店、建筑书店经销
霸州市顺浩图文科技发展有限公司制版
北京同文印刷有限责任公司印刷

*

开本：850×1168毫米 1/16 印张：18 插页：1 字数：517千字
2018年12月第一版 2018年12月第一次印刷
定价：**60.00**元
ISBN 978-7-112-23037-2
（33126）

《中国建筑千米级摩天大楼建造技术研究系列丛书》编写委员会

《千米级摩天大楼机电设计关键技术研究》
编 写 人 员

本 书 主 编：满孝新

本书副主编：刘　京　李　悦

本 书 编 委：

中国建筑股份有限公司技术中心：

王冬雁　张　涛　孙鹏程

中国中建设计集团有限公司：

蒋永明　李壮壮　张　楠　刘文驹　孙牧海　冯　青

王　瑜　赵文轩　周　月　李兰秀　寇　佩　封　新

翟　雪　吴　越　汪嘉懿　徐　坤

哈尔滨工业大学：

王砚玲　曹钧亮　高甫生

中国建筑西南设计研究院有限公司：

冯　雅

序

超高层建筑是现代化城市重要的天际线，也是一个国家和地区经济、科技、综合国力的象征。从1930年竣工的319m高克莱斯勒大厦，到2010年竣工的828m高哈利法塔，以及正在建设中的1007m高国王塔，都代表了世界超高层建筑发展的时代坐标。

20世纪90年代以来，伴随着国民经济不断增长和综合国力的提升，中国超高层建筑发展迅速，超高层建筑数量已跃居世界第一位。据有关统计显示，我国仅在2017年完工的超高层建筑就近120栋，累计将达到600栋以上。

中国建筑股份有限公司（简称：中国建筑）是中国专业化发展最久、市场化经营最早、一体化程度最高、全球排名第一的投资建设集团，2018年世界500强排名第23位。中国建筑秉承“品质保障、价值创造”的核心价值观，在超高层建筑建造领域，承建了国内90%以上高度超过300m的超高层建筑，经过一批400m、500m、600m级超高层建筑的施工实践，形成了完整的建造技术。公司建造的北京“中国尊”、上海环球金融中心、广州东塔和西塔、深圳平安国际金融中心等一批地标性建筑，打造了一张张靓丽的城市名片。

2011年起，我们整合集团内外优势资源，历时4年，投入研发经费1750万元，组织完成了“中国建筑千米级摩天大楼建造技术研究”课题。在超高层建筑设计、结构设计、机电设计以及施工技术等方面取得了一系列研究成果，部分成果已成功应用于工程中。由多位中国工程院院士和中国勘察设计大师组成的课题验收组认为，课题研究整体成果达到了国际领先水平。

为交流超高层建筑建造经验，提高我国建筑业整体技术水平，课题组在前期研究基础上，结合公司超高层施工实践经验，编写了这套《中国建筑千米级摩天大楼建造技术研究系列丛书》。丛书包括《千米级摩天大楼建筑设计关键技术研究》、《千米级摩天大楼结构设计关键技术研究》、《千米级摩天大楼机电设计关键技术研究》、《千米级摩天大楼结构施工关键技术研究》及《中国500米以上超高层建筑施工组织设计案例集》5册，系统地总结了超高层建筑、千米级摩天大楼在建造过程中设计与施工关键技术的实践经验和方案。丛书凝结了中国建筑工程技术人员的智慧和汗水，是集团公司在超高层建筑领域持续创新的成果。

丛书的出版是我们探索研究千米级摩天大楼建造技术的开始，但仅凭一家之力是不够的，期望业界广大同仁和我们一起探索与实践，分享成果，共同推动世界摩天大楼的“中国建造”。

中国建筑集团有限公司　董事长、党组书记
中国建筑股份有限公司　董事长

前 言

超高层建筑是反映城市经济繁荣和社会进步的重要标志，能够展示强劲、繁荣的经济实力。城市化进程快速发展带来了人口数量增加与土地资源短缺的矛盾，也促使建筑寻求向高空发展，高层建筑、超高层建筑、摩天建筑的高度不断创出新高。

随着高度的增加，摩天大楼的室外气候也会随着高度发生较大变化，如室外空气的空气密度、温度、湿度、风速、太阳辐射、大气压力等。显然，采用常规近地面气象参数进行千米摩天大楼的设计是不科学的，应该对各项参数进行高度修正。需要重视千米级摩天大楼的风压热压问题、烟囱效应问题，对建筑影响不能忽视。千米摩天大楼的机电系统可以比喻为大楼运行的心脏、血管和经络。超高层建筑的机电管线复杂，数量多，机房及管井占用面积大，对功能布局和建筑性能影响比较大，同时需要关注摩天大楼的机电系统安全、节能等问题。

该书以中国建筑股份有限公司的研发项目《中国建筑千米级摩天大楼建造技术研究》为基础，将课题《中国建筑千米级摩天大楼机电设计与研究》的研究成果进行了提炼和总结，同时结合了中国建筑多年的实践成果，以期为超高层建筑、摩天大楼的策划、设计、施工、运营提供参考。

《千米级摩天大楼机电设计关键技术研究》共分为11章，第1章介绍了摩天大楼的发展，从机电角度认识千米级摩天大楼的特点。第2章介绍了千米级摩天大楼的垂直气候与空调负荷特性。第3章介绍了千米级摩天大楼热压特性及热压控制措施。第4章介绍了千米级摩天大楼能源系统特点及方案分析。第5章介绍了千米级摩天大楼机电系统平面布局优化策略。第6章介绍了千米级摩天大楼各机电竖向系统分区设计。第7章介绍了千米级摩天大楼烟气特性及防排烟系统设计。第8章介绍了千米级摩天大楼机电安全性及防灾研究。第9章介绍了千米级摩天大楼绿色低碳技术研究。第10章介绍了千米级摩天大楼建筑环境的风洞试验与垂直气候试验。第11章给出了一套中国建筑千米级摩天大楼机电概念设计方案。书中多项研究成果获得了国家专利和著作权，多项技术达到国际领先或先进水平。

本书由国家重点研发计划“超高层建筑工程施工安全关键技术研究与示范(2016YFC0802000)”项目资助。

本书出版得到了中国中建设计集团有限公司的大力支持，在此深表感谢！

本书诸多技术的研发和应用，汲取了大量中国建筑发展过程中工程技术人员及业界人士的经验和成果，在此对研究过程中给予我们帮助、提供宝贵资料和建议的专家、学者和工程技术人员表示衷心感谢！由于时间仓促，编者水平有限，本书中难免存在缺点和错误，恳请读者给予批评指正。

本书编委会

2018年11月

目　　录

1 概　　述

1.1 引言

超高层建筑是反映城市经济繁荣和社会进步的重要标志，能够展示城市实力和繁荣的经济实力。城市化进程快速发展带来了人口数量增加与土地资源短缺的矛盾，也促使建筑寻求向高空发展，高层建筑、超高层建筑的高度不断创出新高。

随着科技高速发展，新材料、设计技术、施工技术水平大幅提高，为超高层建筑的建造提供了保障。20 世纪 90 年代以来，建筑物所能达到的高度与规模不断增加，如图 1-1 所示，根据世界高层建筑与都市人居学会（CTBUH）网站 2016 年底统计，全球 300m 以上建筑数量已达到 112 座，200m 以上建筑数量 1177 座，150m 以上建筑数量 3825 座。2010 年 1 月竣工的哈利法塔高 828m，为目前世界第一高楼。2011 年 4 月沙特皇室斥资 120 亿英镑建造世界上最高的大厦，高度约 1007m。2016 年 10 月 10 日举行奠基仪式的迪拜河港塔（The Tower at Dubai Creek Harbour），高度约 1345m，将成为新的世界第一高建筑。当前已在策划的未来建筑，高度 1000m 以上的摩天大楼已超过 30 座。

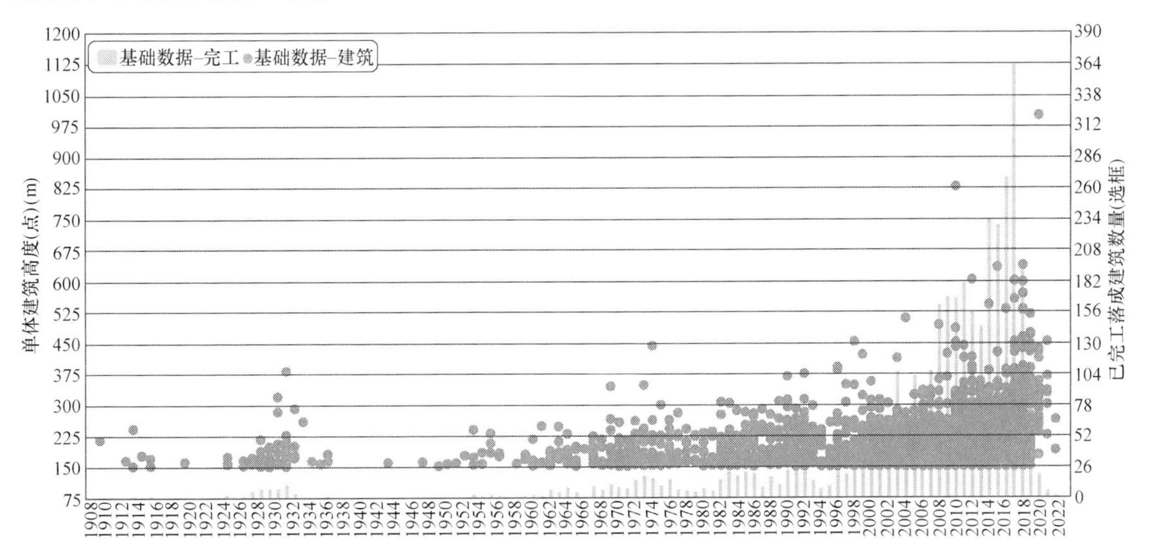

图 1-1　全球超高层建筑发展趋势（来源：CTBUH 网站）

改革开放以来，中国和中东地区逐步成为超高层建筑发展的主力军。2017 年初统计数据显示，全球排名前 20 已建成的高楼建筑中，有 11 座在中国。加上在建的高楼，全球排名前 20 的高楼建筑中，有 13 座在中国。

超高层建筑，特别是千米级摩天大楼的建筑高度高，建筑体量大，功能复杂，能耗大，已经超越了现行的建筑设计规范要求，要达到更高的建造技术水平，需要结合绿色环保节能的新理念，也对安全性、可靠性提出了更高要求。

随着高度的增加，千米级摩天大楼的室外气候也会随着高度发生较大变化，如室外空气密度、温度、湿度、风速、太阳辐射、大气压力等。显然，采用常规近地面气象参数进行摩天大楼的设计是不科学的，应该对各项参数进行高度修正。超高层建筑，特别是摩天大楼的风压热压问题、烟囱效应问题对建筑影响不能忽视。

超高层建筑对机电系统要求比较高，可以比喻为大楼运行的心脏、血管和经络。超高层建筑的机电管线复杂，数量多，机房及管井占用面积大，对功能布局和建筑性能影响比较大。随着高度的增加，如果没有合理的竖向分区，机电系统的作用半径及工作压力会严重超越机电设备管线系统的承载能力，需要高度关注空调水系统、空调风系统、给水系统、排水系统、消防系统、供电系统、能源系统的竖向合理分区及分级布置，同时要关注千米级摩天大楼的机电系统安全、节能等问题。

本书以中国建筑股份有限公司的研发项目《中国建筑千米级摩天大楼建造技术研究》为基础，将课题《中国建筑千米级摩天大楼机电研究》（CSCEC-2010-Z-01-03）的研究成果进行了总结，以期为超高层建筑、千米级摩天大楼的策划、设计、施工、运营提供参考。

1.2 千米级摩天大楼特点概述

千米级摩天大楼是一个城市的地标，也是一个城市的名片，必然会成为一个城市的焦点。

不同于一般单体建筑，千米级摩天大楼已不可能是简单的单一功能，而是趋向于近似城市功能的复合综合体。千米级摩天大楼的建筑体量巨大，建筑功能复杂，集观光、商业、办公、酒店、居住、会展、餐饮、文化、娱乐等功能于一身，被喻为“垂直城市”，越来越赋予较多的城市属性功能，越来越像一个立体的“垂直城市”或者“垂直社区”。

千米级摩天大楼的设计也将是按照“城市设计”的理念进行，从功能规划、交通组织、能源系统、安全体系、消防体系、服务体系、机电系统等需要按照城市功能的标准去思考。借用“街区模块”的设计方法，采用模块化的设计理念来设计建造千米级摩天大楼，使千米级摩天大楼建造程式得到模块化处理。

1.2.1 千米级摩天大楼建筑特点

1.2.1.1 千米级摩天大楼的建筑功能特点

摩天大楼被喻为“垂直城市”，其功能设计体现着庞大、复杂、多样、全面的特征。在早期的超高层建筑绝大多数为办公类建筑，或者是以办公为主的多功能综合体，后来陆续发展为住宅、酒店、大型综合体（图 1-2）。千米级摩天大楼的宏大体量决定了其必然是一个多功能复合型的综合体建筑，其复杂的内部功能之间也存在着多种多样的内在联系。采用功能复合的综合经营模式，可以充分发挥千米级摩天大楼在高度和规模上的特点。图 1-2 所示为 CTBUH 对历年全球最高的 100 座建筑的类型统计，其中办公建筑始终占据较大比例，但近年来混合功能建筑数量越来越多，即在同一幢超高层大楼内部同时考虑多种功能分区。

对于一个典型的千米级摩天大楼来说，考虑电梯运输和不同功能的人均面积指标不同，各功能区的垂直分布一般遵循：标准层使用人数多的功能区布置在低区，人数少的布置在高区。当一个超高层标准层面积从下到上变化不大时，体现为人员密度大的在低区，人员密度小的在高区。一个较为典型的千米级摩天大楼功能由下至上的分布如下（图 1-3）：地下停车库；地下一层商业、餐饮；首层各功能入口大厅；公共功能区（提供公共服务功能，常有餐厅、会议中心、商业

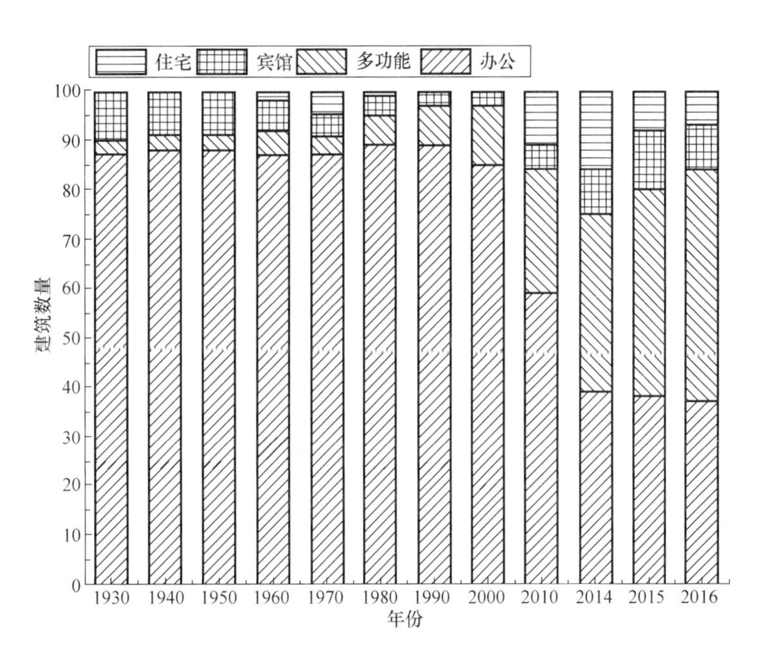

图 1-2　100 座最高建筑功能统计

购物、交易厅等）；办公区（常分为低区办公、中区办公、高区办公等）；酒店或公寓（酒店及酒店式公寓）；顶部的餐厅或观光厅。

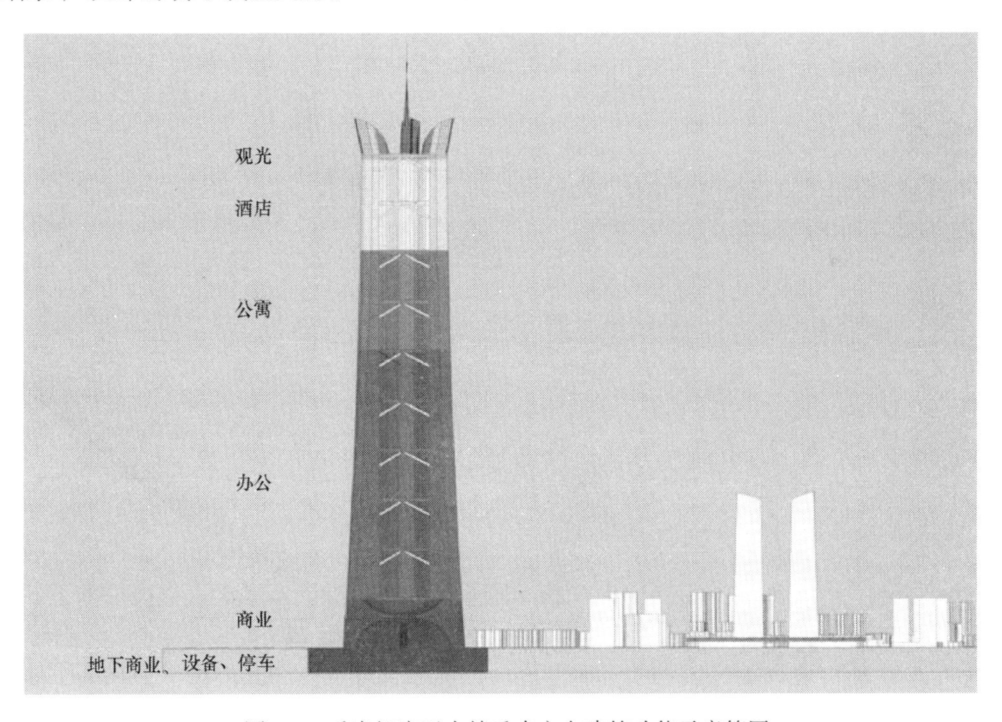

图 1-3　千米级摩天大楼垂直方向建筑功能示意简图

1.2.1.2　千米级摩天大楼的围护结构特点

围护结构的功能是构成建筑空间，用以抵御风雨、温度变化、太阳辐射等，应具有保温、隔热、隔声、防水、防潮、耐火、耐久等性能。千米级摩天大楼还要考虑其可靠的安全性、自洁性、施工安装和维护更新的可能性。

除围护结构的自身荷载对千米级摩天大楼有重要影响外，高空的风荷载对千米级摩天大楼有极为重要的影响。随着建筑高度和所受风力的增加，建筑上部在风荷载作用下的位移幅度随高度的增加而变大，试验表明：在50年一遇风力作用下，哈利法塔828m顶部位移为1.45m，162层办公层位移为1.25m。高层建筑在风力作用下形变对幕墙产生了两个方面的影响，第一是迎风面的形变张拉力和风压力，第二是背风面的形变挤压力和负压吸引力。

因此超高层建筑，特别是千米级摩天大楼外围护结构基本采用的是幕墙系统，它可以有较好的强度来抵抗高空的风压力和负压引力，也可以较好地适应形变，化解由形变产生的应力。相对而言，幕墙系统在高空安装和维护方面也较为容易，丰富的幕墙形式也有利于保障建筑环境品质和节能。

当前超高层建筑的幕墙体系主要是金属幕墙和玻璃幕墙，两种方式都在使用。在金属和玻璃幕墙中，金属幕墙的安全性要高于玻璃幕墙——其延展性和受到外力撞击的变形能力都要远优于玻璃，而且还不存在玻璃常见的“自爆”现象，因此金属幕墙在安全性方面应该是千米级摩天大楼的首选。但是从建筑的实际采光以及建筑形体的艺术性等方面考虑，还会大量地选择玻璃幕墙，或者是金属幕墙和玻璃幕墙相结合的形式。

千米级摩天大楼围护结构不仅对建筑立面形式和结构安全有着重要影响，也直接影响室内环境品质，与建筑的空调负荷和大楼运行能耗息息相关，影响着机电系统的选择和配置。

1.2.1.3 千米级摩天大楼的概念方案

1. 设计思想：空中之城

“空中之城”的设计是用安全且造价不高的创新技术手段，建造出有助于减少交通能耗和环境污染的“竖向城市”，人们可以“足不出户”满足办公、学习、生活、娱乐等需求的建筑。这座未来的“空中之城”将是安全、低碳、绿色之城，它将是疲惫的人们超脱于现实生活的场所，是人们向往身心放松舒适的家园，更是一座通往心灵深处的世外桃源，其效果图如图1-4所示。

图1-4 千米级摩天大楼效果图

2. 所在位置——大连

大连位于辽东半岛最南端，位于北半球的暖温带地区，具有海洋性特点的暖温带大陆性季风气候，是东北地区最温暖的地方，冬无严寒，夏无酷暑，四季分明。年平均气温10.5℃，极端气温最高37.8℃，最低−19.13℃。其中8月最热，平均气温24℃，日最高气温超过30℃的天数只有10～12d。1月最冷，平均气温−5℃，极端最低气温可达−21℃左右。日照总时数为2500～2800h，年降水量550～950mm，60%～70%的降水集中于夏季，多暴雨，且夜雨多于日雨。

3. 建筑设计造型

按照设计，该千米级摩天大楼为三座千米级塔式超高层建筑的连合体，分别在南向、西北及东北角弧形向上收分，在1000m以上弧形向外出挑，中央为圆形核心筒直接落地，增加其自身的挺拔感和整体性。

该设计整体造型现代、简洁、大气、雄伟、壮观。三座塔楼及中央核心筒外立面采用单元式组合玻璃幕墙，使挺拔的体形更加富有生机，清澈透明的玻璃体，使建筑庞然体形化于无形，凸显千米级摩天大楼的高耸气魄（图1-5～图1-7）。

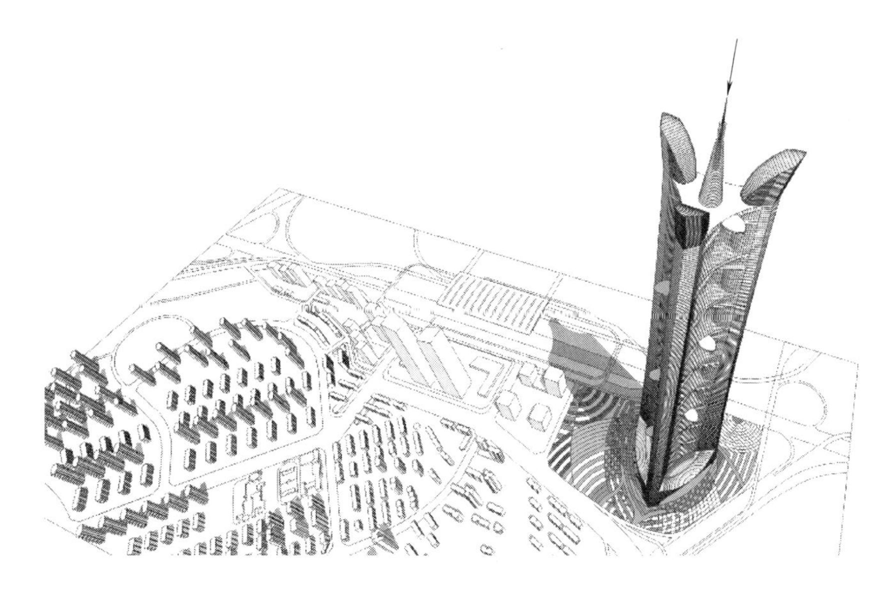

图 1-5　千米级摩天大楼效果图（一）

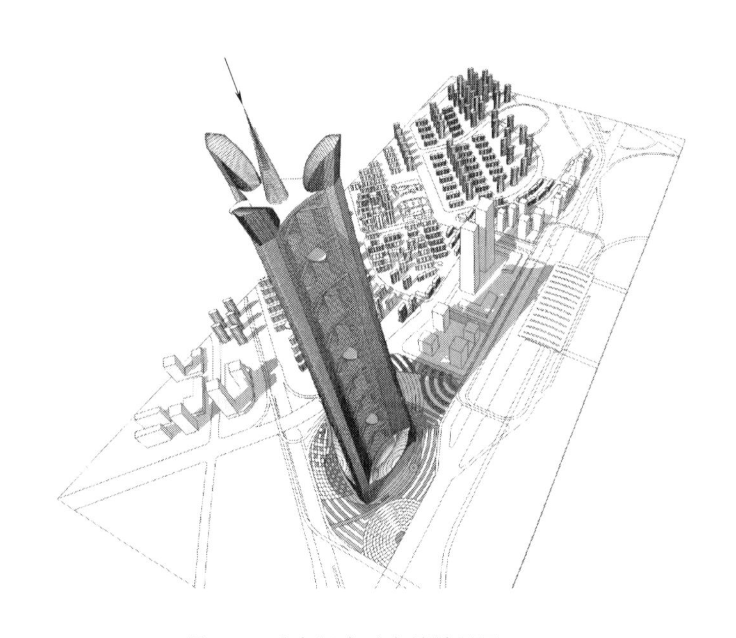

图 1-6　千米级摩天大楼效果图（二）

4. 工程设计概况

本工程功能设定为地下超大型综合建筑体。地上主体塔楼层数为 190 层，地下层数 9 层。地下 4～地下 9 层主要为停车库。地下 3 层为停车库和设备用房。地下 1、2 层为商场和设备用房。本工程总建筑设计面积约 2791000m²。以下为建筑设计主要信息：

（1）建筑性质：超高层公共建筑；

（2）设计使用年限：4 类，100 年；

（3）工程设计等级：特级；

（4）建筑分类：一类；

（5）耐火等级：一级；

图 1-7 千米级摩天大楼效果图（三）

（6）结构形式：建筑主体为支撑框架外包钢板剪力墙核心筒结构。

建筑设有高档商场，两个五星级酒店，酒店式公寓以及配套的服务设施，高、中档写字楼配套设施，办公方式为大开间办公与小型办公结合的方式，满足客人办公、居住、购物、生活等需求。

5. 不同高度建筑平面布置

建筑主体塔楼地上 198 层，地下 9 层。其中地下 3 层～地下 9 层为停车库，地下 2 层～地下 1 层为百货商场。地面 1 层设有入口大堂、休息厅、写字楼大堂和大客户接待中心，2 层为大堂上空。3～16 层为商业区。17～18 层为综合服务区，19 层为避难层并设有设备用房。20～35 层为办公楼层，36～37 层为综合服务区，38 层为避难层并设有设备用房。39～54 层为办公楼层，55～56 层为综合服务区，57 层为避难层并设有设备用房。

58 层以上每隔 19 层（100m）为相对独立的 3 个子建筑单元，其中第 19 层为避难层和设备用房，以下两层均为综合服务区。其中 300～600m 为办公和公寓区段，600～900m 为公寓区段，900～985 为酒店区段，985～1000m 是观光层段，1005～1040m 是高档办公层段。屋顶设置机房层，功能有电梯机房、消防水箱间、膨胀水箱间、卫星天线控制室等。

对应不同高度建筑平面布置如图 1-8～图 1-14 所示。

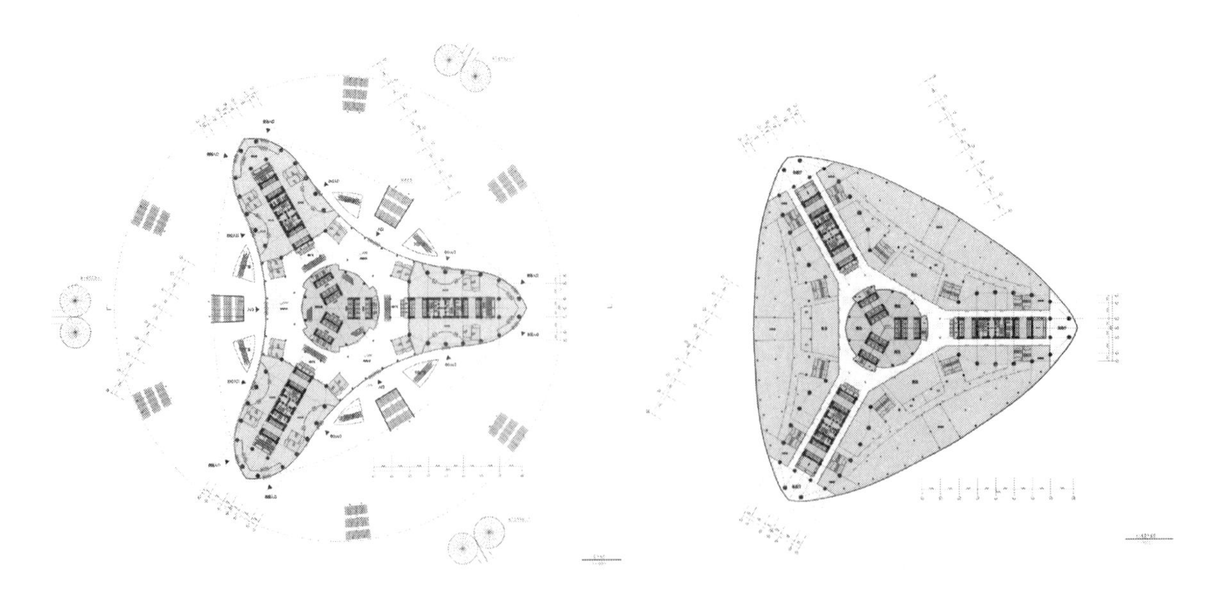

图 1-8 建筑平面布置（一层）　　图 1-9 60m 平面

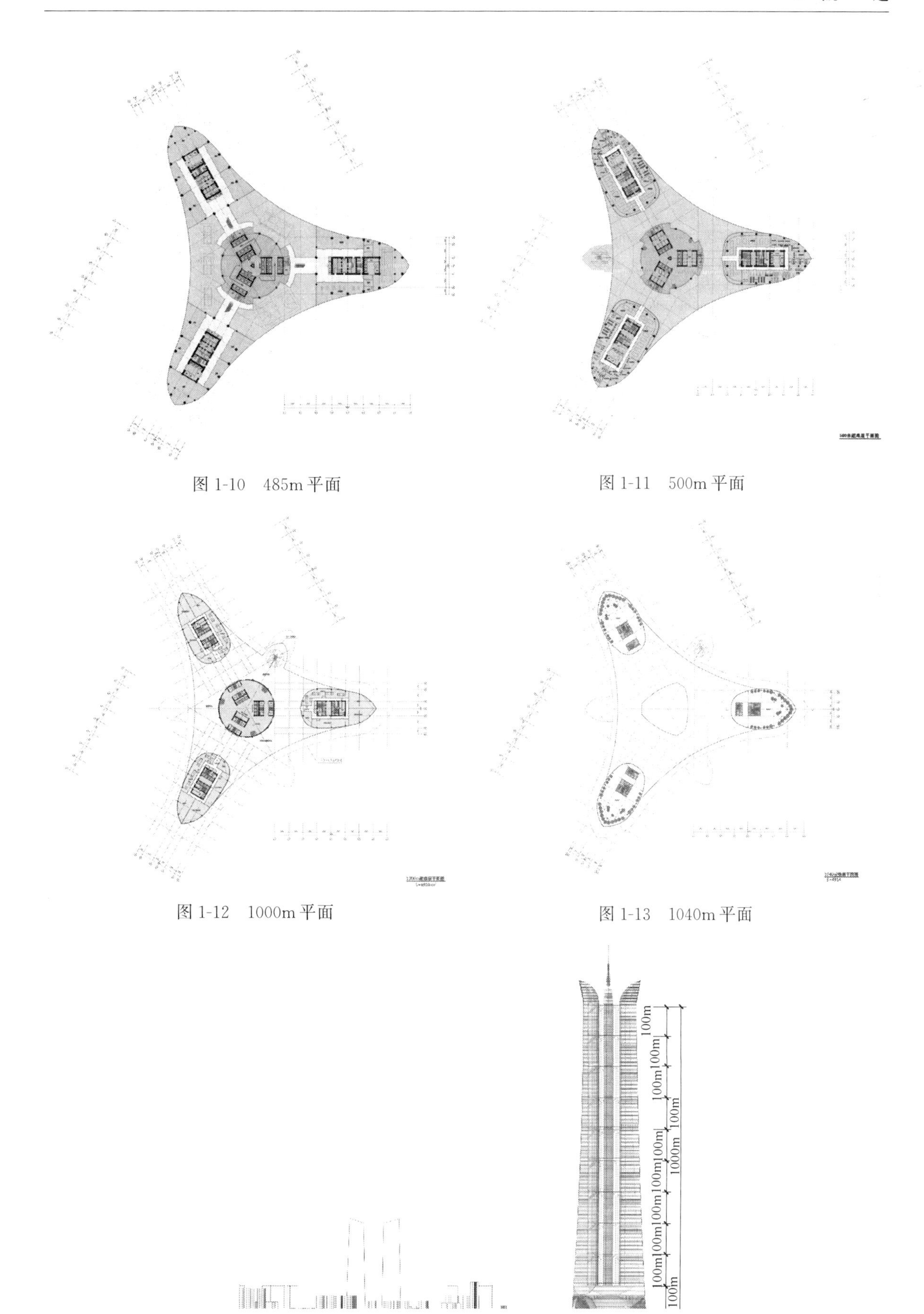

图 1-10　485m 平面

图 1-11　500m 平面

图 1-12　1000m 平面

图 1-13　1040m 平面

图 1-14　千米级摩天大楼剖面图

1.2.2 千米级摩天大楼结构特点

1.2.2.1 千米级摩天大楼的结构体系

千米级摩天大楼的结构体系是千米级摩天大楼的“骨骼”，是建筑的安全之本。如何选用安全、合理、高效、经济的结构体系对于千米级摩天大楼来说尤为重要。

结构体系的选型必须基于有效、安全、高性价比的原则，需考虑的问题包括以下几点：

1）建筑造型的要求；

2）结构体系的抗震（风）性能；

3）结构的可建性及施工周期；

4）造价合理。

建筑结构所采用的主体材料是结构体系基本元素。建筑用钢材具有自重轻、延性好，可实现工业化加工与现场安装速度快等特点，但存在刚度小、变形大、防火要求高等缺点，在我国还存在造价高的问题；而混凝土具有刚度大、造价低、工艺简单、防火好等优点，但也存在自重大、延性一般等不足。表 1-1 及图 1-15 列出了目前各个高度级别超高层建筑采用的主体结构材料情况。从中可知，在 300 栋建筑中，采用钢材为结构主体材料的建筑为 29 栋，占 9.7%，采用混凝土材料为 138 栋，占 46%，采用钢-混凝土的混合材料为 133 栋，占 44.3%；其中，300m 以下超高层建筑以混凝土为主，300m 以上则以混合材料为主。随着建筑高度的不断攀升，目前世界上超过 500m 的 6 项工程的结构主体均采用了混合材料。

截至 2016 年的世界最高 300 栋建筑按高度不同结构建材应用情况　　表 1-1

建筑高度 / 结构建材	800m 以上（%）	600～700m（%）	500～600m（%）	400～500m（%）	300～400m（%）	250～300m（%）	总体占比（%）
S				1(0.3)	10(3.3)	18(6.0)	9.7
C				3(1.0)	35(11.7)	100(33.3)	46.0
M	1(0.3)	2(0.7)	3(1.0)	10(3.3)	44(14.7)	73(24.3)	44.3
合计	1(0.3)	2(0.7)	3(1.0)	14(4.7)	89(29.7)	191(63.3)	100

注：1. 括号内数字为百分比（%），均以 300 栋楼为分母计算；
2. 由于括号内数字保留小数点一位，个别求和值略有误差。

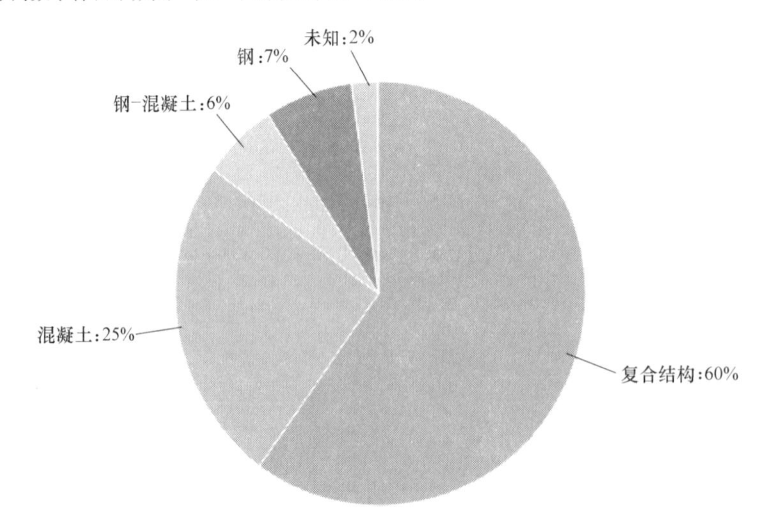

图 1-15　结构材料分析

超高层建筑结构体系的合理性，从安全、经济的角度主要表现在抗侧力体系的效能上，由最初的框架、剪力墙结构等基本体系，发展为框架-剪力墙（支撑）体系、框架-筒体体系、筒中筒体系、巨型框架体系、巨型框架体系＋巨型支撑体系等。

1.2.2.2 千米级摩天大楼的结构概念方案

千米级摩天大楼按设防分类标准属于乙类建筑，地处7度抗震设防烈度区，应按7度计算地震作用，按8度采取抗震措施，充分保证结构的抗震性能。

结合本工程特点，千米级摩天大楼采用了多重结构抗侧力体系，单塔的抗侧力体系由核心筒及核心筒周边结构构成，各单塔再通过连接平台连成整体，构成整体的抗侧力体系，多重抗侧力体系共同作用为结构提供必要的侧向刚度，抵抗风荷载及水平地震作用，见图1-16。

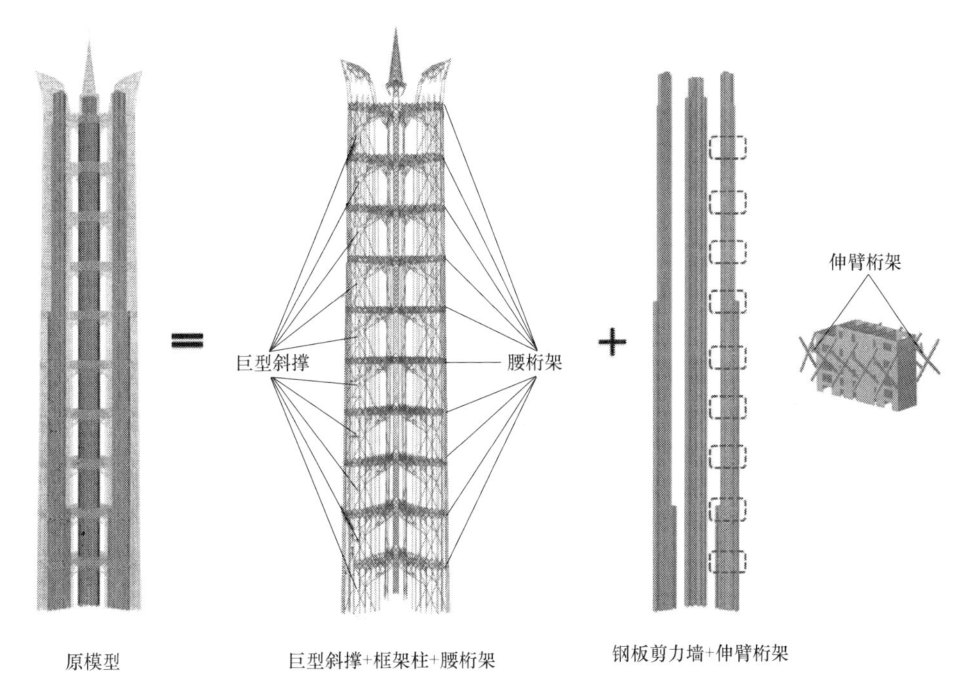

图1-16　结构体系示意图

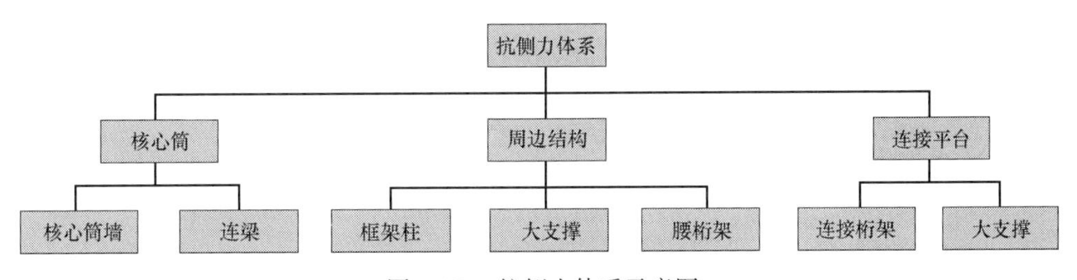

图1-17　抗侧力体系示意图

中心塔楼与三座边塔的核心筒剪力墙均采用外包钢板剪力墙，即将钢板置于剪力墙的外侧，并沿墙体长度方向设置肋板，形成多腔体外包钢板剪力墙。

为了协调核心筒与周边框架的变形，提高结构的整体刚度，共设置了10道伸臂桁架，如图1-18所示。

周边单塔的周边框架结构是由框架柱、巨型斜撑、腰桁架组成的筒体结构。所有框架柱均为圆钢管混凝土柱，周边单塔有20根圆钢管混凝土框架柱，其中四根伸至700m，两根伸至900m，六根直柱，十四根斜柱，柱截面由最大2800mm×100mm逐渐收缩变化为1300mm×50mm；中心塔楼有六根钢管混凝土柱，截面由最大1800mm×50mm逐渐收缩变化为1300mm×50mm。

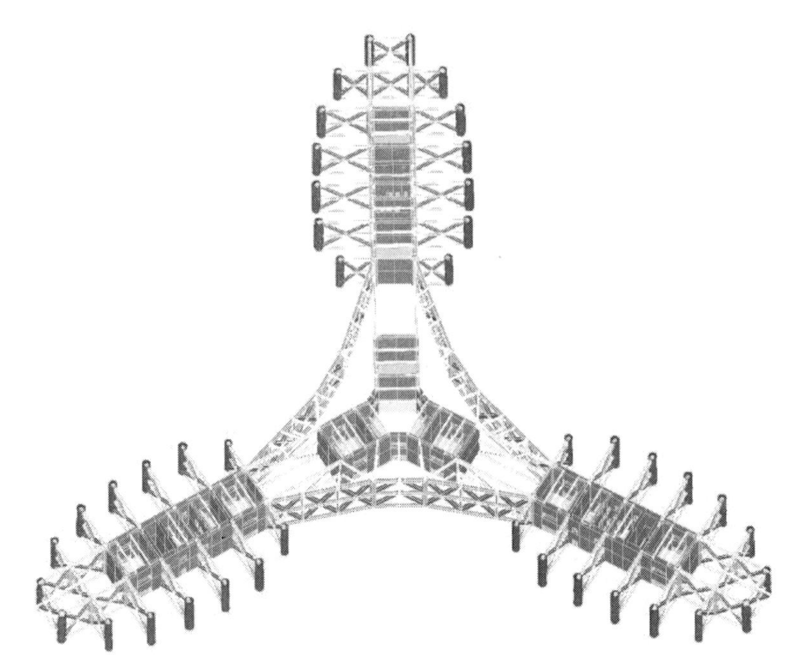

图 1-18　伸臂桁架

腰桁架结合建筑和机电专业设置在设备层和避难层，沿高度均匀分布，共 10 道，如图 1-19 所示。

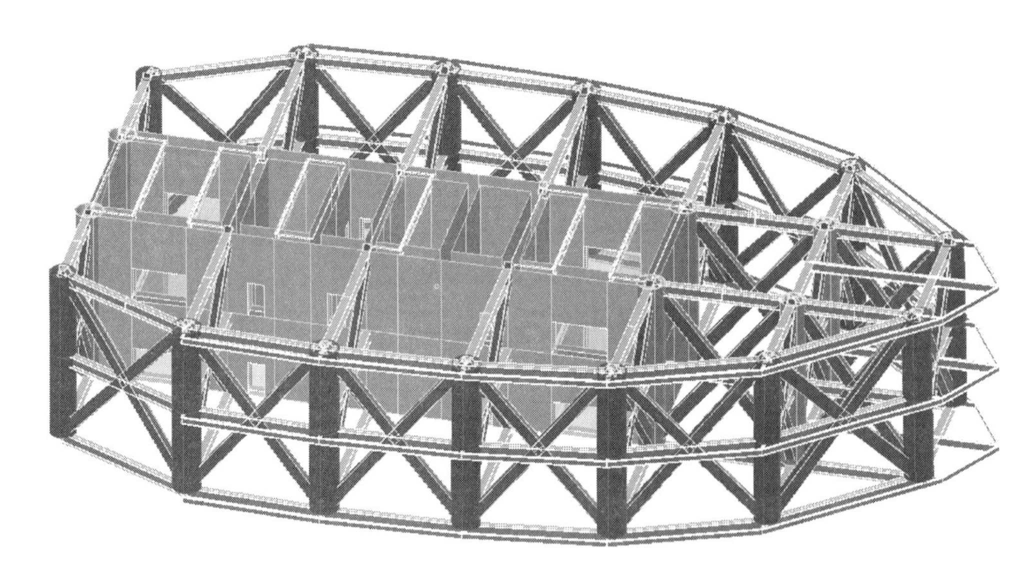

图 1-19　腰桁架

周边单塔沿建筑高度方向每 100m 设置两道 X 形巨型支撑，如图 1-20 所示支撑为箱型截面，最大截面尺寸为 1700mm×950mm×110mm×50mm。支撑各段在各柱间呈直线布置，由于外框柱为曲面布置，因此整根支撑为空间折线。

千米级大楼每隔 100m 设置一道连接平台用于连接四座塔楼，如图 1-21 所示，连接平台高 15m，分为上下两层，主要由 15m 高的连接桁架及楼面梁组成，周边单塔间的连接桁架最大跨度达到 86.8m，周边单塔与中心塔楼间的连接桁架最大跨度达到 31.7m。连接平台与周边单塔间设有箱型截面钢支撑用于提高塔楼之间的连接刚度。

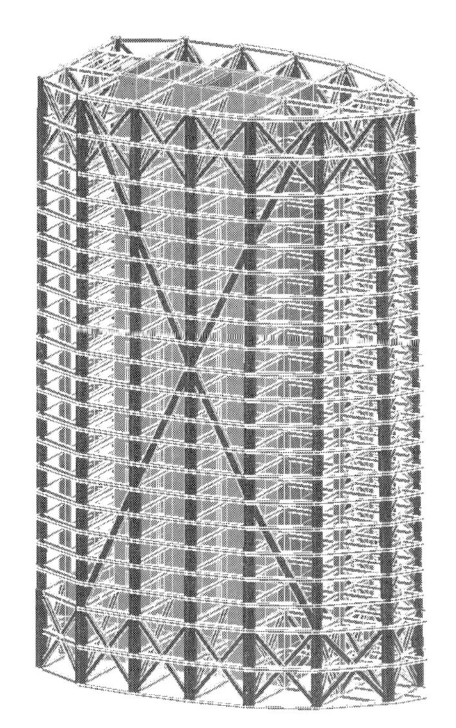

图 1-20　X形巨型支撑

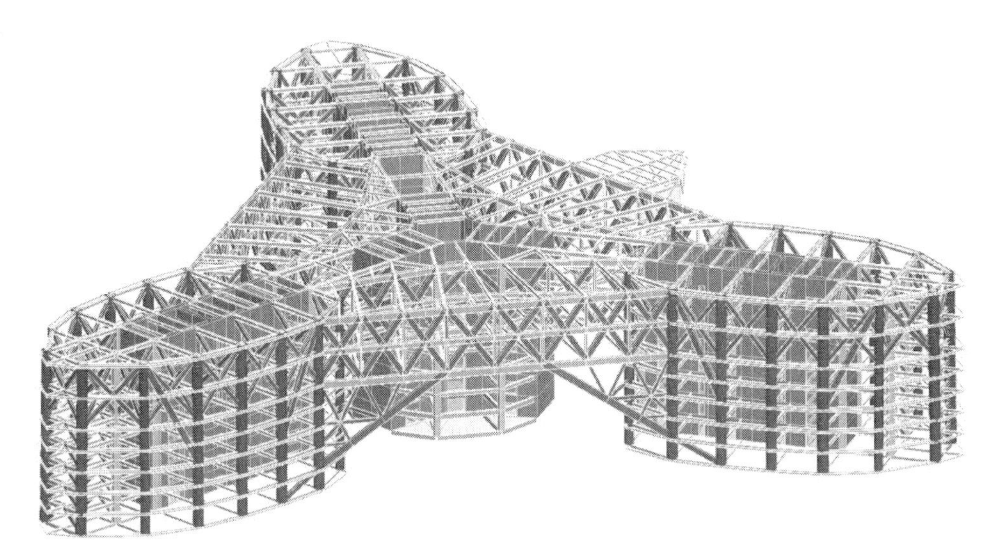

图 1-21　连接平台模型

2 千米级摩天大楼的垂直气候与空调负荷特性研究

城市环境是建筑存在的空间背景，千米级摩天大楼的高度远远高于多层建筑和普通高层建筑，其突出高度特性不仅使得建筑上层区域所处环境的气象参数相较于地面环境发生明显变化，甚至对现行的有关建筑室内外环境的研究方法提出了新的挑战。

城市气候与建筑室内环境互动关系密切，其中所谓建筑室内环境主要包括建筑热环境和风环境。室外环境的空气计算参数为建筑室内环境的设计与研究提供基础数据，因此准确的室外气象参数垂直分布是研究千米级摩天大楼室内风热环境的关键。在建筑环境领域，传统的研究方法包括现场实测、数值模拟和模型实验。

对于现场实测研究，一方面，到目前为止世界上还没有已经建成的千米级摩天大楼，现场实测无从谈起；另一方面，现场实测通常需要在建筑外立面安装大量的测试设备，这对于高层建筑具有很大的困难性和风险性。对于数值模拟和模型实验，一般来讲需要已知的环境参数作为边界条件，而本研究恰恰需要确定的就是此类“边界条件”，因此传统的研究方法很难准确地确定千米级摩天大楼室外环境的垂直分布。

中尺度气象模式近年来被广泛应用于城市冠层模型开发、区域环境探测等领域，通过对中尺度模式的降尺度应用以获得城市冠层模型或区域环境探测所需的室外环境参数分布，并以此作为边界条件作进一步研究。其中，作为新一代中尺度气象模式，WRF 以其先进的气象资料同化技术，同时采用多重移动网格嵌套性能及完善的、适应不同地形、地貌特征的边界层物理过程参数化方案，在世界各国的气象预报工作中性能表现优异，近年来被越来越多地应用于区域数值模拟理论与应用研究工作中。

2.1 千米级摩天大楼室外垂直气候模拟

2.1.1 WRF 气象模拟方案

根据建筑所在地点——大连的地理情况，WRF 模式气象条件模拟采用四重双向嵌套网格，由内到外水平网格间距分别为 3km、9km、27km 和 81km，中心坐标为东经 121°47′，北纬 39°02′。垂直网格划分 27 层，为了更好地体现从地面到 1000m 范围内大气环境气象参数分布，对近地面网格进行加密处理。位压层参数设置为：1.000，0.998，0.987，0.976，0.957，0.942，0.899，0.870，0.857，0.726，0.701，0.644，0.576，0.507，0.444，0.380，0.324，0.273，0.228，0.188，0.152，0.121，0.093，0.069，0.048，0.029，0.014，0.000。参数化方案采用默认配置：微观物理采用 WSM3 方案；长波辐射采用 RRTM 方案；短波方案采用 Dudhia 方案；地表参数化方案采用 Monine-Obukhov 方案；土地利用类型采用 Noah- LSM 方案，大气边界层采用 YSU 方案。模拟时间为 2012 年全年，数据输出时间间隔 1h（图 2-1）。

根据室外大气环境对千米级摩天大楼室内环境影响的相关性分析，对 WRF 的模拟结果的后处理进行选择性输出，包括大气温度和湿度、大气压力、风速、风压等。

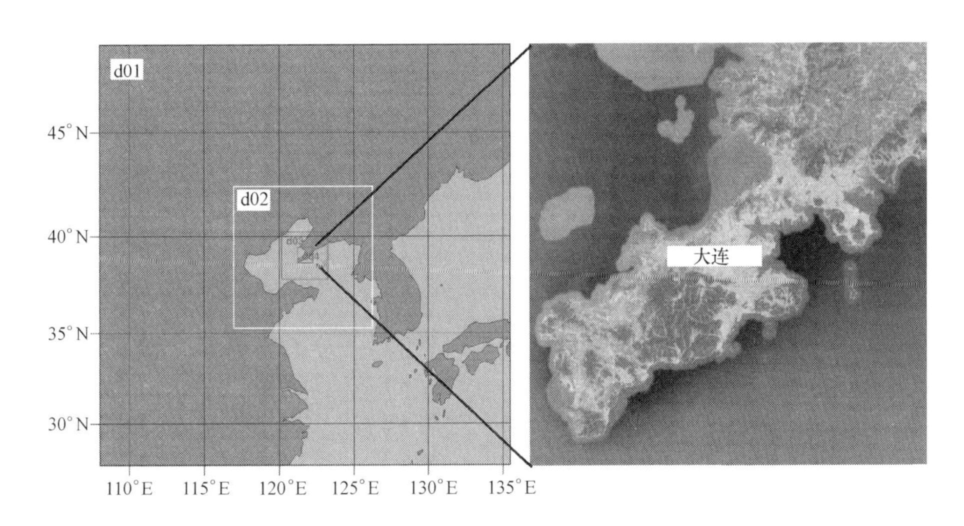

图 2-1 WRF 模拟嵌套图

2.1.2 WRF 模型结果验证

2.1.2.1 WRF 模型验证方案

采用大连地区的气象观测站数据进行 WRF 模型的准确性验证。该观测站位于东经 121°25′北纬 38°42′，该气象站建有气象观测塔，在观测塔 10m、20m 和 40m 高度各安装一套完整的气象观测设备，包括 NRG＃70 风速仪、NRG＃120S 温湿度计和 BP-40 气压计，本研究用此观测塔数据验证 WRF 模式长期模拟可靠性。另一方面，本研究主要针对大气环境垂直分布对千米级摩天大楼室内环境的影响，相对于 WRF 模式对水平区域气象状况的预报准确性，更关心其在垂直方向大气参数变化趋势的模拟精度，故采用该气象观测站探空数据对 WRF 模式的模拟数据进行垂直分布对比验证。为了保证探空数据的完整性和可靠性，本研究选择冬季和夏季代表性月份晴朗天气的探空数据（2012 年 1 月 6 日和 2012 年 7 月 7 日），该气象站高空探测每天进行两次（6：00 和 18：00），因此 2 天的 WRF 气象模拟案例可以提供 4 组对比数据。WRF 模式验证采用与上节模拟相同的参数化方案对气象观测站所在区域气象状况进行模拟，模拟时间为 2012 年全年，为增加验证数据量，数据输出时间间隔为 1h。

2.1.2.2 大气环境垂直分布验证

鉴于 YSU 边界层方案在底层大气环境气象参数模拟中表现出的良好性能，同时考虑到探空数据的密度比较低，仅针对 YSU 方案的模拟结果与探空数据的垂直分布进行对比验证。图 2-2～图 2-5 为各气象参数的高空探测数据与模拟数据随高度的变化曲线，一方面，探空数据的大气温度、湿度和大气压力和 WRF 模拟结果存在一定差异，其差值分别为＋0.4℃，－3%，0.2kPa 和±2m/s，但差值随高度变化不明显。这种观测值和模拟值之间的差异是由 WRF 模式本身在预测精确位置天气状况方面不足时决定的，对于中尺度气象模式来说，模拟结果只能体现较大区域的整体气象特征，对于网格中任一点的气象数据都是由其所在网格面平均值表示。另一方面，从整体上看，模拟数据随高度的变化趋势与观测数据吻合良好，这说明 WRF 模式采用 YSU 边界层方案在模拟大气环境气象参数垂直变化方面性能良好。

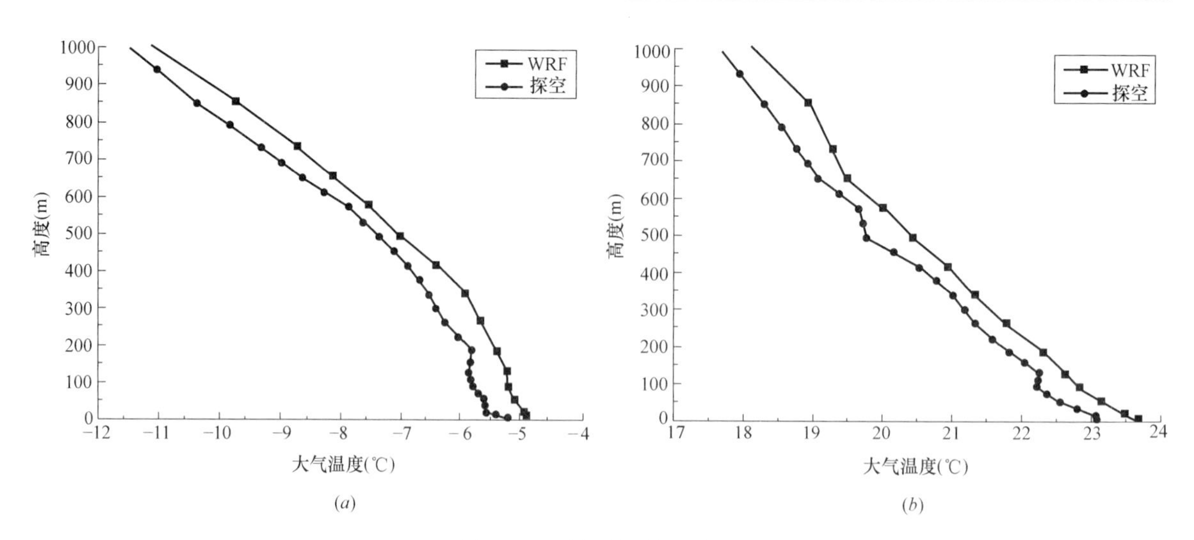

图 2-2　温度廓线对比验证

（a）2012 年 1 月 6 日；（b）2012 年 7 月 7 日

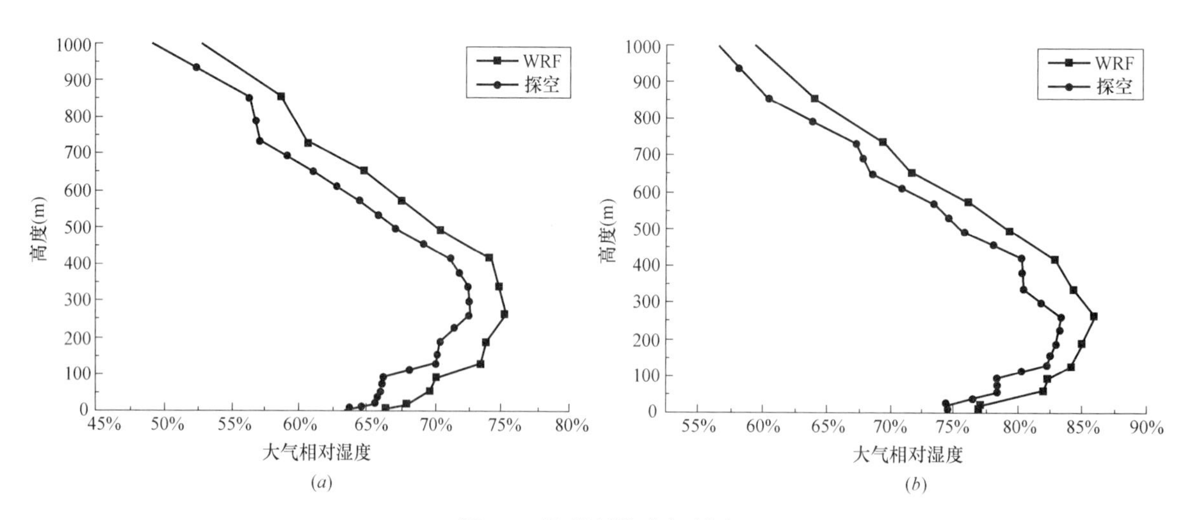

图 2-3　湿度廓线对比验证

（a）2012 年 1 月 6 日；（b）2012 年 7 月 7 日

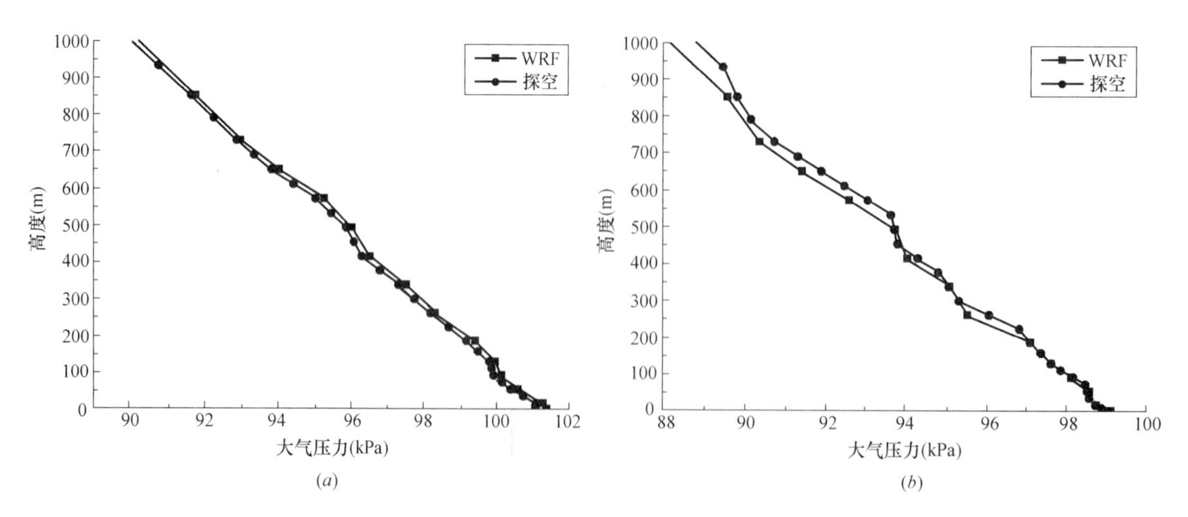

图 2-4　大气压力廓线对比验证

（a）2012 年 1 月 6 日；（b）2012 年 7 月 7 日

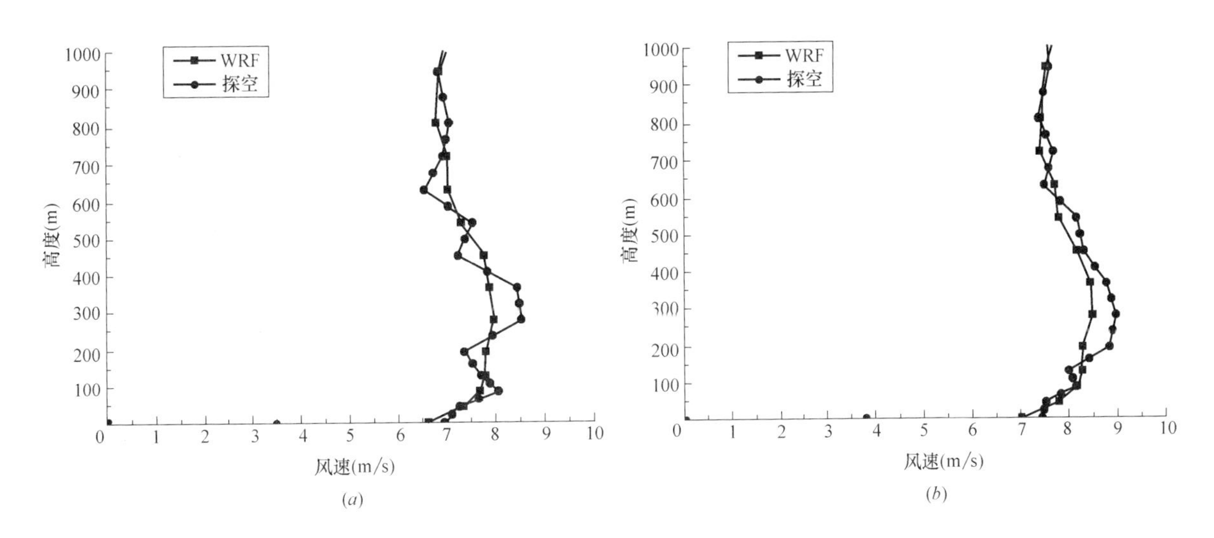

图 2-5 风速廓线对比验证
(a) 2012 年 1 月 6 日；(b) 2012 年 7 月 7 日

2.1.3 垂直大气分布研究

对大连地区 WRF 模式采用 YSU 边界层方案模拟结果的大气环境垂直分布进行整理，并定义计算域最内层嵌套中心区域的模拟结果作为大连地区的气象参数，并对应 WRF 垂直坐标整理得到大连地区 2012 年各月份气象参数平均值垂直廓线，以下着重分析各个气象参数各月份随高度的垂直变化规律。由图 2-6～图 2-9 可知，各月份大气温度随高度均表现出相同的变化规律，即大气温度随着高度的升高而将低，高度每升高 100m，平均温度降低约 0.6℃；大气相对湿度各月份垂直分布相同，在 0～300m 高度范围内，相对湿度随高度线性升高，在 300～1000m 高度范围内，相对湿度随高度线性降低；大气压力全年各月份相同高度变化不明显，均随高度升高而线性降低，高度每升高 100m，大气压力平均降低 1.1kPa；平均风速在全年各月份变化明显，但其垂直变化规律基本一致，在 0～300m 高度范围内，风速随高度近似指数率增长，在 300～800m 高度范围内，风速逐渐降低，在 800～1000m，风速逐渐增大。

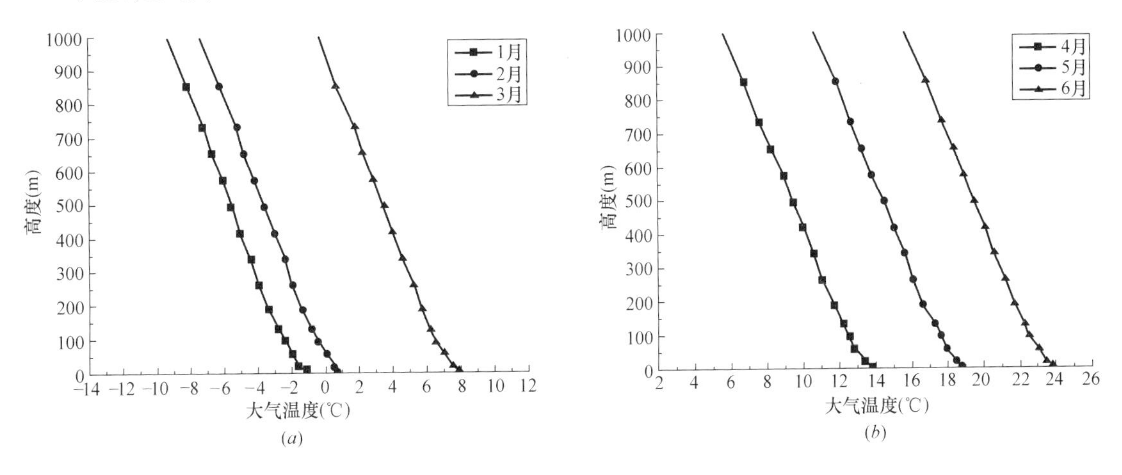

图 2-6 大连地区 2012 年大气月均温度廓线
(a) 2012 年 1～3 月；(b) 2012 年 4～6 月

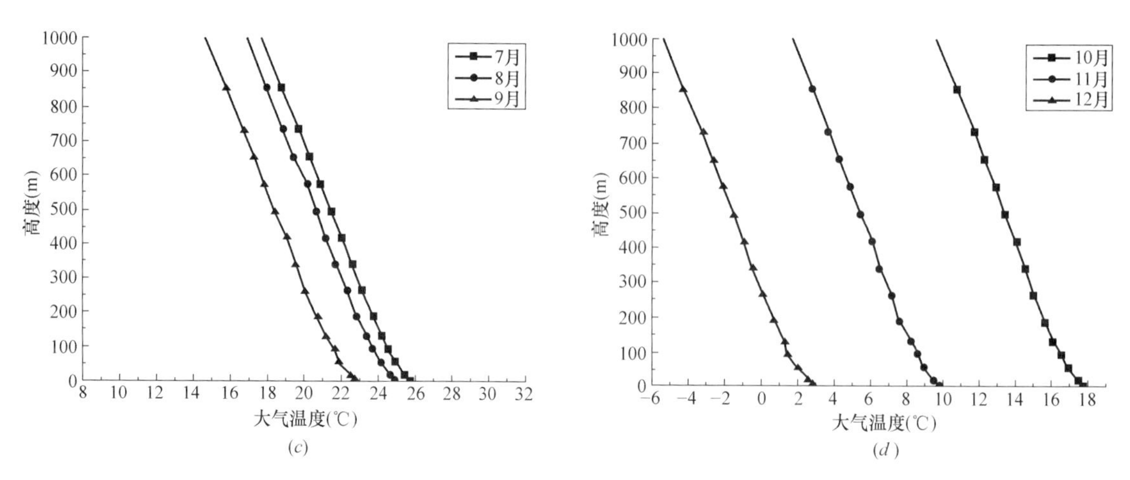

图 2-6　大连地区 2012 年大气月均温度廓线（续）

（c）2012 年 7～9 月；（d）2012 年 10～12 月

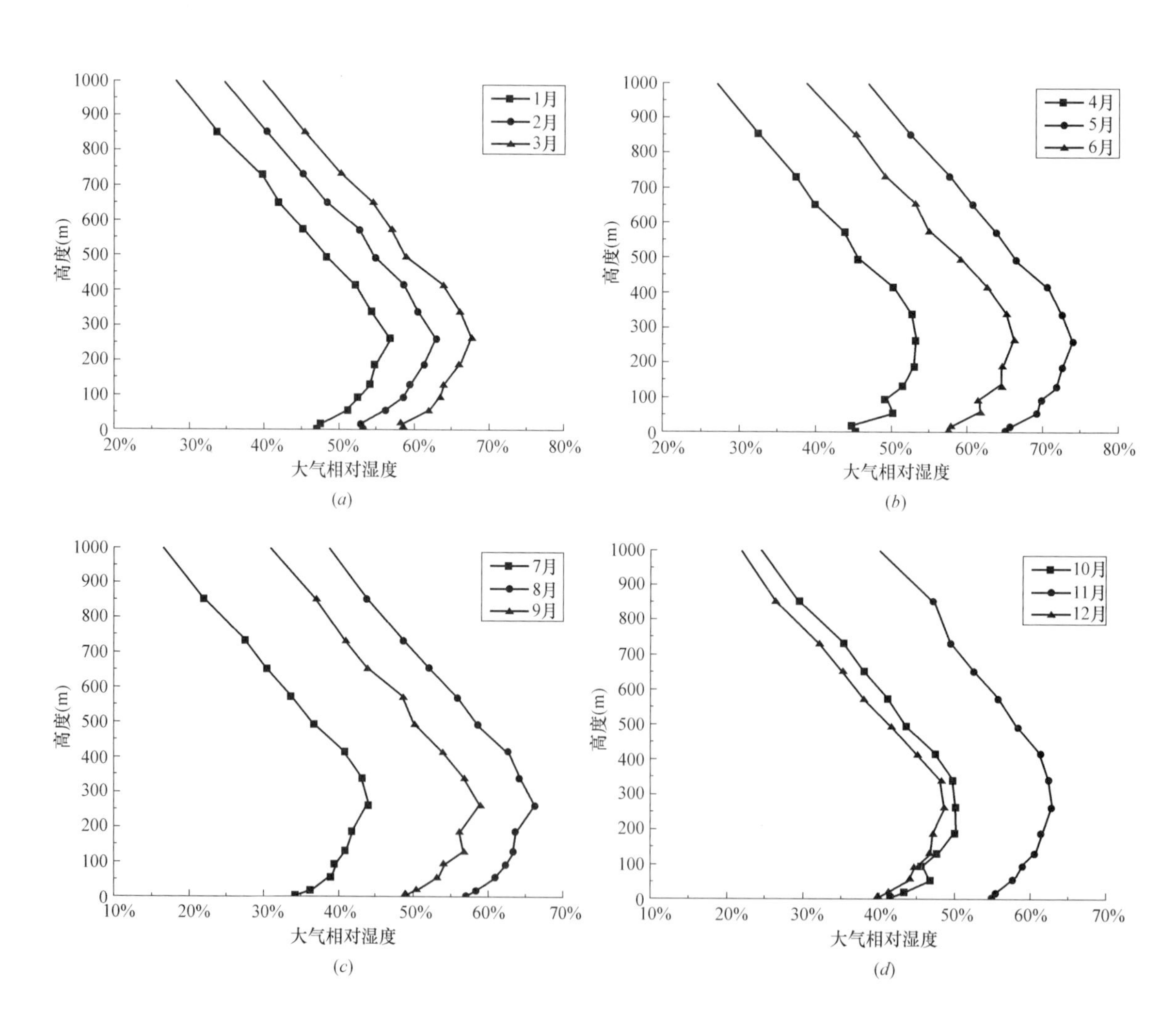

图 2-7　大连地区 2012 年大气月均相对湿度廓线

（a）2012 年 1～3 月；（b）2012 年 4～6 月；（c）2012 年 7～9 月；（d）2012 年 10～12 月

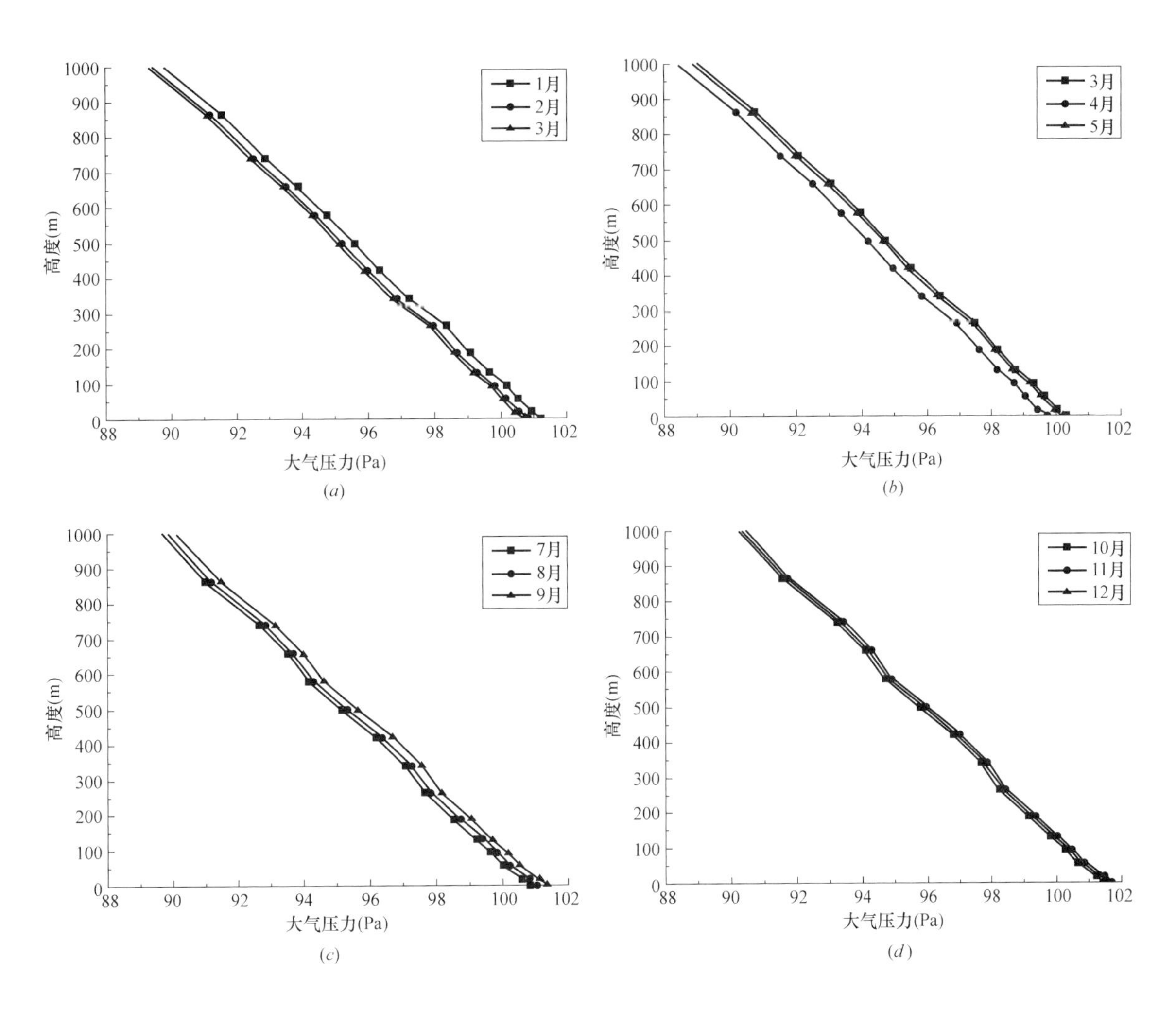

图 2-8 大连地区 2012 年月均大气压力廓线

(a) 2012 年 1～3 月；(b) 2012 年 4～6 月；(c) 2012 年 7～9 月；(d) 2012 年 10～12 月

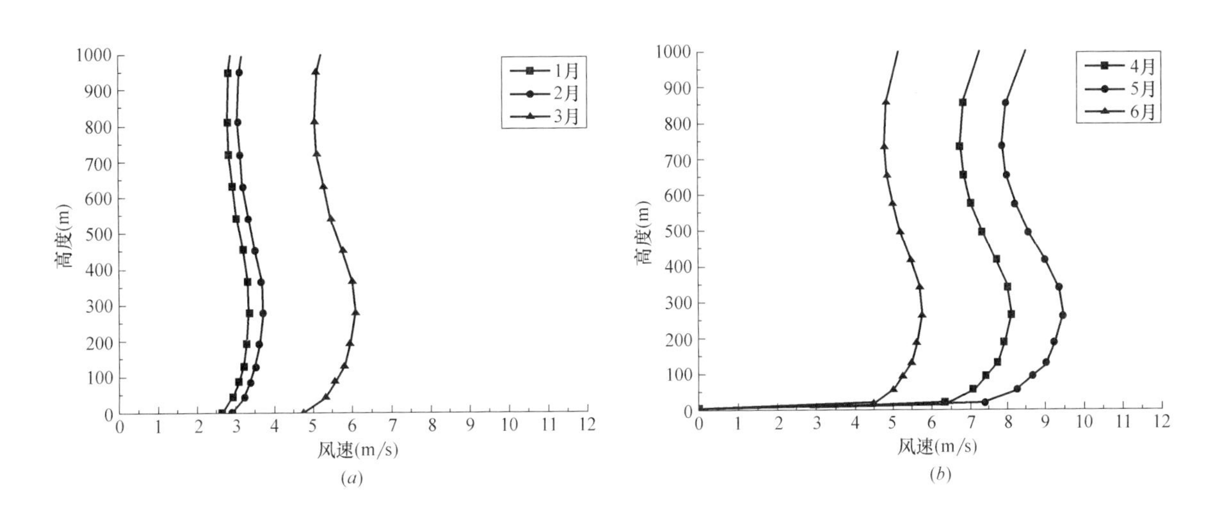

图 2-9 大连地区 2012 年月均风速廓线

(a) 2012 年 1～3 月；(b) 2012 年 4～6 月

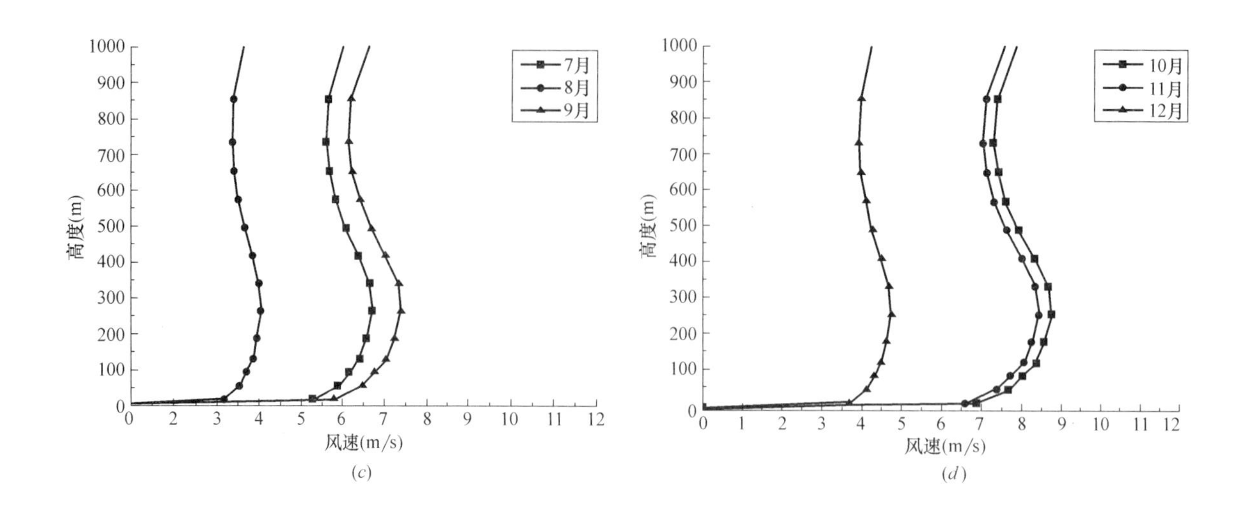

图 2-9 大连地区 2012 年月均风速廓线（续）
(c) 2012 年 7～9 月；(d) 2012 年 10～12 月

2.2 千米级摩天大楼空调负荷特性

如图 2-10 所示，建筑空调系统的冷负荷由建筑室内冷负荷、新风冷负荷和其他热量形成的冷负荷组成。对于千米级摩天大楼的室内冷负荷，室外气象参数因建筑内房间所处高度的不同而改变，导致通过围护结构的传热量发生变化，最终导致室内负荷发生改变；对于千米级摩天大楼的新风冷负荷，其变化由两方面引起，一方面是因新风口所处的高度不同，室外环境的气象参数不同，导致新风的焓值不同，进而引起新风负荷发生变化。另一方面，空调系统引入新风是综合考虑人员污染物和建筑污染物对人体健康的影响，为了达到稀释污染物的目的，建筑空调系统设计规范对新风量的规定都是按体积规定，建筑内部房间高度不同，其室内空气密度不同，从而导致房间的新风质量不同，最终也会导致新风冷负荷不同；其他热量形成的冷负荷由空调系统的具体配置决定，不因千米级摩天大楼的室外气象参数垂直变化而引起变化，不在本研究范围之内。同理，建筑空调系统的热负荷也由以上三部分对应的热负荷组成，只是其具体包含的内容和计算方法不同而已。

2.2.1 千米级摩天大楼空调动态负荷模型

2.2.1.1 TRNSYS 简介

TRNSYS 由美国威斯康星大学建筑技术与太阳能利用研究所的研究人员开发，近年来在与欧洲一些研究所的共同研究下逐年完善。TRNSYS 包含多种软件程序并整合成带特定功能的模块，包括模拟程序平台 TRNSYS Simulation Studio、建筑信息编译器 TRNBuild、Fortran 编译器 TRNEdit。

TRNSYS 软件的基本框架是基于模块化理念对建筑系统内部的各个设备进行模拟，通过模块拼接组建能耗动态模拟模型。这里所谓模块化理念，就是将系统中各个组成单元视作互相关联的模块，具体的某一模块实现特定的功能。在利用 TRNSYS 模拟系统进行工程

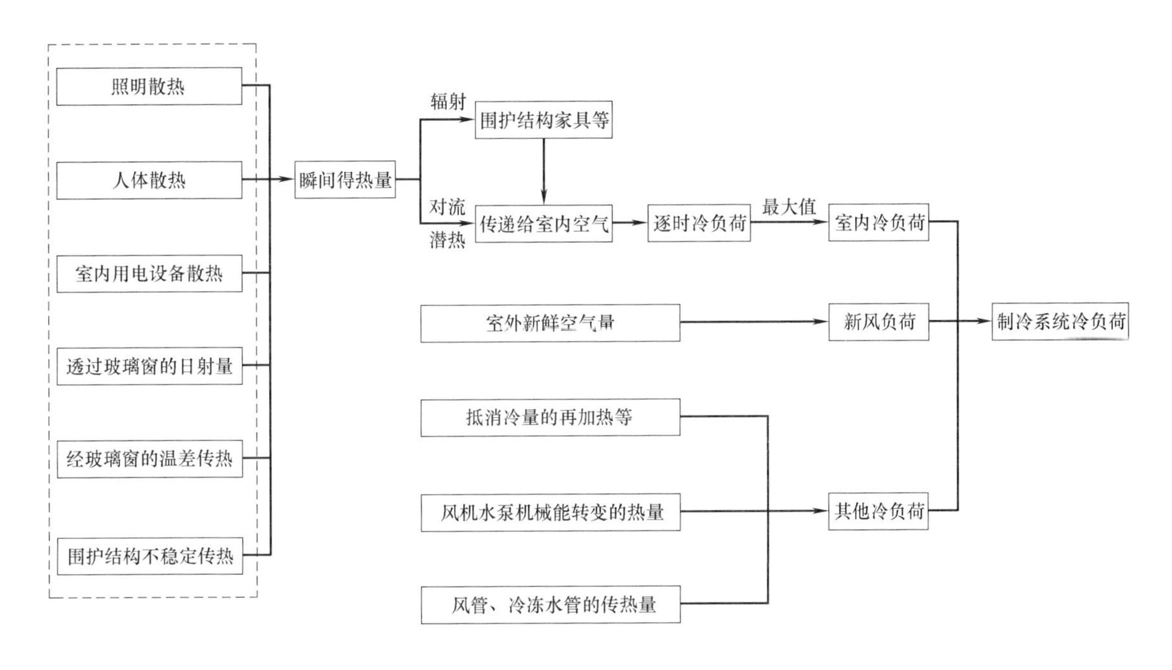

图 2-10　建筑物空调制冷系统负荷框图

模拟时，只需要根据系统的功能组成调用相应功能的模块，对每个模块输入初始条件和控制条件，就可以针对整个系统展开模拟。在利用 TRNSYS 组建系统时，无需单独编程以实现系统功能。如果用户出于自身模拟的个性化需要建立新的模块时，可以利用 C、C++、FORTRAN 语言编写新的模块。从软件编写的角度看，这种模块化的思想就是采用“黑箱”技术对特定程序进行封装，用户只需要根据自身需求调用即可，省去了自己编程的时间。因此相对于其他建筑能耗模拟软件，TRNSYS 具有较为灵活的建模环境，目前在建筑能耗模拟领域得到了广泛应用。

利用 TRNSYS 软件进行系统动态模拟的核心步骤就是用户需要根据系统中各部件的功能调用对应的程序模块，并且根据实际系统的信息流程将对应模块按照实际流程组建模拟系统。出于搭建系统便利性考虑，TRNSYS 将各个模块根据所述的系统类别进行分类，对每个模型都按大系统类别下的形式进行 UNIT 编号，同时对每个 UNIT 下的模块按功能类别再进行 TYPE 编号。用户需要根据系统将各个模块按照系统工作流程搭建完整系统，对每个模块输入初始条件（INPUT）、对各个模块的参数赋值（PARAMETER）、确定输出变量格式（OUTPUT）。此外用户还需要编写 DECK 文件设置计算控制参数，根据真实系统的质量流动、能量传递以及控制策略等前后逻辑关系完成各个模块的连接，完成系统建模。

由 TRNSYS 建立的系统模型将时间变量作为自变量，建立整个系统的能量转换的微分方程组，其边界条件通过其他模块的输入条件，该条件可以是常数参数，也可以是随时间变化的变量，通过求解联立方程组，最终得到整个系统各个模块的输出变量参数。在求解过程中，各个模块同步求解，各个关联的模块之间可以建立反馈机制。整个模拟系统所有的计算结果均为系统瞬时值，但用户可以通过添加积分模块得到系统长期累积性能值。

TRNSYS 软件系统搭建灵活，广泛应用于工程领域的系统仿真建模。目前主要功能包括：建筑能耗动态模拟，太阳能系统、地源热泵系统、辐射供冷（热）系统、热电联产系统、燃料电池系统、空调系统优化等。

TRNSYS 软件广泛应用于工程领域的动态仿真，具有以下几方面的优点：

（1）可视化强，系统模块与系统功能一一对应；

（2）系统单元模块化且源代码开放，用户可以根据自身需求调用现有模块建立新模块；

（3）灵活性强，模块采用开放性结构，用户可以根据系统工作流程搭建模块完成建模，也可以根据个性需求选择变量输出；

（4）适用性强，用户可以根据建立典型系统并保存为终端程序，方便以后使用；

（5）输出灵活，用户可以根据自身需求在线输出多种变量，输出文件可以被其他常见软件识别读取；

（6）通用性强，可以与目前常见的模拟程序建立连接，包括 EnergyPlus、CONTAM 和 Matlab。

2.2.1.2 千米级摩天大楼空调动态负荷模拟流程

与普通建筑的动态负荷模拟不同，不同高度的房间室外气象条件必然不同，千米级摩天大楼的空调负荷必须考虑室外环境气象参数的垂直变化，同时千米级摩天大楼室内空气参数也会随高度发生变化，进而导致空调负荷发生变化，因此千米级摩天大楼空调负荷模拟的核心问题是如何对室外和室内空气参数同时根据高度进行修正。如引言所述，本研究考虑室内外空气参数垂直变化对室内负荷和新风负荷的影响，但引起室内负荷变化和新风负荷变化的机理并不相同。具体地，室内负荷的变化是由于室外大气温度和风速垂直变化导致通过围护结构的传热量发生变化而引起的——大气温度的垂直变化必然引起室内外空气温差发生变化，风速的垂直变化必然导致围护结构外表面换热系数发生变化；新风负荷的变化主要是由于室外大气温度、湿度和压力变化导致新风焓值发生变化而引起的，另外参照现行的建筑规范，新风量均按体积要求，室内空气密度随高度的变化必然会导致新风质量减少，同时室内压力的垂直变化也会导致室内空气的焓值发生变化。因此本研究开发适用于千米级摩天大楼空调负荷计算，主要考虑室外大气温度、湿度、压力、风速和室内空气压力和密度的垂直变化对空调负荷的影响，其中对于大气温度、湿度、压力和风速的修正参考 2.1.3 节得到的室外环境气象参数垂直变化规律，而室内空气压力和密度的垂直分布主要受空气自然分布影响，同时还会受建筑内部具体布局的影响，例如水平隔断和垂直隔断等。但本研究出于计算方法的一般适用性考虑，暂时忽略具体建筑布局对室内空气分布的影响。千米级摩天大楼不同高度房间空调负荷的计算流程如图 2-11 所示，具体计算流程描述如下：

（1）基于中尺度气象模式 WRF 对建筑所在地区的气象条件进行模拟，整理当地不同气象参数的垂直分布，拟合得到不同气象参数相对于地面高度参数（10m）随高度变化的关系式。

（2）基于步骤（1）拟合得到的关系式，对空调负荷室外计算参数（包括典型年气象数据和规范规定的计算参数）根据高度进行修正。在修正过程中室外计算参数被视为关系式中的地面高度气象参数，从而得到基于空调负荷室外计算参数的室外环境气象参数垂直分布。

（3）将经过高度修正的室外环境气象参数作为气象数据建立适用于千米级摩天大楼空调负荷模拟的 TRNSYS 模型，并计算不同高度房间的空调负荷。

需要指出的是，常规建筑能耗模拟中所用的气象参数均来自长期的气象观测结果，通常需要较长的观测周期。而 WRF 模式本身所模拟的气象条件均基于真实的气象观测数据，而非典型年数据。同时本研究主要探索室外环境气象参数的垂直变化规律及其对千米级摩天大楼空调负荷垂直分布的影响，因此本研究中 TRNSYS 模型所用的高空气象参数均基于大气气象参数垂直变化规律对常规计算参数的高度修正，而非基于长期观测的气象数据统计，这也是本研究与常规建筑能耗模拟的不同之处。

2.2.1.3 空调负荷计算参数高度修正方法

基于中尺度气象模式 WRF 对大连地区 2012 年各个月份模拟结果，拟合得到各个气象参数

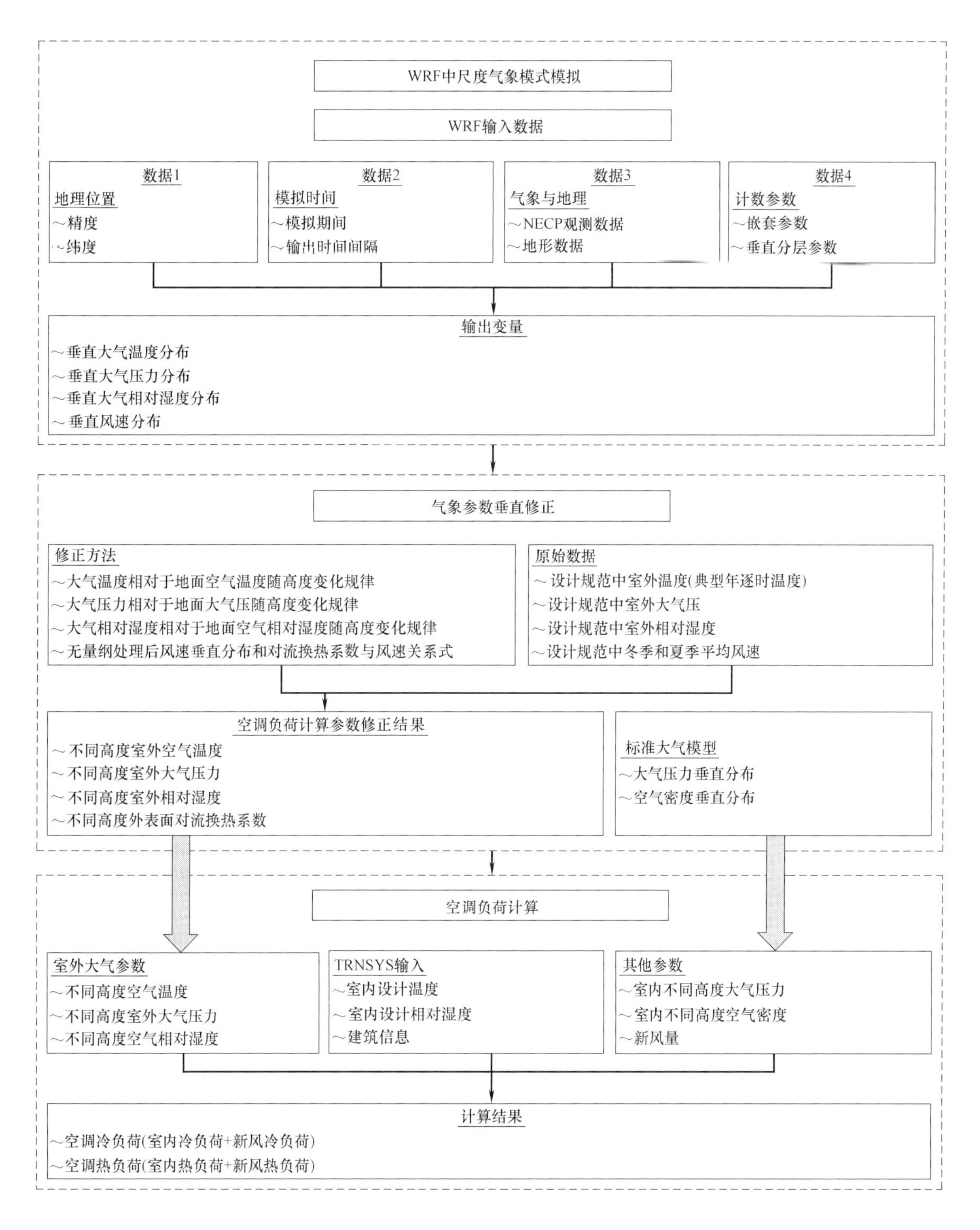

图 2-11 空调负荷计算流程

不同高度月均值相对于地面高度（10m）参数值随高度变化的关系式，并以这些月份的关系式作为对典型年气象数据进行高度修正的依据，其中相对湿度根据其垂直分布特点采用分段函数进行数据拟合。但这里需要说明的是目前设计规范中的供热、供冷室外计算参数均以当地最冷月和最热月的气象观测数据为依据，同时考虑到各气象参数在不同月份垂直变化规律的相似性，本研究中气象参数的高度修正也选择大连当地最冷月（1 月）和最热月（7 月）拟合公式，其中大气温度、湿度、压力的修正关系如式（2-1）～式（2-6）所示：

$$T_1(Z)=T_{gs}-0.00577Z\ (R^2=0.95) \tag{2-1}$$

$$T_7(Z)=T_{gs}-0.00585Z\ (R^2=0.96) \tag{2-2}$$

$$\varphi_1(Z)=\begin{cases}0.0003419Z+\varphi_{gs} & 0<Z\leqslant 290 \quad (R^2=0.93)\\ -0.0003752Z+0.176+\varphi_{gs} & 290<Z\leqslant 1000 \quad (R^2=0.95)\end{cases} \tag{2-3}$$

$$\varphi_7(Z)=\begin{cases}0.0003277Z+\varphi_{gs} & 0<Z\leqslant 270 \quad (R^2=0.92)\\ -0.0003821Z+0.184+\varphi_{gs} & 270<Z\leqslant 1000 \quad (R^2=0.94)\end{cases} \tag{2-4}$$

$$P_1(Z)=-0.0112Z+P_{gs} \quad (R^2=0.99) \tag{2-5}$$

$$P_7(Z)=-0.0111Z+P_{gs} \quad (R^2=0.98) \tag{2-6}$$

式中 $T(Z)$ ——不同高度大气温度（℃）；

$\varphi(Z)$——不同高度大气相对湿度；

$P(Z)$——不同高度大气压力（kPa）；

Z——大气距地面高度（m）；下标 1、7 为最冷月 1 月和最热月 7 月大气参数；下标 gs 为地面高度大气参数。

对建筑围护结构对流换热系数的高度修正过程及其推导过程如式（2-7）～式（2-10）。

WRF 模拟得到的大连当地风速垂直分布和空气调节室外计算风速垂直分布分别满足：

$$\text{WRF 模拟平均风速}:\frac{U_{WRF}(Z)}{U_{10}}=f\left(\frac{Z}{10}\right) \tag{2-7}$$

$$\text{空调负荷计算室外平均风速}:\frac{U(Z)}{U_{const}}=f\left(\frac{Z}{10}\right) \tag{2-8}$$

式中 $U_{WRF}(Z)$ ——WRF 模拟结果不同高度平均风速（m/s）；

U_{10}——WRF 模拟结果 10m 高度平均风速（m/s）；

$U(Z)$——空气调节室外计算风速垂直分布（m/s）；

U_{const}——大连地区室外平均风速（夏季：4.9m/s；冬季：5.1m/s）。

综合式（2-7）和式（2-8），可以得到不同高度的空调负荷计算室外风速：

$$U(Z)=U_{const}\times\frac{U_{WRF}(Z)}{U_{10}} \tag{2-9}$$

与其他气象参数的高度修正相同，式（2-9）中的平均风速根据计算热负荷和冷负荷分别取最冷月与最热月的月平均风速。根据 ASHRAE 标准中围护结构外表面对流换热系数与当地风速的关系可得：

$$\alpha_w=3.8\times U(Z)+5.7 \tag{2-10}$$

式中 α_w——围护结构外表面对流换热系数（$W/m^2\cdot K$）。

此外，建筑室内实际参数通常包括空气温度和相对湿度，并且一般设置为常数。但对于千米级摩天大楼而言，其室内设计参数的特殊性在于室内大气压力随建筑高度升高而降低，这就导致了室内空气焓值和空气密度随高度升高发生变化，从而对建筑的新风负荷带来影响。出于研究的一般性考虑，对于千米级摩天大楼室内空气参数的修正参考美国标准大气的垂直分布式（2-11）、式（2-12）。

$$P=101.325(1-2.25577\times10^{-5}Z)^{5.2559} \tag{2-11}$$

$$\rho=\frac{1.2\times P}{101.325} \tag{2-12}$$

2.2.1.4 基于 TRNSYS 模式的千米级摩天大楼空调负荷计算建模

本研究基于 TRNSYS 16 建立千米级摩天大楼空调负荷模拟模型。表 2-1 所示为模型中所用到的主要模块，以下将对各主要模块和参数设置要点进行详细介绍。

TRNSYS 模型中各主要部件的模块　　表 2-1

部件	模块编号	模块名称
Weather processor	Type 109c	气象读取器
Multi-zone building	Type 56a	多区建筑模型
Online plotter	Type 65d	在线显示器
Printer	Type 25c	数据输出打印机
Math equation	Math equation	数学公式编辑器

（1）气象数据读取模块——数据读取模块

该模块用来从外部文件以一定的时间间隔读取气象数据，同时支持在一定倾角条件下获得太阳辐射量。Type 109 主要识别 TMY2 格式的气象数据，该格式的气象数据有多种生成方式，例如 Meteonorm。本研究模拟所采用的气象数据均以 Meteonorm 生成的大连典型年气象数据和文献中规定的计算参数为基础进行高度修正，进而进行千米级摩天大楼的空调负荷计算。

（2）建筑物模块——物模块——修正

目前的建筑能耗模拟软件大多支持对整座建筑的能耗进行全年动态模拟，采用的算法主要包括热流平衡法（Heat Balance）和反应系数法（Response Factor）。TRNSYS 软件采用热流平衡法计算建筑物动态能耗。千米级摩天大楼空调负荷模型采用多区建筑物模块 Type 56，用来模拟多区建筑的动态空调负荷。该模块首先采用 TRNBuild 创建建筑物描述文件（BUI），包含建筑基本信息、围护结构信息、供暖供冷信息、内部得热量信息等。

（3）输出设备 type65d

该部件是用来在模拟过程中实时输出系统变量。

（4）输出设备 type25c

该部件用来将要求的变量以文件的形式存储到指定目录。

（5）数学公式编辑器 Math equation

该模块主要用来编辑数学公式，通过连接前端变量作为输入量，经过数学公式计算，并连接到后端作为输出变量。该模块是千米级摩天大楼对气象数据进行高度修正的核心模块，在本模型中可通过数据公式编辑器连接气象数据读取模块，并对气象数据进行数学计算从而实现高度修正的目的，后端连接多区建筑模块计算其空调负荷。

基于千米级摩天大楼负荷动态模拟系统的信息流向以及以上所介绍的模拟所需要的主要模块，对系统的基本模拟流程和功能做初步的分析，并将系统功能对应的模块按照模拟的流程组建系统，其中包括通过一定的控制模块实现系统模拟流程的转换。

如图 2-12 所示为千米级摩天大楼空气负荷模拟系统的 TRNSYS 模型，其中气象参数修正编辑器对室外环境的气象参数进行高度修正，是实现千米大楼建筑动态负荷模拟的核心。具体做法是将拟合得到的室外环境气象参数与地面环境气象参数关系式导入气象参数修正编辑器，前端连接大连地区典型年气象数据作为输入数据，经过公式修正得到输出数据，末端连接建筑物模块，计算得到空调负荷，房间或新风口的高度在模拟过程中根据时间周期控制。

2.2.2 千米级摩天大楼建筑动态负荷模拟方案

相较于普通建筑，千米级摩天大楼空调负荷的特殊性主要体现在室外环境的气象参数在垂直

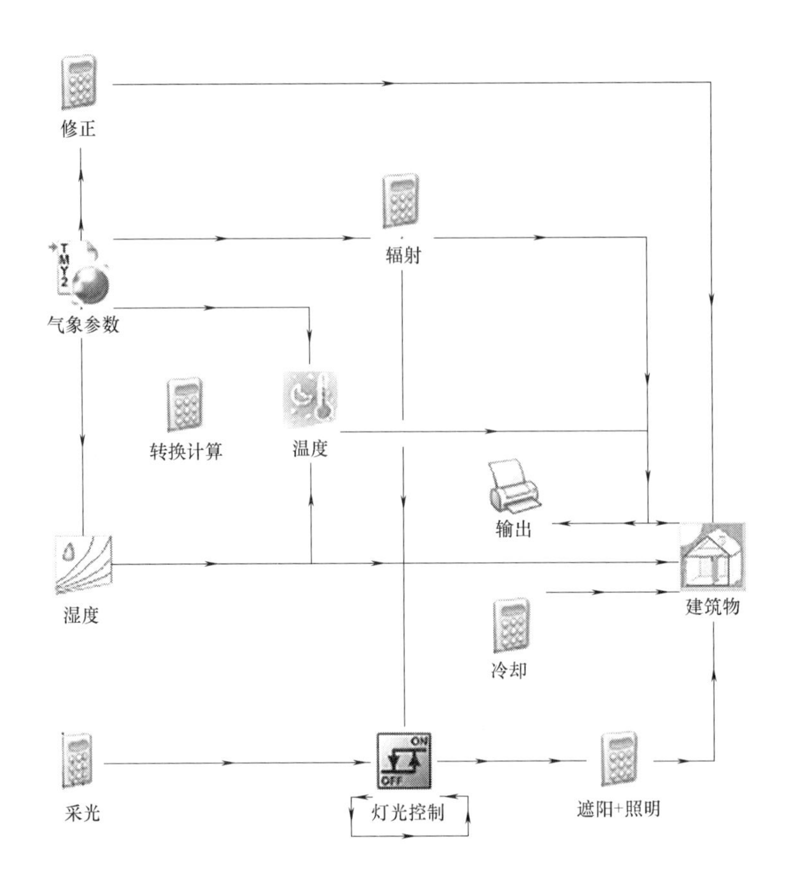

图 2-12　空调负荷动态模拟 TRNSYS 模型

方向发生变化对室内负荷和新风负荷的影响，传统的建筑规范中的设计参数以及设计方案已经不再适用。而千米级摩天大楼体量巨大、功能分区多样化、建筑分区复杂、不同分区人员密度差异显著，这使得其空调负荷模拟具有一定的复杂性。另外，就模拟建筑具体的研究对象而言，室内负荷针对的是千米级摩天大楼内部不同高度的房间，而新风负荷不仅针对千米级摩天大楼内部不同高度的房间，同时还针对空调系统置于千米级摩天大楼外部不同高度的新风口。因此在基于TRNSYS16 模式开发的空调负荷模型的基础上，对千米级摩天大楼的空调负荷模拟方案主要从以下两个方面进行考虑：

（1）建筑类型

建筑类型是从建筑本身的服务功能出发定义其所属的类别。起初，高层建筑因其建筑本身所需的高成本和相对集中的服务范围，主要被用作公共用途，比如办公建筑和酒店建筑。近年来随着超高层建筑的快速发展，建筑类型也覆盖越来越多服务功能，甚至是多功能，集多种建筑类型于一身。

另一方面，如图 2-10 所示，建筑的室内负荷具体包括由照明散热量、人体散热量、室内用电设备散热量、透过玻璃窗进入室内的日射量和围护结构传热量（经玻璃窗的温差传热量和围护结构不稳定传热量）引起的负荷。理论上，室外环境气象参数的垂直变化对于千米级摩天大楼室内负荷的影响仅体现在由围护结构传热这部分，其他部分传热量由不同建筑类型的使用属性决定。因此不同建筑类型的室内负荷模拟只是改变了室内负荷中由围护结构传热量引起的负荷与其他传热量引起的负荷的比重，其影响本质上并无差别。另外对于新风负荷，在以往工程实践和研究中通常采用单位体积新风负荷作为衡量新风系统能耗的指标，建筑功能只是改变了整个建筑总的新风能耗，对单位体积的新风负荷没有影响。因此，为了避免计算、讨论的重复性，同时体现模拟方案本身代表性，本研究选择在超高层大楼中占较大比例的办公建筑类型作为空调负荷的研究对象，并根据《公共建筑节能设计标准》GB 50189—2015 中对围护结构热工特性的要求计算空调负荷。

(2) 空调负荷计算内容

根据文献对建筑冷、热负荷计算指标的要求，本研究中千米级摩天大楼空调负荷模拟内容包括夏季逐时冷负荷和冬季热负荷，其中夏季逐时冷负荷包含室内逐时冷负荷和新风冷负荷，冬季热负荷包含室内热负荷和新风热负荷。

具体地，室内负荷受房间高度的影响，新风负荷同时受房间高度和新风口高度影响。因此为了提高空调负荷模拟的针对性，室内负荷的模拟考虑不同高度的房间，新风负荷的模拟同时考虑不同高度的房间和新风口。具体模拟方案见表 2-2。这里需要注意的是本研究的空调负荷计算未考虑风压与热压作用引起的空气渗透，一方面本研究重点考虑室外气象参数变化对不同高度房间空调负荷的影响，而风压与热压作用下的空气渗透量因房间高度不同而不同，且受围护结构严密性影响明显，同时千米级摩天大楼从安全的角度考虑必须对风压与热压作用采取必要的控制措施，这同样对空气渗透量造成影响。另一方面，风压与热压作用下的空气渗透主要集中的建筑首层，建筑其他高度房间的空气渗透不明显。综上，为重点分析气象参数垂直变化对千米级摩天大楼空调负荷的影响，本研究未考虑风压与热压作用引起的空气渗透。

空调室内负荷动态模拟方案　　表 2-2

项目	室内负荷	新风负荷
房间类型	办公	办公
房间高度（m）	0/200/400/600/800/1000	0/200/400/600/800/1000
新风口高度（m）	—	0/200/400/600/800/1000

注：0 代表地面高度房间，下同。

2.2.2.1　千米级摩天大楼动态负荷模拟建筑模型

通常情况下，建筑的具体形式在很大程度上决定了其空调系统的冷热负荷。如模拟方案部分所述，本研究空调负荷包含两部分内容：室内负荷和新风负荷。而这两部分负荷的模拟计算对建筑信息依赖关系有所不同，具体来说，新风负荷由新风量和室内外空气的焓差决定，和建筑具体的形式没有关系。而室内负荷包含了多项内容，其中围护结构的物理尺寸、热工性能和建筑功能对室内负荷作用显著。另外，本研究关于室外环境气象参数对千米级摩天大楼室内热环境影响的研究，其研究目的并非是模拟整座建筑的空调负荷，而是通过模拟不同高度房间的室内负荷来评估气象参数垂直变化对千米级摩天大楼室内负荷的影响，所以对室内负荷而言，与千米级摩天大楼的整体建筑布局相比，更关心其平面形式。综上，本研究仅通过建筑标准层的平面信息来说明室内负荷模拟的对象，并且以下的建筑平面信息仅针对室内负荷的模拟。即使建筑顶层和底层的冷负荷略高于标准层，但是对于建筑层数众多的千米级摩天大楼，其对整个建筑能耗的影响可忽略不计。

模拟所依据的建筑平面形式不同，得到的室内负荷结果也不相同。但又不存在一个建筑模型可以体现所有实际建筑的情况。为了使室内负荷模拟结果具有普遍代表性，本节中选择一种更为典型且简单的平面方案，此方案标准层具有典型朝向的外窗、外墙，旨在通过不同高度标准层中不同朝向房间单位面积室内负荷的垂直变化，来说明室外环境垂直变化对室内负荷的影响。图 2-13所示的标准层平面采用各个外墙朝向完全对称的形式，相较于实际建筑中非对称的建筑平面，只是各典型朝向负荷所占的权重不同而已。建筑高宽比为 8.5，体形系数为 0.17，有效平面的建筑面积为 13890m^2，核心筒面积为 625m^2（含电梯间），层高 5m，每个房间面积按 70m^2（使用面积，下同）计算。

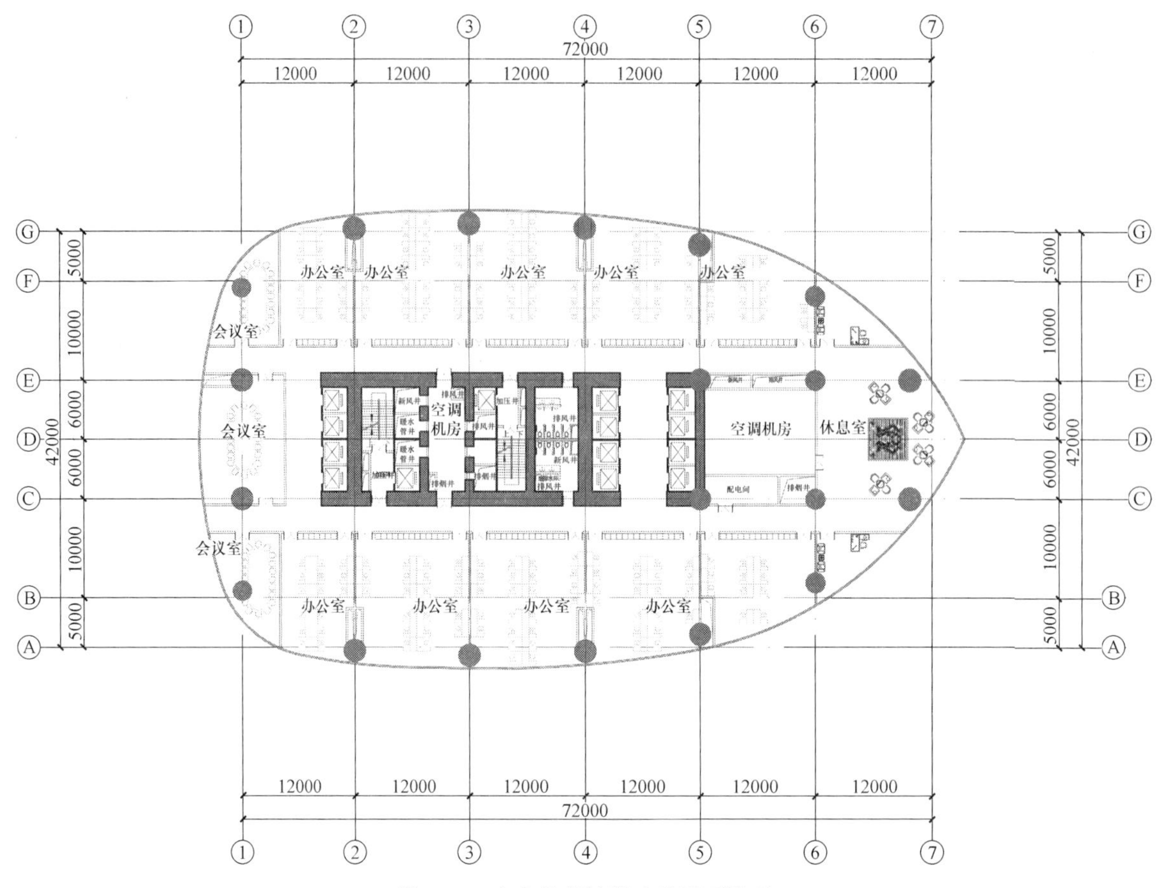

图 2-13　室内负荷计算建筑平面模型

2.2.2.2　千米级摩天大楼空调负荷模拟参数设定

千米级摩天大楼空调负荷动态模拟的计算参数设置主要参考《公共建筑节能设计标准》GB 50189—2015、《民用建筑供暖通风与空气调节设计规范》GB 50736—2012 和《实用供热空调设计手册》中相关规定和推荐值进行设置。

(1) 围护热工参数

参考国内外已建成的超高层建筑，在室内负荷动态模拟模型中设置千米级摩天大楼平面模型的围护结构信息，并检验其热工特性参数使其满足前述设计标准的节能要求。围护结构传热系数：屋面（按照Ⅲ型结构考虑）0.55W/(m^2 · K)，外墙（按照Ⅲ型结构考虑）0.6W/(m^2 · K)。室内无内遮阳设施，窗有效面积系数 C_a=0.8。

(2) 室内设计参数

建筑的类型决定了自身的使用属性，比如室内设备散热量和空调工作时间等，参考《实用供热空调设计手册》中相关推荐值设置与建筑自身与空调负荷相关的计算参数，具体见表 2-3。办公时间为 8：00～18：00 办公室人员劳动强度按照“极轻度劳动”计算。

室内负荷设计参数　　表 2-3

参数	参数值
夏季空调室内设计温度	26℃
夏季空调室内设计相对湿度	55%
冬季空调室内设计温度	22℃
冬季空调室内设计相对湿度	50%
灯光设备散热	40W/m^2
人员活动	极轻度劳动(12W/m^2)

(3) 其他计算条件

对于建筑围护结构类型，根据赵西安的研究，以目前的建筑技术和建筑材料发展而言，大面积采用轻质玻璃幕墙是未来千米级摩天大楼发展的必然选择。另外，透明围护结构的热工特性是影响建筑空调负荷的重要因素之一，《公共建筑节能设计标准》GB 50189—2015 针对公共建筑不同窗墙面积比（简称窗墙比）的热工特性都做了具体要求。为了体现室外环境气象参数垂直变化对千米级摩天大楼室内负荷的影响，同时使分析和计算具有更多的包容性和代表性，此处考虑上述规范规定的 5 种窗墙比，这里需要说明的是，上述标准对于窗墙比、传热系数、遮阳系数做出限制规定是出于对不同窗墙比条件下的全年能耗大致相同考虑，在允许窗墙比扩大的同时，对透明围护结构的传热系数提出了更为严格的要求。另外，标准并未对所有条件下建筑外窗的遮阳系数提出具体的要求，但根据其对外窗传热系数的要求可以推断，此种情况下的建筑外窗至少采用双层玻璃外窗，综上对千米级摩天大楼不同高度房间建筑负荷模拟的外窗热工特性作如下规定：

工况 1：窗墙比 0.2，外窗传热系数 3.5W/(m^2·K)，东、西、南、北朝向外窗的遮阳系数均为 0.86；

工况 2：窗墙比 0.3，外窗传热系数 3.0W/(m^2·K)，东、西、南、北朝向外窗的遮阳系数为 0.86；

工况 3：窗墙比 0.4，外窗传热系数 2.7W/(m^2·K)，东、西、南朝向外窗的遮阳系数为 0.7；北朝向外窗的遮阳系数为 0.86；

工况 4：窗墙比 0.5，外窗传热系数 2.3W/(m^2·K)，东、西、南朝向外窗的遮阳系数为 0.6；北朝向外窗的遮阳系数为 0.86；

工况 5：窗墙比 0.7，外窗传热系数 2.0W/(m^2·K)，东、西、南朝向外窗的遮阳系数为 0.5，北朝向外窗的遮阳系数为 0.86。

此外，千米级摩天大楼室内负荷的计算参数还包括经过高度修正的室外空气温度和建筑围护结构外表面的对流换热系数，见表 2-4。其中夏季室内逐时冷负荷的计算温度采用典型年逐时温度，限于篇幅，未列于表中。

不同高度计算参数修正　　表 2-4

房间高度(m)	冬季空气调节室外计算温度(℃)	夏季建筑外表面对流换热系数[W/(m^2·K)]	冬季建筑外表面对流换热系数[W/(m^2·K)]
0	−13.00	21.28	25.46
200	−14.54	24.32	30.78
400	−15.31	23.94	29.26
600	−16.64	22.42	26.98
800	−17.62	21.66	25.84
1000	−18.77	22.04	26.6

与室内负荷计算时地面环境设计参数采用典型年数据不同，新风负荷的室外气象参数的高度修正基于规范中的设计参数，表 2-5～表 2-7 给出了新风负荷计算所用到的基础设计参数和修正后的室内外设计参数，并将其导入 TRNSYS 空调负荷计算模型。

新风负荷基础设计参数　　表 2-5

参　　数	参数值
供冷室内设计温度(℃)	26
供冷室内热相对湿度	55%
供暖室内设计温度(℃)	22

续表

参　　数	参数值
供暖室内相对湿度	50%
人员密度（m^2/人）	7
新风量[m^3/(h·人)]	30
夏季室外干球温度（℃）	29
夏季室外湿球温度（℃）	24.9
冬季室外干球温度(℃)	−13
冬季室外相对湿度	56%
夏季室外大气压（kPa）	99.78
冬季室外大气压力（kPa）	101.39

不同高度室内计算参数修正 **表 2-6**

房间高度（m）	0	200	400	600	800	1000
室内大气压（kPa）	101.33	98.95	96.61	94.32	92.08	89.87
空气密度（kg/m^3）	1.20	1.17	1.14	1.12	1.09	1.06
新风量体积[m^3/(h·人)]	30	30	30	30	30	30
新风量质量[kg/(h·人)]	36.00	35.15	34.33	33.51	32.71	31.93
室内温度对应湿空气饱和压力（kPa）	2.98	2.98	2.98	2.98	2.98	2.98

不同高度室外计算参数修正 **表 2-7**

新风口高度（m）	0	200	400	600	800	1000
冬季室外大气压力（kPa）	101.39	99.15	96.91	94.67	92.43	90.19
夏季室外大气压力（kPa）	99.78	97.56	95.34	93.12	90.90	88.67
冬季室外干球温度（℃）	−13.00	−14.54	−15.31	−16.64	−17.62	−18.77
夏季室外干球温度（℃）	29.00	27.83	26.66	25.49	24.32	23.15
冬季室外相对湿度	56.0%	62.8%	58.6%	51.1%	43.5%	36.0%
夏季室外相对湿度	72.0%	78.5%	75.2%	67.5%	59.8%	52.2%
冬季室外温度对应湿空气饱和大气压（kPa）	0.20	0.18	0.16	0.14	0.12	0.11
夏季室外温度对应湿空气饱和大气压（kPa）	4.01	3.74	3.49	3.26	3.04	2.83

表 2-5 给出了基于办公建筑的人员密度和新风量，但新风负荷计算均采用单位体积新风负荷来评估室内外气象参数随高度变化对新风负荷的影响，本表中所列的人员密度和新风量均作为中间条件使用，不对最终结果产生影响。

2.3　千米级摩天大楼室内负荷动态模拟

基于前文建立的可修正室外气象参数的空调负荷模型对千米级摩天大楼的空调负荷展开研究，但室外气象参数的垂直变化对室内负荷和新风负荷影响的机理并不相同。具体来说，室内负荷的变化是由于室外大气温度和风速垂直变化导致通过围护结构的传热量发生变化而引起的，针对的对象是千米级摩天大楼内部不同高度的房间。新风负荷一方面受室外大气温度、湿度、压力随高度变化影响，另一方面受室内空气密度、压力随高度的变化影响，针对的对象是千米级摩天大楼外部不同高度的新风口和内部不同高度的房间。所以室外环境大气参数的垂直变化对室内负荷和新风负荷影响的机理不同，针对对象也不同，为了便于分析讨论，以下将对千米级摩天大楼的室内负荷和新风负荷分别计算分析。

2.3.1　千米级摩天大楼室内冷负荷动态模拟及分析

采用基于 TRNSYS 软件建立的千米级摩天大楼空调负荷计算模型对大连地区最热月（7 月）的室内冷负荷进行模拟，其中不同高度气象条件（温度和风速）通过气象参数修正编辑器进行修正，从而得到当地最热月份逐时室内冷负荷，并对逐时冷负荷进行时均处理，最终得到大连地区千米级摩天大楼办公建筑在工作时段不同高度标准层房间的逐时室内负荷。另外定义逐时冷负荷的最大值为设计负荷，作为不同高度室内负荷设计的参考指标。

根据前文所述的动态负荷模拟方案，本节对建筑模型中不同高度标准层房间在不同人数分级、不同围护结构条件下的室内负荷进行了模拟计算，但对于室内负荷，人数分级主要影响由计算机引起的冷负荷，不同的人员密度只是改变了与其相关的冷负荷所占室内负荷的比重，而围护结构热工特性和房间高度、朝向则直接影响由通过围护结构传热引起的冷负荷。本节以下将对不同高度标准层的逐时冷负荷和设计冷负荷分别展开讨论，其中人员密度按人数分级 3 考虑。

2.3.1.1　逐时冷负荷分析

室内逐时冷负荷主要体现了为维持室内设定条件空调系统所需要提供的冷量在特定时段随着时间的变化情况，如图 2-14 所示在工况 3 下不同高度标准层各个朝向房间的逐时室内负荷。对于不同朝向的房间，具有两面外墙房间的逐时冷负荷明显大于一面外墙的房间，不同朝向房间的逐时冷负荷随时间的变化趋势不同，相较于南、北朝向房间的逐时冷负荷，东、西朝向房间逐时冷负荷随时间的变化非常明显。其中东朝向房间逐时冷负荷的最大值出现在 10：00；西朝向房间冷负荷的最大值出现在 16：00；南朝向房间逐时冷负荷的最大值出现在 14：00；北朝向房间逐时冷负荷的最大值出现在 15：00；东南和东北朝向房间室内冷负荷的最大值在一天内出现两次（东南：10：00 和 14：00，东北：10：00 和 15：00），西南和西北朝向房间室内冷负荷的最大值均出现在 16：00。另外，东南和东北朝向房间的逐时冷负荷在上午明显大于西南和西北朝向，西南和西北朝向房间的逐时冷负荷在下午明显增大，而东南和东北朝向房间逐时冷负荷在下午未见明显减小。对于不同高度的房间，其逐时冷负荷随房间高度的升高而降低，且相同朝向不同高度房间的逐时冷负荷随时间的变化具有一致性，即同一朝向不同高度房间逐时冷负荷之间的差值随时间不发生变化。

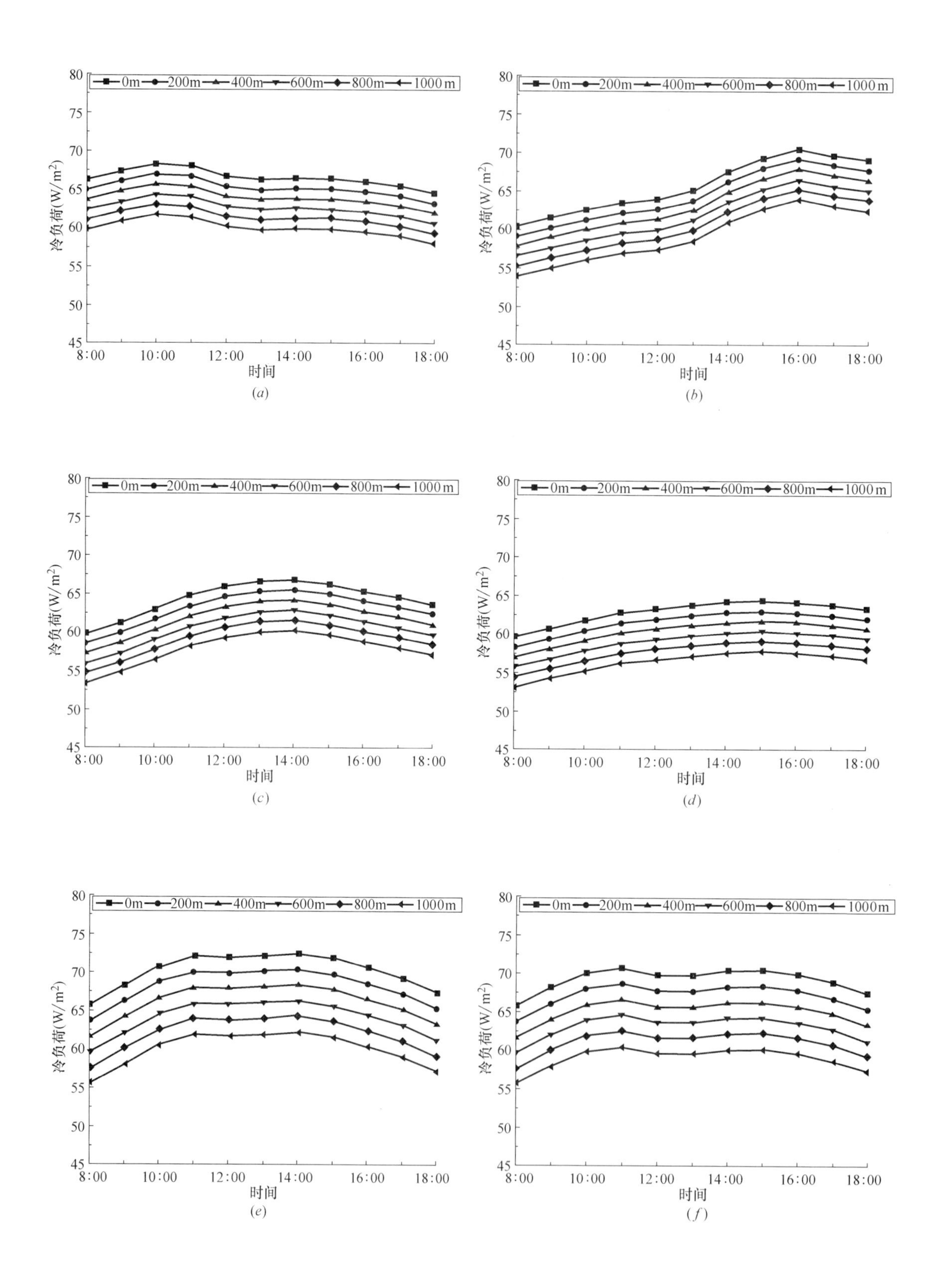

图 2-14　标准层房间（工况 3）室内逐时热负荷

(*a*) 东；(*b*) 西；(*c*) 南；(*d*) 北；(*e*) 东南；(*f*) 东北

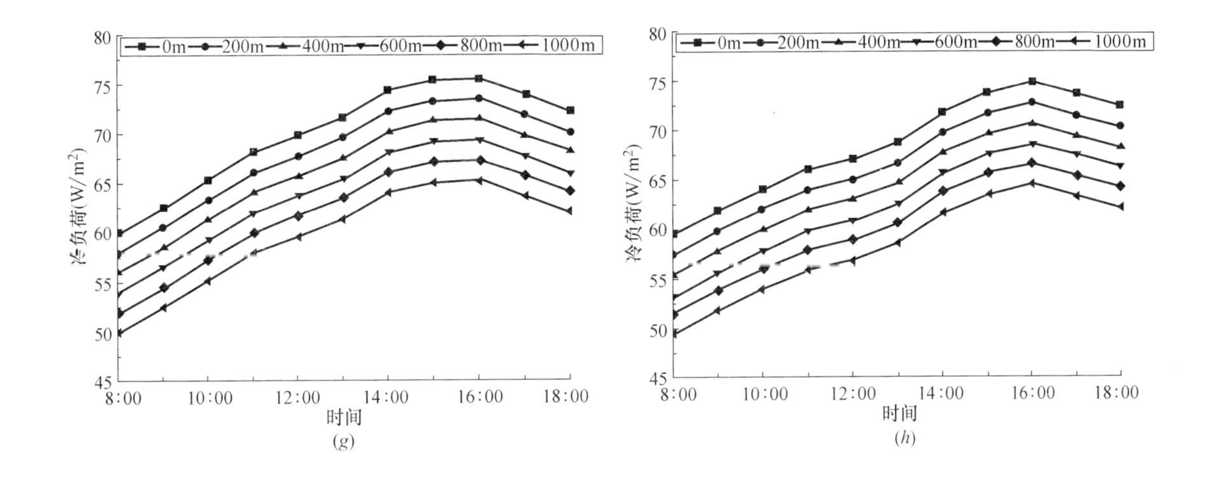

图 2-14 标准层房间（工况 3）室内逐时热负荷（续）

（*g*）西南；（*h*）西北

2.3.1.2 高度对冷负荷的影响

图 2-14 所示为不同高度标准层中不同朝向房间的设计冷负荷，具有两面外墙房间的设计冷负荷明显大于具有一面外墙房间的设计冷负荷，但不同朝向房间的设计冷负荷随高度的变化趋势相同，均随着房间高度的升高而减小。例如当围护结构热工特性参数设定为工况 1 时，具有一面外墙房间的设计冷负荷随高度的变化梯度约为 $-1.2\mathrm{W}\cdot\mathrm{m}^{-2}\cdot200\mathrm{m}^{-1}$，具有两面外墙房间的设计冷负荷随高度的变化梯度约为 $-1.9\mathrm{W}\cdot\mathrm{m}^{-2}\cdot200\mathrm{m}^{-1}$，其主要原因是在室内外温差变化相同时，外墙面积的增大导致围护结构传热引起的冷负荷增加。

另一方面，如图 2-15（*a*）、（*b*）、（*c*）所示，不同围护结构热工特性对同一朝向房间的设计冷负荷随高度变化的梯度影响不明显，当围护结构热工特性参数设定为工况 2 和工况 3 时，具有一面外墙房间的设计冷负荷随高度变化的梯度分别为 $-1.0\mathrm{W}\cdot\mathrm{m}^{-2}\cdot200\mathrm{m}^{-1}$ 和 $-1.1\mathrm{W}\cdot\mathrm{m}^{-2}\cdot200\mathrm{m}^{-1}$，具有两面外墙房间的设计冷负荷随高度变化的梯度分别为 $-1.6\mathrm{W}\cdot\mathrm{m}^{-2}\cdot200\mathrm{m}^{-1}$ 和 $-1.7\mathrm{W}\cdot\mathrm{m}^{-2}\cdot200\mathrm{m}^{-1}$。这主要是因为《公共建筑节能设计标准》GB 50189—2015 对不同窗墙比情况所规定围护结构热工特性参数是以全年能耗相同为基本原则而得到的，在窗墙比限值增大的同时，标准对透明围护结构的传热系数和遮阳系数提出了更严格的要求，力求在不同热工特性条件下的围护结构传热量能耗大体相等。对于设计冷负荷随高度的变化梯度，房间高度的升高只是改变了室内外温差，因此不同热工条件下的设计冷负荷随着高度的变化梯度也大致相同。同时，全年能耗不仅包含夏季供冷能耗，还包括冬季供暖能耗以及过渡季能耗，因此本研究中在不同围护结构热工特性条件下计算得到的冷负荷随高度变化梯度大致相等，同时存在较小差异是在合理范围之内的，不同围护结构热工特性条件下的设计冷负荷分析详见下节。

2.3.1.3 围护结构对冷负荷的影响

图 2-16 所示为在不同围护结构热工热性条件下计算得到的标准层各个朝向房间的设计冷负荷。如前所述，本研究中室内负荷所依据的围护结构热工特性参数是参照《公共建筑节能设计标准》GB 50189—2015，其基本原则是保证在不同围护结构热工特性条件下，全年空调能耗相等。

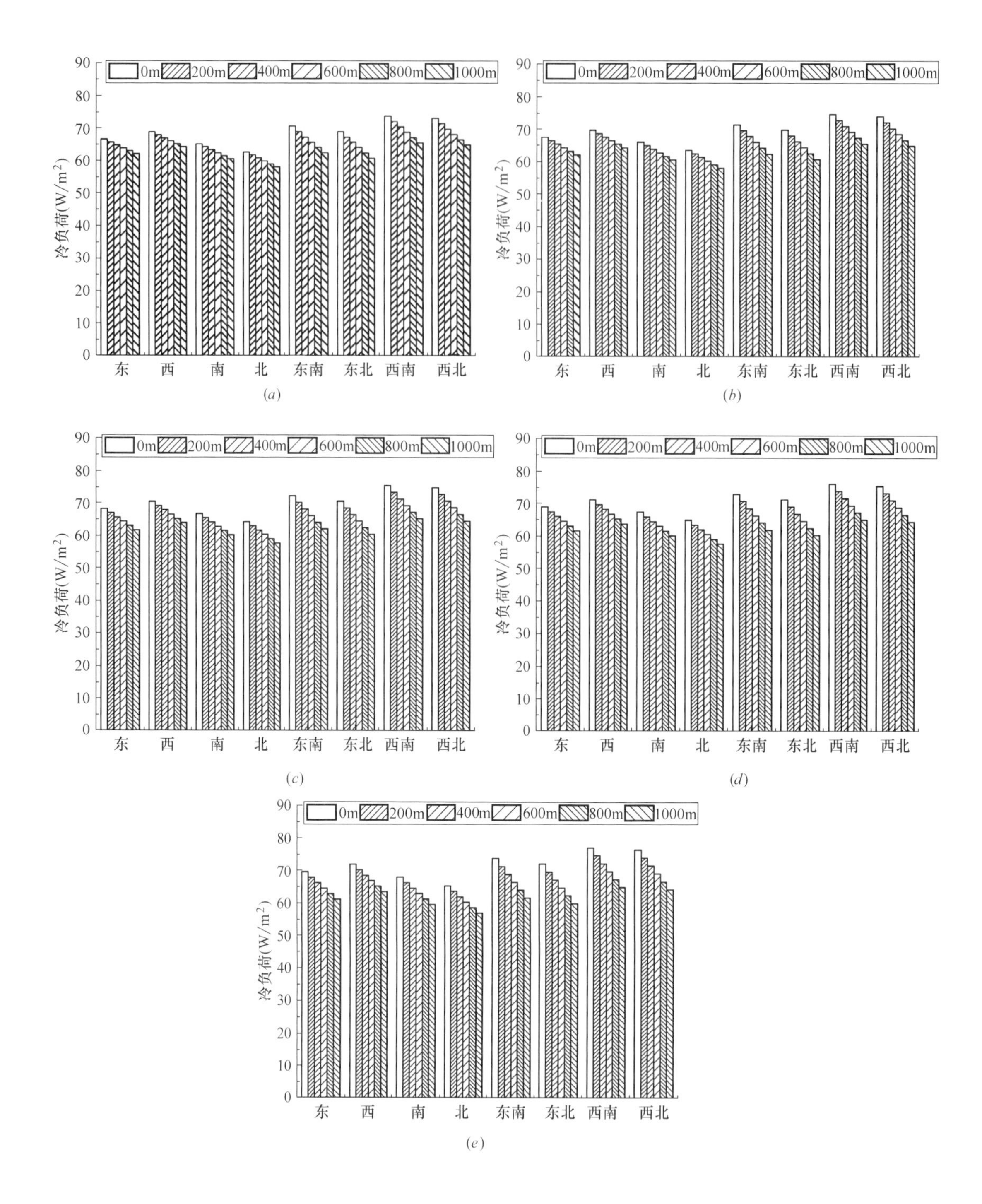

图 2-15　不同高度房间冷负荷
(a) 工况 1；(b) 工况 2；(c) 工况 3；(d) 工况 4；(e) 工况 5

标准在允许窗墙比限值增大的同时，降低了传热系数和遮阳系数的限值，其中空调负荷随着外窗面积的增大而增大，随着外窗传热系数的减小而减小，而遮阳系数的减小会降低室内冷负荷，同时增大室内热负荷。另一方面，由于全年建筑能耗不仅仅包括夏季供冷负荷，还包括冬季供热负荷和过渡季负荷，一般情况下，供热和供冷周期长短也不相同，所以不同建筑围护结构条件下的供冷负荷存在差异是合理的。如图 2-16 所示，标准层中同一朝向不同围护结构房间的室内负荷随围护结构热工特性（工况 1～5）的不同而不同，但不同围护结构对建筑冷负荷的影响并不明显，例如地面高度的东朝向房间，其设计热负荷最大值（工况 5）约为 70W/m^2，设计热负荷最小值（工况 1）约为 67W/m^2。

同时注意到，对于不同高度的标准层，同一朝向房间的室内设计负荷随围护结构热工特性的变化幅度和变化方向并不相同。较低高度房间（同一朝向）设计冷负荷随高度的变化梯度明显大于较高高度房间设计冷负荷随高度的变化梯度。当标准层高度在 800m 以下时，室内

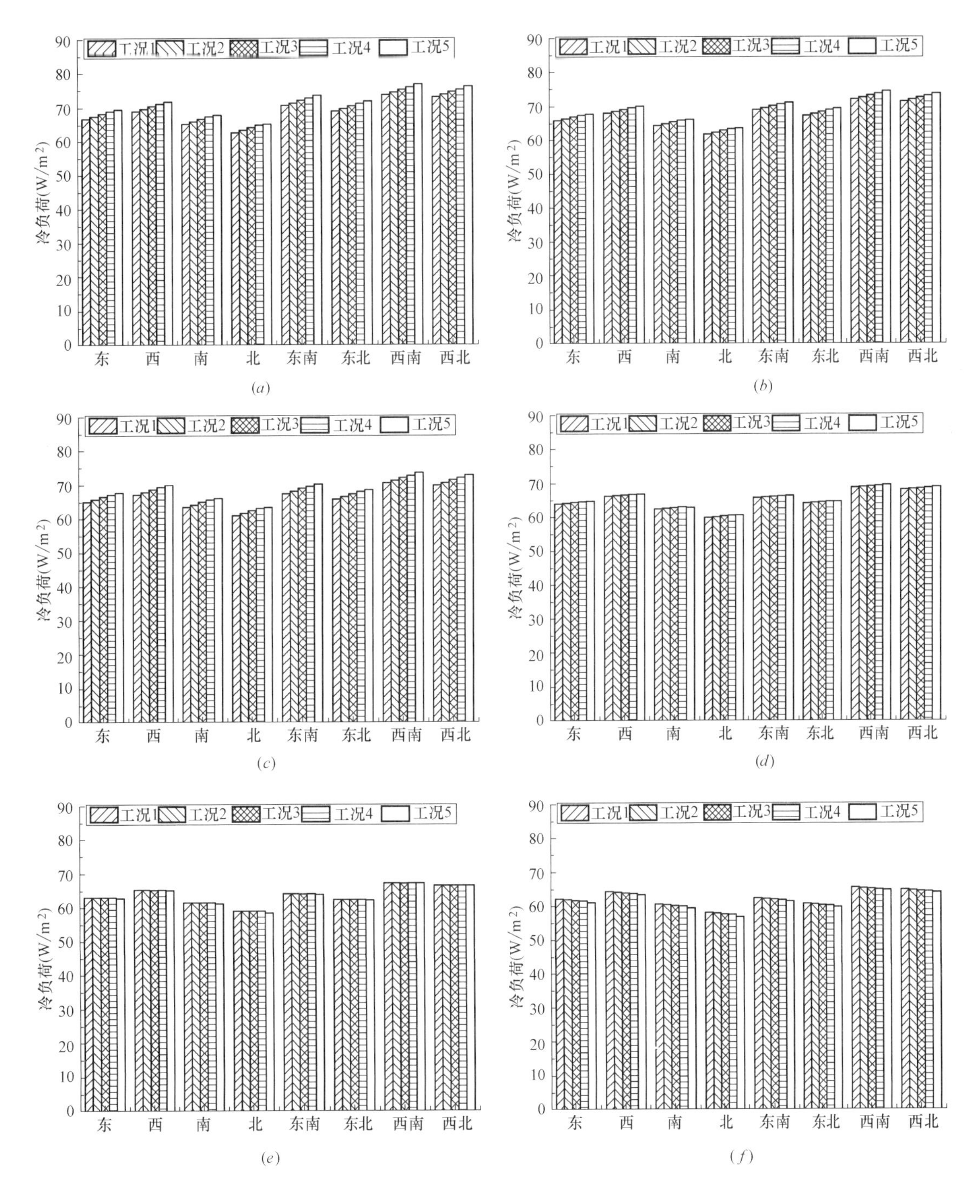

图 2-16 不同朝向房间设计冷负荷随围护结构热工特性的变化关系

(a) 0m；(b) 200m；(c) 400m；(d) 600m；(e) 800m；(f) 1000m

设计冷负荷随外窗面积的增大（工况 1～5）而增大；当标准层高度在 800m 高度时，室内设计冷负荷随外窗面积的增大（工况 1～5）基本无变化；当标准层高度在 1000m 高度，室内设计冷负荷随外窗面积的增大（工况 1～5）而减小。这主要是因为室外温度随着建筑高度升高而降低造成的，在 800m 以下高度，室外温度高于室内温度，大气环境通过围护结构向室内传热，而 800m 以上高度，室外温度低于室内温度，建筑内部通过围护结构向大气环境排热。如前所述，虽然由于不同围护结构热工特性的差异导致的室内负荷差异不大，但是围护结构传热由传热系数、传热面积和室内外温差共同决定，室内外温差随着高度升高而降低，必然降低不同围护结构之间的室内冷负荷差值，同时室内外温差正负值的改变也必然改变室内冷负荷随围护结构热工特性变化（工况 1～5）的变化方向，以至于当房间高度超过 800m 时，围护结构热工性能的提高反而降低了通过围护结构的散热。同时，这一现象也说明在 800m 高度附近，室内外设定温度基本持平，通过围护结构的传热量基本为 0，从而造成了不同围护结构之间的设计冷负荷差异不明显。

同理，对于室外温度低于室内温度同时需要供冷的过渡季节，建筑围护结构热工性能的提高同样会减少建筑通过围护结构向室外排热，增加供冷量，进而增加整幢建筑的能耗。

2.3.1.4 冷负荷高度修正

本节主要针对千米级摩天大楼冷负荷进行了动态模拟，为了体现不同高度房间室内冷负荷相对于地面高度房间室内冷负荷的变化，定义室内冷负荷高度修正系数如下。

$$C=\frac{Q_Z-Q_0}{Q_0} \tag{2-13}$$

式中 Q_0——基准设计负荷（W/m^2）；

Q_Z——其他高度房间的室内设计负荷（W/m^2）；

C——设计负荷修正系数。

标准层中不同朝向房间的室内冷负荷高度修正率如图 2-17 所示。可以看到，室内冷负荷高度修正系数因房间高度、房间朝向和围护结构热工特性的不同而不同。在围护结构热工特性和房间高度相同时，具有两面外墙的室内冷负荷高度修正系数明显大于一面外墙的室内冷负荷高度修正系数。但对于特定的围护结构，当房间外墙数量相同时，不同朝向房间的高度修正系数差异并不显著。例如当围护结构热工特性设定为工况 1 时，东、西、南、北朝向房间室内冷负荷的高度修正系数非常接近，房间高度为 200m 时，修正系数约为－1.7％，且房间高度每升高 200m，修正系数约增加－1.5％。同样，东南、东北、西南、西北朝向房间的高度修正系数也非常接近，房间高度为 200m 时，修正系数约为－3.0％，且房间高度每升高 200m，修正系数约增加－2.5％。同时注意到，对于具有一面外墙的房间，北朝向房间具有最大高度修正系数，对于具有两面外墙的房间，东北朝向房间具有最大的高度修正系数，如前分析可知，在围护结构相同时，室内冷负荷随高度的变化量差异不明显，以上两个朝向具有最大的高度修正系数主要是因为该朝向地面高度房间的冷负荷最小。另一方面，围护结构的热工特性对室内冷负荷的高度修正系数有较大影响。如图 2-17 所示，室内冷负荷的高度修正系数（绝对值）随着外墙面积的增大（工况1～5）而增大。同样以北朝向和东北朝向房间为例，在围护结构热工特性为工况 1 时，其室内冷负荷高度修正系数的最大值分别为－8％和－12.5％；在围护结构热工特性为工况 5 时，室内冷负荷高度修正系数的最大值分别为 13.2％和 17％。这是因为对于同一朝向的房间，不同围护结构热工特性条件下的室内冷负荷差异不大，而室内冷负荷随高度的变化量随外窗面积的增大（工况 1～5）而增大，且相对显著，从而导致了室内负荷高度修正系数随外窗面积的增大而增大。

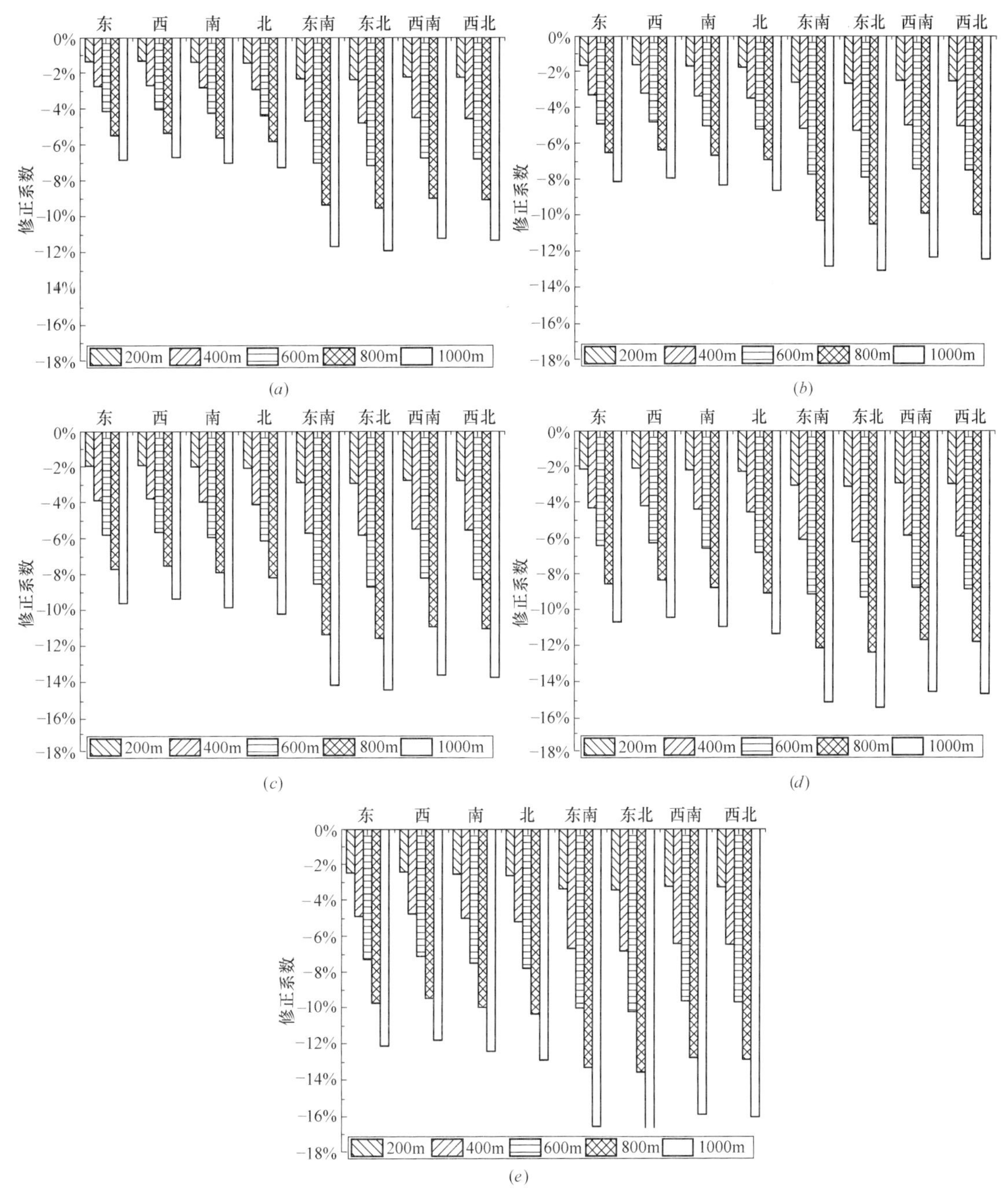

图 2-17　不同高度不同朝向房间的室内冷负荷高度修正率

(a) 工况 1；(b) 工况 2；(c) 工况 3；(d) 工况 4；(e) 工况 5

2.3.2　千米级摩天大楼室内热负荷动态模拟及分析

如前文所述，千米级摩天大楼室内热负荷模拟包括不同建筑类型的设计热负荷，其室外气象条件基于大连地区空调负荷计算参数及其高度修正关系。

运用 TRNSYS 软件对供暖期热负荷进行模拟，通过气象参数修正编辑器模拟不同高度建筑空调负荷，模拟得到 1 月份空调系统逐时热负荷，对逐时热负荷进行时均处理，进而得到不同高度、不同时刻空调系统时均热负荷，同时从 TRNSYS 软件模拟得到的逐时热负荷中筛选出逐时最大值，作为供暖期空调系统热负荷指标。

2.3.2.1 高度对热负荷的影响

图 2-18 所示为不同高度标准层中不同朝向房间的设计热负荷，具有两面外墙房间的设计热负荷明显大于具有一面外墙房间的设计热负荷，但不同朝向房间的设计热负荷随高度的变化趋势相同，均随着房间高度的升高而减小。例如当围护结构热工特性参数设定为工况 1 时，具有一面外墙房间的设计热负荷随高度的变化梯度约为$+0.9\mathrm{W}\cdot\mathrm{m}^{-2}\cdot200\mathrm{m}^{-1}$，具有两面外墙房间的设计热负荷随高度的变化梯度约为$+1.6\mathrm{W}\cdot\mathrm{m}^{-2}\cdot200\mathrm{m}^{-1}$，其主要原因是在围护结构热工特性和室内外温差相同时，外墙面积的增大扩大了因围护结构传热引起的热负荷。

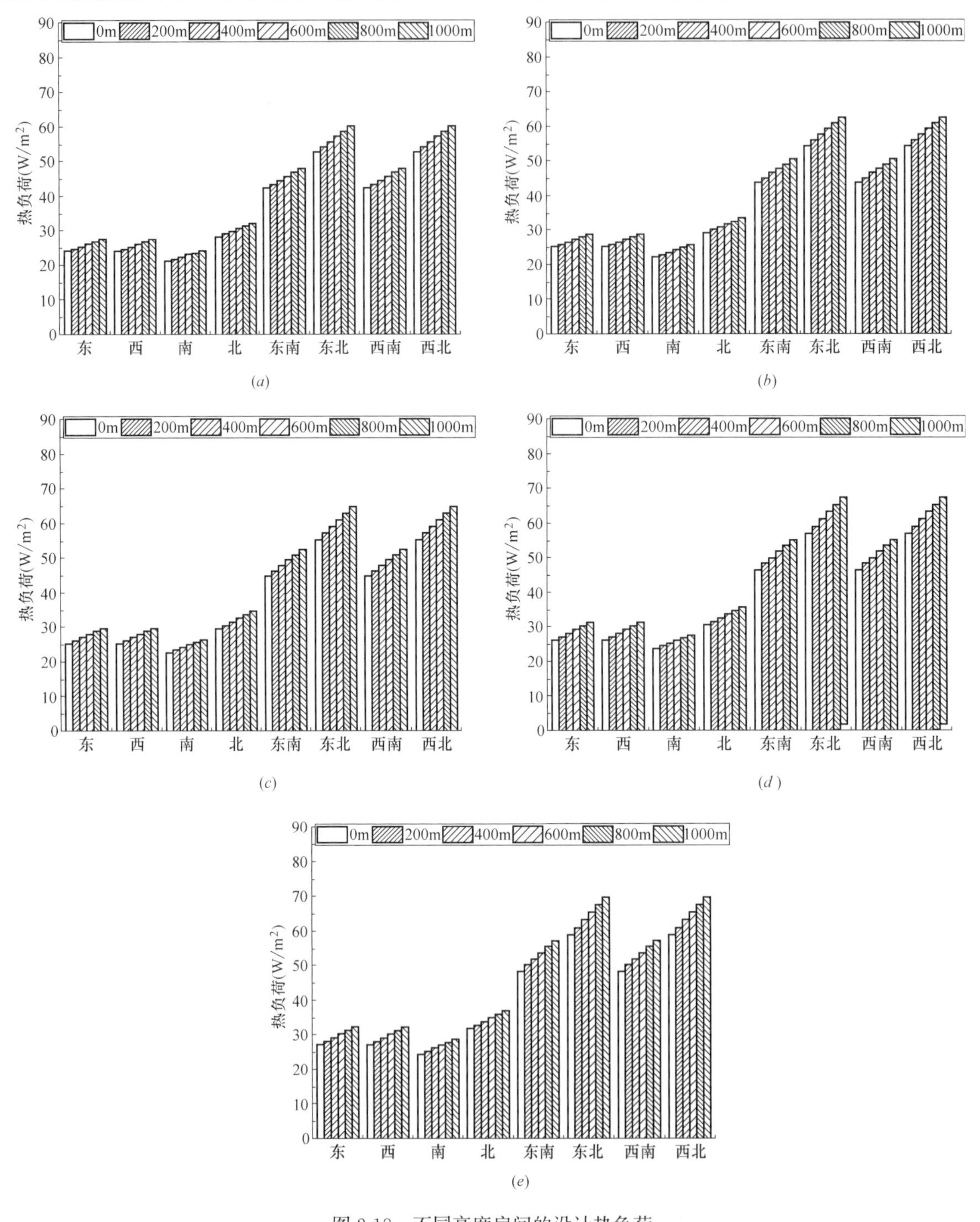

图 2-18 不同高度房间的设计热负荷

(*a*) 工况 1；(*b*) 工况 2；(*c*) 工况 3；(*d*) 工况 4；(*e*) 工况 5

另一方面，通过对不同围护结构条件下的热负荷随高度的变化梯度进行对比发现，围护结构热工特性对同一朝向房间的设计热负荷随高度变化的梯度影响不明显。例如当围护结构热工特性参数设定为工况 2 和工况 3 时，具有一面外墙房间的设计热负荷随高度变化的梯度分别为$+1.0\mathrm{W}\cdot\mathrm{m}^{-2}\cdot200\mathrm{m}^{-1}$和$+1.1\mathrm{W}\cdot\mathrm{m}^{-2}\cdot200\mathrm{m}^{-1}$，具有两面外墙房间的设计热负荷随高度变化的梯度分别为$+1.8\mathrm{W}\cdot\mathrm{m}^{-2}\cdot200\mathrm{m}^{-1}$和$+1.9\mathrm{W}\cdot\mathrm{m}^{-2}\cdot200\mathrm{m}^{-1}$，其原因与不同围护结构下冷负荷随高度变化梯度关系相同，具体分析详见下节，不同围护结构热工特性条件下的设计热负荷分析详见下节。

同时房间朝向对设计热负荷及其热负荷垂直变化梯度的影响是相同的，在围护结构热工特性设定为工况 1 时，单面外墙房间中，北朝向房间的设计热负荷最大，东、西朝向房间的设计热负荷相同，南朝向房间的设计热负荷最小；两面外墙的房间中，东北和西北朝向房间的设计热负荷相同，东南和西南朝向房间的设计热负荷也相同且较小。这主要是因为计算依据的标准层模型中，各个房间只存在外墙数量和朝向的差异，在外墙数量相同时，其设计热负荷的差异只由朝向修正系数所决定。同理，朝向（修正系数）对设计热负荷垂直变化梯度具有相同的影响，但设计热负荷的垂直变化梯度数值较小，所以不同朝向房间设计热负荷梯度之间的差异并不明显。

2.3.2.2　围护结构对热负荷的影响

图 2-19 所示为在不同围护结构热工热性条件下计算得到的标准层各个朝向房间的设计热负荷。如前文所述，本研究中室内负荷所依据的围护结构热工特性参数是参照《公共建筑节能设计标准》GB 50189—2015，其基本原则是保证在不同围护结构热工特性条件下，全年空调能耗相等。标准在允许窗墙比限值增大的同时，降低了传热系数和遮阳系数的限值，其中空调负荷随着外窗面积的增大而增大，随着外窗传热系数的减小而减小，而遮阳系数的减小会降低室内热负荷，同时增大室内热负荷。另一方面，由于全年建筑能耗不仅仅包括冬季供热负荷，还包括夏季供冷负荷和过渡季负荷，一般情况下，供热和供冷周期长短也不相同，所以不同建筑围护结构条件下的供热负荷存在差异是合理的。如图 2-19 所示，标准层中同一朝向不同围护结构房间的室内负荷随围护结构热工特性（工况 1～5）的不同而不同，但不同围护结构对建筑热负荷的影响并不明显，例如地面高度的东朝向房间，其设计热负荷最大值（工况 5）约为 $27\mathrm{W/m^2}$，设计热负荷最小值（工况 1）约为 $24\mathrm{W/m^2}$。

同时注意到，与室内设计冷负荷不同，对于不同高度的标准层，同一朝向房间的室内热负荷随围护结构热工特性（工况 1～5）的变化方向始终一致，但变化幅度并不相同。具体来说，不同高度房间的室内热负荷均随外窗面积（工况 1～5）的增大而增大，但较高标准层中不同围护结构热负荷之间的差异明显大于较低标准层中不同围护结构热负荷之间的差异。比如对于东朝向的房间，当标准层高度在 0m 时，室内设计热负荷随外窗面积的增大（工况 1～5）而增大，不同围护结构条件下的热负荷差值（工况 1～5）约为 $1.2\mathrm{W/m^2}$；当标准层高度在 400m 高度时，室内设计热负荷随外窗面积的增大（工况 1～5）而增大，不同围护结构条件下的热负荷差值（工况 1～5）约为 $1.5\mathrm{W/m^2}$；当标准层高度在 1000m 高度，室内设计热负荷随外窗面积的增大（工况 1～5）而增大，不同围护结构条件下的热负荷差值（工况 1～5）约为 $1.8\mathrm{W/m^2}$。这主要是因为室外温度随着建筑高度升高而降低造成的，如前所述，虽然由于不同围护结构热工特性的差异导致的室内负荷差异不大，但是围护结构传热由传热系数、传热面积和室内外温差共同决定，其中室内外温差随着标准层高度的升高而降低，必然增加不同围护结构之间的室内热负荷差值。但与室内冷负荷不同的是，在计算室内负荷时，室外空气温度始终低于室内温度，且随着高度升高而降低，不存在通过围护结构传热方向改变的现象，导致了同一朝向房间的室内热负荷随围护结构热工特性（工况 1～5）的变化方向始终一致。

另外，与设计冷负荷的影响相比，围护结构热工特性对设计热负荷的影响更为明显，这主要是因为通过围护结构的传热量由传热系数、室内外温差和围护结构面积共同决定，当围护结构的传热系数变化相同时，冬季室内外温差大于夏季室内外温差，从而导致了不同围护结构之间室内负荷差异更为明显。

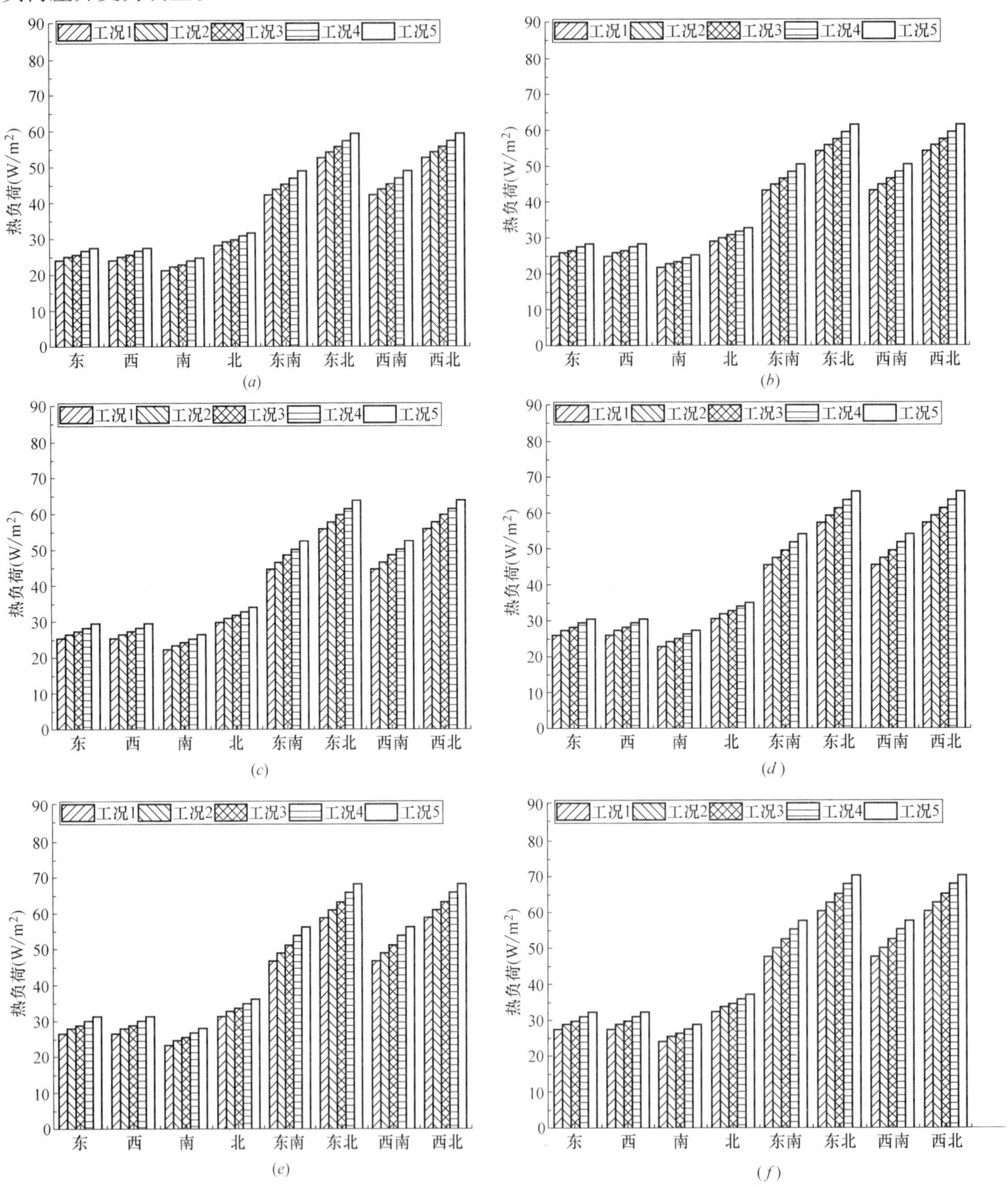

图 2-19　不同围护结构设计热负荷

（a）0m；（b）200m；（c）400m；（d）600m；（e）800m；（f）1000m

2.3.2.3　热负荷高度修正

通过 2.3.2.1 节的分析，房间高度对巨型建筑设计热负荷影响明显，随着房间高度的升高，设计热负荷逐渐增大，因此在计算巨型建筑高层房间设计热负荷时必须考虑对其进行高度修正。与冷负荷高度修正率相对应，为了体现不同高度房间室内热负荷相对于地面高度房间室内热负荷的变化，按照室内负荷高度修正系数的定义可计算室内热负荷高度修正系数。

标准层中不同朝向房间的室内热负荷高度修正率如图 2-20 所示。可以看到，室内热负荷高度修正系数因房间高度、房间朝向和围护结构热工特性的不同而不同。但与室内冷负荷不同，在围护结构热工特性和房间高度相同时，朝向（包括房间的外墙数量）对高度修正系数的影响并不明显，其中具有两面外墙的室内热负荷高度修正系数略大于一面外墙的室内热负荷高度修正系数。例如当围护结构热工特性设定为工况 1 时，东、西、南、北朝向房间室内热负荷的高度修正系数非常接近，房间高度为 200m 时，修正系数约为＋2.5％，且房间高度每升高 200m，修正系数增加约＋2.5％。同样，东南、东北、西南、西北朝向房间的高度修正系数也非常接近，房间高度为 200m 时，修正系数约为＋2.7％，且房间高度每升高 200m，修正系数约增加＋2.6％。同时注意到，对于具有一面外墙的房间，北朝向房间具有最大高度修正系数，对于具有两面外墙的房间，东北朝向房间具有最大的高度修正系数。如前分析可知，在围护结构相同时，室内热负荷随高度的变化量差异不明显，以上两个朝向具有最大的高度修正系数主要是因为该朝向地面高度房间的热负荷最小。另一方面，围护结构的热工特性对室内热负荷的高度修正系数有较大影响。如图 2-20 所示，室内热负荷的高度修正系数（绝对值）随着外墙面积的增大（工况 1～5）而增大。同样以北朝向和东北朝向房间为例，在围护结构热工特性为工况 1 时，其室内热负荷高度修正系数的最大值为＋13.5％和＋14.5％；在围护结构热工特性为工况 5 时，室内热负荷高度修正系数的最大值分别为 18.4％和 18.7％。这是因为对于同一朝向的房间，不同围护结构热工特性条件下的室内热负荷差异不大，而室内热负荷随高度的变化量随外窗面积的增大（工况 1～5）而增大，且相对显著，从而导致了室内热负荷高度修正系数随外窗面积的增大而增大。另外，与室内冷负荷高度修正系数相比，室内热负荷高度修正系数的绝对值明显较大。通过前文的分析可知，对于确定高度的房间，室内冷热负荷沿垂直高度的变化量比较接近，而室内热负荷的基数较小，从而导致了其高度修正系数绝对值较大。

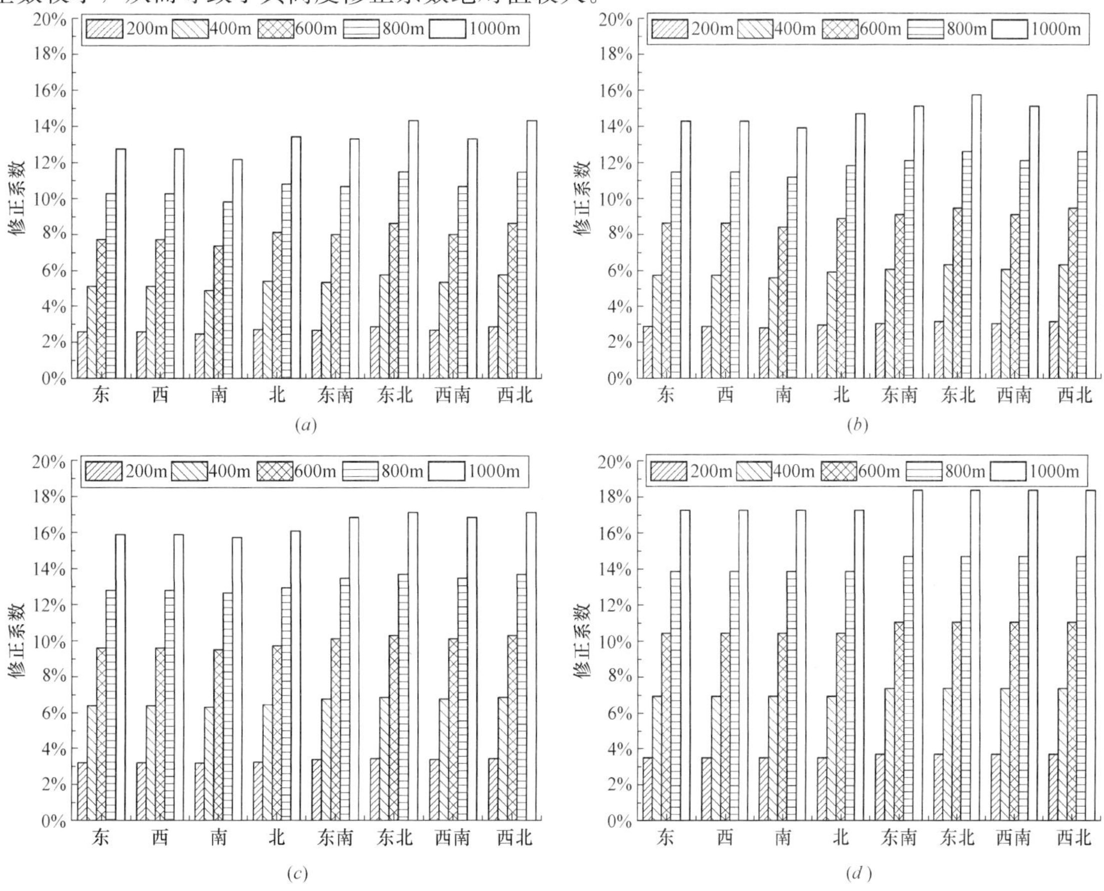

图 2-20 不同高度房间设计热负荷高度修正率

(*a*) 工况 1；(*b*) 工况 2；(*c*) 工况 3；(*d*) 工况 4

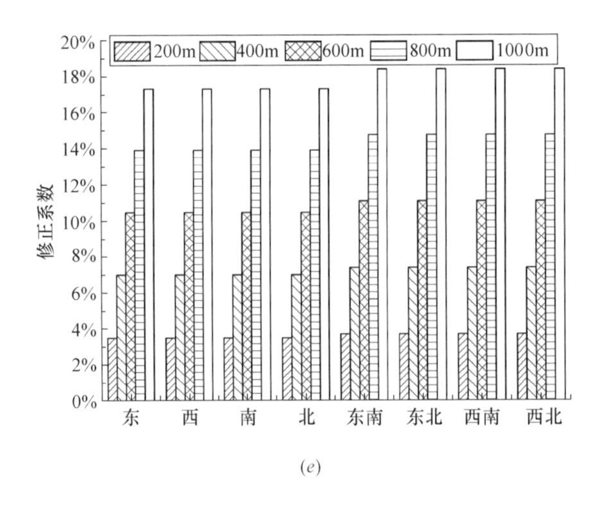

图 2-20　不同高度房间设计热负荷高度修正率（续）
（e）工况 5

2.4　千米级摩天大楼新风负荷模拟

与室内负荷模拟类似，本节基于空调负荷动态模拟模型对千米级摩天大楼不同高度房间的新风负荷进行模拟。根据《民用建筑供暖通风与空气调节设计规范》GB 50736—2012 对空调负荷的具体要求，本节新风负荷模拟的具体内容包括不同建筑类型的冬季热负荷和夏季逐时冷负荷。其中冬季热负荷模拟基于大连地区冬季空气调节室外计算参数及其最冷月的高度修正关系，夏季逐时冷负荷模拟基于大连地区夏季空调室外计算逐时温度及其最热月的高度修正关系。另外为了准确评估千米级摩天大楼由新风负荷引起的全年空气调节能耗，本节基于空调负荷动态模拟模型对不同高度房间的全年动态负荷进行了模拟，其中室外气象条件采用大连地区典型年气象数据及其全年高度修正关系。

与室内负荷的评价方式不同，暖通工程师通常采用单位体积新风能耗作为新风设计负荷，所以对于千米级摩天大楼，只要室内设计参数（空气温度和相对湿度）相同，新风负荷与建筑类型、人员密度、内部配置和围护结构等信息无关。

2.4.1　千米级摩天大楼新风负荷模拟及分析

2.4.1.1　千米级摩天大楼新风冷负荷模拟及分析

根据千米级摩天大楼新风冷负荷的模拟，图 2-21 所示为不同高度房间在不同高度设置新风口时新风负荷（全热负荷）的具体构成。可以看到，潜热负荷在新风热负荷中占有较大比重，约 80%，在房间高度一定时，潜热负荷随着新风口高度升高先增大后减小，结合第 2 章室外气象参数的垂直变化规律可知，这主要是由于空气相对湿度随高度升高而先增大后减小，从而导致焓值先增大后减小造成的，同时显热负荷随新风口高度升高而减小，最终导致当新风口从 0m 升高到 200m 时，全热负荷基本不发生变化，而随着高度的继续升高，全热负荷逐渐降低。在新风口高度一定时，显热负荷随房间高度升高而减小，潜热也随着房间高度升高而减小。

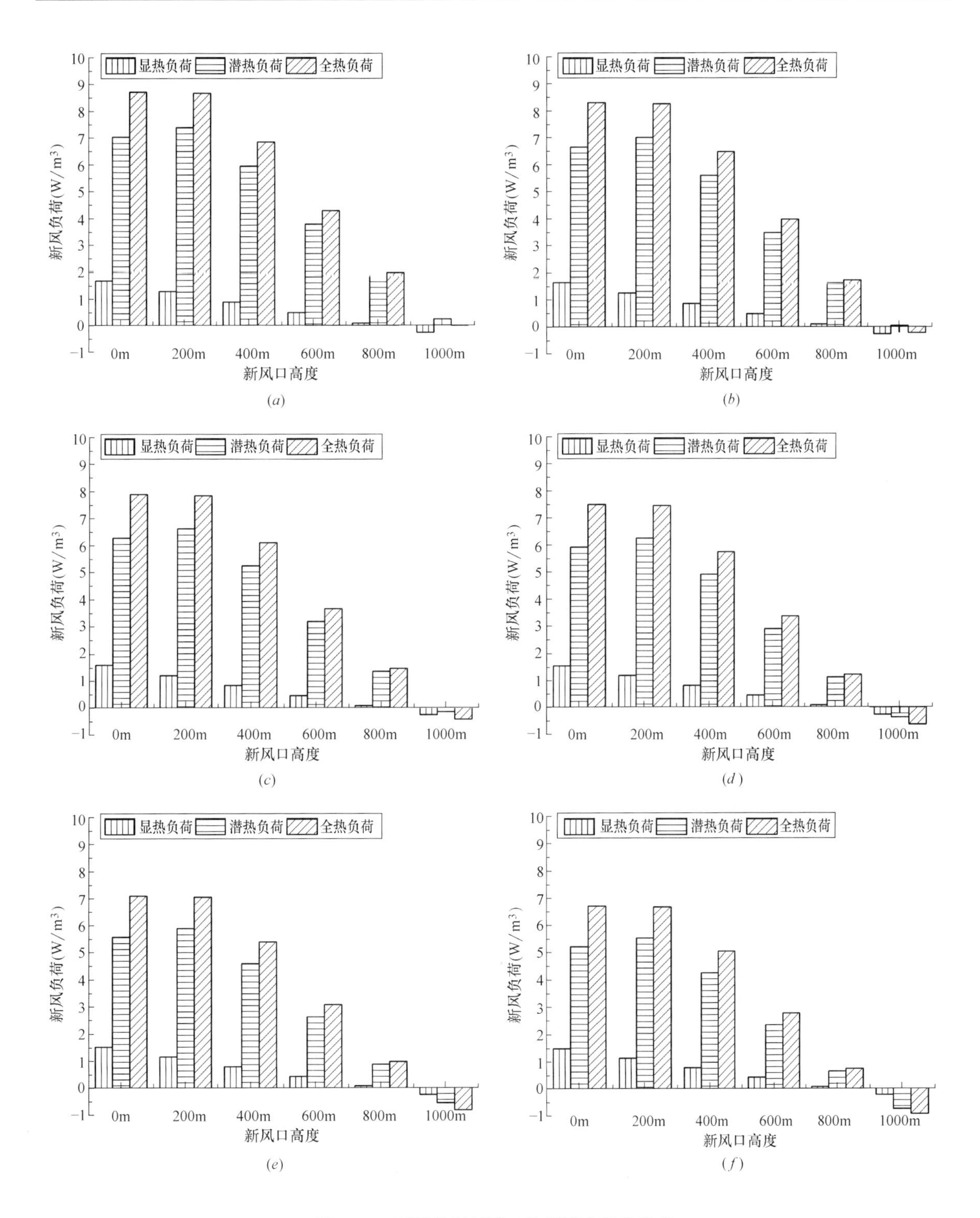

图 2-21 不同高度新风口的新风冷负荷组成

(*a*) 房间高度 0m；(*b*) 房间高度 200m；(*c*) 房间高度 400m；(*d*) 房间高度 600m；
(*e*) 房间高度 800m；(*f*) 房间高度 1000m

为了定量分析千米级摩天大楼新风冷负荷的垂直分布规律，图 2-22 所示为不同高度房间在不同高度设置新风口的新风冷负荷。除了新风口从 0m 升高到 200m 时新风负荷基本不发生变化外，对于确定高度的房间，新风冷负荷随着新风口高度升高而减少，新风口高度每升高 200m，新风冷负荷平均较少 2.5W/m³。对于确定高度的新风口高度，新风冷负荷随着房间高度升高而减小，房间高度每升高 200m，新风热负荷平均减少 0.3W/m³。

特殊地，当新风口设置在 1000m 高度时，高度为 0m 的房间新风冷负荷为 0，其他高度房间的新风冷负荷甚至是负值，这仅表明 1000m 高度的室外空气焓值非常接近甚至低于室内设计状态的空气焓值。在工程实践中，这种条件的室外新风需不需要再热处理，取决于设计者对送风状态空气的要求。

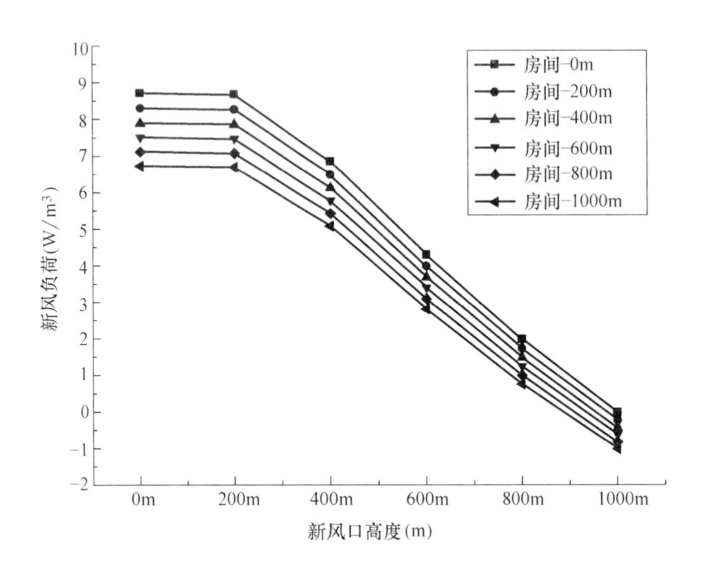

图 2-22　不同高度新风口的新风冷负荷

2.4.1.2　千米级摩天大楼新风热负荷模拟及分析

根据千米级摩天大楼新风热负荷的模拟，图 2-23 所示为不同高度房间在不同高度设置新风口时新风负荷（全热负荷）的具体构成。可以看到，显热负荷在新风热负荷中占有较大比重，约 65%，在房间高度一定时，显热负荷随着新风口高度升高而增大，同时潜热负荷随新风口高度变化不明显。在新风口高度一定时，显热负荷随着房间高度升高而降低，同时潜热负荷随着房间高度变化也不明显。

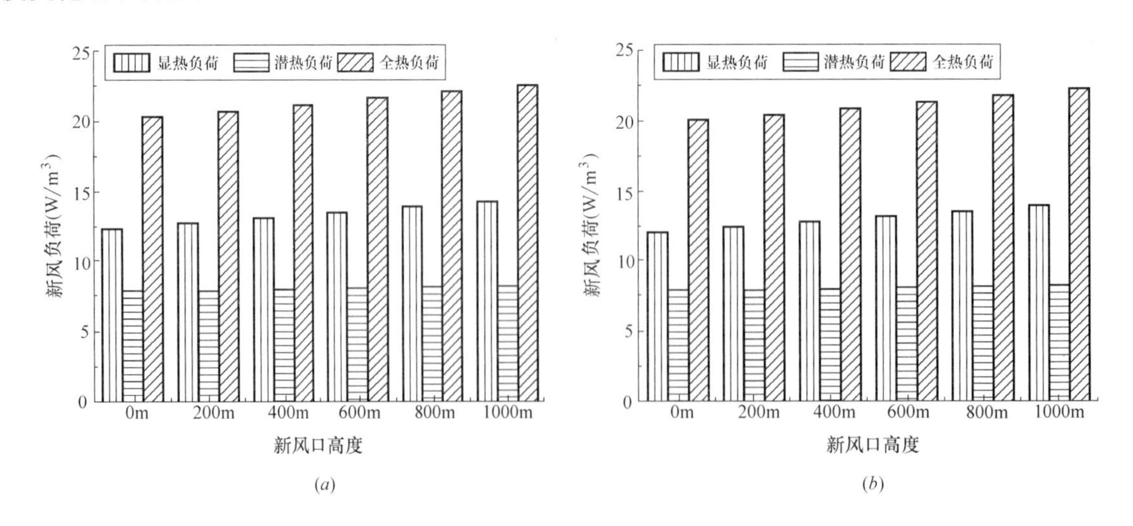

图 2-23　不同高度房间的新风热负荷构成

(a) 房间高度 0m；(b) 房间高度 200m

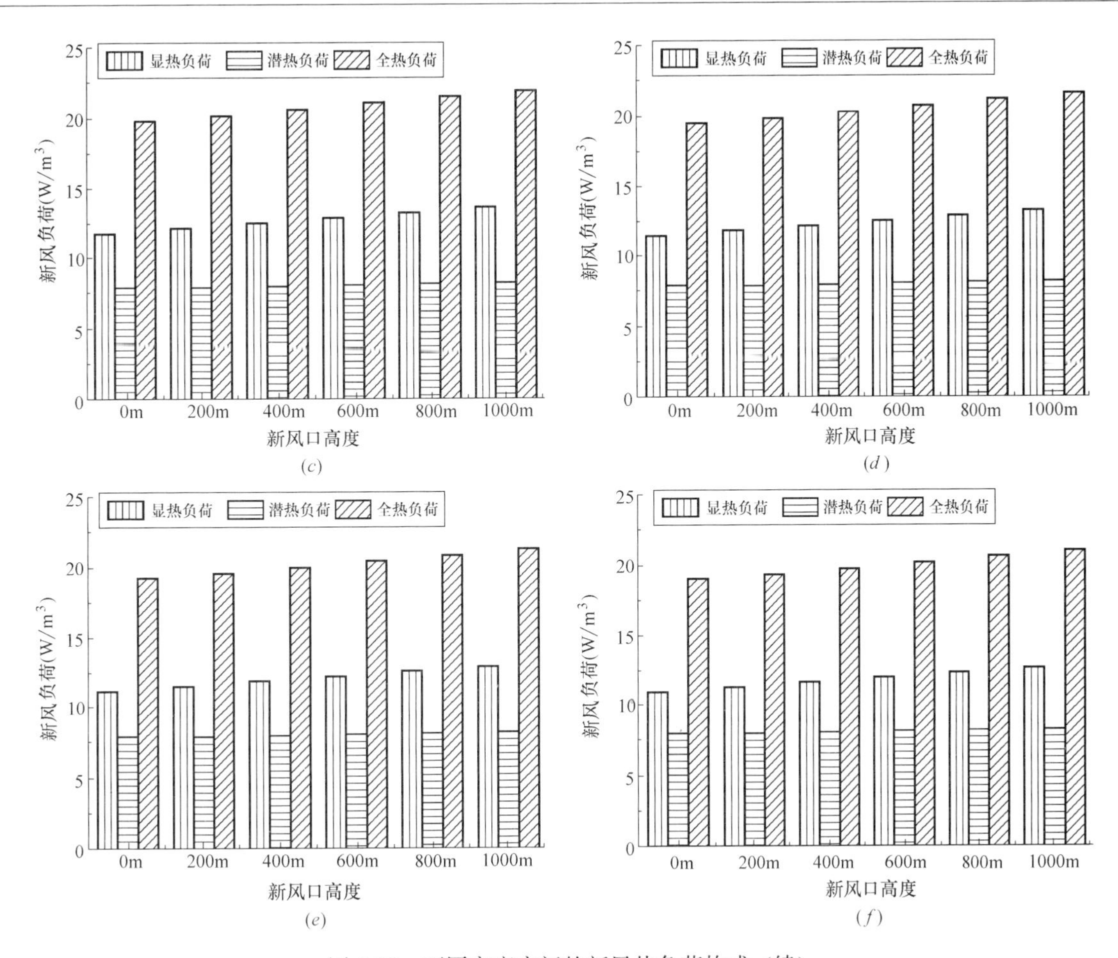

图 2-23 不同高度房间的新风热负荷构成（续）

(*c*) 房间高度 400m；(*d*) 房间高度 600m；(*e*) 房间高度 800m；(*f*) 房间高度 1000m

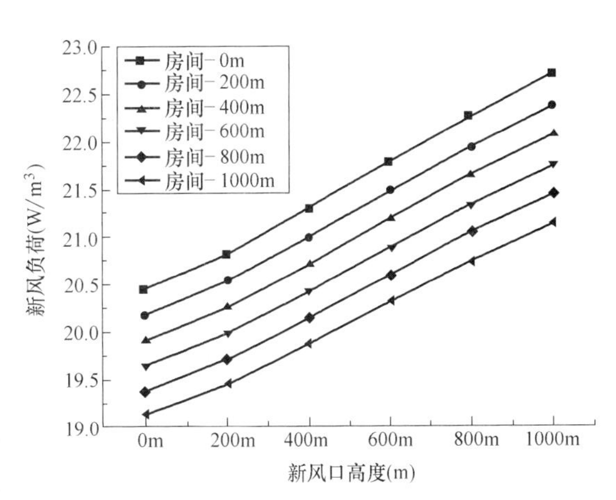

图 2-24 不同高度房间不同高度新风口新风热负荷

为了更好地分析千米级摩天大楼新风热负荷的垂直分布规律，图 2-24 所示为不同高度房间在不同高度设置新风口的新风热负荷。对于确定高度的房间，新风热负荷随着新风口高度升高而增大，新风口高度每升高 200m，新风热负荷平均增大 0.4W/m^3。对于确定高度的新风口高度，新风热负荷随着房间高度升高而减小，房间高度每升高 200m，新风热负荷平均减少 0.3W/m^3。另一方面，由图中数据分析，新风热负荷与新风口高度变化呈线性关系，结合图 2-23 可知，这主要是因为在新风热负荷中，潜热负荷所占比重较小，随房间高度和新风口高度变化均不明显，而室外温度随高度升高而线性降低，从而导致了新风热负荷随新风口高度升高线性增大。

2.4.2 千米级摩天大楼新风负荷分析

新风负荷由新风量和室内外空气的焓差两方面因素共同决定。与室内负荷不同，千米级摩天大楼的高度特性对新风负荷的影响体现在两方面，一方面，随着新风口高度的升高，室外大气环境气象参数的垂直变化引起室外新风的焓值发生变化，室外空气焓值造成室内外空气焓差发生变化。另一方面，按目前建筑设计标准，新风量均按体积定义，室内空气压力随高度的降低同时会导致空气密度降低，导致新风量质量随高度而降低，最终导致新风负荷随高度而降低。具体地，对于新风热负荷，新风质量随着房间高度的升高而减少，导致新风负荷减少，而室内外空气焓差随着新风口高度升高而增加，导致新风热负荷增加，房间高度和新风口高度对新风负荷的影响作用是反向的。对于新风冷负荷，房间高度升高同样导致新风负荷减少，同时新风口高度升高也会导致室内外空气焓差减少，导致新风冷负荷减少，房间高度和新风口高度对新风负荷的影响作用是同向的。为了具体分析以上两方面因素对新风负荷的影响，本节通过定义空气密度和焓差的影响因子进行具体分析。

基准新风负荷（房间高度和新风口高度均为 0m）：

$$Q_0=\rho_0 V\Delta E_0 \tag{2-14}$$

其他高度新风负荷（房间高度或新风口高度为 Z）：

$$Q_Z=\rho_{Z1} V\Delta E_{Z2} \tag{2-15}$$

则由空气密度和焓差变化引起的新风负荷变化可分别表达为：

$$\Delta Q_\rho=(\rho_Z-\rho_0)V\Delta E_0$$

$$\Delta Q_E=(\Delta E_Z-\Delta E_0)V\rho_Z \tag{2-16}$$

综上，空气密度影响因子和焓差影响因子可定义为：

$$F_\rho=\frac{|\Delta Q_\rho|}{|\Delta Q_\rho|+|\Delta Q_E|} \tag{2-17}$$

$$F_E=\frac{|\Delta Q_E|}{|\Delta Q_\rho|+|\Delta Q_E|} \tag{2-18}$$

式中　ΔQ_ρ和 ΔQ_E——因空气密度和空气焓差引起的负荷变化（W/m^3）；

F_ρ和 F_E——空气密度和焓差影响因子；下标 0 和 Z 为地面高度和其他高度。

2.4.2.1　新风冷负荷影响因子

图 2-25 所示为不同高度房间在不同高度新风口条件下的空气密度影响因子和焓差影响因子。同一高度房间的空气密度影响因子随新风口高度升高逐渐减小，在新风口高度相同时，空气密度影响因子随房间高度升高而增大。从另一个角度看，如前所述，房间高度和新风口高度对新风负荷的影响是同向的，当空气密度的影响因子大于空气焓差影响因子时，房间升高导致的新风冷负荷减少量大于新风口升高导致的新风冷负荷减少量，反之则相反。但从图 2-25 可以看到，对于同一高度房间，尤其在新风口高度超过 200m 时，空气密度的影响因子明显小于空气焓差的影响因子，则说明对于任何高度的新风口，因房间高度升高而导致新风冷负荷减少量均小于因新风口升高而导致的新风冷负荷减少量。如房间高度 400m、新风口高度 400m 时，空气密度的影响因子为 16%，空气焓差影响因子为 84%，则说明房间高度 400m、新风口高度 400m 时，新风冷负荷相对于房间高度 0m、新风口高度 0m 时新风冷负荷发生变化，其中因房间高度升高而导致的新风冷负荷减少量小于因新风口高度升高而导致的新风冷负荷的减少，最终新风冷负荷表现出减少。

特殊地，当新风口高度为 0m 时，空气密度影响因子随房间高度变化不明显，均为 50%左右，此时室外环境气象参数并没有变化，空气焓差的变化主要是由于房间高度升高导致的室内空气压力降低引起的，由于房间高度升高而导致新风冷负荷减少量与因新风口升高而导致的新风冷负荷减少量大致相等。

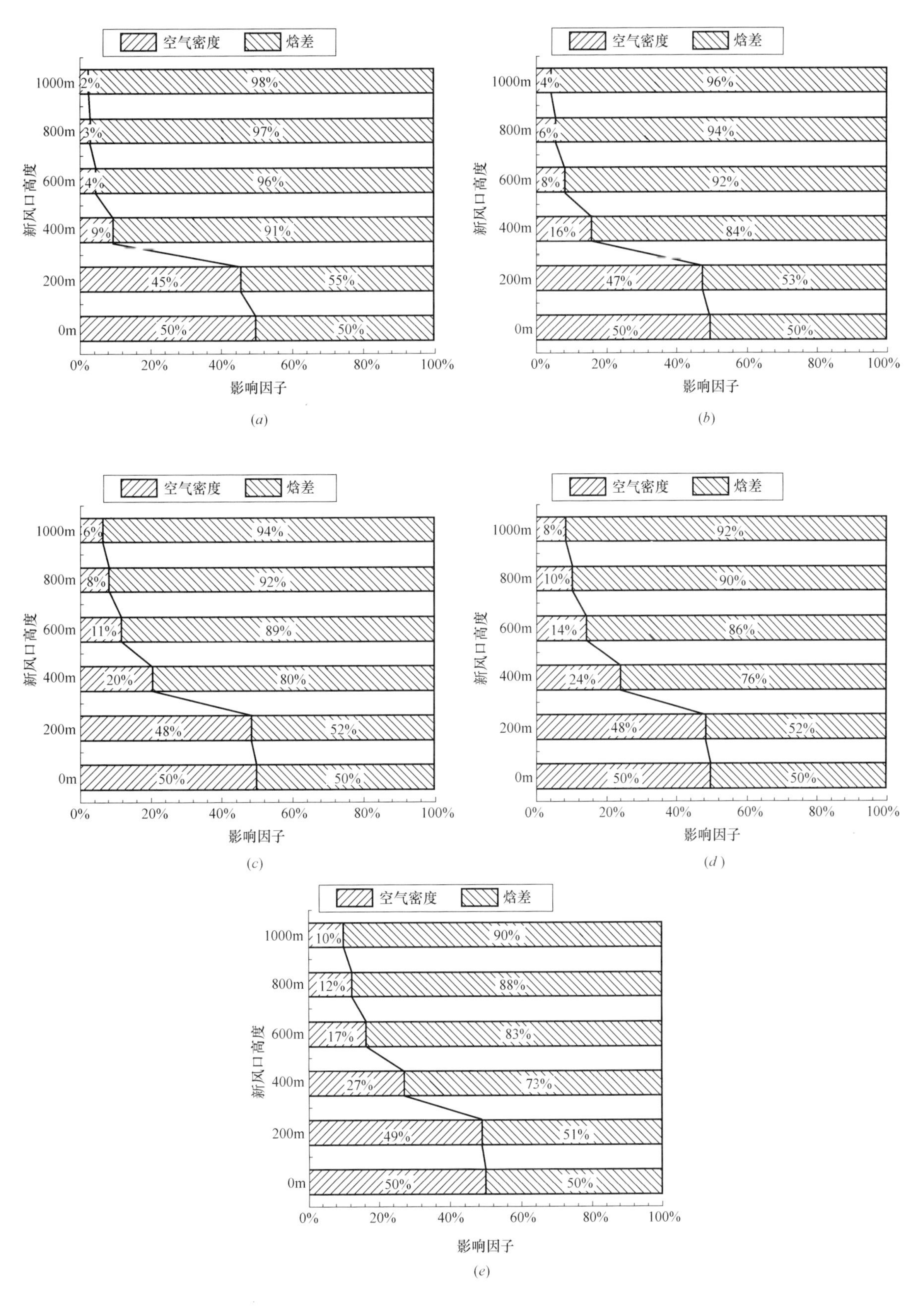

图 2-25 夏季新风冷负荷影响因子

(a) 房间高度 200m；(b) 房间高度 400m；(c) 房间高度 600m；(d) 房间高度 800m；(e) 房间高度 1000m

2.4.2.2 新风热负荷影响因子

对于新风热负荷，当房间为地面高度时，室内空气密度未发生变化，其他新风口高度的空气密度影响因子为 0，故未列出。对于新风热负荷，同一高度房间的空气密度影响因子随新风口高度升高逐渐减小，在新风口高度相同时，空气密度影响因子随房间高度升高而增大，见图 2-26。从另一个角度看，如前所述，房间高度和新风口高度对新风负荷的影响是反向的，当空气密度的影响因子大于空气焓差影响因子时，房间升高导致的新风热负荷减少量大于新风口升高导致的新风热负荷增加量，反之则相反。如房间高度 400m 、新风口高度 400m 时，空气密度的影响因子为 44%，空气焓差影响因子为 56%，则说明房间高度 400m 新风口高度 400m 的新风热负荷相对于房间高度 0m 新风口高度 0m 时新风热负荷发生变化，其中因房间高度升高而导致的新风热负荷减少量小于因新风口高度升高而导致的新风热负荷增加量，最终新风热负荷表现出增加。又如房间高度 400m、新风口高度 200m 时，空气密度影响因子为 56%，空气焓差影响因子为 44%，则说明因房间高度升高而导致的新风热负荷减少量大于因新风口高度升高而导致的新风热负荷增加量，最终新风热负荷表现出减少。

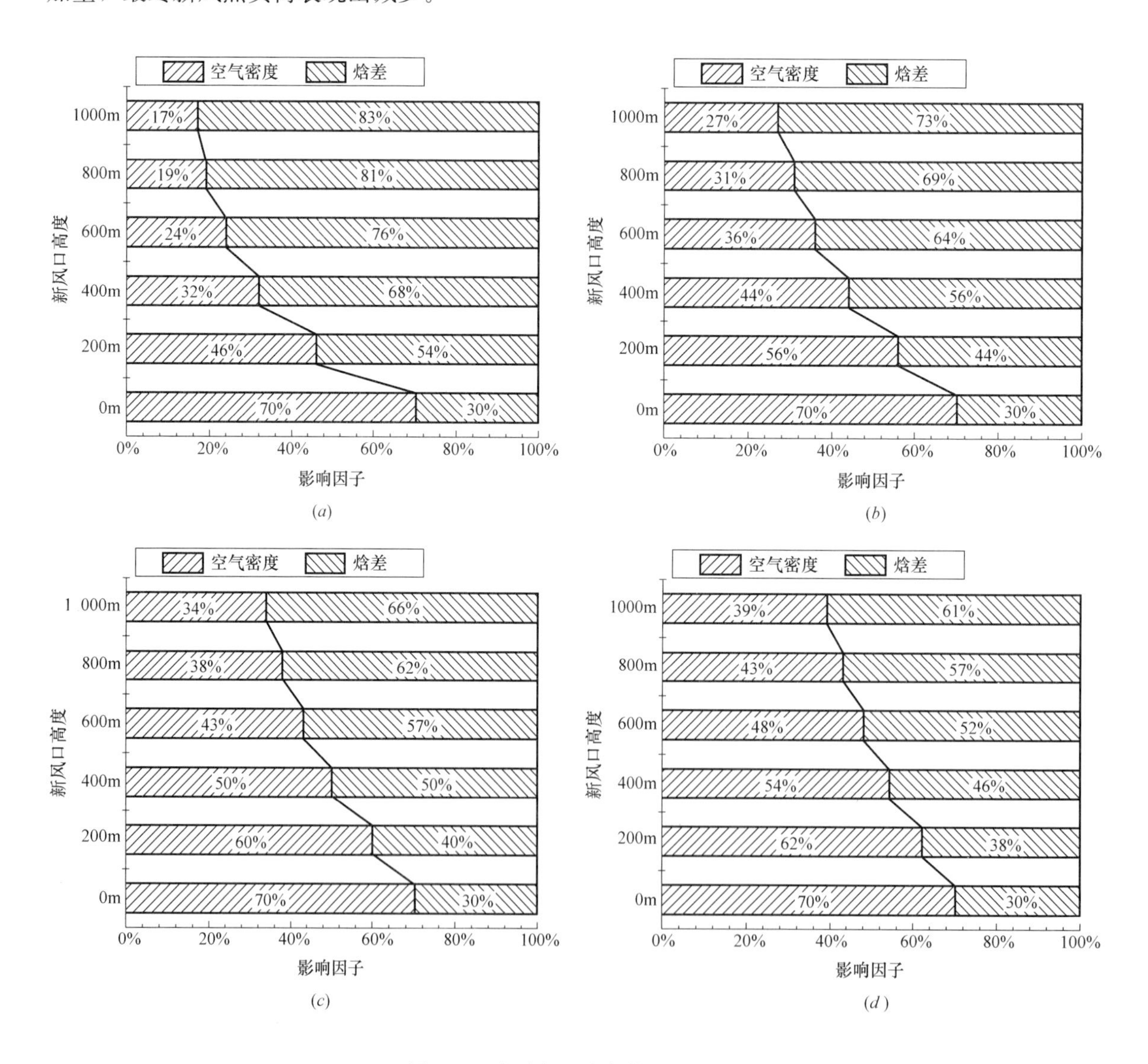

图 2-26 冬季新风热负荷影响因子

(*a*) 房间高度 200m；(*b*) 房间高度 400m；(*c*) 房间高度 600m；(*d*) 房间高度 800m

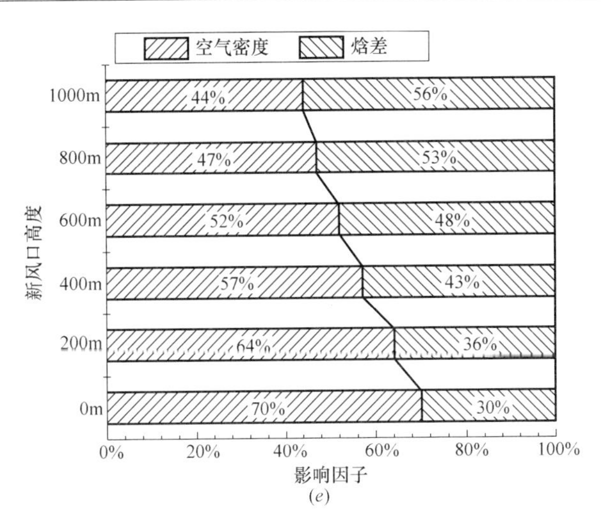

图 2-26 冬季新风热负荷影响因子（续）

(e) 房间高度 1000m

2.4.2.3 新风负荷高度修正

为了更好地体现气候垂直变化对巨型建筑新风负荷的影响，本节定义新风负荷高度修正系数如下：

$$C_{\mathrm{x}}=\frac{Q_{\mathrm{xZ}}-Q_{\mathrm{x0}}}{Q_{\mathrm{x0}}} \tag{2-19}$$

式中 Q_{x0}——地面高度房间和新风口的新风负荷（$\mathrm{W/m^3}$）；

Q_{xZ}——其他高度房间和新风口的新风负荷（$\mathrm{W/m^3}$）；

C_{x}——新风负荷修正系数。

图 2-27 所示为新风热负荷和冷负荷的高度修正系数，可以看到，热负荷的高度修正系数为正值，冷负荷的高度修正系数为负值。另一方面，热负荷和冷负荷高度修正系数的绝对值均随着高度升高而增大。其中热负荷高度修正系数变化范围为＋1.5%～11%，对于相同的房间高度，新风口高度每升高 200m，修正系数平均增加 2.3%。对于相同的新风口高度，新风热负荷修正系数随高度变化不明显。因冷负荷基数相对较小，新风冷负荷高度修正系数随高度变化范围为－20%～－110%，对于相同的房间高度，新风口高度每升高 200m，修正系数平均减少 30%。对于相同的新风口高度，房间高度每升高 200m，修正系数平均减少 2%。

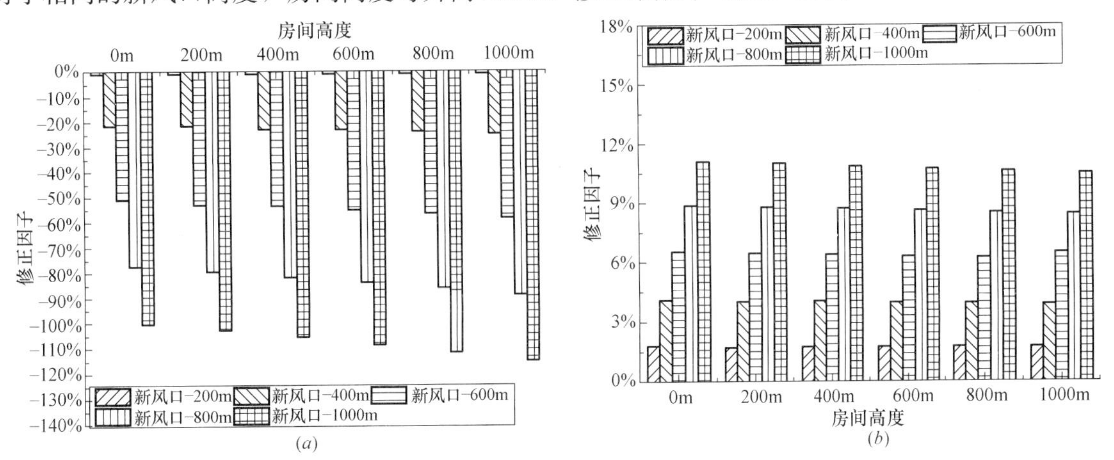

图 2-27 新风负荷的风口高度修正率

(a) 新风冷负荷；(b) 新风热负荷

3 千米级摩天大楼热压特性研究

对于普通多层建筑，风压和热压是建筑形成自然通风的两种动力方式，在实际情况下，通常是两者共同作用形成建筑的自然通风。对于千米级摩天大楼而言，其建筑高度远远超出普通高层建筑，建筑体量巨大，建筑热压和风压作用非常显著，这将造成垂直通道内隔断门难以开启或关闭的情况。显然，风压与热压共同作用下的自然通风不再是千米级摩天大楼的利用对象，相反，从安全的角度考虑，风压与热压共同作用下建筑内部的环境是建筑设计者必须要控制的重要方面。因此本研究的研究重点关注千米级摩天大楼在风压与热压共同作用下的室内压力垂直分布特性以及如何有效地降低风压热压作用对千米级摩天大楼室内环境的影响。

现行的建筑风压热压控制措施主要包括水平隔断和垂直隔断，即通过增设隔断门和转换层等建筑结构消耗一部分理论热压，从而达到降低其他围护结构两侧压力的目的，但是增设水平隔断和垂直隔断必然影响建筑的服务性。如何在保证千米级摩天大楼本身服务性的同时，将围护结构两侧的压力差控制在安全范围之内是千米级摩天大楼设计面临的重要问题。本研究在风洞风压测试结果的基础上，通过多区网络模型模拟研究千米级摩天大楼在风压与热压共同作用下的内部压力垂直分布情况，并从安全的角度对各项风压热压控制措施的控制效果进行评估。

3.1 千米级摩天大楼风压热压模拟方案

3.1.1 热压作用原理

热压是由建筑室内外空气温度差异导致的密度差引起的，其对建筑的影响称为烟囱效应。具体来说，当室外温度低于室内温度时，冷空气经由建筑下部围护结构的缝隙和其他开口进入室内，这部分冷空气在被加热到室内温度后，密度减小而向上流动，通过建筑内部的竖向通道（电梯井、楼梯井、管道井等）到达较高的楼层，通过上部围护结构的孔口和缝隙排出到室外。这样在室外压力的推动下，冷空气不断地进入室内，整座建筑像烟囱一样，这种效应称为烟囱效应，对于高层建筑尤为明显。

因此，导致高层建筑产生烟囱效应的根本原因是由于室内外空气存在温度差，导致密度差，在室内外高度相同时室外空气柱重力大于室内空气柱重力，形成气压差。在压差的作用下，室外空气从建筑低层围护结构的缝隙和孔口进入室内，再通过上部围护结构的缝隙和孔口排出。在建筑高度一定时，室内外温差越大，或在室内外温差一定时，建筑越高，室内外压力差也越大，造成的烟囱效应就越显著。与实际的烟囱不同，建筑的顶部是封闭的，只是在外围护结构存在缝隙和孔口，在热压的作用下，不断有空气从低层围护结构的缝隙进入，从高层围护结构的缝隙排出，这样必然存在一个既没有空气流入也没有空气流出高度，称之为中和面。在中和面以下楼层室外空气流入室内，中和面以上楼层空气排出到室外。中和面的高度与建筑外墙的孔口和门窗分布有关，如果整座建筑垂直方向空口和缝隙面积分布均匀，则中和面高度应为整座建筑的一半。但对于大多数的商业建筑，建筑低层具有大面积的开口，因此中和面一般位于一半高度以下的位置。相反地，如果在建筑顶部设置大面积的开口，中和面高度必然超过一半高度。此外，风压作用对建筑的中和面高度也会造成影响，理论上处于正压区的迎风中和面会上移，背风中和面会下移。针对复杂的实际情况，工程上一般认为建筑高度的一半位置为中和面高度，并采用式（3-1）和式（3-2）对作用在围护结构上的热压进行估算：

$$P_{re}=hg(\rho_0-\rho_i) \tag{3-1}$$

$$P_{re}=3463h\left(\frac{1}{T_0}-\frac{1}{T_i}\right) \tag{3-2}$$

式中 P_{re}——作用在外围护结构上的热压（Pa）；

h——外围护结构距中和面的高度（m）；

ρ_i、ρ_0——室内外空气密度（kg/m^3）；

T_i、T_0——室内外空气温度（K）。

由式（3-1）和式（3-2）可知，作用在外围护结构上的热压 P_{re} 由室内外空气温差和中和面高度决定。如果认为中和面高度为建筑高度的一半，室内温度设置为常数时，则 P_{re} 只由室外温度 T_0 和建筑高度 Z 决定，随室外温度的降低和建筑高度的升高而增大。

另一方面，热压是导致建筑烟囱效应的根本原因，但本质上热压作用与烟囱效应又是两个不同的概念。建筑烟囱的显著程度除了受建筑高度和室外温度影响外，还受建筑内部隔断影响。在建筑高度和室外温度一定时，增加建筑内部隔断相当于提高了围护结构的气密性，可以大大降低烟囱效应的作用强度。本研究将进一步评估不同的阻隔措施对烟囱效应作用效果的影响。

3.1.1.1 CONTAM 软件简介

千米级摩天大楼体量大，建筑布局复杂，与 CFD 模拟软件相比，网络模型简化了建模过程，计算效率高，可对建筑环境模拟作长期动态评价。目前对于建筑环境模拟而言，更适合建筑功能多样、复杂的超高层建筑室内环境模拟。近年来，随着人们对室内环境关注度的不断提高，网络模型越来越多的应用于建筑环境模拟中。

研究采用 CONTAM 多区网络模型，近年来被广泛应用于建筑室内环境模拟，包括由风压和热压引起围护结构渗风、室内有害气体传播、室内空气跨区域流动等。整个软件由 CONTAMW 和 CONTAMX 组成，分别用来建模和模拟。于 1994 年发行的 CONTAM94 版本，后经过不断发展，目前最新版本为 CONTAM3.2，本研究即采用此版本。在利用 CONTAM 建模过程中，用户只需要定义层（Level）、区域（Zone）、气流路径类型（Air Path）、污染物（Contamination），把目标建筑基于网络节点进行简化，如图 3-1 所示。

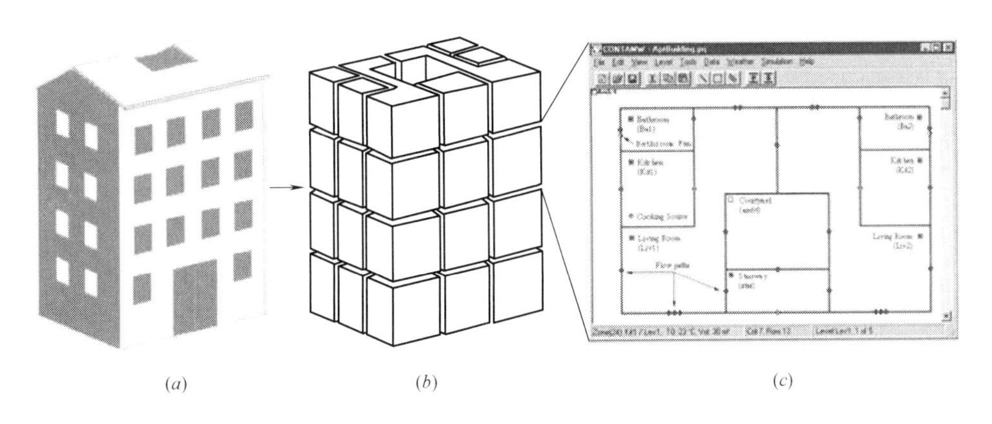

(a) (b) (c)

图 3-1 CONTAM 建模的过程示意图

（a）实际建筑模型；（b）理想化建筑模型；（c）CONTAM 建模模型

CONTAM模型在模拟室内空气流动和污染物传播时，遵循如下的基本假设：

(1) 网络模型各区域内的空气介质完全均匀，即整个网络节点内的空气密度、温度、浓度等参数为唯一值，不存在梯度变化。

(2) 对于不影响空气密度的污染物，即使其浓度已经达到限值，CONTAM仍视为微量。

(3) 对于能够影响空气密度的污染物，CONTAM视为理想气体。

(4) 不考虑通过围护结构的传热量，用户可以设置不同区域的空气温度，但是在计算空气流动过程中，忽略围护结构的传热量对空气运动的影响。

(5) 忽略空气运动的途径，CONTAM定义了多种数学模型供用户选择。

(6) 假设管道中空气流动为一维流动，且在流动中不存在掺混过程。

(7) 对于稳态模拟过程，各个区域的空气在流动过程中完全遵循质量守恒定律。对于瞬态模拟，用户可以选择由区域密度的改变而导致质量变化。

3.1.1.2 CONTAM关于多区域通风的计算原理

空气从区域j流入区域i，其质量流量$F_{i,j}$，压差为(P_j-P_i)，负荷函数关系式如下：

$$F_{i,j}=f(P_j-P_i) \tag{3-3}$$

由理想气体状态方程：

$$m_i=\rho_i V_i=\frac{P_i V_i}{RT_i} \tag{3-4}$$

式中 V_i——区域体积（m^3）；

P_i——区域压力（Pa）；

T_i——区域温度（K）；

R——空气气体常数，取287.055（J/kg·K）。

对于瞬态过程，质量守恒定律可写为：

$$\frac{\partial m_i}{\partial t}=\rho_i\frac{\partial V_i}{\partial t}+V_i\frac{\partial \rho_i}{\partial t}=\sum_i F_{j,i}+F_i \tag{3-5}$$

$$\frac{\partial m_i}{\partial t}\approx\frac{1}{\Delta t}\left[\left(\frac{P_i V_i}{RT_i}\right)-(m_i)_{t-\Delta t}\right] \tag{3-6}$$

式中 m_i——区域i内的空气质量（kg）；

$F_{j,i}$——区域j与区域i间质量流量，由j进入i取为正，反之为负（kg/s）；

F_i——非流动过程导致的区域i空气变化（kg/s）。

区域内空气流动遵循伯努利方程：

$$\Delta P=\left(P_1+\frac{\rho V_1^2}{2}\right)-\left(P_2+\frac{\rho V_2^2}{2}\right)+\rho g(z_1-z_2) \tag{3-7}$$

式中 ΔP——入口和出口之间的压力变化（Pa）；

P_1、P_2——入口和出口的静压值（Pa）；

V_1、V_2——入口和出口处的空气流速（m/s）；

z_1、z_2——入口和出口处的高程（m）。

基于网络模型的基本假设，区域内空气密度为常数，同时考虑风压，式（3-7）中压力项可整理为：

$$\Delta P=P_j-P_i+P_w+P_s \tag{3-8}$$

式中 P_j、P_i——区域i和区域j的总压（Pa）；

P_s——由高程差和密度差导致的压差（Pa）；

P_w——风压（Pa）。

空气通过缝隙、孔洞的渗透体积流量 $Q(m^3/s)$ 通常采用指数率模型进行计算：

$$Q=C(\Delta P)^n \tag{3-9}$$

或者写成质量流量 $F(kg/s)$ 的形式：

$$F=C(\Delta P)^n \tag{3-10}$$

也可写成流量与孔口面积关系的形式：

$$Q=C_d A\sqrt{2\Delta P/\rho} \tag{3-11}$$

式中 C_d——流量系数；

A——孔口面积（m^2）。

采用 Newton 法解瞬态方程时，式（3-9）和式（3-10）更易于计算偏导数：

$$\frac{\partial F_{j,i}}{\partial P_j}=\frac{nF_{j,i}}{\Delta P}\text{或}\frac{\partial F_{j,i}}{\partial P_j}=-\frac{nF_{j,i}}{\Delta P} \tag{3-12}$$

当 ΔP 趋于无穷小时，式（3-12）趋于无穷大，这是不合理的。但从实际情况来看，这种情况很少发生。同时，这种情况一旦发生，此时的空气流动由湍流变化层流，根据定义，式（3-12）变为：

$$F=\frac{C_k\rho\Delta P}{\mu} \tag{3-13}$$

式中 C_k——层流系数；

μ——空气动力黏滞系数。

空气流量的偏导数为常数：

$$\frac{\partial F_{j,i}}{\partial P_j}=\frac{C_k\rho}{\mu}\text{或}\frac{\partial F_{j,i}}{\partial P_j}=-\frac{C_k\rho}{\mu} \tag{3-14}$$

采用二次方程计算缝隙处的空气流量：

$$\text{当 }\Delta P>0,\ Q>0\text{ 时，}\Delta P=AQ+BQ^2 \tag{3-15}$$

$$\text{当 }\Delta P<0,\ Q<0\text{ 时，}\Delta P=AQ-BQ^2 \tag{3-16}$$

令 $a=A/\rho$，$b=B/\rho$，式（3-15）、式（3-16）可以写为：

$$\text{当 }\Delta P>0,\ F>0\text{ 时，}\Delta P=aF+bF^2 \tag{3-17}$$

$$\text{当 }\Delta P<0,\ F<0\text{ 时，}\Delta P=aF-bF^2 \tag{3-18}$$

求解方程式（3-17）及式（3-18）：

$$F=\frac{\sqrt{a^2+4b\Delta P}-a}{2b}\text{和 }F=\frac{a-\sqrt{a^2+4b\Delta P}}{2b} \tag{3-19}$$

空气流量的偏导数为：

$$\frac{\partial F_{j,i}}{\partial P_j}=\frac{1}{a+2b|F_{j,i}|}\text{或}\frac{\partial F_{j,i}}{\partial P_j}=-\frac{1}{a+2b|F_{j,i}|} \tag{3-20}$$

3.1.2 千米级摩天大楼建模及相关参数设定

3.1.2.1 参数设置

建筑的热压作用是由室内外空气的温度差引起的，因此在对千米级摩天大楼内部环境模拟时考虑最不利情况为冬季室外气象条件。热压模拟室外气象参数参考《民用建筑供暖通风空气调节设计规范》GB 50736—2012，模拟过程中相关室内参数和气象参数设置见表 3-1。

风压、热压模拟参数设置　　表 3-1

气象参数	数值
冬季室内设计温度(℃)	22.0
冬季室外计算温度(℃)	−12.9
冬季室外大气压力(kPa)	101.4
冬季室外平均风速(m/s)	5.2
冬季室外最多风向的室外平均风速(m/s)	7.0
风向角(°)	0/45/90

3.1.2.2　千米级摩天大楼的建筑信息

为了体现热压模拟的一般代表性，对建筑模型进行统一简化处理，即只考虑建筑主要的围护结构，且对建筑标准层做统一处理。这里需要说明的是，作为网络模型，运用 CONTAM 建立模型时不需考虑建筑内部的具体形状，但要保证所建立的模型分区与实际建筑各区之间的连通关系准确对应。三个塔楼首层设置旋转大门，塔楼区间电梯前室设置常闭前室门，楼梯间设置常闭楼梯间门。核心筒穿梭梯前室设置常闭前室门，楼梯间设置常闭楼梯间门。垂直通道的平面图如图 3-2 所示，核心筒和独栋塔楼中的竖井布置参数见表 3-2。

千米级摩天大楼建模主要部位的建筑参数　　表 3-2

建筑局部	尺寸(m×m)	面积(m^2)	一层总数量(个)
核心筒电梯间	9×9	81	1
核心筒前室	9×4	36	2
核心筒楼梯间	9×4	36	2
独栋塔楼电梯间	12×4	48	3
独栋塔楼前室	12×6	72	3
独栋塔楼楼梯间	5×4	20	3

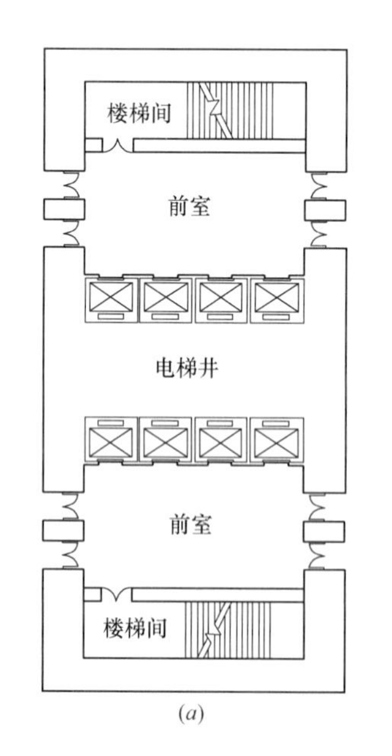

(*a*)

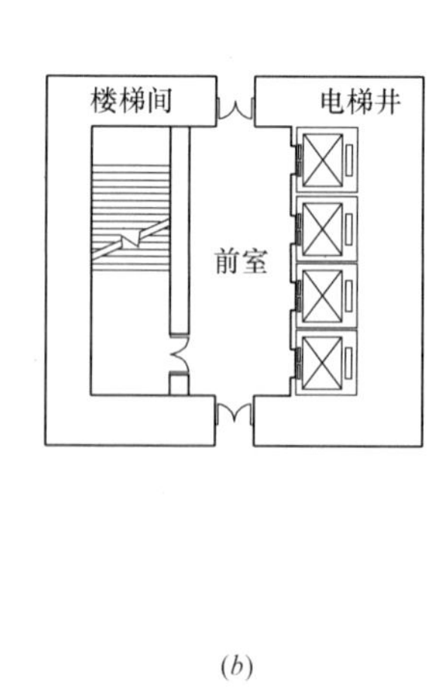

(*b*)

图 3-2　千米级摩天大楼垂直通道平面图

(*a*) 核心筒垂直通道平面图；(*b*) 塔楼垂直通道平面图

各隔断门尺寸参数参考《实用供热空调设计手册》推荐值进行设置，如表 3-3 底层外门尺寸为 6m×2.4m，有效渗风面积为 0.25m^2；楼梯间与前室的防火门尺寸均为 1m×2m，有效渗风面积为 0.0205m^2；电梯门的尺寸为 1.5m×2m，有效渗风面积为 0.0565m^2；围护结构渗透按照密闭性一般，即 2.1cm^2/m^2。

开口的位置和状态设置　　表 3-3

类别	位置	状态	数量(每层)
首层大门	塔楼首层入口	常开	9
连接门	核心筒与塔楼通道	常开	15
核心筒电梯门	核心筒的电梯井处	常闭	8
塔楼电梯门	塔楼电梯井处	常闭	4
楼梯间门	核心筒和塔楼处	常闭	5
核心筒前室门	电梯与楼梯间前室	常闭	14
围护结构	外围护结构	渗透	按面积计算

3.1.2.3 CONTAM 模拟条件设置

作为分隔建筑与室外环境以及建筑内部各个分区的各种围护结构，是维持建筑环境物理保证，其严密性是建筑环境决定要素。根据其空气侵入（渗透）属性，选择合适的数理模型是能否准确地模拟千米级摩天大楼室内环境的关键。在 CONTAM 的模拟应用中，根据现存超高层建筑的围护结构信息，通过选择合适的数理模型并完成参数设定，是完成风压热压模拟的关键步骤。通常，建筑整体或建筑门窗等围护结构的气密性一般用某一压差下的渗风量来描述，这个压力差要足够大以克服不稳定因素的影响，但又不能大到改变现有缝隙、通风口状态的程度。CONTAM 软件为建筑的风压热压作用下的空气渗透提供了多种数理模型。而根据以往的模拟经验，针对围护结构缝隙的模拟多采用以下经验关系式表示：

$$Q=C\Delta p^{n} \tag{3-21}$$

式中 Q——渗风量（m^3/s）；

C——渗风系数，与缝隙的面积大小以及 n 有关；

Δp——缝隙或开口两侧的压力差（Pa）；

n——外窗、门缝渗风指数，一般取值范围为 0.56～0.78。

C 与 n 表征缝隙或孔口的气密特性，通常采用以下经验关系式：

$$n=0.58-0.05\lg C \tag{3-22}$$

本研究中围护结构的渗风系数和渗风指数参考《实用供热空调设计手册》中表 5.1-10 和表 5.1-11各类型围护结构空气渗透性能推荐值设置，表 3-4 和表 3-5 中所示为 CONTAM 模型建筑内部各种围护结构的数理模型及参数。

门数理模型及参数　　表 3-4

门类别	模型类别	渗风系数	渗风指数	缝隙面积(cm^2)	开口大小
底层大门	指数模型	0.9	0.75	600	大
塔楼通道连接门	指数模型	0.65	0.60	260	小
前室门	指数模型	0.65	0.60	210	小
电梯门	指数模型	0.80	0.70	240	小
楼梯间门	指数模型	0.65	0.60	260	小

注：表中缝隙面积均为单位面积墙体的缝隙面积。

另外，为了模拟千米级摩天大楼围护结构外表面的风压作用，对风压系数测试结果进行三次样条插值，并根据插值结果按楼层设置其在不同风压下的风压系数（图 3-3）。

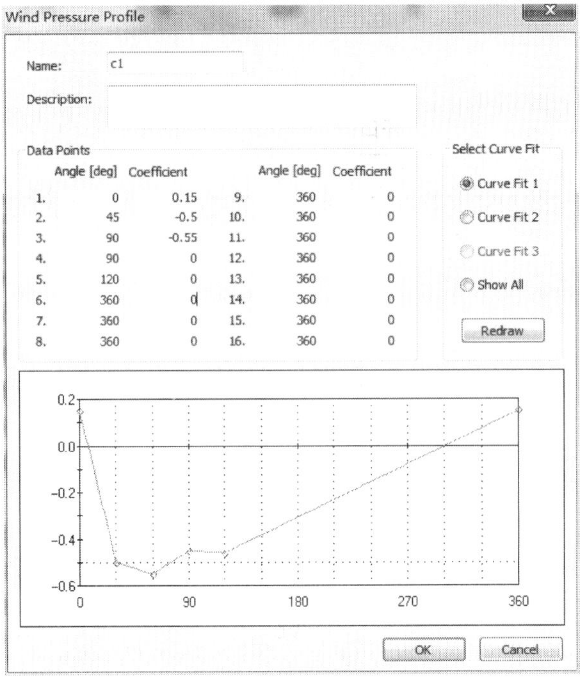

Wind Pressure Profile

Name: c1

Description:

Data Points

	Angle [deg]	Coefficient		Angle [deg]	Coefficient
1.	0	0.15	9.	360	0
2.	45	-0.5	10.	360	0
3.	90	-0.55	11.	360	0
4.	90	0	12.	360	0
5.	120	0	13.	360	0
6.	360	0	14.	360	0
7.	360	0	15.	360	0
8.	360	0	16.	360	0

Select Curve Fit: Curve Fit 1 / Curve Fit 2 / Curve Fit 3 / Show All / Redraw

OK　Cancel

图 3-3　CONTAM 风压系数设置

墙结构数理模型及参数　　表 3-5

墙类别	模型类别	渗风系数	渗风指数	缝隙面积（cm^2/m^2）	开口大小
外墙	指数模型	0.30	0.65	2.1	小
内墙	指数模型	0.20	0.60	1.8	小

3.1.2.4　千米级摩天大楼风压热压模拟的建模

基于 CONTAM 软件建立千米级摩天大楼模型，模拟其在风压与热压共同作用下的室内压力垂直分布。在建模过程中，将建筑各区域、各通道之间的连通关系体现到 CONTAM 的建筑平面图上，建筑首层和 2 层的 CONTAM 建模平面图如图 3-4、图 3-5 所示，水平连接平台和标准层的 CONTAM 建模平面图如图 3-6、图 3-7 所示。

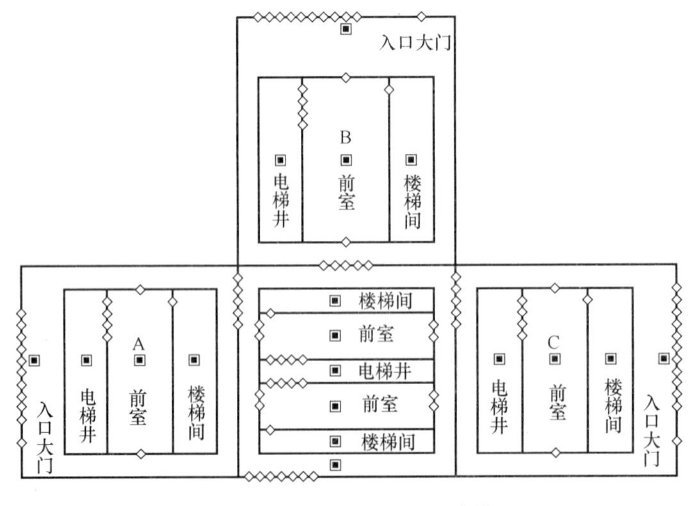

图 3-4　建筑首层的 CONTAM 建模平面图

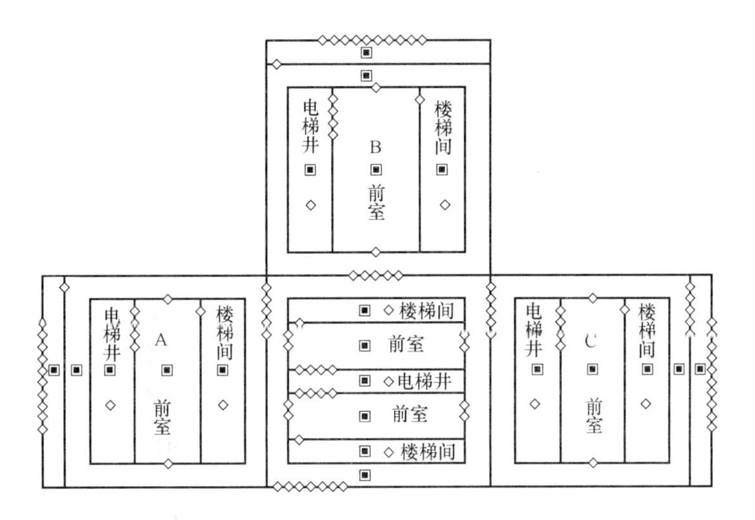

图 3-5　建筑 2～18 层的 CONTAM 建模平面图

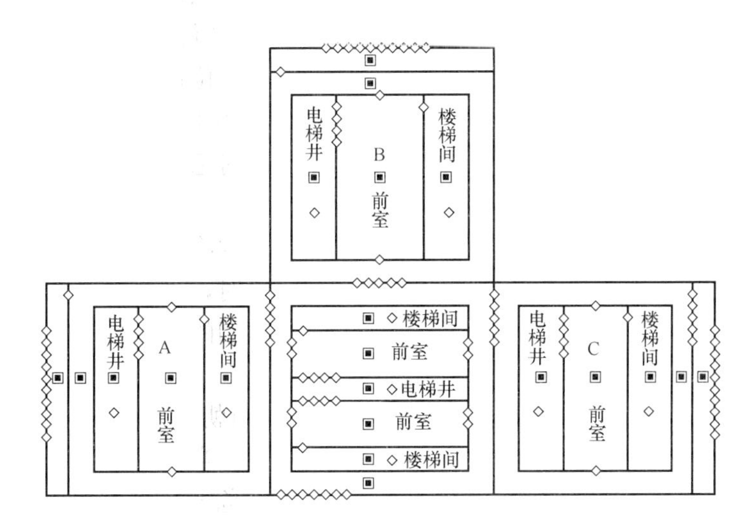

图 3-6　连接平台的 CONTAM 建模平面图

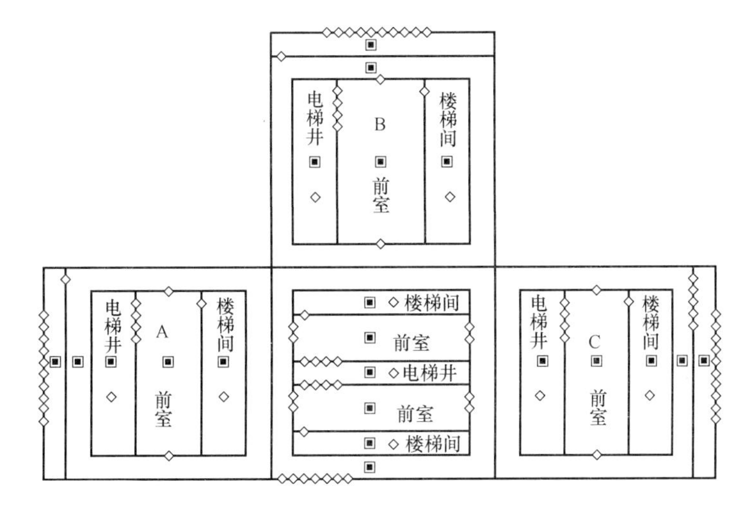

图 3-7　建筑 21～200 标准层的 CONTAM 建模平面图

3.2 千米级摩天大楼室内压力垂直分布特性

3.2.1 千米级摩天大楼热压单独作用效果定性分析

冬季的热压作用效果明显，尤其对于高层建筑，室外冷空气通过建筑孔口和缝隙进入建筑内部，一方面增加了建筑能耗，降低内部人员的舒适性。另一方面还会给建筑安全造成影响。高层建筑中楼层高度的不同，造成的危害也不同。具体来说，楼层高度距离中和面越大，作用在围护结构上的压力越大，造成的危害越严重。一般来讲，建筑顶层是受热压作用影响最为严重的楼层。

千米级摩天大楼体量巨大，建筑内部通道复杂。如果作用在人员流动主要通道（建筑首层大门、前室门、电梯门、楼梯门等）上的压力过大，导致其难以顺利开启或关闭，在需要人员迅速疏散时，就会引发安全事故。因此作用在隔断门上的压力是进行建筑热压模拟的主要方面。另外，如前所述，作用在门上热压的大小因其位于中和面上、下位置的不同而不同，所导致的门开闭难度也不同。甚至当热压过大时，还会出现门打不开或关不上的情况，失去门本身的功能性，给建筑安全造成巨大的隐患。以下将对不同位置的楼层分别讨论：

（1）建筑首层

在热压作用下，室外空气压力大于室内压力，建筑首层的冷空气通过大门等外围护结构的缝隙进入室内。首层的人员疏散方向为朝向室外，当发生危险时，热压的作用方向与风的疏散方向正好相反。因此建筑首层，尤其首层大门是高层建筑热压控制的重要部位。

（2）中和面以下楼层（首层除外）

热压作用下的空气由室内进入垂直通道，人员疏散方向朝向垂直通道，与热压作用方向相同。对于较低楼层，距离中和面的距离较远，热压作用明显。当发生紧急情况时，如果出现门难以关闭的情况，将会失去门对热压的隔断作用，加剧热压的危害。

（3）中和面以上楼层

热压作用下的空气由垂直通道进入室内，人员疏散方向朝向垂直通道，与热压作用方向相反，对于较高楼层，距离中和面的距离较远，热压作用明显。当发生紧急情况时，如果出现门难以打开的情况，将会对人员安全造成巨大威胁。

3.2.2 热压作用下千米级摩天大楼内部压力垂直分布

1. 大连地区热压作用千米级摩天大楼内部压力垂直分布

以大连为典型地区，分析不利气候条件下的冬季热压变化。大连地区冬季空气调节室外计算温度为−12.9℃，大气压力为101727Pa。

如图3-8所示，首层有与外界直接相通的入口，与其他楼层的建模不同；20层位于100m高度处，处于中和界以下，并且是商业建筑和办公建筑的分界层，具有代表意义；106层位于483m高度处，位于中和界附近；176层位于800m高度处，位于中和界以上，是高级公寓区与酒店区的交界处；220层为顶层。故选取1层、20层、106层、176层、220层作为典型层进行分析。典型层核心筒贯通电梯附近孔口两侧（以下分析大部分皆为此位置）的压差（气体流入建筑内为正压，流出建筑为负压，下文压差取值方法与此相同，均代表孔口两侧的压差）见表3-6

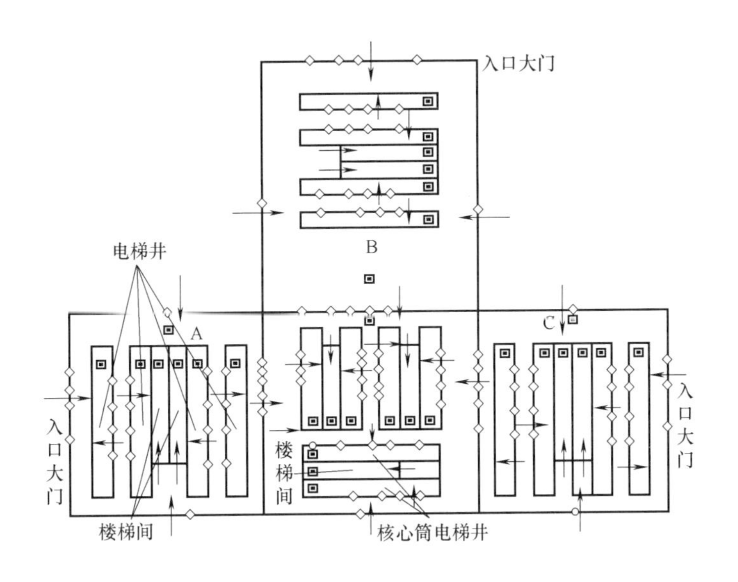

图 3-8 建筑首层气体流动方向

建筑 1 层气流流动方向如图 3-8 所示。

大连地区典型层不同位置门两侧的压差（Pa） 表 3-6

	核心筒楼梯间门	核心筒电梯门
1层	120.4	362.9
20层	88.8	141.1
106层	−36.0	0.4
176层	78.0	−103.2
220层	−218.7	−370.9

图 3-9 给出了建筑竖直高度上不同位置的压差。从表 3-6 和图 3-9 可以看出，在核心筒的楼梯间门和电梯门处，首层的压差分别为 120.4Pa 和 362.9Pa，大大超过了 ASHRAE 标准的规定值（电梯门和楼梯间门两侧压差应分别不超过 25Pa 和 50Pa）。楼梯间门两侧的最大压差不超过 87Pa 才能确保门能打开；相关实验测试表明，一般情况下压差达到 125Pa 就需要两个人合力才能打开门，并且会严重影响电梯门的开关。而此处模拟得到的电梯门两侧的压差为 362.9Pa，是 125Pa 的 2.9 倍，影响更大。此时空气在压差的驱动下上升，由下至上在整个竖井中迅速传播。

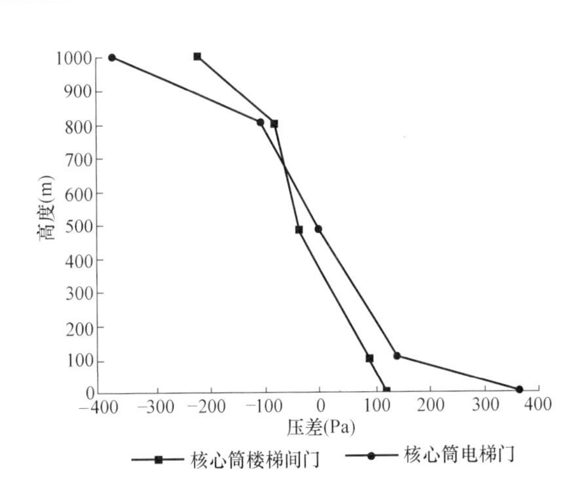

图 3-9 千米建筑不同位置压差变化曲线

由图 3-9 可以看出，在中和界以下冷空气从室外流向建筑内部，中和界以上空气从建筑内部流向室外。中和界以下楼梯间门和电梯门的压差要大于中和界以上，气流会以较快速度从下向上流动。另外楼梯间按照功能分区设置了隔断，核心筒贯穿电梯未设置隔断，纵向隔断导致了核心筒楼梯间门的压差小于电梯门。

2. 典型气候条件的热压作用千米级摩天大楼内部压力垂直分布

在大连地区千米建筑冬季热压分布特性模拟基础上，进一步选取迪拜、广州、上海、北京、哈尔滨 5 个典型地区进行热压分布模拟对比。室内设计参数不变，6 个典型地区的冬季室外参数取值见表 3-7。

典型地区的冬季室外设计参数 **表 3-7**

	迪拜	广州	上海	北京	大连	哈尔滨
模拟用室外温度(℃)	12	5	−4	−12	−12.9	−30
室外大气压力(Pa)	101325	101950	102510	102040	101727	100410

1）首层不同位置门两侧压差比较

五个城市的建筑内部压差和空气流量变化规律与大连地区类似，但数值有显著差异，首层核心筒贯通电梯附近孔口两侧的压差见表 3-8。

首层不同位置门两侧压差 Pa **表 3-8**

	核心筒楼梯间门	核心筒电梯门
迪拜	24.2	75.6
广州	50.3	152.0
上海	85.4	256.5
北京	117.1	352.7
哈尔滨	194.2	592.3
大连	120.4	362.9

从表 3-8 可以看出，广州、上海、北京、哈尔滨、大连地区核心筒电梯门两侧的压差分别是迪拜的 2.0，3.4，4.7，7.8，4.8 倍，如此大的压差会对电梯运行、人员疏散造成严重影响。在严寒和寒冷地区修建超高层建筑时对此问题需高度重视。

2）首层不同位置空气流量比较

以首层为研究目标，研究核心筒附近不同位置通过门流入的空气量。各城市首层不同位置孔口的空气流量见表 3-9，塔楼首层外门处的空气流量见图 3-10。

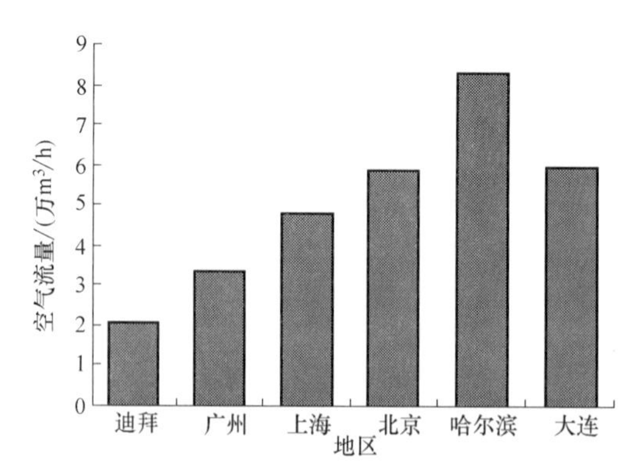

图 3-10　典型地区千米建筑 A 区首层外门处的空气流量

6 个城市千米建筑首层不同位置孔口的空气流量（m^3/h） **表 3-9**

	塔楼入口门	核心筒楼梯间门	核心筒电梯门
迪拜	6839.5	2076.5	2408.9
广州	11187.0	3349.0	3805.4

续表

	塔楼入口门	核心筒楼梯间门	核心筒电梯门
上海	16011.8	4735.1	5361.8
北京	19776.1	5801.6	6580.2
哈尔滨	27941.1	8048.3	9202.3
大连	20120.8	5899.4	6693.1

从表3-9和图3-10可以看出，广州地区建筑各孔口的空气流量是迪拜地区的1.6倍左右，哈尔滨地区建筑各孔口的空气流量是迪拜地区的3～4倍。说明在较寒冷地区，冬季会有大量的室外空气流入建筑内部，会导致大堂温度偏低，不仅增加建筑热负荷，还会严重影响人员的舒适性和增加安全疏散的风险。室内外温差越大的地区，该问题就越严重。

由以上分析可以看出，冬季室内外温差越大的地区，热压影响越大。迪拜的哈利法塔的成功修建，不仅与成熟的技术有关，当地冬季气温较高也带来了很大的优势，能极大地减小热压的不利影响。而对于我国的上述5个城市，热压作用的影响均较明显，在修建千米建筑之前，必须充分考虑如何采取有效措施减小热压带来的不利影响。

3.2.3 千米级摩天大楼风压与热压共同作用效果定性分析

风是空气在压力差作用下的大气流动，当空气流动遇到建筑物时，在围护结构表面形成风压作用，其作用大小与室外风速的大小和建筑表面形式有关。热压作用是由于室内外空气密度差在围护结构两侧引起的压力作用，其作用大小由室内外温度差和建筑高度决定。因此，当建筑在风压与热压共同作用时，其影响因素十分复杂。但总的来说，风压对热压的作用效果可以分为两方面影响：增益作用和抑制作用。具体来说，风压在建筑的迎风面形成正压，在建筑背风面形成负压，与热压作用方式相同，风压通过建筑与外接环境的通道和围护结构的缝隙对室内环境产生影响，其对建筑环境的作用效果只与风向有关。而如前文所述，热压对建筑室内环境的作用效果只与建筑楼层和热压作用中和面的相对位置有关，而两者对建筑环境的正压效果与负压效果始终同时存在，只是区域不同而已。因此，当风压与热压对建筑某一区域的作用效果相同时，两者是增益作用；当两者的作用效果相反时，两者是抑制作用。

3.2.4 风压热压共同作用下千米级摩天大楼内部压力垂直分布

为了评估建筑室外风速对寒区高层建筑冷风渗透能耗的影响，本研究基于多区网络模型CONTAMN模拟计算了高层建筑和巨型建筑在不同室外温度、不同室外风速条件下的围护结构内外压差和渗风量，模拟所用的建筑模型分别采用如下两个工况：

（1）工况A：高度为100m的高层建筑或内部隔断。

（2）工况B：高度为1000m的摩天大楼建筑或内部隔断。

本研究选择五个典型楼层的压力和冷风渗透量进行比较，即建筑首层、中间楼层、顶层、中和面以下楼层、中和面以上楼层，见表3-10和表3-11。对于工况A和B，由于热压与风压的共同作用，建筑围护结构的压力分布在中间位置存在一个临界高度，在临界高度以下为正压（由室外向室内为正压，下同），在临界高度以上为负压。同时围护结构两侧的压差随着室外温度降低而增大，临界高度以下楼层围护结构两侧压力随风速增大而增大，临界高度以上楼层围护结构两侧压力随风速增大而减小，这主要是因为室外温度降低增大了建筑热压作用，而室外风速的增大导致建筑外表面风压作用，而临界高度以下楼层的风压与热压作用方向相同，临界高度以上楼层的风压与热压作用方向相反，在本研究的模拟条件下，建筑热压作用明显大于风压作用，因此建筑围护结构的压差在大部分楼层与热压作用方向相同，只是在热压作用中和面附近热压作用较小，建筑围护结构的压差与风压作用方向相同。另一方面空气流入和流出建筑的方向与围护结构的压力作用方向相同，因此由于冷风渗透造成的建筑能耗只存在于临界高度以下楼层。

不同室外风速、温度条件下围护结构压差（Pa）（工况 A）　　表 3-10

楼层＼风速	室外温度											
	−5℃			−10℃			−15℃			−20℃		
	0 (m/s)	5 (m/s)	10 (m/s)	0 (m/s)	5 (m/s)	10 (m/s)	0 (m/s)	5 (m/s)	10 (m/s)	0 (m/s)	5 (m/s)	10 (m/s)
1	8.8	9.0	10.4	11.9	12	13.5	12.7	12.8	14.3	14.6	14.7	16.2
5	15.5	16.9	22.3	21.1	22.6	27.9	22.7	24.1	29.3	26.4	27.8	33
10	−0.2	1.1	5.1	−0.3	1.0	5.1	−0.3	0.9	0.7	−0.4	0.8	5.0
15	−16.3	−15	−12.3	−22.5	−21.2	−18.3	−24.2	−22.9	−20	−28.4	−27.1	−24
20	−32.2	−30.9	−27.6	−44.4	−43.1	−39.3	−47.8	−46.4	−42.6	−56.1	−54.7	−50.7

表 3-12 和表 3-13 所示分别为工况 A 和 B 在不同风速作用下，围护结构压力相对于热压单独作用时（室外风速为 0m/s 时）的变化率。对于同一楼层，温度对压力变化率的影响明显小于风速对压力变化率的影响。就工况 A 而言，当室外温度由−5℃降低到−10℃且室外风速为 5m/s 时，建筑首层围护结构压力变化率由 2.27%下降到 0.84%；当室外温度为−5℃且室外风速由 5m/s 增大到 10m/s 时，建筑首层围护结构压力变化率由 2.27%增加到 18.18%。同时，风速对于建筑中间楼层围护结构两侧压力的影响最为明显，对于工况 A，当室外温度为−5℃且室外风速为 5m/s 时，10 层围护结构压力相对于热压单独作用增大 450%；当室外风速增大到 10m/s 时，10 层围护结构压力相对于热压单独作用增大 2450%。因此室外风速是高层建筑冷风渗透能耗计算必须考虑的重要因素。

不同室外风速、温度条件下围护结构压差（Pa）（工况 B）　　表 3-11

楼层＼风速	室外温度											
	−5℃			−10℃			−15℃			−20℃		
	0 (m/s)	5 (m/s)	10 (m/s)	0 (m/s)	5 (m/s)	10 (m/s)	0 (m/s)	5 (m/s)	10 (m/s)	0 (m/s)	5 (m/s)	10 (m/s)
1	78.1	78.2	78.6	103.49	103.6	103.9	111.1	111.2	111.5	127.5	127.6	127.9
50	94.2	95.8	100.8	126	127.5	132.6	135.3	137	142.1	156.1	157.8	163
100	−5	−4	−1.3	−7.4	−6.3	−3.7	−8.2	−7	−4.5	−10.2	−8.8	−6.5
150	−93.6	−92	−87.6	−127.9	−126.2	−121.5	−138.3	−136.7	−132	−161.9	−160.3	−155.4
200	−282.6	−281.1	−276.7	−386.4	−384.5	−380.1	−418.1	−416.5	−412	−489.5	−488	−483.3

围护结构压差在不同风速作用下修正率（工况 A）　　表 3-12

楼层＼风速	室外温度							
	−5℃		−10℃		−15℃		−20℃	
	5 (m/s)	10 (m/s)	5 (m/s)	10 (m/s)	5 (m/s)	10 (m/s)	5 (m/s)	10 (m/s)
1	2.27%	18.18%	0.84%	13.45%	0.79%	12.60%	0.68%	10.96%
5	9.03%	43.87%	7.11%	32.23%	6.17%	29.07%	5.30%	25.00%
10	450.00%	2450.00%	233.33%	1600.00%	200.00%	133.33%	100.00%	1150.00%
15	−7.98%	−24.54%	−5.78%	−18.67%	−5.37%	−17.36%	−4.58%	−15.49%
20	−4.04%	−14.29%	−2.93%	−11.49%	−2.93%	−10.88%	−2.50%	−9.63%

围护结构压差在不同风速作用下修正率（工况 B）　　表 3-13

楼层＼风速	室外温度							
	−5℃		−10℃		−15℃		−20℃	
	5 (m/s)	10 (m/s)	5 (m/s)	10 (m/s)	5 (m/s)	10 (m/s)	5 (m/s)	10 (m/s)
1	0.13%	0.64%	0.11%	0.40%	0.09%	0.36%	0.08%	0.31%
50	1.70%	7.01%	1.19%	5.24%	1.26%	5.03%	1.09%	4.42%
100	−20.00%	−74.00%	−14.86%	−50.00%	−14.63%	−45.12%	−13.73%	−36.27%
150	−1.71%	−6.41%	−1.33%	−5.00%	−1.16%	−4.56%	−0.99%	−4.01%
200	−0.53%	−2.09%	−0.49%	−1.63%	−0.38%	−1.46%	−0.31%	−1.27%

通过前文分析可知，风压与热压对建筑冷风渗透能耗的影响只存在于临界高度以下楼层，为准确评估风速对建筑冷风渗透能耗的影响，本研究计算了工况 A 和 B 中间高度及以下典型楼层的冷风渗透能耗（表 3-14、表 3-15）及不同风速条件下冷风渗透能耗相对于热压单独作用的变化率（表 3-16、表 3-17）。

不同室外风速、温度条件下冷风渗透能耗（kW）（工况 A）　　表 3-14

楼层＼风速	室外温度											
	−5℃			−10℃			−15℃			−20℃		
	0 (m/s)	5 (m/s)	10 (m/s)	0 (m/s)	5 (m/s)	10 (m/s)	0 (m/s)	5 (m/s)	10 (m/s)	0 (m/s)	5 (m/s)	10 (m/s)
1	7.2	7.3	8.0	10.6	10.7	11.5	13.0	13.0	14.0	14.6	14.7	16.2
5	10.3	10.9	13.1	15.4	16.1	18.4	18.9	19.7	22.3	26.4	27.8	33
10	−0.5	1.8	5.0	−0.9	2.1	6.1	−1.1	2.4	1.9	−0.4	0.8	5

计算公式如下：

$$Q=0.278C_{p}V\rho_{w}\cdot(t_{n}-t_{w}) \tag{3-23}$$

式中 Q——冷风渗透耗热量（W）；

C_p——干空气的定压质量比热容，100.56kJ/(kg·℃)；

V——冷风渗透体积流量（m^3/h）；

ρ_w——室外空气温度对应的空气密度（kg/m^3）；

t_n——室内空气温度（℃）；

t_w——室外空气温度（℃）。

在不同室外风速、温度条件下冷风渗透能耗（kW）（工况 B）　　表 3-15

楼层＼风速	室外温度											
	−5℃			−10℃			−15℃			−20℃		
	0 (m/s)	5 (m/s)	10 (m/s)	0 (m/s)	5 (m/s)	10 (m/s)	0 (m/s)	5 (m/s)	10 (m/s)	0 (m/s)	5 (m/s)	10 (m/s)
1	29.6	29.6	29.7	43.2	43.3	43.4	53.1	53.1	53.2	67.0	67.0	67.1
50	33.0	33.8	34.9	49.1	49.5	50.8	57.6	60.8	62.3	76.4	76.9	78.6
100	−4.7	−4.1	−1.9	−7.3	−6.6	−4.7	−9.2	−8.3	−6.2	−12.0	−11.0	−9.0

室外风速对冷风渗透能耗的修正率（工况 A）　　表 3-16

楼层＼风速	室外温度							
	−5℃		−10℃		−15℃		−20℃	
	5 (m/s)	10 (m/s)	5 (m/s)	10 (m/s)	5 (m/s)	10 (m/s)	5 (m/s)	10 (m/s)
1	1.2%	11.1%	0.7%	8.6%	0.6%	8.1%	0.5%	6.9%
5	5.9%	26.8%	4.4%	19.7%	4.1%	18.2%	3.5%	15.6%
10	238.9%	821.1%	142.8%	607.9%	118.5%	76.8%	65.6%	440.6%

室外风速对冷风渗透能耗的修正率（工况 B）　　表 3-17

楼层＼风速	室外温度							
	−5℃		−10℃		−15℃		−20℃	
	5 (m/s)	10 (m/s)	5 (m/s)	10 (m/s)	5 (m/s)	10 (m/s)	5 (m/s)	10 (m/s)
1	0.1%	0.4%	0.1%	0.3%	0.1%	0.2%	0.0%	0.2%
50	2.5%	6.0%	0.8%	3.4%	5.5%	8.1%	0.7%	2.9%
100	−13.1%	−59.2%	−10.1%	−36.2%	−9.7%	−32.0%	−8.7%	−25.4%

根据表 3-16 和表 3-17 可知，风速引起的风压作用对建筑冷风渗透能耗的影响分为两方面，一方面风压增加了中和面以下楼层的空气渗入量，另一方面风压降低了中和面以上楼层的空气流出量，而中和面以上楼层不存在冷风渗透能耗。对于本研究中的建筑 A 和建筑 B，由于建筑高度和结构的不同，中和面的位置也不相同，因此风压和热压作用的临界高度也不相同，表 3-14 中工况 A 中间楼层（10 层）在热压单独作用下冷风渗透能耗为负值，表示此时空气流出建筑，不产生冷风渗透能耗，而随着风速增加，冷风渗透能耗为正值，表示此时空气流出建筑，产生冷风渗透能耗。而对于工况 B 中间楼层（100 层）在热压单独作用下冷风渗透能耗为负值，表示此时空气流出建筑，不产生冷风渗透能耗，而随着风速增加，由建筑流出的空气量减小，但仍不产生冷风渗透能耗。另外，建筑冷风渗透能耗随着室外风速的增大而减小，随着室外温度的降低而增大，而室外温度对冷风渗透能耗的影响大于室外风速，例如对于建筑 A 在室外温度为−5℃，

室外风速为5m/s，相对于室外风速为0m/s时冷风渗透能耗增加了0.6kW，而室外温度降低到−10℃时，冷风渗透能耗增加了5.1kW，这主要是因为室外温度降低在增加热压作用的同时增加了室内外空气的温差。

此外，根据表3-16和表3-17中室外风速对工况A冷风渗透能耗的修正率，可以看到室外风速对冷风渗透能耗的影响随着楼层高度的升高而逐渐明显。例如对于工况A中室外温度为−5℃，室外风速为5m/s和10m/s时，建筑5层楼的冷风渗透能耗分别增加了5.9%和26.8%，建筑10层楼冷风渗透能耗分别增加了238.9%和821.1%，这主要是因为随着楼层的升高而逐渐接近热压作用的中和面，风压作用逐渐明显，因而对冷风渗透能耗的影响逐渐明显。

3.3 千米级摩天大楼风热压控制措施

3.3.1 概述

在室外气象条件无法改变的情况下，通过增加建筑内部隔断是目前降低热压、风压影响最为有效的手段，具体如下：

3.3.1.1 水平隔断

在热压作用下，室外冷空气通过较低楼层围护结构的缝隙进入室内，并逐渐上升通过较高楼层围护结构的缝隙流出，空气流动过程中所经过的底层大门、前室门、电梯门、楼梯门均被称为水平隔断。在流动过程中，空气经过每道门缝隙均会消耗一部分压力，从而达到了降低其他门两侧压力的目的。如果这些水平隔断对风压、热压的阻隔作用将门两侧的压力降低到安全范围时，就可以避免由风压、热压导致的打开和关闭障碍。

3.3.1.2 垂直隔断

高度影响风压热压，尤其是热压作用效果的主要因素之一，由建筑自身属性所决定，虽然建筑高度无法改变，但可以通过主要垂直通道上添加必要的建筑结构，将垂直通道分隔，相当于降低了建筑高度，从而起到降低热压作用效果的作用。电梯井和楼梯井是空气上升的主要通道，因此从风压、热压控制的角度看，楼梯井和电梯井是高层建筑重点控制的区域。

（1）楼梯井分隔措施

超高层的楼梯间是发生火灾或其他事故时人员逃生的主要通道，在平时是风压、热压作用下室外空气上升的主要途径。楼梯间通透高度越高，所产生热压作用越强烈，对建筑在火灾时产生的危害越严重。如果将高层建筑楼梯间分段设置，降低其通透高度，就可以降低热压作用对建筑造成的危害。《建筑设计防火规范》GB 50016—2014规定：高度100m以上的建筑应设避难层，采用错位楼梯间与避难层连接。避难层的设置可以有效地隔断楼梯间的通透高度，阻止气流直接通过。虽然规范的规定是为了建筑在发生火灾时，人员可以安全地躲避烟气的侵害，但避难层的设计的确可有效分隔热压。

（2）电梯井隔断措施

电梯是超高层建筑不可缺少的交通工具，尤其对于建筑体量巨大的千米级摩天大楼，有时电梯数量可达上百部。与楼梯间对风压、热压的影响效果相同，电梯井的通透高度越高，风压、热压造成的危害越严重。如果将超高层建筑的电梯井分段设置，每段电梯井之间设置转换层，其实际效果与在楼梯间设置避难层是一样的，同样可以降低电梯间的通透高度，减小热压的作用效果。

此外，普通高层建筑一般采用敞开式前室，但对于千米级摩天大楼，采用封闭式前室也是降低风压、热压影响的技术措施之一。通过设置封闭式前室，相当于在前室增加了一道水平隔断，可以在一定程度上降低风压、热压。

3.3.1.3 机械加压送风

工程中可以在垂直通道内采用机械加压送风的方式控制风压、热压对建筑室内环境的影响，机械加压送风的方式在实际运行起来需要注意以下问题：

（1）风压、热压作用对建筑室内环境的影响是一个动态的过程，随着室外温度、风速、风向的变化而变化，因此为了有效控制风压、热压影响，加压送风系统需要不断地调整以适应室外温度的变化。

（2）风压、热压在建筑高度范围内并非均匀分布，而采用机械加压送风的楼梯间是一个通透的空间，其压力垂直方向均匀分布，因此机械加压送风要根据通透空间的压力分布分层设置。

（3）门的开闭对于通透空间的压力分布影响严重，而实际情况下，千米级摩天大楼楼层众多，门开闭情况复杂多变，机械加压系统要针对各种开闭情况及时作出调整。

（4）风压、热压的作用效果在中和面上下方向相反，风压的作用效果在迎风面和背风面作用方向相反，为了抵消风压、热压对室内环境的影响，机械加压系统要根据中和面位置和风向做出调整。

（5）千米级摩天大楼体量大，相应的机械加压系统也会非常庞大，在工作期不间断运行将会消耗大量的电能。

综上所述，最简单易行降低风压、热压作用效果的方法应该是采用隔断措施，将风压、热压层层分隔，逐层降低。

针对千米级摩天大楼分别采用水平隔断和垂直隔断两种技术手段的室内压力分布进行模拟研究，并对各种措施的控制效果进行评估。

为了具体探究加隔断措施和开门状态对热压分布的影响，设置 6 种模拟工况，包括 3.2.4 中未做任何辅助控制措施的基本工况，并将其模拟结果作为其他工况控制措施的对比基础。工况详情及编号见表 3-18，气象条件以大连为基础，室外风速考虑 7.0m/s、45°风向角一种情况。另外考虑到隔断措施只是降低门两侧的压差，而且有风压引起三座塔楼内部压力差异并不明显，因此为了避免重复讨论，以下的分析均以核心筒和 A 栋塔楼的压力分布为研究对象。

工况编号及说明 **表 3-18**

工况编号	措施	说　明
B-1	基本工况	3.2.3 节中未加任何隔断的基本工况
H-1	水平隔断	在三座塔楼首层入口各加 1 道水平隔断门
H-2	水平隔断	在三座塔楼首层入口各加 2 道水平隔断门
V-1	垂直隔断	在核心筒和塔楼 100 层(500m)高度设置转换层
V-2	垂直隔断	在核心筒和塔楼每 40 层(200m)设置转换层
V-3	垂直隔断	在核心筒和塔楼每 20 层(100m)设置转换层

注：各工况中说明的内容均在 B-1 基本工况基础上添加，且所指隔断门均为关闭状态。

3.3.2 水平隔断的影响

千米级摩天大楼的首层大门是室外空气侵入的主要通道，外门两侧压力作用明显，因此通过水平隔断来控制压差时重点考虑在建筑首层的大门处加一道或多道外门，以期达到控制压差的目的。图 3-11 和图 3-12 所示为 H-1 和 H-2 工况垂直通道内的门两侧压差分布。

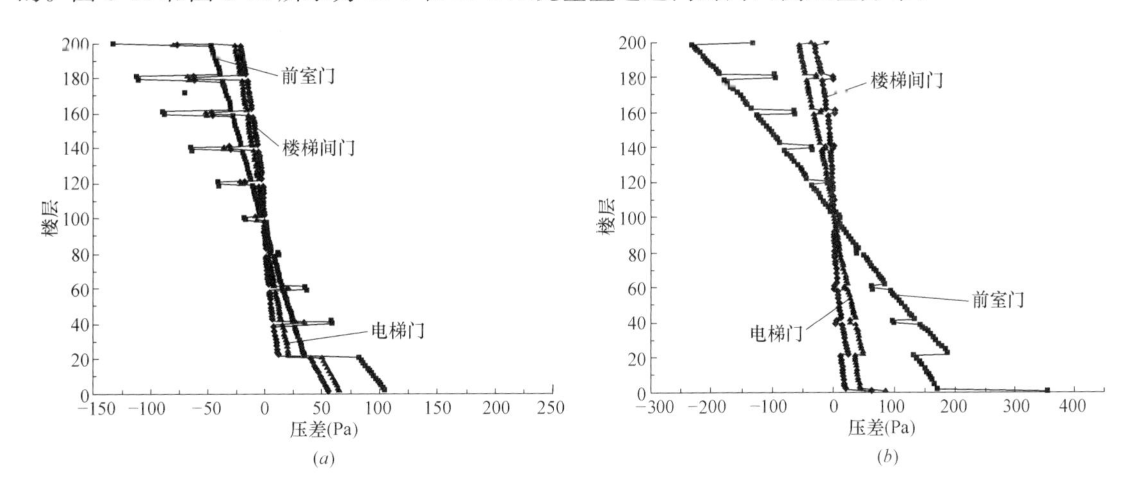

图 3-11 H-1 工况（1 道水平隔断）压差垂直分布

(*a*) 核心筒；(*b*) A 栋塔楼

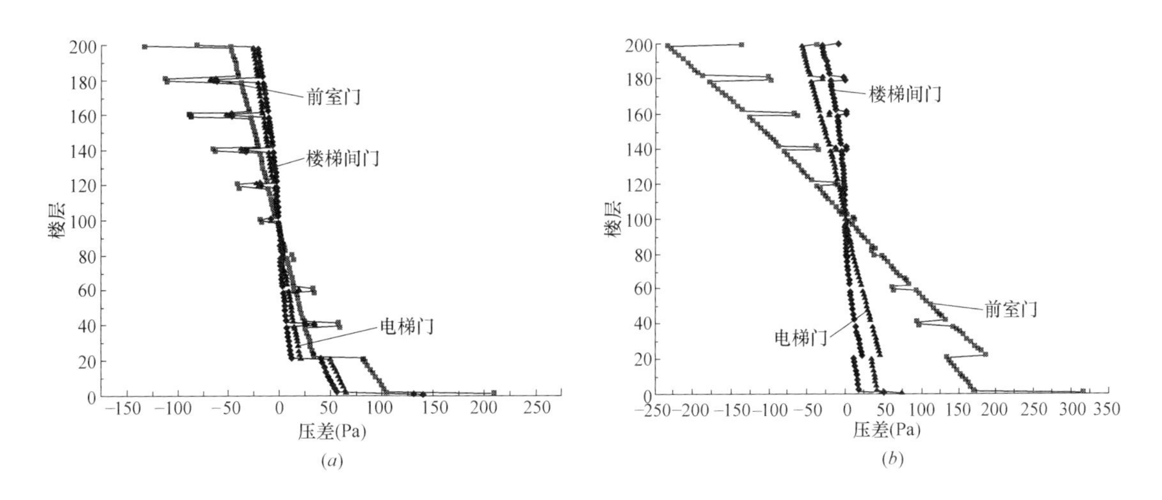

图 3-12 H-2 工况（2 道水平隔断）压差垂直分布

(*a*) 核心筒；(*b*) A 栋塔楼

可以看到，千米级摩天大楼在首层加了水平隔断之后，其核心筒内和塔楼内门两侧压力垂直分布规律没有变化。即建筑首层门结构两侧压力最大，在核心筒和塔楼水平直接连通的楼层，核心筒内门结构分担了塔楼内门结构两侧的压力，对于其他楼层，无论是核心筒内还是塔楼内的门两侧压力均随高度线性变化。同时注意到建筑首层门结构的压力与未加水平隔断之前明显降低。为了便于分析水平隔断对整座建筑垂通道内的热压影响，选取典型楼层的垂直通道的压差进行对比，表 3-19 和表 3-20 为 B-1、H-1 和 H-2 工况的压力对比。可以看到，水平隔断有效降低了建筑竖向通道首层门两侧的压差，顶层门两侧的压差略有降低，但其他楼层门两侧的压差略有增加。对于核心筒内的前室门、楼梯间门、电梯门，当采用 1 道水平隔断时，首层门两侧的压差分别降低 36.5Pa、27.4Pa、27.2Pa，顶层门两侧的压差均降低 1.4Pa；当采用 2 道水平隔断时，首层前室门、楼梯间门、电梯门两侧的压差分别降低 63Pa、47.1Pa、47Pa，顶层前室门、楼梯间门、电梯门两侧的压差均降低 1.5Pa。塔楼内竖向通道内首层门两侧的压力在设置水平隔断后降低，而其他楼层门两侧的压力略有增加。当设置 1 道水平隔断时，首层前室门、楼梯间门、电梯门两侧的压差分别降低 31.5Pa、5.5Pa、9Pa，顶层前室门、楼梯间门、电梯门两侧的压差均降分别升高 23.1、6.8Pa、2.7Pa。当设置 2 道水平隔断时，首层前室门、楼梯间门、电梯门两侧的压差分别降低 68.8Pa、14.4Pa、17.8Pa，顶层前室门、楼梯间门、电梯门两侧的压差均降分别升高 23.1Pa、6.8Pa、2.7Pa。这说明增加水平隔断重新建立了塔楼和核心筒内的压力平衡，水平隔断的增加能有效降低首层压差分布，但对其他楼层的压力影响有限。总体上，水平隔断很难将垂直通道内门两侧的压差控制在规范允许的范围内。

核心筒典型楼层不同工况下门两侧的压差（Pa）　　表 3-19

层数	前室门			楼梯间门			电梯门		
工况	B-1	H-1	H-2	B-1	H-1	H-2	B-1	H-1	H-2
1 层	272	235.5	209	178	150.6	130.9	187	159.8	140
10 层	93.3	96	94.9	48	50.1	49.5	57	58.6	58.6
50 层	20.4	20.6	20.6	6	5.8	5.9	11.4	11.5	11.5
100 层	−18	−17.2	−17	−7.7	−7.1	−7.0	−8.2	−7.5	−7.4
150 层	−24	−24.3	−24.3	−8.6	−8.5	−8.5	−13	−12.9	−12.9
200 层	−135	−133.6	−133.5	−80	−78.6	−78.5	−84	−82.6	−82.5

A 塔楼典型楼层不同工况下门两侧的压差（Pa）　　表 3-20

层数	前室门			楼梯间门			电梯门		
工况	B-1	H-1	H-2	B-1	H-1	H-2	B-1	H-1	H-2
1 层	387	355.5	318.2	90	84.5	75.6	70	61	52.2
10 层	136	155	155.1	33	39.2	39.2	14	15.6	15.7
50 层	104	113.8	114	25	28.8	28.8	8.6	9.1	9.2
100 层	−10.9	−9.7	−9.8	1.3	1.2	1.2	−0.9	−0.8	−0.8
150 层	−97	−106.1	−106	−24	−26.9	−26.9	−7.5	−8.0	−8.0
200 层	−113	−136.1	−136.1	−30	−36.8	−36.8	−7.9	−10.6	−10.6

3.3.3 垂直隔断的影响

在建筑内部添加垂直隔断可以将建筑内部的垂直通道进行分割，从而起到与降低建筑高度同等的作用。垂直隔断工况与基本工况的不同之处在于千米级摩天大楼的竖向通道贯通高度不同，主要体现在电梯竖井的高度不同，即设置的转换大厅所在层数和数量不同，其他设置一样。本节所模拟的 V-1、V-2 和 V-3 工况均旨在分析垂直隔断对热压的分隔作用，其不同点在于分隔间距不同，以期在不严重妨碍建筑垂直交通的前提下，达到降低烟囱效应对千米级摩天大楼的影响。如图 3-13～图 3-15 所示为 V-1、V-2 和 V-3 工况核心筒内和塔楼内垂直通道门两侧的压力分布。从图中可以看到，垂直隔断对千米级摩天大楼垂直通道内门两侧的压力控制效果明显。对于 V-1

工况，核心筒内的热压分布在100层楼位置出现明显变化，作用在前室门上的压力在转换层上下发生变化，在转换层以下，作用在前室门的压力为负压，而转换层以上变为正压。从整座建筑核心筒和塔楼垂直通道门两侧的压力分布看，设置在500m位置的转换层对垂直通道进行了隔断，相当于将高度为1000m的千米级摩天大楼变成了两座500m的超高层建筑。相同的规律也出现在V-2和V-3工况的模拟结果中，再次印证了设置垂直隔断对千米级摩天大楼风压、热压控制的效果。同时注意到，V-1、V-2和V-3三个工况模拟结果中压差值依次降低，这是因为垂直隔断设置的越多，千米级摩天大楼分隔后的高度越小，热压作用越弱。其中V-2和V-3工况的模拟结果符合ASHRAE对普通门和电梯门压差的要求，但过多的垂直隔断必然降低垂直交通的运行效率，如何在保证垂直通道门两侧压差满足规范要求的基础上保障高效的通行率，需要建筑设计者根据建筑功能做详细设计。

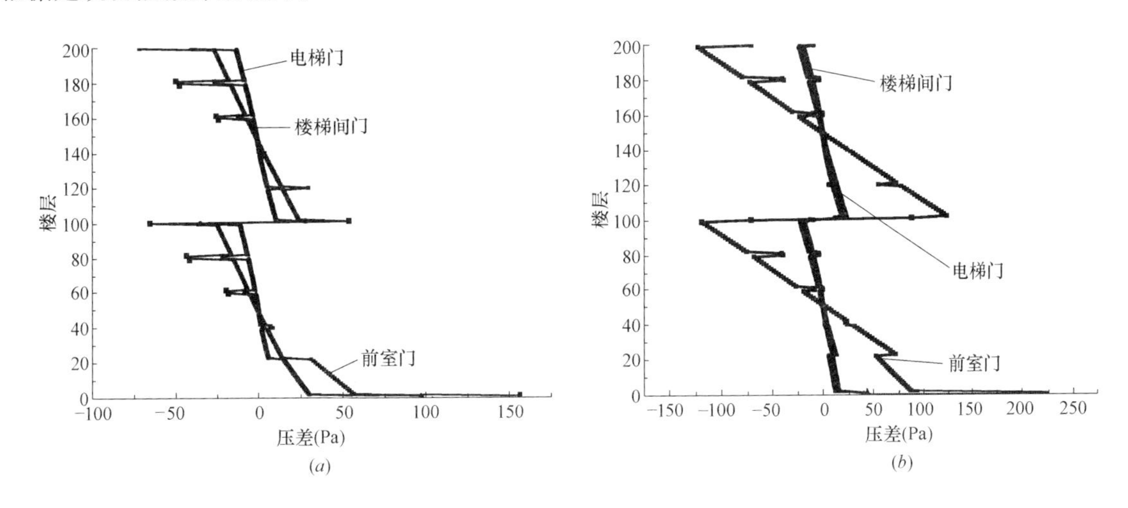

图3-13 V-1工况（1道垂直隔断）压差分布

（a）核心筒；（b）A栋塔楼

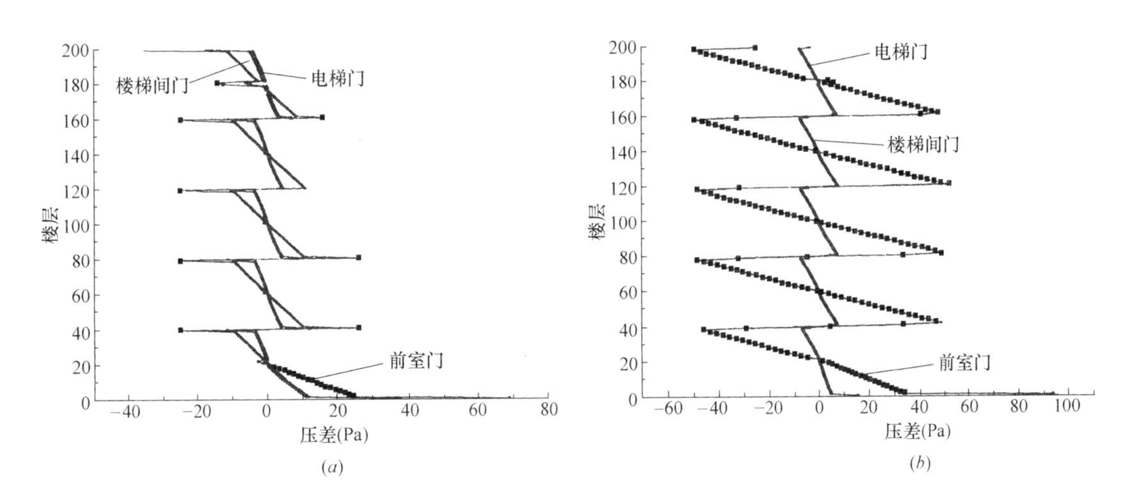

图3-14 V-2工况（2道垂直隔断）压差分布

（a）核心筒；（b）A栋塔楼

为了定量的讨论垂直隔断对千米级摩天大楼压力控制的效果，表3-21、表3-22给出了基本工况B-1和3种垂直隔断配置的典型楼层门两侧的压差情况。与水平隔断对风压、热压的控制效果不同，垂直隔断将千米级摩天大楼分隔成若干段高度相对较低的高层建筑，通过降低建筑的高

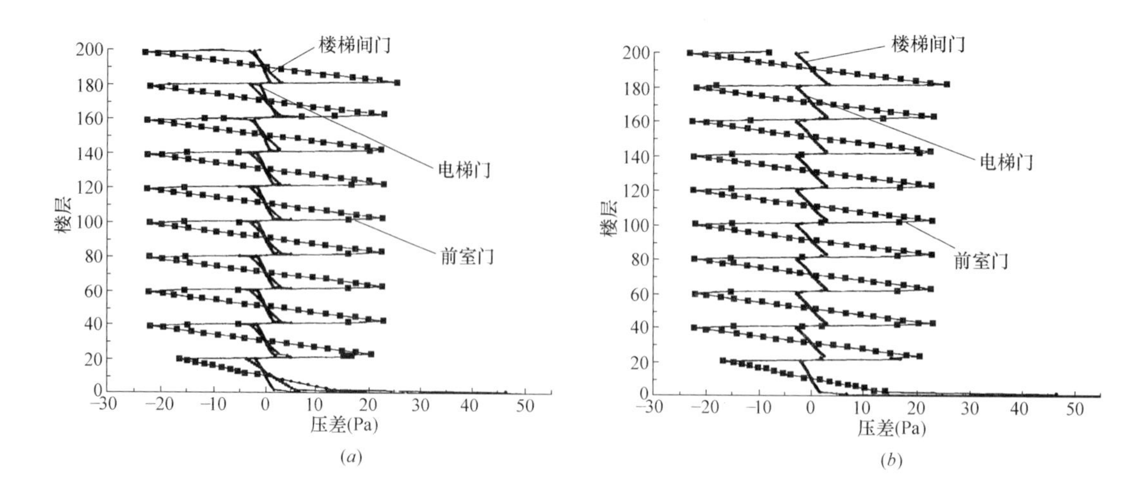

图 3-15 V-3 工况（3 道垂直隔断）压差分布
（a）核心筒；（b）A 栋塔楼

度属性来控制作用在围护结构上的压力。由前文垂直隔断工况下的压差分布图可知，千米级摩天大楼的压差分布会出现多个中和面，这导致很难通过不同工况下中间楼层门两侧的压差变化来分析垂直隔断的控制效果，因此本研究选取建筑首层和顶层门两侧的压差变化来讨论。

核心筒典型楼层不同工况下门两侧的压差（Pa） **表 3-21**

层数	前室门				楼梯间门				电梯门			
工况	B-1	V-1	V-2	V-3	B-1	V-1	V-2	V-3	B-1	V-1	V-2	V-3
1层	272	156.2	68.7	46.4	178	96.8	36.9	19.2	187	96.8	37.7	6.7
10层	93.3	46.5	13.8	0.2	48	23.7	5.4	1.2	57	23.7	6.1	0
50层	20.4	−0.6	5.6	1.1	6	0	1.9	0	11.4	0.1	2.0	0.1
100层	−18	−65.7	0.2	−15.4	−7.7	−35.1	0	−5	−8.2	−35.1	0	−1.8
150层	−24	−1.9	−5.0	0.8	−8.6	−0.9	−1.6	−0.5	−13	−0.9	−1.8	0
200层	−135	−72	−35.5	−8.1	−80	−42	−16.9	−10.7	−84	−40.2	−17.8	−0.9

可以看到，对于设置垂直隔断的 3 种工况，核心筒内首层前室门两侧的压差分别降低 115.8Pa、203.3Pa、225.6Pa；楼梯间门两侧的压差分别降低 81.2Pa、141.1Pa、77.6Pa；电梯门两侧的压差分别降低 90.2Pa、149.3Pa、181.3Pa。核心筒内顶层前室门两侧的压差分别降低 63Pa、99.8Pa、126.9Pa；楼梯间门两侧的压差分别降低 38、63.1、69.3Pa；电梯门两侧的压差分别降低 43.8Pa、66.2Pa、83.1Pa。同理垂直隔断对塔楼垂直通道内的热压控制效果也非常明显，通过 V-3 的垂直隔断方案，可以将电梯门、楼梯间门、前室门两侧的压差控制在标准允许的范围内。

A 塔楼典型楼层不同工况下门两侧的压差（Pa） **表 3-22**

层数	前室门				楼梯间门				电梯门			
工况	B-1	V-1	V-2	V-3	B-1	V-1	V-2	V-3	B-1	V-1	V-2	V-3
1层	387	225.4	93.3	46.4	90	44.3	15.4	6.7	70	41.4	15.5	6.7
10层	136	74	20.3	0.2	33	12.9	2.5	0	14	10	2.6	0
50层	104	3.4	27.8	1.1	25	0.3	3.6	0.1	8.6	0.2	3.7	0.1
100层	−10.9	−71.7	0.7	−15.4	1.3	−12.7	0	−1.8	−0.9	−9.3	0	−1.8
150层	−97	−0.9	−25.4	0.8	−24	0	3.3	0	−7.5	−0.1	−3.3	0
200层	−113	−70.6	−24.9	−8.1	−30	−12.6	−3.2	−0.8	−7.9	−8.9	−3.3	−0.9

3.3.4 隔断措施综合分析

综合前文分析可知，垂直隔断对于千米级摩天大楼的风压、热压垂直分布有着重要的影响，垂直隔断的数量与设置间距能够直接改变垂直通道隔断门两侧的压差大小。此外，为了定量分析不同隔断措施对热压控制的影响，对不同模拟工况下千米级摩天大楼首层和顶层门两侧的压差进行对比分析。图 3-16 和图 3-17 为 6 种工况在建筑首层和顶层门两侧的压差值的综合比较分析。

可以看到，不同的控制方案对建筑首层和顶层典型位置的压差控制效果遵循相同的大小顺序，即 H-1<H-2<V-1<V-2<V-3，即垂直隔断的控制效果明显优于水平隔断的控制效果，且相同隔断数量越多，压差控制效果越好。同时也注意到，对于同一个控制方案，其对建筑首层或顶层不同位置的控制效果差异明显，比如对于建筑首层，采用水平隔断对前室门的压差控制效果明显优于电梯门和楼梯间门。

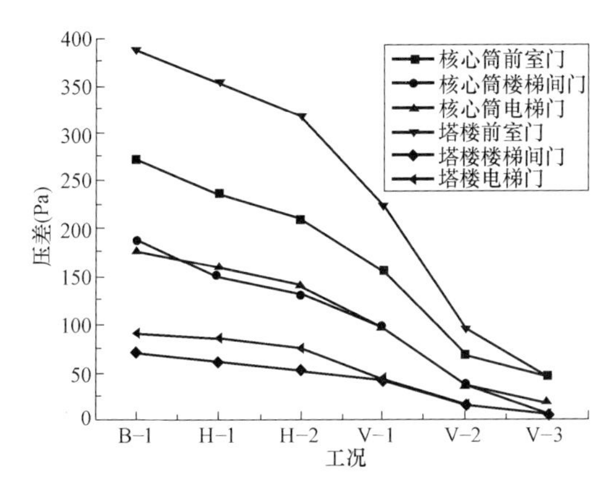

图 3-16 6 种工况首层的典型位置压差对比

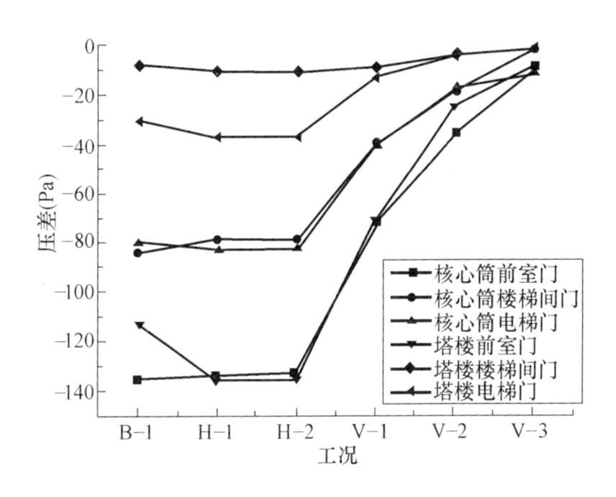

图 3-17 6 种工况顶层的典型位置压差对比

不同控制方案对建筑首层典型位置的压差减小率 **表 3-23**

	核心筒			塔楼		
工况	前室门	楼梯间门	电梯门	前室门	楼梯间门	电梯门
H-1	−13.26%	−19.64%	−10.22%	−8.21%	−13.48%	−6.11%
H-2	−23.02%	−30.15%	−21.35%	−17.89%	−12.48%	−16.00%
V-1	−42.47%	−48.51%	−45.62%	−41.80%	−27.80%	−50.78%
V-2	−74.70%	−79.88%	−79.27%	−75.76%	−36.74%	−82.89%
V-3	−82.91%	−96.42%	−89.21%	−88.02%	−90.50%	−92.56%

不同控制方案对建筑顶层典型位置的压差减小率 **表 3-24**

	核心筒			塔楼		
工况	前室门	楼梯间门	电梯门	前室门	楼梯间门	电梯门
H-1	−1.40%	−6.43%	3.38%	20.44%	34.18%	22.67%
H-2	−1.48%	−6.55%	3.25%	20.44%	34.18%	22.67%
V-1	−46.86%	−53.93%	−49.69%	−37.52%	−40.17%	−58.00%
V-2	−73.80%	−78.81%	−78.85%	−77.96%	−58.23%	−89.33%
V-3	−94.02%	−98.93%	−86.61%	−92.83%	−88.61%	−97.33%

表 3-23 和表 3-24 所示为不同控制方案的压差减少率。对于建筑首层，当采用 1 道水平隔断时，压差减少率约为 6%～20%；当采用 2 道水平隔断时，压差减少率约为 16%～30%，具体针对相同位置的隔断门来看，增加 1 道水平隔断可以使压差减少 10%。当采用 1 道垂直隔断，压差减少率约为 27%～48%；当采用 2 道垂直隔断，压差减少率约为 36%～82%；当采用 3 道垂直隔断，压差减少率约为 82%～96%。具体针对相同位置的隔断门来看，增加 1 道垂直隔断可以使压差减少 20%。对于建筑顶层，采用 1 道水平隔断对压差的影响不明显，甚至塔楼内门两侧的压差有增大的情况；当采用 2 道水平隔断时，核心筒和塔楼内门两侧的压差相对于 1 道水平隔断变化也不明显，同样地，塔楼内门两侧的压差有增大的情况。当采用 1 道垂直隔断时，建筑顶层门两侧压差降低约为 37%～58%；当采用 2 道垂直隔断时，建筑顶层门两侧压差降低约为 58%～90%；当采用 3 道垂直隔断时，建筑顶层门两侧压差降低约为 86%～99%，平均每增加一道垂直隔断，建筑顶层门两侧压差降低约为 20%。

4 千米级摩天大楼能源系统研究

4.1 概述

超高层建筑对能源（如电源、冷热源）具有很强的依赖性，其能源体系对建筑室内环境、建筑节能、经济运行、系统安全起着决定作用。本研究调研了冷热电三联供、电能、蓄冷等不同类型的能源体系，以及太阳能、风能等可再生能源在超高层建筑的利用。

4.2 典型超高层建筑常用的能源系统

4.2.1 典型超高层能源动力来源统计

国内典型超高层动力来源见表 4-1。

国内典型超高层动力来源统计表 表 4-1

能源方式＼项目	天津响螺湾项目①	上海环球金融中心②	武汉绿地国际金融城③	天津 117 塔楼④	上海中心大厦⑤	平安国际金融中心⑥	苏州中南中心⑦	台北 101⑧
市政燃气		√	√	√	√		√	√
市政电力	√	√	√	√	√	√	√	√
市政热水	√			√				
市政蒸汽	√			√			√	
柴油发电机组	√	√	√	√	√	√	√	√

注：此表数据来源于：

① 马红莉，庄倩．天津滨海新区中惠熙园广场精装酒店式公寓空调系统设计［J］．暖通空调，2014，07：49-50.

② 付海明．超高层建筑空调设计及节能技术应用［J］．制冷与空调，2009，06：84-89.

③ 程凯，王娟．浅谈武汉绿地中心节能技术方案［J］．绿色建筑，2013，04：8-11.

④ 左涛，沃立成，万嘉凤，等．天津 117 项目暖通空调设计［J］．暖通空调，2014，08：38-41.

⑤ 顾建平，Daniel Safarik. 上海中心：深入解读 . 2014.

⑥ 方耿华．超高层机电技术在深圳平安金融中心的运用［J］．建筑电气，2016，04：57-61.

⑦ Antony Wood，Jinshi Chen，Daniel Safarik. 苏州中南中心：深入解读 . 2014.

⑧ 青垣英夫，中山宏，中岛哲，等．台北国际金融中心（台北 101）的空调・卫生设备［J］．暖通空调，2009，01：113-116.

4.2.2 建筑中其他常用的能源应用技术概述

（1）地源热泵技术

地源热泵是一种利用地球所储藏的太阳能资源作为冷热源，进行能量转换的供暖制冷空调系统，主要是从地表土壤、地下水或河流、湖泊中吸收太阳能、地热能，是清洁的可再生能源的一种技术，但地源热泵要考虑场地限制和水质污染等因素。

（2）太阳能技术

我国的太阳能资源非常丰富，有三分之二以上地区的年太阳辐照量超过 5000MJ/m^2，平均年日照时间在 2200h 以上。我国是世界上太阳能资源最丰富的国家之一，拥有得天独厚的自然资源条件。根据国家标准《民用建筑热工设计规范》GB 50176—2016，我国的太阳能资源分为四类，即一类：太阳辐照量大于 6700MJ/m^2·年的资源丰富区。二类：太阳辐照量在 5400～6700MJ/m^2·年的资源较富区。三类：太阳辐照量在 4200～5400MJ/m^2·年的资源一般区。四类：太阳辐照量在小于 4200MJ/m^2·年的资源贫乏区。我国太阳能资源可利用区域分布较广，根据项目建设地点考虑太阳能的利用，都比较有利于建筑节能及环保。

太阳能光热利用是将太阳辐射能收集起来，利用光热效应转换成热能加以利用，是目前技术比较成熟、应用较为广泛的太阳能利用方式。

太阳能光伏发电系统是利用太阳电池半导体材料的光伏效应，将太阳光辐射能直接转换为电能的一种新型发电系统，有独立运行和并网运行两种方式。在千米级摩天大楼中，因周边的建筑、地势基本对建筑主体的日照构不成影响，建筑有效接收太阳光的面积得到了最大化的体现，相比于建筑高度较低的工程能够得到更好的利用。随着科技的发展，除安装于屋面的多晶硅太阳能电池板外，薄膜太阳能也可以作为建筑物玻璃幕墙的贴膜进行使用，而且产品颜色可调，光线透光率可调，能够更好地融入建筑之中。

（3）风能技术

我国风能资源丰富，可开发利用的风能储量约 10 亿 kW，其中，陆地上风能储量约 2.53 亿 kW（陆地上离地 10m 高度资料计算），海上可开发和利用的风能储量约 7.5 亿 kW，共计 10 亿 kW。而 2013 年底全国电力装机约 12.47 亿 kW。

风力发电技术是将风能转化为电能的发电技术，无污染、安全可控，是一种优质的可再生新能源，风力发电机按结构形式分为水平轴风力发电机和垂直轴风力发电机两大类。上海中心屋顶的钢结构上布满了 270 台“垂直轴涡轮”的风力发电机总额定功率为 135kW，每年可以为大厦提供 119 万 kW·h 的绿色电力，供屋顶、观光层中的设备使用。珠江城项目采用 4 台 WS-10 型垂直轴风力发电机组，每年可产生 13.16 万 kW·h。这种一体化装置不但是绿色建筑的典范，同时也是国家提倡节能减排总体战略的新举措。

（4）空气源热泵技术

空气源热泵技术是基于逆卡诺循环原理建立起来的一种节能、环保制热技术。空气源热泵系统通过自然能（空气蓄热）获取低温热源，经系统高效集热整合后成为高温热源，用来取（供）暖或供应热水，系统热效率高。

（5）蓄冷蓄热技术

蓄冷技术，主要是指在电力负荷低谷时段，采用电动制冷机组制冷，利用水的潜热（显热）以冰（低温水）的形式将冷量贮存起来，在用电高峰时段将其释放，以满足建筑物的空调或生产工艺需冷量，从而实现电网移峰填谷的目的。

蓄热技术，是指利用加热设备对蓄热介质进行加热，蓄热介质将热能储存起来，使用时从蓄热介质将热能释放出来，以满足生产、采暖或生活热水需要。目前的蓄热方式主要有水（显热蓄热）、蒸汽（潜热蓄热）、高温固体材料（显热蓄热）、熔盐相变材料（潜热蓄热）等。

蓄冷蓄热技术与建筑物空调负荷以及环境温度关系极为密切。一般建筑物的空调投入使用时，空调冷负荷为设计负荷 50%以下，运行时间超过全年总运行时间的 70%。即使是在一年当中最热的一天，也因为人们的作息习惯、工作状态以及设备运行状况变化等原因，使建筑物空调日负荷曲线与电网负荷曲线基本重合，成为电网峰谷负荷差大的原因。与此同时，随着经济社会的快速发展，空调的使用量越来越大，在我国的一些大型城市和经济比较发达的省份，空调用电负荷已经超过相应区域最大用电负荷的 30%。蓄冷蓄热技术有利于削峰填谷、应急储备，以及经济运行，对于超高层建筑是比较适宜的技术。

（6）燃气冷热电三联供技术

燃气冷热电三联供，即 CCHP（Combined Cooling，Heating and Power），是指以天然气为主要燃料带动燃气轮机或内燃机等燃气发电设备运行，产生的电力满足用户的电力需求，系统排出的废热通过余热锅炉或者余热直燃机等余热回收利用设备向用户供热、供冷。图 4-1、图 4-2 为两种形式的燃气冷热电三联供技术流程图。

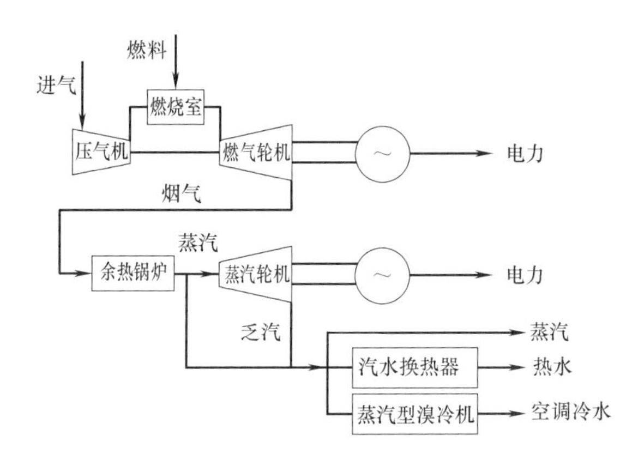

图 4-1 燃气轮机+余热锅炉+蒸汽

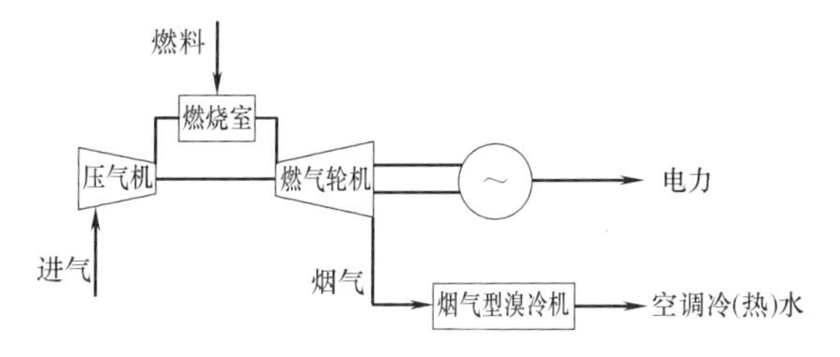

图 4-2 燃气轮机+烟气型溴冷机

燃气分布式能源系统主要设备有：原动机、余热锅炉、汽轮机、制冷机、热交换器 、控制系统、能量管理系统等。原动机驱动发电机发电，用于热泵制冷、制热以及水泵等辅机运行。原动机的排热和冷却水可用于吸收式冷水机组制冷或用于换热器制热。经过能源梯级的利用使能源利用效率从常规发电系统的 40%左右提高到 80%左右，节省了大量一次能源。

4.3 千米级摩天大楼适宜的能源系统方案探讨

千米级摩天大楼的冷热源方案对于建筑环境品质保证、运行能耗影响很大。以研究对象“某千米级摩天大楼”方案为例，对千米级摩天大楼的冷热源系统方案进行探讨。

根据建筑方案估算，千米级摩天大楼空调总热负荷 126439kW，空调总冷负荷 141421kW（其中 600m 以下冷负荷 129820kW，其中办公 61200kW，商业 68620kW）。

本项目 600m 以下冷负荷考虑由地下二层制冷机房负担，600m 以上负荷采用风冷热泵机组负担，热负荷由集中热源负担，考虑冷热源传输成本，本工程热源考虑采用 0.8MPa 蒸汽输送至各设备层，通过各设备层换热器换成 60/45℃热水再送至空调末端，冷源考虑输送成本及冷水供水温度，600m 以上冷源考虑分段独立设置风冷型冷热水机组。热源考虑采用 0.8MPa 饱和蒸汽供热，80℃凝结水回到锅炉房或市政管网，按照估算，本项目共需蒸汽 187t/h，考虑安全系数，本方案蒸汽锅炉按照 200t/h 选型，按照项目特点，列出以下三种能源系统方案。

1. 方案一：燃气蒸汽锅炉十电制冷系统

燃气锅炉房与制冷机房，600m 以下冷负荷及整个大楼供热负荷由锅炉房及制冷机房提供，利用制冷机组供冷，蒸汽锅炉供热。

（1）冷源系统原理如图 4-3 所示。

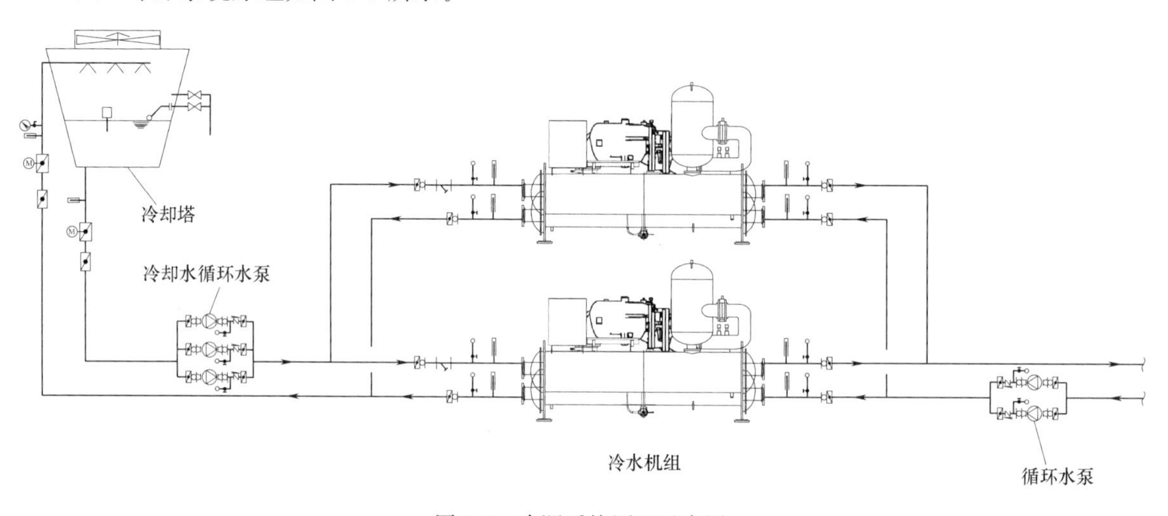

图 4-3 冷源系统原理示意图

（2）热源系统原理如图 4-4 所示。

（3）冷源主要设备见表 4-2。

冷源主要设备　　表 4-2

设备名称	性 能 参 数	台数
制冷机	制冷量：10196kW；输入功率：1818kW；蒸发器侧水流量：1753.2m³/h；冷凝器侧水流量 2059.2m³/h	12 台
冷却塔	处理水量：2237m³/h，输入功率：75kW 冷却水泵流量：2237m³/h；冷却水泵扬程：30m，额定功率：300kW	12 台

（4）热源主要设备见表 4-3。

热源主要设备　　表 4-3

设备名称	性 能 参 数	台数
锅炉	额定蒸发量：20t/h；燃料量：1481m³/Nm³·h 燃烧器功率：55kW；P=1.0MPa	10 台
低位热力除氧器及水箱	出力：35t/h，V=15m³，P=0.02MPa	6 台
锅炉给水泵	流量：22m³/h，扬程：125m；功率：18.5kW	20 台
除氧水泵	流量：40m³/h，扬程：30m，功率：7.5kW	7 台
加压泵	流量：25m³/h，扬程：20m，功率：3kW	11 台
全自动软水器	产水量：20～40m³/h	6 台

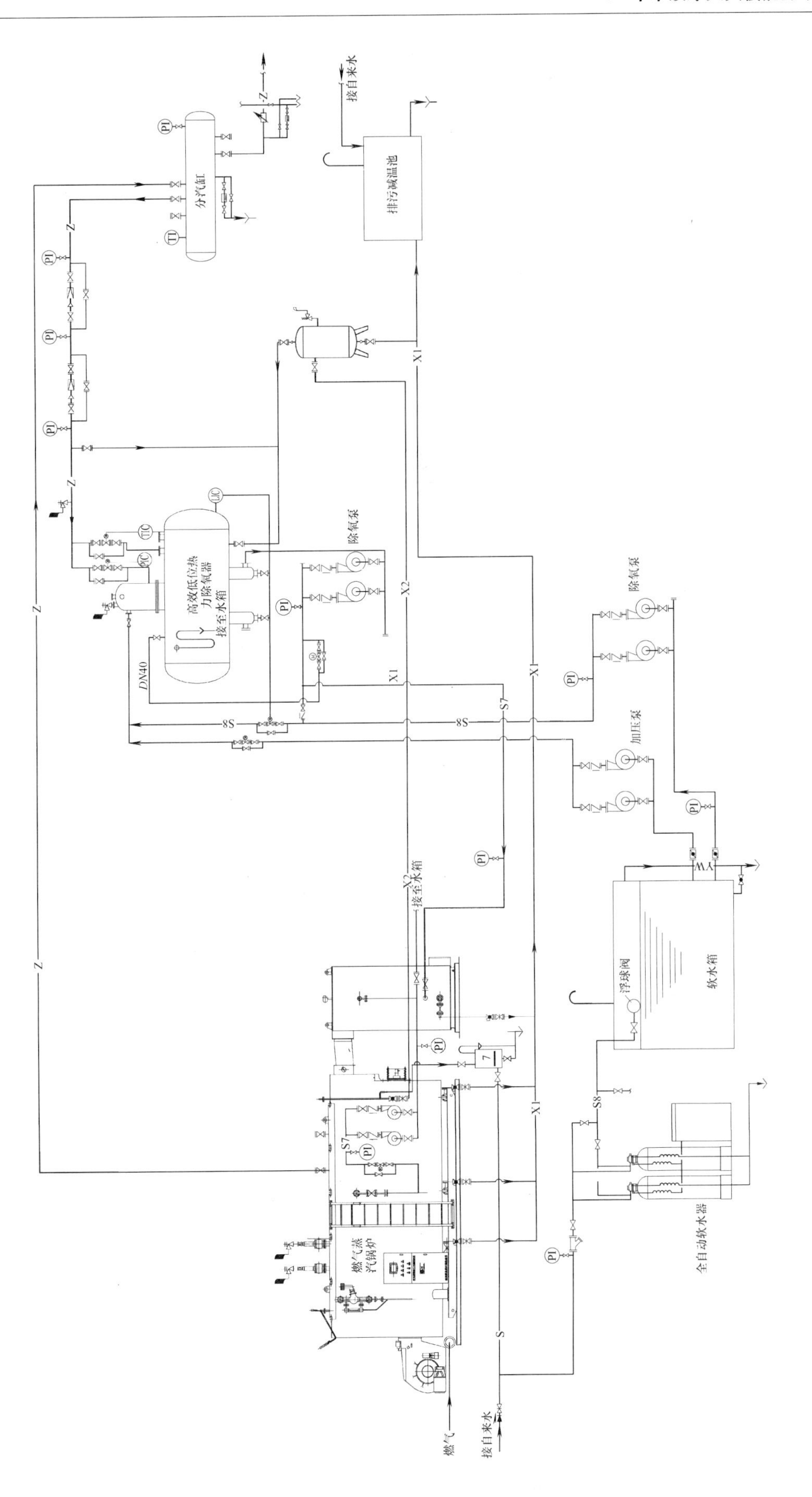

图 4-5 热源系统原理示意图

2. 方案二：燃气蒸汽锅炉+部分冰蓄冷系统+三联供系统

制冷考虑冰蓄冷系统，利用峰谷电价，在谷价时利用蓄冰装置进行蓄冷，在峰价时蓄冰装置释冷，降低系统运行成本，供热利用蒸汽锅炉进行供热。地下及地上商业 10 万 m^2 的冷热负荷由三联供系统负担。

（1）冷源系统原理如图 4-3 所示。

（2）冷热源系统原理示意图如图 4-4 所示。

（3）热源系统原理如图 4-5 所示。

（4）冰蓄冷论证分析

在电价谷段，利用双工况冷机给蓄冰设备制冰蓄冷，电价峰段或平段，蓄冰装置释冷制冷，不足部分由基载机组和双工况冷机补充制冷。月平均干球温度如图 4-6 所示，日平均相对湿度如图 4-7 所示，日干球温度统计如图 4-8 所示，日平均含湿量变化如图 4-9 所示。

1）室外设计参数见表 4-4。

室外设计参数　　表 4-4

计算参数	夏季	冬季
采暖计算温度	—	−9.8℃
通风计算温度	26.3℃	−3.9℃
空调计算干球温度	29℃	−13.0℃
空调计算湿球温度	24.9℃	—
室外计算相对湿度	26.5%	56%
室外平均风速	4.1m/s	5.2m/s
大气压力	99.78kPa	1013.9kPa

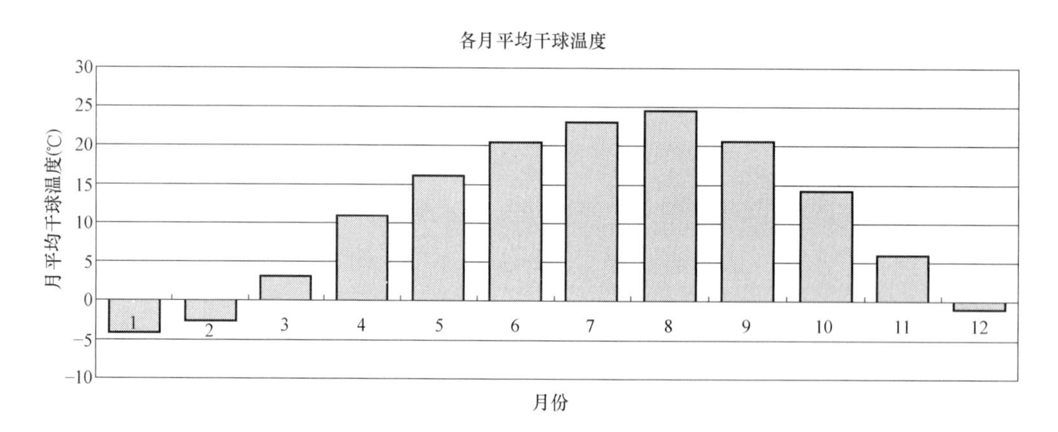

图 4-6　月平均干球温度

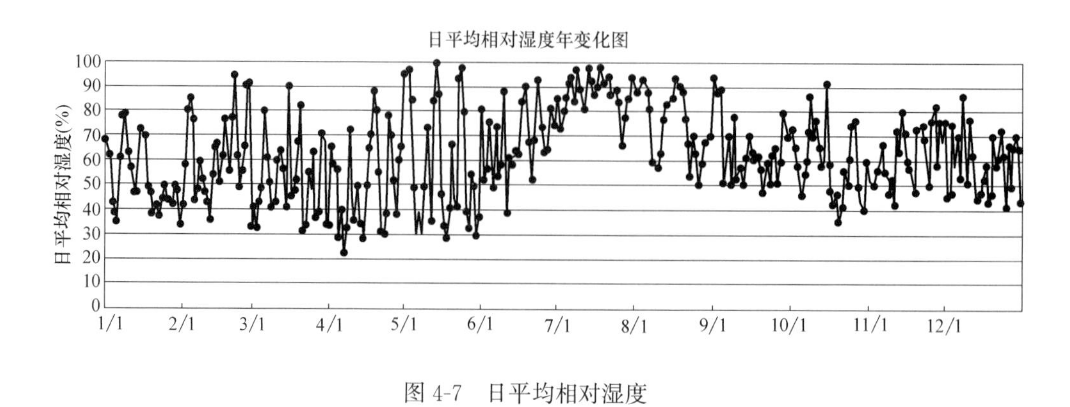

图 4-7　日平均相对湿度

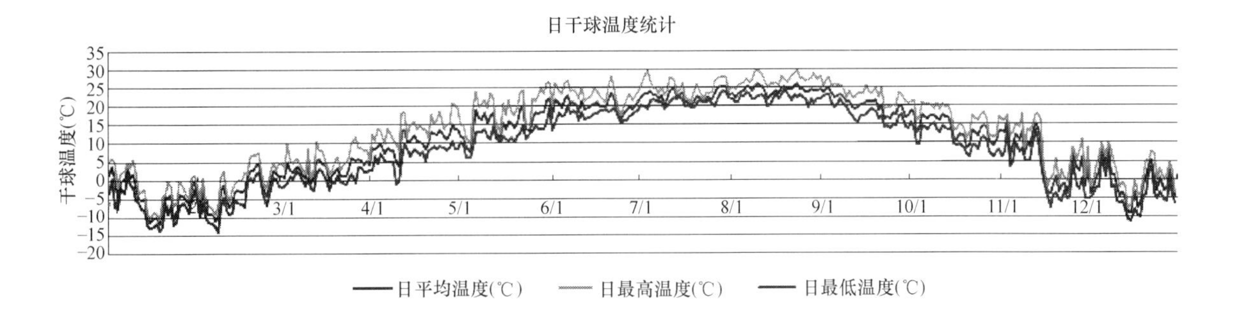

图 4-8　日干球温度统计

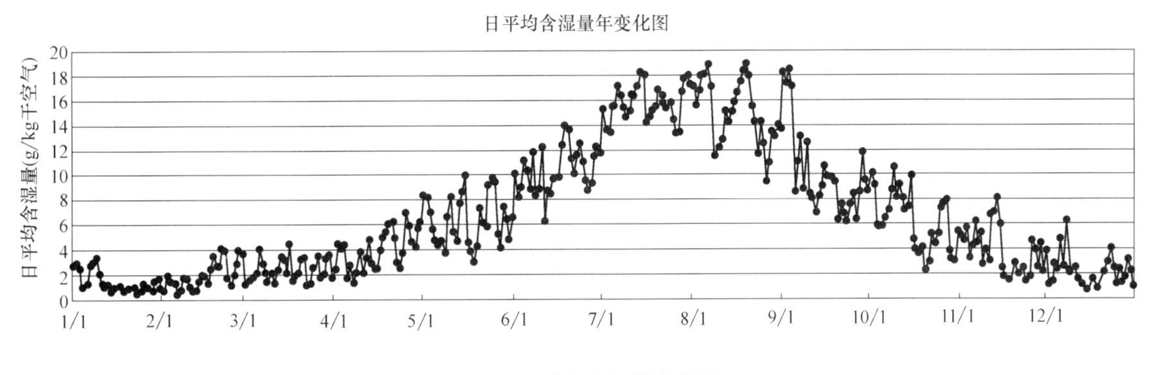

图 4-9　日平均含湿量变化图

2）大连市供电收费标准见表 4-5。

大连市供电收费标准　　**表 4-5**

用电分类	年度电价					基本电价	
	不满 1kV	1.10kV	35～110kV 以下	110kV	220kV 及以上	最大需量（元/kW）	变压器（元/kV）
(1)居民生活电价	0.4850	0.4750	0.4750				
(2)非居民照明电价	0.761	0.751	0.751				
(3)商业电价	0.857	0.837	0.837				
(4)非工业、普通工业电价	0.731	0.721	0.711				
其中：中、小化肥电价	0.589	0.579	0.569				
(5)大工业电价		0.469	0.456	0.443	0.433	28.000	19.000
其中：电石、电解烧碱、合成氨、电炉黄磷		0.459	0.446	0.433	0.423	28.000	19.000
中、小化肥		0.367	0.354	0.341		22.000	15.000
(6)农业生产用电	0.435	0.425	0.415				

峰谷分时电价：高峰时段 8：00～11：00，17：00～22：00，电价上浮 50%；低谷时段 22：00～次日 5：00，电价下浮 50%；其余为平时段，电价不变。

如不采用峰谷，商业用电价格为 1.08 元/kW·h。

3）计算基础数据见表 4-6～表 4-8。

不同冷负荷区间对应的天数统计　　表 4-6

温度区间	28.775℃<*t*	28.55℃<*t* ≤28.775℃	28.295℃<*t* ≤28.55℃	26℃<*t* ≤28.295℃
天数(d)	16	15	20	54
占比(%)	13	11	4.3	71.7
冷源提供的冷负荷(%Q)	100	75	50	25

商业逐时冷负荷系数 *k*　　表 4-7

时间	1：00	2：00	3：00	4：00	5：00	6：00	7：00	8：00	9：00
κ	0	0	0	0	0	0	0	0.40	0.50
时间	10：00	11：00	12：00	13：00	14：00	15：00	16：00	17：00	18：00
k	0.76	0.80	0.88	0.94	0.96	1.00	0.96	0.85	0.80
时间	19：00	20：00	21：00	22：00	23：00	24：00			
k	0.64	0.50	0.40	0	0	0			

办公逐时冷负荷系数 *k*　　表 4-8

时间	1：00	2：00	3：00	4：00	5：00	6：00	7：00	8：00	9：00
k	0	0	0	0	0	0	0.31	0.43	0.70
时间	10：00	11：00	12：00	13：00	14：00	15：00	16：00	17：00	18：00
k	0.89	0.91	0.86	0.86	0.89	1.00	1.00	0.90	0.57
时间	19：00	20：00	21：00	22：00	23：00	24：00			
k	0.31	0.22	0.18	0.18	0	0			

4）不同蓄冷率下冰蓄冷系统主要设备运行成本比较见表 4-9。

不同蓄冷率下冰蓄冷系统主要设备运行成本比较　　表 4-9

蓄冰率 分项	25.14%	28.74%	32.33%	35.92%
蓄冰装置容量(RT・H)	95550	109200	122850	136500
蓄冰装置投资(万元)	4777.5	5460	6142.5	6825
主要设备运行费(万元)	1372.5	1412	1369	1371
节省费用(万元/年) (与常规空调比较)	1228	1189	1232	1230

从上面比较分析可以看出，对于不同的蓄冰率，其设备投资和年运行费用都不同，综合而言，本工程蓄冰率在 25.14%时经济性更好。以下分析以此蓄冰率为基准进行计算。

5）冷负荷日平衡分析见表 4-10～表 4-13。冷负荷平衡图如图 4-10～图 4-13 所示。

100%设计日负荷平衡表　　表 4-10

电价(元/kW)	负荷(kW)	时刻	总负荷(RT)	基载主机(RT)	蓄冷(RT)	蓄冰放冷(RT)	主机放冷(RT)
0.4185	0	0：00	0	0	13650	0	
0.4185	0	1：00	0	0	13650	0	
0.4185	0	2：00	0	0	13650	0	
0.4185	0	3：00	0	0	13650	0	

续表

电价(元/kW)	负荷(kW)	时刻	总负荷(RT)	基载主机(RT)	蓄冷(RT)	蓄冰放冷(RT)	主机放冷(RT)
0.4185	0	4：00	0	0	13650	0	
0.837	0	5：00	0	0	13650	0	
0.837	0	6：00	0	0	13650	0	0
0.837	21272	7：00	6048	6048		0	0
1.2555	53987	8：00	15350	0		15350	0
1.2555	78634	9：00	22358	0		22358	0
1.2555	107584	10：00	30590	0		30590	0
0.837	111404	11：00	31676	15000		0	16676
0.837	112869	12：00	32092	15000		0	17092
0.837	116541	13：00	33137	15000		0	18137
0.837	119824	14：00	34070	15000		0	19070
0.837	129820	15：00	36912	15000		0	21912
0.837	127372	16：00	36216	15000		0	21216
1.2555	113778	17：00	32351	0		27252	5099
1.2555	88073	18：00	25042	15000		0	10042
1.2555	60440	19：00	17185	6376		0	10809
1.2555	45696	20：00	12993	7500		0	5493
1.2555	36832	21：00	10472	7500		0	2972
0.4185	12352	22：00	3512	3512	0	0	0
0.4185	0	23：00	0	0	0	0	0
总计			380005	135936	95550	95550	148519
蓄冰率			25.14%				

75%设计日负荷平衡表 **表 4-11**

电价(元/kW)	负荷(kW)	时刻	总负荷(RT)	基载主机(RT)	蓄冷(RT)	蓄冰放冷(RT)	主机放冷(RT)
0.4185	0	1：00	0	0	13650	0	
0.4185	0	2：00	0	0	13650	0	
0.4185	0	3：00	0	0	13650	0	
0.4185	0	4：00	0	0	13650	0	
0.837	0	5：00	0	0	13650	0	
0.837	0	6：00	0	0	13650	0	0
0.837	21272	7：00	4536	4536		0	0
1.2555	53987	8：00	11513	0		11513	
1.2555	78634	9：00	16769	0		16769	0
1.2555	107584	10：00	22942	0		22942	0
0.837	111404	11：00	23757	7500		0	16257

续表

电价(元/kW)	负荷(kW)	时刻	总负荷(RT)	基载主机(RT)	蓄冷(RT)	蓄冰放冷(RT)	主机放冷(RT)
0.837	112869	12：00	24069	7500		0	16569
0.837	116541	13：00	24852	7500		0	17352
0.837	119824	14：00	25552	7500		0	18052
0.837	129820	15：00	27684	7500		0	20184
0.837	127372	16：00	27162	7500		0	19662
1.2555	113778	17：00	24263	0		24263	0
1.2555	88073	18：00	18782	0		18782	0
1.2555	60440	19：00	12889	0		1281	11608
1.2555	45696	20：00	9745	0		0	9745
1.2555	36832	21：00	7854	0		0	7854
0.4185	12352	22：00	2634	0	0	0	0
0.4185	0	23：00	0	0	0	0	0
总计			285004	49536	95550	95550	125676

50%设计日负荷平衡表 **表 4-12**

电价(元/kW)	负荷(kW)	时刻	总负荷(RT)	基载主机(RT)	蓄冷(RT)	蓄冰放冷(RT)	主机放冷(RT)
0.4185	0	0：00	0	0	13650	0	
0.4185	0	1：00	0	0	13650	0	
0.4185	0	2：00	0	0	13650	0	
0.4185	0	3：00	0	0	13650	0	
0.4185	0	4：00	0	0	13650	0	
0.837	0	5：00	0	0	13650	0	
0.837	0	6：00	0	0	13650	0	0
0.837	21272	7：00	3024	3024		0	0
1.2555	53987	8：00	7675	0		7675	0
1.2555	78634	9：00	11179	0		11179	0
1.2555	107584	10：00	15295	0		15295	0
0.837	111404	11：00	15838	0		15838	0
0.837	112869	12：00	16046	0		16046	0
0.837	116541	13：00	16568	7500		0	9068
0.837	119824	14：00	17035	7500		0	9535
0.837	129820	15：00	18456	7500		0	10956
0.837	127372	16：00	18108	7500		0	10608
1.2555	113778	17：00	16175	0		16175	0
1.2555	88073	18：00	12521	0		12521	0
1.2555	60440	19：00	8593	0		821	7772
1.2555	45696	20：00	6497	0		0	6497
1.2555	36832	21：00	5236	0		0	5236
0.4185	12352	22：00	1756	1756	0	0	0
0.4185	0	23：00	0	0	0	0	0
总计			190003	34780	95550	95550	51901

25%设计日负荷平衡表　　表 4-13

电价（元/kW）	负荷（kW）	时刻	总负荷（RT）	基载主机（RT）	蓄冷（RT）	蓄冰放冷（RT）	主机放冷（RT）
0.4185	0	0：00	0	0	13650	0	
0.4185	0	1：00	0	0	13650	0	
0.4185	0	2：00	0	0	13650	0	
0.4185	0	3：00	0	0	13650	0	
0.4185	0	4：00	0	0	13650	0	
0.837	0	5：00	0	0	13650	0	
0.837	0	6：00	0	0	0	0	0
0.837	21272	7：00	1512	0	13101	1512	0
1.2555	53987	8：00	3838	0		3838	0
1.2555	78634	9：00	5590	0		5590	0
1.2555	107584	10：00	7647	0		7647	0
0.837	111404	11：00	7919	0		7919	0
0.837	112869	12：00	8023	0		8023	0
0.837	116541	13：00	8284	0		8284	0
0.837	119824	14：00	8517	0		8517	0
0.837	129820	15：00	9228	0		9228	0
0.837	127372	16：00	9054	0		9054	0
1.2555	113778	17：00	8088	0		8088	0
1.2555	88073	18：00	6261	0		6261	0
1.2555	60440	19：00	4296	0		4296	0
1.2555	45696	20：00	3248	0		3248	0
1.2555	36832	21：00	2618	0		2618	0
0.4185	12352	22：00	878	0	0	878	0
0.4185	0	23：00	0	0	0	0	0
总计			95001	0	95001	95001	0

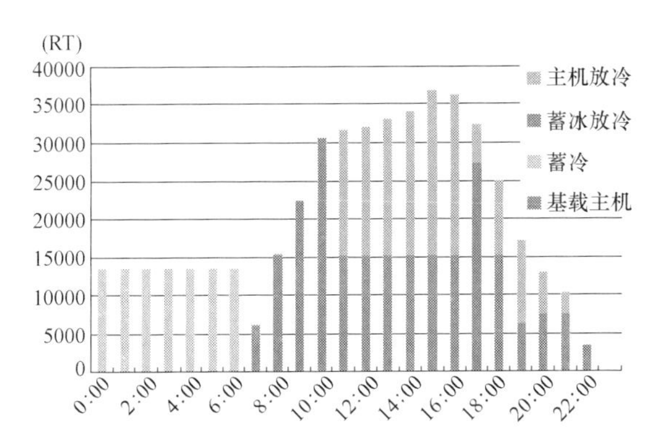

图 4-10　冷负荷（100%）平衡图

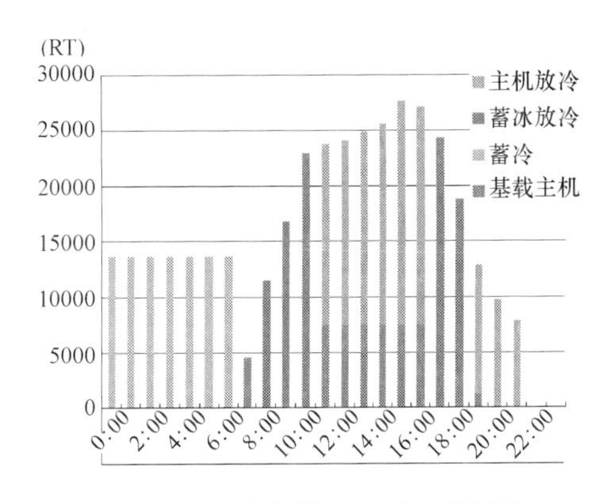

图 4-11　冷负荷（75%）平衡图

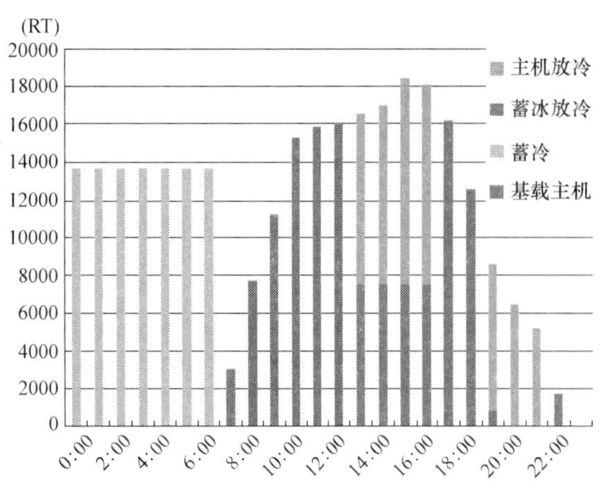

图 4-12 冷负荷（50%）平衡图

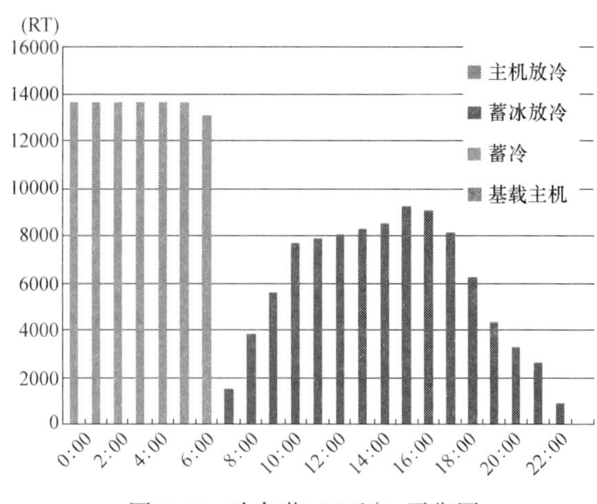

图 4-13 冷负荷（25%）平衡图

6）考虑三联供后系统主要设备。

三联供考虑 10 万 m^2 商业负荷，负担冷负荷：12816kW，热负荷：10252kW（表 4-14～表 4-16）。

蒸汽锅炉系统主要设备 **表 4-14**

设备名称	性能参数	台数
锅炉	额定蒸发量:20t/h;燃料量:1481m³/Nm³·h 燃烧器功率:55kW;P=1.0MPa	9 台
低位热力除氧器及水箱	出力:35t/h，V=15m³,P=0.02MPa	6 台
锅炉给水泵	流量:22m³/h,扬程:125m;功率:18.5kW	18 台
除氧水泵	流量:40m³/h,扬程:30m,功率:7.5kW	7 台
加压泵	流量:25m³/h,扬程:20m,功率:3kW	9 台
全自动软水器	产水量:20～40m³/h	6 台

冰蓄冷系统主要设备 **表 4-15**

设备名称	性 能 参 数	台数
制冷机	冷水工况下制冷量:8790kW,输入功率:1699kW,蒸发器侧水流量:1627.2m³/h,冷凝器侧水流量 1800m³/h	7 台
双工况冷机	冷水工况下制冷量:8790kW,输入功率:1699kW,蒸发器侧水流量:1627.2m³/h,冷凝器侧水流量 1800m³/h 制冰工况下制冷量:6582kW,输入功率:1603kW,蒸发器侧水流量:1627.2m³/h,冷凝器侧水流量 1800m³/h	8 台
乙二醇泵	流量: 1627.2m³/h, 扬程:20m 额定功率:132kW	7 台
融冰乙二醇泵	流量: 1627.2m³/h,扬程:20m 额定功率:132kW	7 台
冷却塔	处理水量:2237m³/h,输入功率:75kW	14 台
冷却水泵	流量: 1800m³/h, 扬程:30m,额定功率:250kW	14 台

三联供系统主要设备 **表 4-16**

设备名称	性 能 参 数	台数
燃气发电机组	发电机:2000kW,电压:10kV,发动机装置:C200N5C,燃气消耗量:503Nm³/h,刚套数:18,缸套水热交换器:交换热量 1066kW,中间室热交换:1066kW,缸套水循环泵:4 台,流量 70.7m³/h,扬程:22m,功率:7.5kW,中间室冷却水循环泵:流量 30m³/h,扬程:22m,功率:4kW	4 台

续表

设备名称	性 能 参 数	台数
烟气热水型冷热水机	制冷能力:3204kW,采暖能力:2563kW,电源容量:32.5kW	4台
冷却塔	处理水量:989.6m³/h,输入功率:60kW	4台
冷却水泵	流量:990m³/h,扬程:30m,额定功率:110kW	5台

7）系统特点。

优点：多能互补的能源站，灵活可靠性高，充分利用峰谷电价，分布式能源系统优势，运行成本低，环境效益好。

缺点：建设成本高，运行管理复杂，三联供设备、蓄冷设备需占用一定的建筑面积。

3. 方案三：市政蒸汽十部分冰蓄冷系统

采用冰蓄冷系统，利用峰谷电价的优惠政策，在夜间谷电时利用蓄冰装置进行蓄冷，在白天进行释冷，减少高峰时制冷机的运行，降低系统运行成本，供热利用市政蒸汽进行供热。

（1）冷热源系统原理示意图如图 4-14 所示。

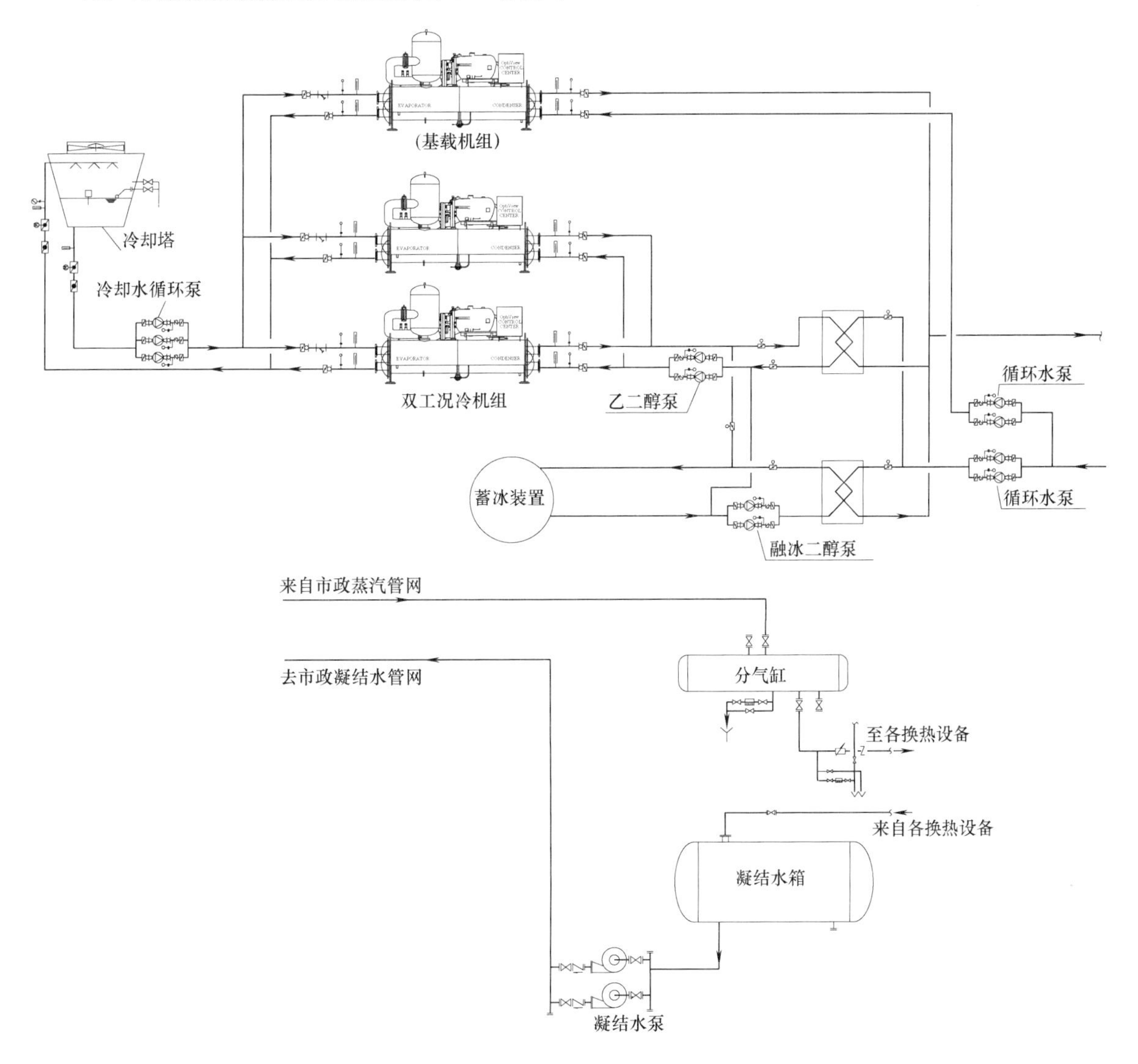

图 4-14 方案三热源系统原理示意图

（2）主要设备见表 4-17。

主要设备 **表 4-17**

设备名称	性能参数	台数
制冷机	冷水工况下制冷量：8790kW，输入功率：1699kW，蒸发器侧水流量：1627.2m^3/h，冷凝器侧水流量 1800m^3/h	7 台
双工况冷机	冷水工况下制冷量：8790kW，输入功率：1699kW，蒸发器侧水流量：1627.2m^3/h，冷凝器侧水流量 1800m^3/h 制冰工况下制冷量：6582kW，输入功率：1603kW，蒸发器侧水流量：1627.2m^3/h，冷凝器侧水流量 1800m^3/h	8 台
乙二醇泵	流量：1627.2m^3/h，扬程：20m，额定功率：132kW	8 台
融冰乙二醇泵	流量：1627.2m^3/h，扬程：20m，额定功率：132kW	8 台
冷却塔	处理水量：1800m^3/h，输入功率：75kW 冷却水泵：流量：1800m^3/h，扬程：30m，额定功率：132kW	15 台
冷却水泵	流量：1800m^3/h，扬程：30m，额定功率：132kW	20 台
凝结水泵	流量：20m^3/h，扬程：25m，功率：7.5kW	

（3）系统特点。

优点：充分利用峰谷电价，降低运行成本，利用市政蒸汽，系统简单。

缺点：建设成本高，运行管理复杂，蓄冷设备需占用一定建筑面积，在供暖期前后及供热管网检修期，供热不够灵活。

4.4 不同系统方案的比较分析

不同冷热源方案主要设备初投资及运行成本见表 4-18 和表 4-19；可以看出，方案一（燃气蒸汽锅炉＋电制冷系统）初投资最低，方案三（市政蒸汽＋部分冰蓄冷系统）初投资最高。从运行费用来讲：方案二（燃气蒸汽锅炉＋部分冰蓄冷系统＋三联供）运行成本最低，方案三（市政蒸汽＋部分冰蓄冷系统）运行成本最高。

对于千米级建筑主热源的选择，在条件允许的情况下，尽可能用蒸汽，能够降低流体对管道的自然作用压力，蒸汽锅炉房运行成本和初投资都要低于配套市政蒸汽成本。三联供系统能够优化能源结构，能够提高能源的综合利用效率。

冷源的选择，在实行峰谷电价的地区，峰谷价格比较高（通常大于 3）时，建议采用蓄冷的方案，移峰填谷，降低运行成本，与常规空调相比，3～4 年回收增加的部分投资，项目越大，经济效益更佳。在没有实行峰谷电价的地区，建议采用高能效比的离心式冷机作为冷源，同时采用大温差冷媒，减少管道尺寸及输送能耗。

地源热泵/水源热泵系统需要较多的打井区域，对于千米级摩天大楼来说，地源热泵/水源热泵系统受到限制。如果有条件结合地下空间使用，热泵系统作为低区范围内的冷热源也是一种适宜的选择。

太阳能光伏发电系统在建筑中应用比较广泛，千米级摩天大楼有较大的外表面积，而且没有遮挡，除多晶硅太阳能电池板外，薄膜太阳能与幕墙的有机结合可以发挥很好的节能效果。

风力发电技术已在上海中心、珠江城等超高层建筑中得到应用，千米级摩天大楼外的风能资源随着高度增加更加丰富，可以产生更多电能。

不同空调冷热源方案初投资比较　　表 4-18

<table>
<tr><td rowspan="2" colspan="2">项目</td><td>方案一</td><td>方案二</td><td>方案三</td></tr>
<tr><td>燃气蒸汽锅炉＋电制冷系统</td><td>燃气蒸汽锅炉＋部分冰蓄冷系统＋三联供</td><td>市政蒸汽＋部分冰蓄冷系统</td></tr>
<tr><td rowspan="4">初投资(万元)</td><td>制冷机组</td><td>6960</td><td>8750</td><td>9500</td></tr>
<tr><td>锅炉</td><td>2290</td><td>2090
4500</td><td>市政配套费:10750</td></tr>
<tr><td>附设设备</td><td>冷却塔:1342</td><td>冷却塔:1458
蓄冷设备:3432</td><td>冷却塔:1350
蓄冷设备:3822</td></tr>
<tr><td>主要设备</td><td>10592</td><td>20230</td><td>25422</td></tr>
</table>

不同冷热源方案空调季主要设备运行费用比较　　表 4-19

<table>
<tr><td rowspan="2">项目</td><td>方案一</td><td>方案二</td><td>方案三</td></tr>
<tr><td>燃气蒸汽锅炉＋电制冷系统</td><td>燃气蒸汽锅炉＋部分冰蓄冷系统＋三联供</td><td>市政蒸汽＋部分冰蓄冷系统</td></tr>
<tr><td>能源价格</td><td colspan="3">电:1.08 元/kW·h　天然气:3.5 元/Nm³　市政蒸汽:320 元/t(燃气),210 元/t(燃煤)</td></tr>
<tr><td>能源形式</td><td>电/天然气</td><td>电/天然气</td><td>电 /蒸汽</td></tr>
<tr><td>能源消耗量</td><td>40710697kW·h
15550500Nm³</td><td>21336182kW·h
17586870Nm³
机组年发电:14280000kW·h</td><td>26954975kW·h
336000t</td></tr>
<tr><td>主要设备全年运行费合计(万元)</td><td>9839.43</td><td>7031.7</td><td>13663(燃气锅炉供蒸汽)
9967(燃煤锅炉供蒸汽)</td></tr>
</table>

说明：1. 冬夏季空调运行天数分别 150d 和 105d 计，每天运行 10h，运行负荷系数取 0.7。
2. 主要比较冷热源侧主要设备运行费用。
3. 三联供年运行费用将发的电按照电价费用折算到方案中得出。

5　千米级摩天大楼机电系统平面布局优化研究

5.1　概述

当今社会的高速发展和科技的不断创新，超高层建筑不仅要满足基本要求，其他功能也要越来越强大，智能化水平也越来越高，建筑内的机电管线也越来越多，越来越复杂，施工难度逐渐加大，需要多个专业的系统协调。

千米级摩天大楼超高层建筑中机电管线数量多，机房和管井占用面积较大，通过分析建筑各立体空间，设置适宜的机房及管井位置，积极寻找和利用各种灰色空间和无效空间，提高建筑的有效使用空间和有效使用面积。

5.2　机电系统机房的设置

机房的位置在超高层建筑物中相当重要，它既决定投资的多少又影响能耗的大小。布置不好或处理不当其噪声振动还会严重干扰周围环境，影响送排风的效果。

一般来说机房的位置常设在以下位置：

（1）制冷机房（带水泵）在地下室或单建。

（2）空调机房（带水泵）在地下室。

（3）空调机房在地下室或楼层内。

（4）排风机房在地下室或屋顶机房或室外。

（5）冷却塔在屋顶上部或裙房屋顶上。

（6）锅炉房单建或在半地下室（有自然通风）。

（7）热交换间在地下室或单建，超高层时可设在顶层设备间。

（8）制冷机及水泵（冷冻泵、冷却泵）的容量大，振动、噪声也大，常设在地下室中，只有少数自带冷源的立柜式机组可以设在楼层上。

（9）空气调节机组体积大，重量轻，可靠近空调房间设置，但要注意消声隔振。

5.2.1　机电设备主机房

冷热源主机房的设置一般遵循以下原则：

（1）在建筑物之外单建或设在建筑物地下室内。在超高层建筑物中应充分利用地下室，但要处理好隔声防振问题，特别是机组、水泵及支吊架的传振问题。

（2）在地下室中选制冷机房的位置时，应与低压配电间邻近，而且最好靠近电梯。

（3）制冷机房最好设在裙房地下室中，而且在其上一层的房间应对消声隔振无严格要求。

（4）制冷机房的位置应尽量靠近负荷中心（图 5-1、图 5-2）。

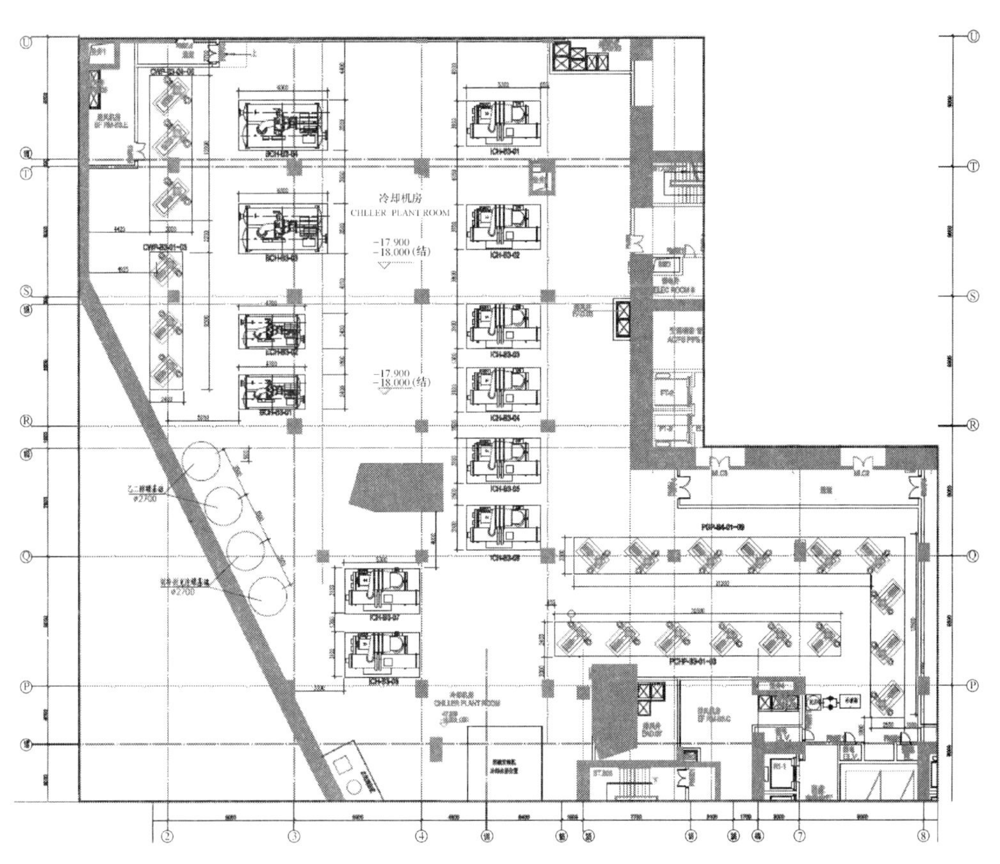

图 5-1　某超高层建筑制冷主机房

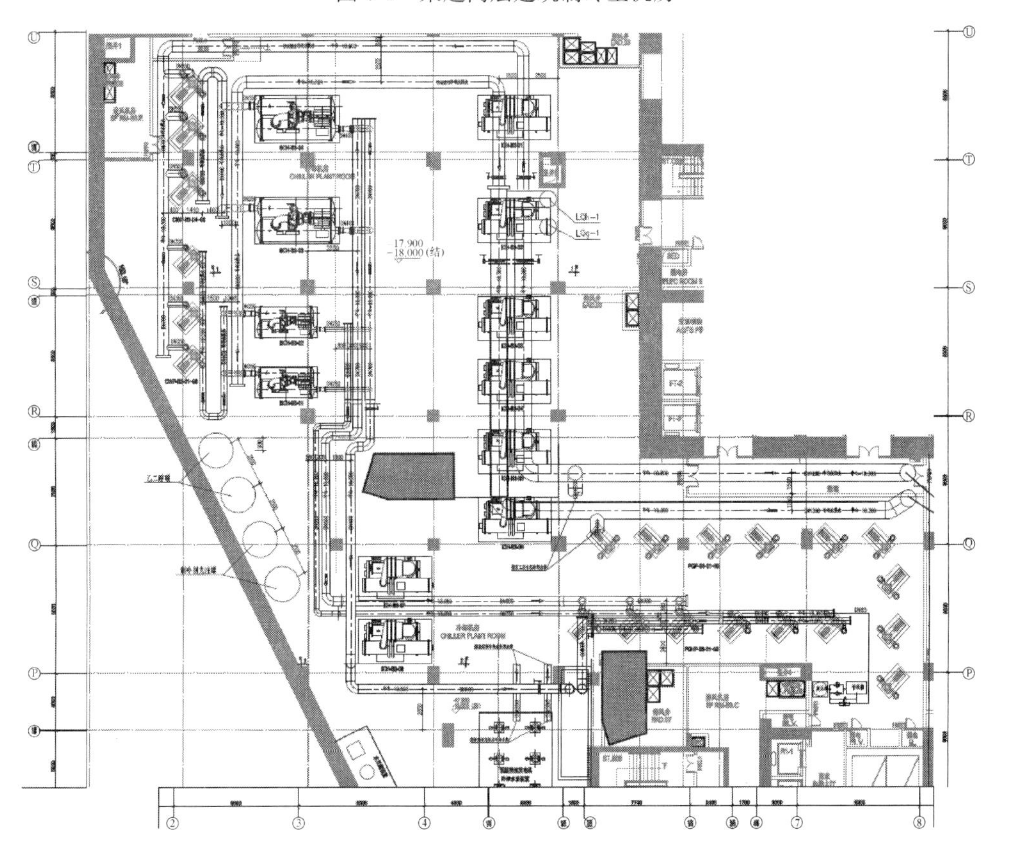

图 5-2　某超高层制冷主机房水管布置平面图

变配电室一般遵循以下原则：

（1）超高层建筑中应建在公建地上首层或地下一层，不得建于居民住宅楼下方，不得单独建在地下。

（2）在建筑物内宜靠外墙设置，不能与存有腐蚀性或爆炸危险品的房间相邻。

（3）不能位于卫生间、浴室等经常积水房间的下方或与其相邻，上层房间地面应做防水处理。

5.2.2 机电系统中间转换机房

在超高层建筑中，一般将产生振动、发热量大的重型设备（如制冷机、水泵、蓄水池），放在建筑最下部，即地下室。

将竖向负荷分区用的设备（如中间水箱、水泵、空调器、热交换器等），放在中间层；而将利用重力差的设备，或体积大、散热量大、需要对外换气的设备（如屋顶水箱、冷却塔、锅炉、送风机等），放在建筑最上层。

设备机房与结构布置相结合，超高层建筑结构布置中的结构转换层、加强层等特殊楼层，由于结构构件较多、尺度较大，空间难于利用，往往用来布置设备层。

设备机房与避难层相结合布置，建筑高度超过100m超高层建筑应设置避难层，避难层可以兼做设备层，设备层的设备管线要集中布置。避难层的层高可以根据需要调整，以满足设备管线与避难的要求。图5-3为某超高层建筑避难设备层的平面布置关系。

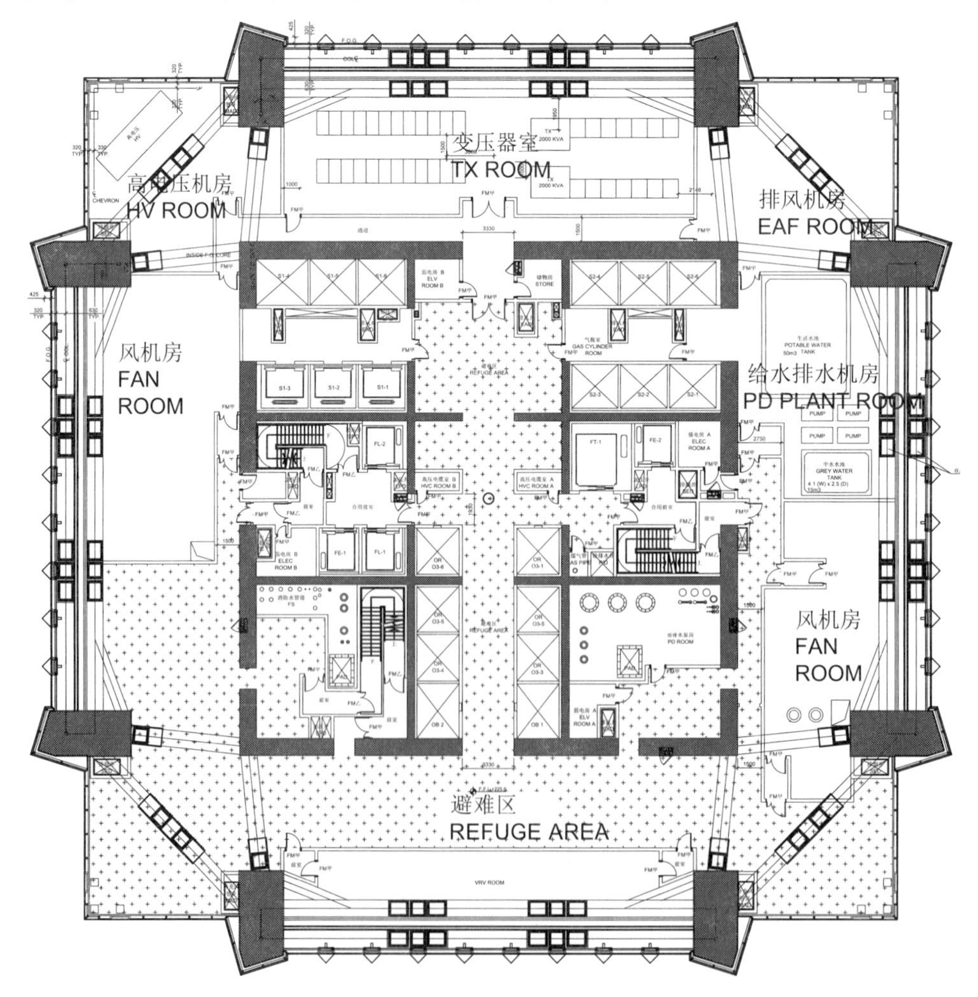

图5-3 某超高层建筑避难设备层平面位置关系

由于超高层建筑的层数多，超高带来传输距离加大，垂直高度的重力作用使设备及管道的工作压力增加，设备管线系统（给水排水、空调等）需要根据安全承压能力进行高度方向分段分区设置，才能够安全有效运行。因此，超高层建筑除了用地下层或屋顶层作为设备层外，往往还需要在中间层设置设备转换层，通过分区隔离＋接力的传输方式满足系统要求。

一般情况下，每 10～20 层设置一中间设备转换层。中间设备转换层的机房设备重量大，要求中间设备转换层的结构承载能力大。设备管线系统的布置复杂，一般中间设备转换层的层高会大于标准层的层高。需要预埋管道附件（支架）或留孔、留洞，结构上需要考虑防水、隔振、隔声等措施（图 5-4）。

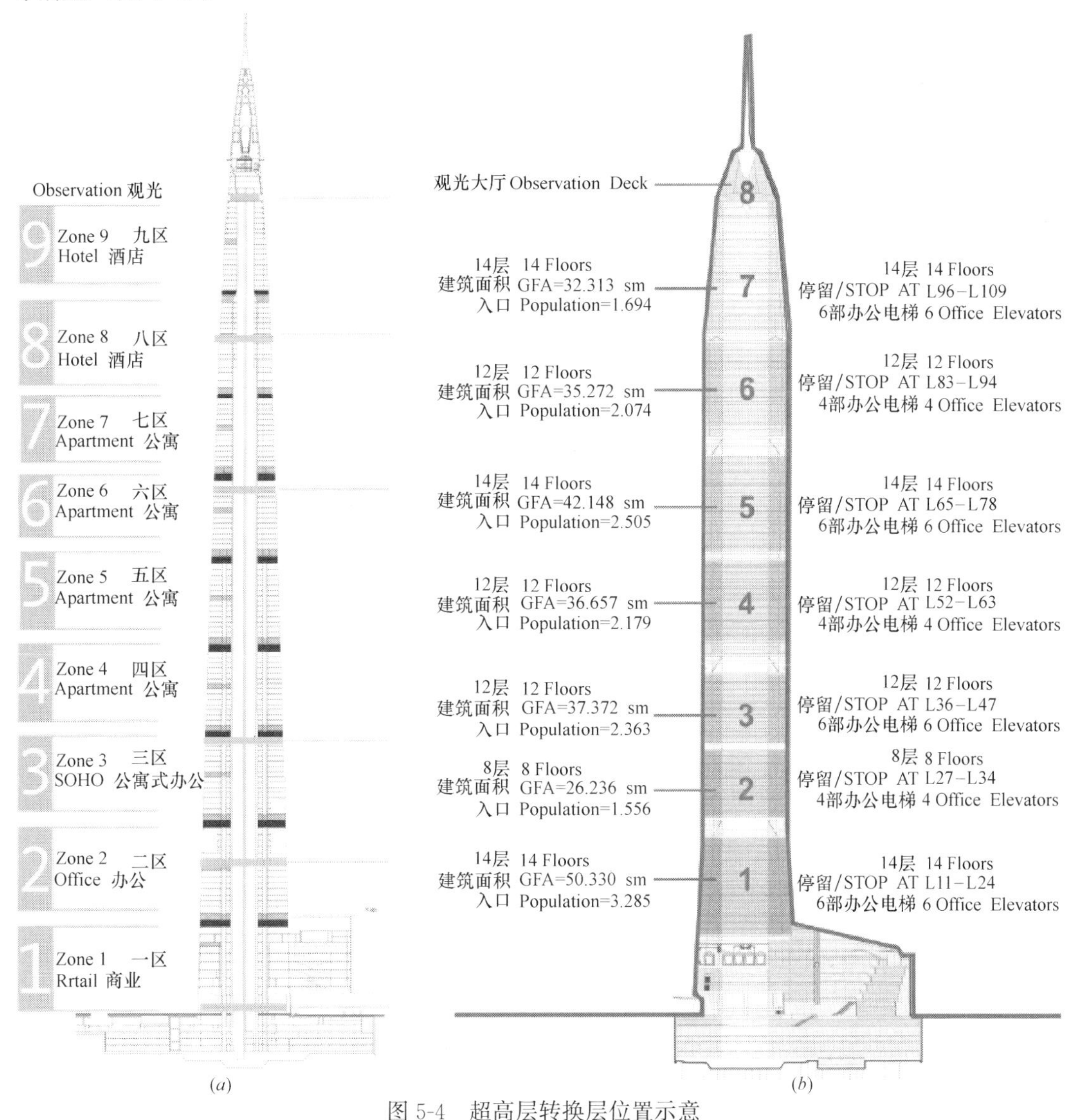

图 5-4　超高层转换层位置示意

（a）苏州中南中心；（b）深圳平安金融中心

5.2.3　机电系统楼层机房布置

楼层空调机房一般遵循以下原则：

（1）一般的办公、旅馆公共部分（裙房）的空调机房可以分散在每层，但是空调机房不应紧靠贵宾室、会议室、报告厅等室内声音要求严格的房间。

（2）空调机房不应穿越防火区。

（3）各层的空调机房最好能相对在每层同一位置，这样上下垂直成串，可方便冷热水立管、风管布置，减少管道交叉。

（4）各层空调机房的位置应考虑风管长度不要太大，一般30～40m为宜。

（5）空调机房的位置应靠近主风道、管井。

建筑标准层建筑面积一般在2000～4000m^2，对于采用全空气空调系统形式设置2个空调机房时，空调机房宜分置于核心筒的两侧或对角线，除了利于管线布置，也可以使风量分配更为均匀，减少管线穿插重叠（例如深圳平安国际金融中心、天津高银117大厦，广州富力中心，广州国际金融中心西塔等）。如若核心筒采用渐收式核心筒，则空调机房的位置应考虑上下层对位关系（例如广州珠江新城财富中心）。有很少部分的超高层建筑空调机房靠外墙布置，这样可以做到每层分散取新风，避免了新风竖井受限无法实现全新风运行的问题（例如广晟国际大厦），但这样做占用了比较珍贵的视野较好的外墙区域，建筑师很难同意这种方案①～③。

空调机房的面积一般情况下大约占本层面积的2%左右。例如某大厦标准层面积约3300m^2，两个空调机房面积（不包括风井）总和约为57m^2，为本层面积的1.7%。某超高层标准层面积约3500m^2，两个空调机房面积（不包括风井）总和约为55m^2，为本层面积的1.6%（图5-5）；4600m^{2}标准层，三个空调机房面积（不包括风井）总和约为90m^2，为本层面积的2%。南方某超高层标准层面积约3135m^2，两个空调机房面积（不包括风井）总和约为100m^2，为本层面积的3%，原因是有十几根的消防水管道设置在机房内（图5-6）。

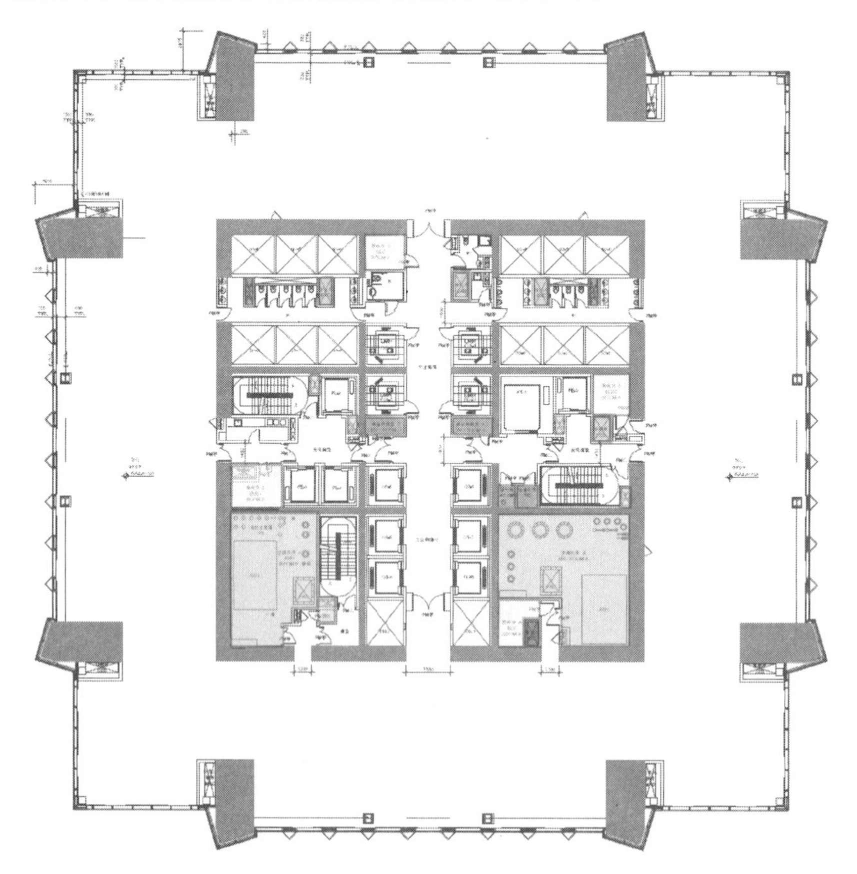

图5-5　某超高层建筑标准层机房平面示意图

① Antony Wood，顾建平，Daniel Safaric. 上海中心：深入解读［C］. 上海：CTBUH，ISBN13 978-0-939493-40-1，2014.

② Antony Wood，陈锦实，Daniel Safaric. 苏州中南中心：深入解读［C］. 上海：CTBUH，ISBN13 978-0-939493-41-8，2014.

③ Antony Wood，曾伟明，Daniel Safaric. 平安国际金融中心：深入解读［C］. 上海：CTBUH，ISBN13 978-0-939493-39-5，2014.

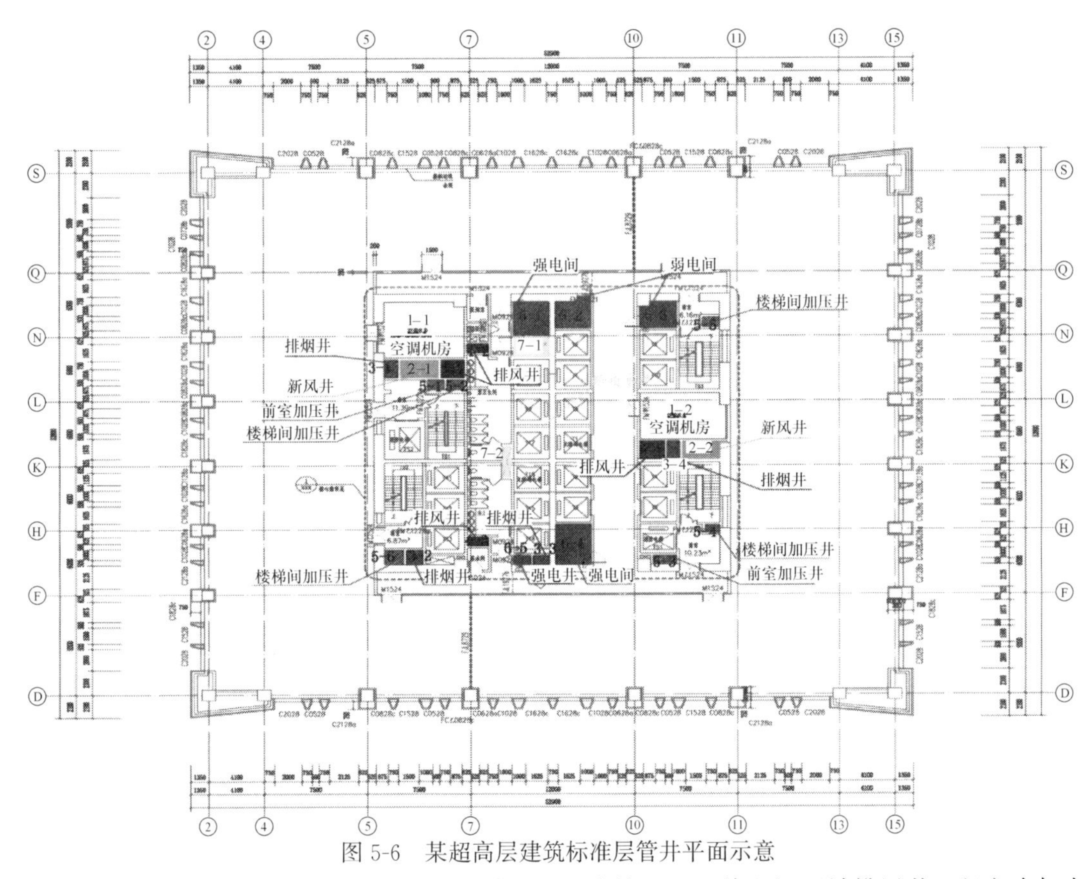

图 5-6　某超高层建筑标准层管井平面示意

在空调机房内还应设置新风井、冷冻水管井，很多情况下还将空调区域排风井、租户冷却水管、部分给水排水管也集合设在空调机房内，所以还要根据项目具体情况统筹安排空调机房的位置及面积。

空调机房门适宜隐蔽外开，使用满足要求的防火门。机房还应考虑预留能通过设备最大搬运件的出入口和安装洞。一般情况下组合式空调机组的风机段为最大尺寸段，洞口应满足该段设备进出。例如中国尊预留 2500mm 宽的安装洞，广州富力中心预留了 3000mm 宽的安装洞，深圳平安预留 3600mm 宽的安装洞。

5.3　机电系统管井的设置

在超高层建筑中，管道集中、种类繁多、大小不一、材质多样、支管及附件复杂、安全隐患多等特点，管井设计一直是高层建筑施工安装的重点难点。管井管道的综合排布是否合理将对管井能否顺利安全施工、能否合理降低成本、方便检修等方面起决定性作用。因此，要解决好管井施工中诸多问题的关键在于搞好管井管道的综合排布。

在对管井结构、管井尺寸、位置等管井基本信息了解的基础上，综合考虑管井管道的走向、种类、材质、安装维修等各方面因素的影响和要求，对管井管道进行初步整体排布，然后，通过对管道外径、管道保温层厚度、规范对管道间距的要求、管道中的附件、法兰及管件的尺寸、操作及维修的最小空间要求等细部因素分析，对管井管道进行精确定位，最后，根据管道的综合排布及管道的安全、功能、规范等要求对管井管道设计出合理的综合支架。

5.3.1　超高层建筑管井面积统计分析

5.3.1.1　水暖井

（1）功能：布置给水立管、排水立管、采暖立管、排水地漏、每户计量表、阀门，特殊情况下考虑布置消火栓立管。

（2）尺寸要求：一般短边净宽不小于 0.5m，检修门宜设于长边墙面上，尽量开大。各管道间净距和各管道中心至墙面距离按最小尺寸原则布置，具体如下：给水排水、消火栓立管外壁至墙面净距 50mm；采暖立管外壁保温墙至背面墙面净距 80mm，至侧面（端部）墙面净距 80mm；给水排水立管间净距 60mm；采暖立管间保温墙净距 150mm（保温层厚度按 50mm 考虑）。消火栓立管间净距 70mm。给水排水、消火栓立管与采暖立管间保温墙净距 100mm。消火栓立管与给水排水立管间净距 60mm。地漏中心与排水立管中心距离原则上 200mm，地漏的设置不应影响管井尺寸。单独水管井内立管原则上不设阀门。水表及前后直线管段（含表前阀门段）最小总长度按 600mm 设置。采暖立管分为高区、低区供回水，管道排列采用 L 型布置，即内侧排三根，外侧排一根，这样会更加利于检修。

采用管道井门前空间作为检修空间使用时，管道井进深可为 300～500mm，宽度根据管道数量和布置方式确定，管井检修门尽量大一些。管道布置方式如图 5-7 所示。

当管道井门前空间不能作为检修空间时，其管线的检修空间应不小于 500mm，管道布置方式如图 5-8 所示：

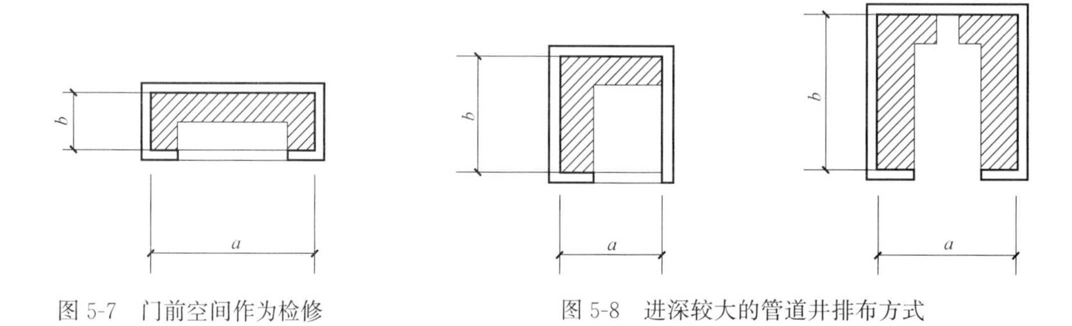

图 5-7　门前空间作为检修空间管道井排布方式

图 5-8　进深较大的管道井排布方式

5.3.1.2　电井

（1）功能：设电话、电视、网络、智能化、消防等弱电系统的设备、设备进出线、设备供电电源及竖向主干线槽，电表箱、集中抄表器、双电源照明箱、楼层总箱、配电箱进出线及主干线槽或桥架、母线槽等。

（2）形状：一般短边净宽不小于 0.6m，检修门宜设于长边墙面上，尽量开大。

（3）尺寸要求：电气管井按最小尺寸原则布置。电井的最小净深为 250mm。配电箱前的操作空间不应小于 800mm，其他设备的检修空间应不小于 500mm。

普通电缆与消防电缆共用线槽或桥架，中间用隔板隔开；电缆桥架及密集母线在支架上安装，金属线槽靠墙安装，电线金属管安装时考虑接线盒空间。电井内安装的配电箱，按电箱可开门预留箱前最小尺寸，以保证箱体可开门操作、检修。布置时应考虑电箱左右上下错位，尽量节省空间。

灯开关、插座面板、分线盒同线管、线槽间距 10mm；侧面可贴墙安装，距门洞不少于 20mm；电箱侧面墙上有开关、插座面板并在电箱阴影线内时，电箱距侧墙不少于 100mm。电箱或插接箱突出门洞时，门洞净空不少于 500mm。

弱电线槽内电线电缆的总截面不大于线槽截面的 50%，强电线槽内电线电缆的总截面不大于线槽截面的 20%，桥架内电线电缆的总截面不大于桥架截面的 40%；接地干线（PE 线）按 50×5 考虑，两边与其他设备间不留间距。建议照明采用 LED 带蓄电池的灯具（双电源回路），因为 LED 灯具寿命长，耗电量小，更利于日后与停电维修应急照明使用。电力井中设置维修插座。

5.3.1.3　风井

（1）功能：正压送风，火灾时防止烟气进入楼梯间或前室。

（2）设置部位

1）无可开启外窗的楼梯间，或有可开启外窗但开启面积不满足自然排烟条件的楼梯间（自然排烟条件：每5层外窗开启面积总和不小于2.0m^2）。

2）无可开启外窗的前室/合用前室，或有可开启外窗但开启面积不满足自然排烟条件的前室/合用前室（自然排烟条件：前室每层外窗开启面积不小于2.0m^2；合用前室每层外窗开启面积不小于3.0m^2）。

（3）形状：不得过于窄长，一般短边净宽不小于0.3m，风口宽度不小于0.3m。

（4）面积：电梯前等需要按照规范设置正压送风井，楼梯间的正压送风井一般不小于1.2m^2，电梯前室的正压送风井一般不小于0.8m^2。管道井的防火，常常在设计中未明确，施工中忽略，按照规范的要求为：

1）电缆井、管道井、排烟道、排气道、垃圾道等竖向管道井，应分别独立设置；其井壁应为耐火极限不低于1.00h的不燃烧体；井壁上的检查门应采用丙级防火门。

2）建筑高度不超过100m的高层建筑，其电缆井、管道井应每隔2～3层的楼板处用相当于楼板耐火极限的不燃烧体作防火分隔；建筑高度超过100m的高层建筑，应在每层楼板处用相当于楼板耐火极限的不燃烧体作防火分隔。

3）电缆井、管道井与房间、走道等相连通的孔洞，其空隙应采用不燃烧材料填塞密实。

5.3.2　风井的设置

超高层建筑风井大小与数量因空调系统不同、功能不同、防火分区的设置而有所不同，一般约为标准层面积的百分之一。

风管井宜在建筑物每区的中心部位且在机房的附近。风管井应从下至上直通到顶，中途不应拐弯。特别是超高层建筑为筒体结构时，其内筒的核心区常可作为管井。管井如需检修空间，则检修空间应不小于500～600mm。管井内的主风管一般在每层有风管连接，管井在侧墙上开洞较大，必须与结构协调。

5.3.3　水井的设置

超高层建筑水管井分给水排水管井和空调水管井，由于功能不同、位置不同，一般分区域分开设置，根据情况可合用，水管井一般约为标准层面积的百分之二。

水管井宜在建筑物每区的中心部位且在机房附近。水管井应从下至上直通到顶，中途不应拐弯。特别是超高层建筑为筒体结构时，其内筒的核心区常可作为管井，管井内的检修空间应不小于500～600mm。

一般情况，管道的布置应尽量靠墙、靠柱、靠内侧布置，尽可能留出合适的维护空间。但管道与管井墙面、柱面的最小距离，管道间的最小布置距离应满足检修和维护要求。如：管子外表面或隔热层外表面与构筑物、建筑物（柱、梁、墙等）的最小净距不应小于100mm；法兰外缘与构筑物、建筑物的最小净距不应小于50mm；阀门手轮外缘之间及手轮外缘与构筑物、建筑物之间的净距不应小于100mm；无法兰裸管，管外壁的净距不应小于50mm；无法兰有隔热层管，管外壁至邻管隔热层外表面的净距或隔热层外表面至邻管隔热层外表面的净距不应小于50mm；法兰裸管，管外壁至邻管法兰外缘的净距不应小于25mm等（表5-1）。

标准层水管井设置 **表 5-1**

<table>
<tr><td>超高层公建
(150m$>H\geqslant$100m)</td><td rowspan="2">标准层面积
1500m^2</td><td>1.0m(宽)×3.3m(深)</td><td rowspan="2">总计立管约 19 根，增加消火栓、喷淋管、消防稳压管；住宅有水表但比公建立管少 2～4 根；此处未考虑中水</td></tr>
<tr><td>有避难层但无中转设备</td><td>指塔楼底部水井净面积，按本楼有太阳能和屋顶消防水箱考虑，若无屋顶水箱，则减 0.3m</td></tr>
<tr><td>超高层公建($H\geqslant$150m)</td><td rowspan="2">标准层面积
1500m^2</td><td>1.0m(宽)×4.8m(深)</td><td rowspan="2">总计立管约 29 根，一般有中转设备层、给水排水转输管道；住宅有水表但比公建立管少 2～4 根；此处未考虑中水</td></tr>
<tr><td>有中转设备层</td><td>指塔楼底部水井净面积，按本楼有屋顶消防水箱考虑，若无屋顶水箱，则减 0.3m</td></tr>
</table>

5.3.4 电井的设置

超高层办公建筑强电设备间大小与个数因用电设备负荷大小、管线数量与半径、防火分区的设置而有所不同，一般约为标准层面积的百分之一。弱电设备间的大小一般约为标准层面积的百分之一。强电井净深尺寸不宜小于 0.8m，弱电竖井净深尺寸不宜小于 0.4m，竖井地面应高于本层地面 0.15～0.3m。

5.4 千米级摩天大楼综合管井的设置

根据国内外超高层管井的统计与研究，统计了千米级摩天大楼各层管井分布情况，见表 5-2～表 5-4。

综合管井占标准层总面积之比 **表 5-2**

类　型	低区管井	中区管井	高区管井
空调机房占标准层总面积比例	2.24%	2.39%	2.24%
新风井占标准层总面积比例	0.34%	0.37%	0.36%
排烟井占标准层总面积比例	0.22%	0.24%	0.23%
排风井占标准层总面积比例	0.32%	0.34%	0.33%
加压送风井占标准层总面积比例	0.29%	0.31%	0.30%
电井占标准层总面积比例	1.24%	1.33%	1.29%
给水排水井占标准层总面积比例	0.26%	0.37%	0.27%
管井总面积占标准层总面积比例	4.92%	5.24%	5.12%

综合管井占设备层总面积之比 **表 5-3**

类　型	低区管井	中区管井	高区管井
设备房占设备层总面积比例	3.89%	9.23%	10.80%
新风井占设备层总面积比例	0.20%	0.21%	0.22%
排烟井占设备层总面积比例	0.23%	0.19%	0.15%
排风井占设备层总面积比例	0.03%	0.17%	0.18%
加压送风井占设备层总面积比例	0.17%	0.18%	0.15%
电井占设备层总面积比例	1.05%	1.12%	1.16%

续表

类　　型	低区管井	中区管井	高区管井
给水排水井占设备层总面积比例	2.33%	1.46%	1.74%
补风井占设备层总面积比例	0.10%	0.09%	17.20%
管井总面积占设备层总面积比例	46.30%	36.30%	31.60%

综合管井占酒店层总面积之比　　表 5-4

类　　型	管井-1	管井-2
设备房占酒店层总面积比例	2.04%	0.64%
新风井占酒店层总面积比例	0.20%	0.20%
排烟井占酒店层总面积比例	0.23%	0.23%
排风井占酒店层总面积比例	0.11%	0.11%
加压送风井占酒店层总面积比例	0.16%	0.18%
电井占酒店层总面积比例	0.54%	0.54%
给排水井占酒店层总面积比例	0.83%	0.83%
空调水管井占酒店层总面积比例	0.16%	0.16%
煤气管井占酒店层总面积比例	0.02%	0.02%
管井总面积占设备层总面积比例	5.75%	4.32%

千米级摩天大楼办公、酒店以及公寓标准层管井图样如图 5-9～图 5-11 所示。

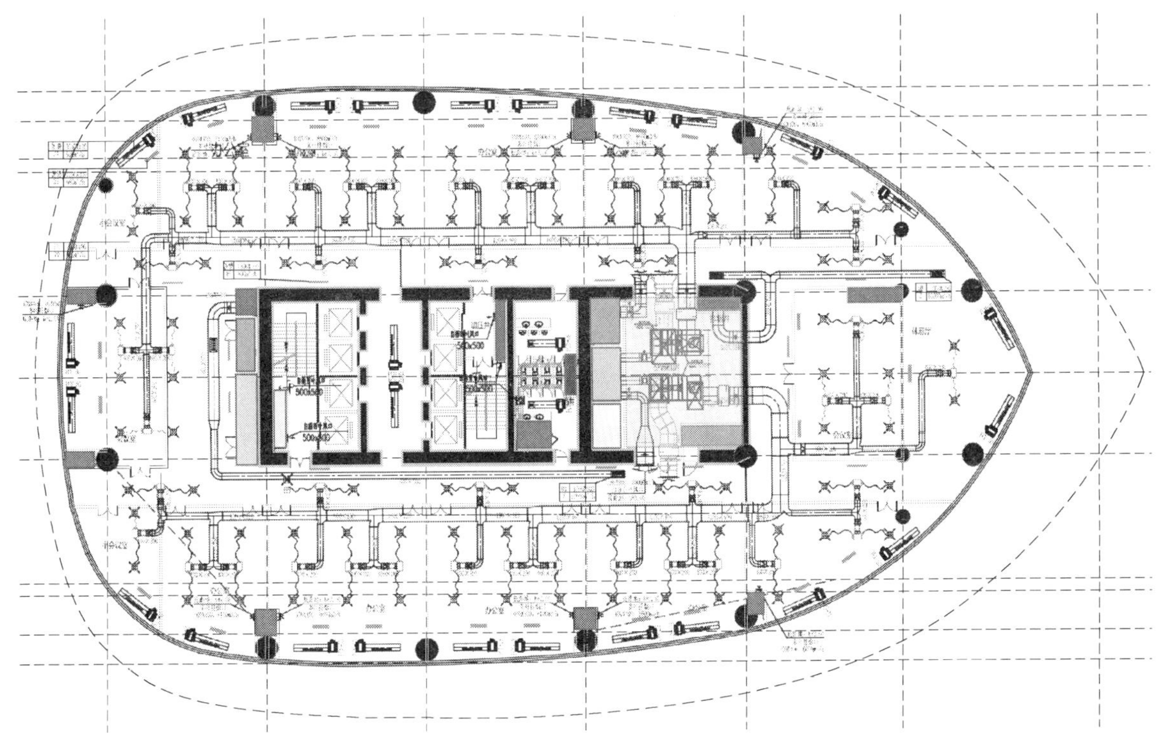

图 5-9　办公区管井及机房

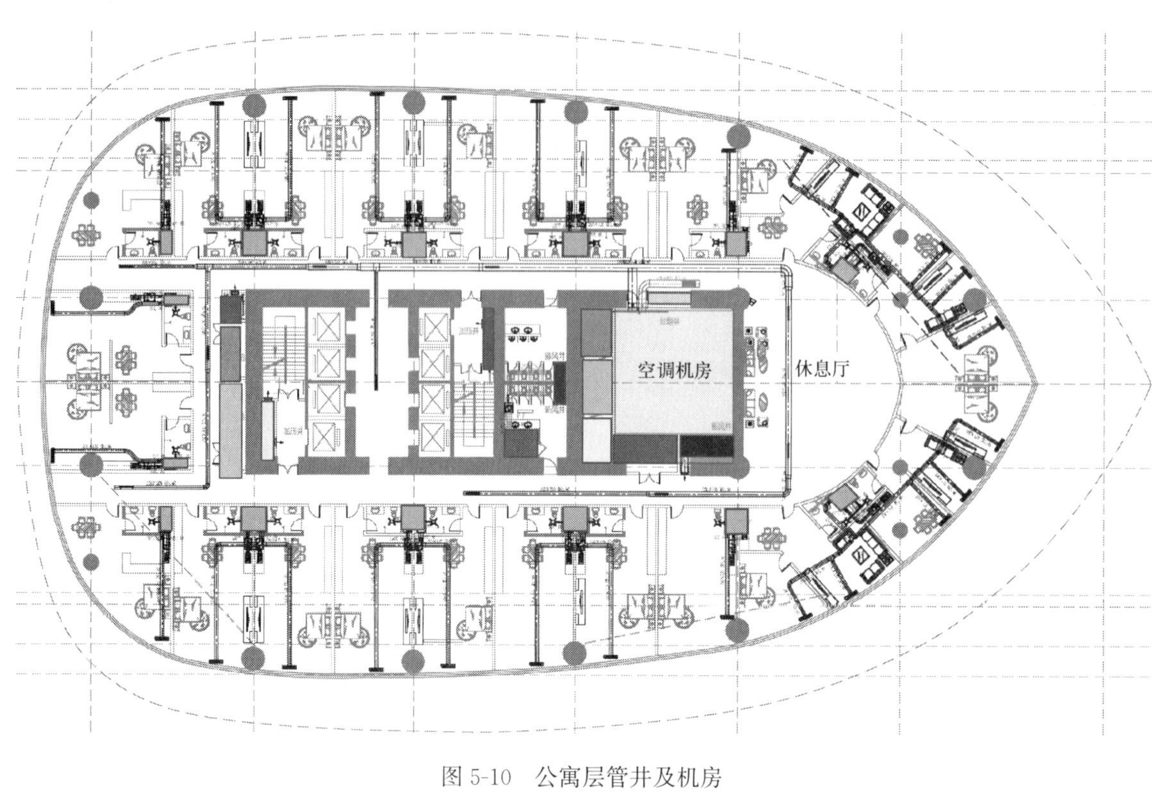

图 5-10　公寓层管井及机房

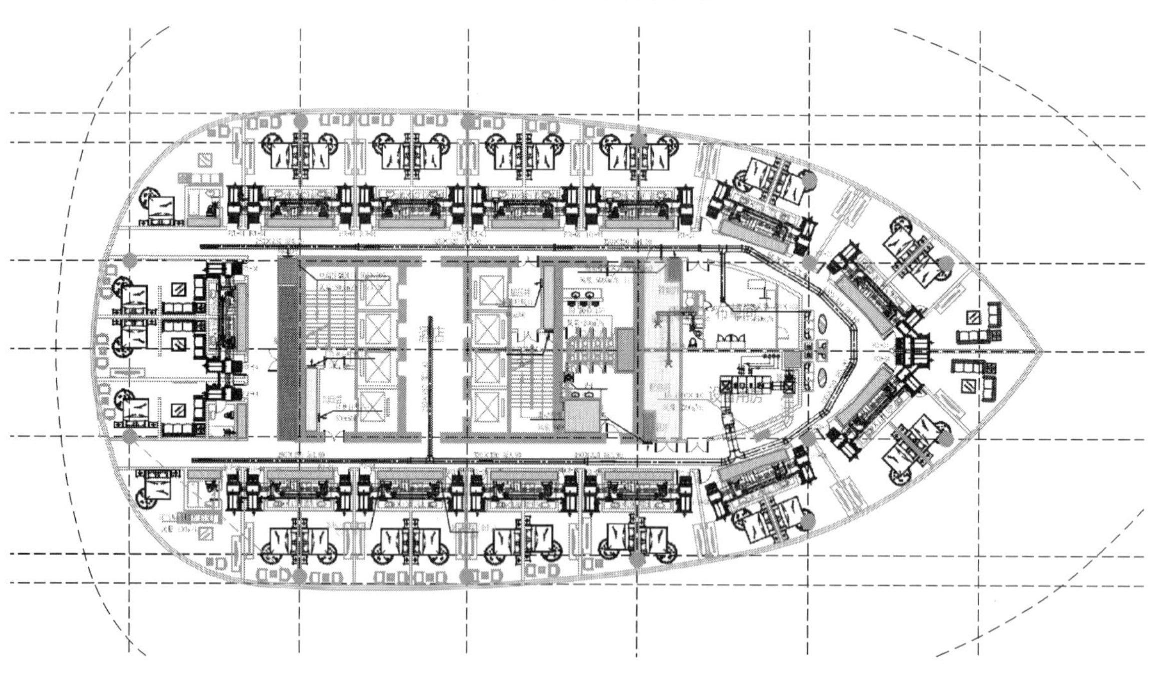

图 5-11　酒店层管井及机房

5.5　千米级摩天大楼管线综合优化策略

根据机电各专业提出的典型系统方案，针对建筑结构的特点和类型，分析研究各区间的管线数量分布和管线的分散布置、分层布置、竖向布置，探讨机电管线在吊顶内或架空地板内对建筑层高的影响规律。

5.5.1 综合管线的设计原则

在对设备管线进行的综合布置时，首先要了解各管线系统的功能和用途的不同。建筑物中的管线工程大体可分为以下几类：

（1）给水管道：包括生活给水，消防给水，生产用水等；

（2）排水管道：包括生产、生活污水，生产、生活废水，屋面雨水，其他杂排水等；

（3）热力管道：包括供暖、热水供应及空调空气处理中所需的蒸汽或热水；

（4）燃气管道：有气体燃料、液体燃料之分；

（5）空气管道：包括通风工程、空调系统中的各类风管，以及某些生产设备所需的压缩空气、负压吸引管等；

（6）供配电线路或电缆：包括动力配电、电气照明配电、弱电系统配电等，其中弱电系统包括共用电视天线、通信、广播及火灾报警系统等。

建筑设备中管线工程综合布置要做到安全、合理、经济、实用，应有一个较为科学的原则，这一原则在保证工艺要求和使用要求的基础上还应做到节约投资。因此，根据近年来的管线施工经验，在进行多系统综合管线布置时，应坚持以下原则：

（1）小管避让大管，小管相对灵活，易于安装；

（2）临时管线避让长久管线，以保证长久管线使用的稳定性；

（3）新建管线避让原有管线，避免对原管线造成破坏，影响使用；

（4）压力管道避让重力自流管道，因为重力流有坡度流向要求，不能反向；

（5）冷水管避让热水管，因为热水管需要保温，变化比较困难；

（6）给水管避让排水管，因为排水管多为重力流，给水管为有压管；

（7）热水管避让冷冻管，因为冷冻管管径较大，宜短而直，有利于工艺和造价；

（8）低压管避让高压管，因为高压管造价高；

（9）附件少的管道避让附件多的管道，有利于施工操作、更换管件、检修；

（10）管道分层布置时，由上而下按蒸汽、热水、给水、排水管线顺序排列。

各种管线在同一处布置时，还应尽可能做到呈直线、互相平行、不交错，还要考虑预留出施工安装、维修更换的操作空间、设置支吊架的空间以及热膨胀补偿的安装空间。

5.5.2 典型标准层综合管线与层高

办公建筑标准层净高是指建筑地板装饰面到本层吊顶下表面的距离。一般认为甲级写字楼的净高应该不小于 2.6m，而国际甲级写字楼的室内净高应该不小于 2.8m。从调研对象来看，20 个调研对象的净高都在 2.6m 以上。95%写字楼的净高都在 2.7m 以上，75%的写字楼的净高都在 2.8m 以上，20%在 3m 以上（图 5-12）。

建筑层高一般是指某层的结构底板上表面到上一层底板上表面的距离。合理层高与经济、节能息息相关，过高的层高虽然室内空间舒适，在同等建筑高度下，层高加大，层数减少带来单位面积造价提高，也带来空调能耗的增加。如何做到在净高合理的前提下，利用各种技术措施降低超高层办公建筑的层高，将大大降低超高层办公建筑前期投入和后期运营的成本。从调研对象分析，90%的写字楼层高超过 4m，其中 50%层高集中在 4.2～4.3m 范围（图 5-13）。

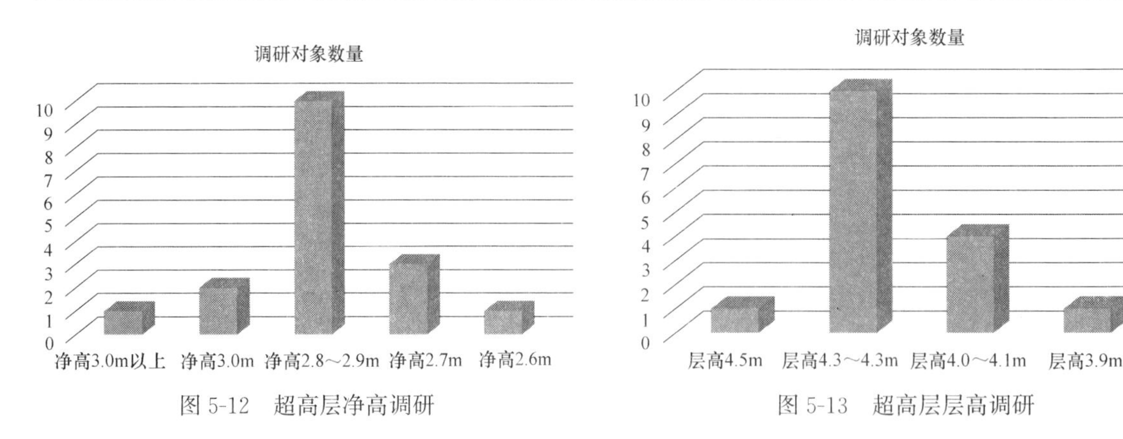

图 5-12　超高层净高调研　　　图 5-13　超高层层高调研

层高与净高之间的关系　　　**表 5-5**

项目名称	地点	层高(m)	净高(m)
中钢国际广场(天津)	天津	4.2	2.8
财富中心	北京	3.7	2.8
上海环球金融中心	上海	4.2	2.8
金茂大厦	上海	4	2.7
银泰中心(西塔)	北京	4	2.7
港汇中心	上海		2.7
嘉盛中心	北京		2.65～2.8
上海中心大厦	上海		2.75
嘉里中心	北京		2.8
国贸三期	北京	4.25	2.8
香港国际金融大厦(二期)	香港	4.2	2.7
香港中环广场	香港	3.6	2.6
深圳京基 100	深圳	4.2	2.8

从调查数据看，被调查对象的层高除个别为 3.6m 或 3.7m 外，其他普遍层高为 4.0～4.2m，建筑净高为 2.7～2.8m，即结构机电等所占高度为 1.3～1.5m。一般项目办公区层高设定为 4.2m，则在不采取特殊措施的前提下，完成净高在 2.7～2.8m 应该是一个比较常规的可能(表 5-5)。

决定办公建筑标准层层高的因素主要有以下几个：

(1) 开发商所要求的净高高度。

(2) 网络架空地板高度。一般高级办公网络架空地板高度为 150～250mm，如果利用地板下空调送风，架空地板高度 400mm 以上。

(3) 设备管线占用高度。空调风管，防排烟管道、空调水管、给水排水管道、电缆桥架、消防喷淋管等的布置需要占用一定的高度空间，一般需要 300～1000mm。科学合理的设计中可以优化安排设备管线间的协调，部分可以穿过或绕过梁以节省高度空间。

(4) 照明灯具。

(5) 吊顶做法及其构造厚度。

(6) 结构楼板厚度和结构梁高。

结构梁是占用层高空间的最大影响因素，一般占用高度在 500～1000mm 之间。不同的结构梁类型，与之搭配的管道布置方式也应不同。在相同梁高情况下，各种设备占用层高的空间高度也不同。以下列举几种常见的结构梁布置的下层高和净高的大概估算公式。

(1) 采用钢筋混凝土梁时层高与净高关系

采用钢筋混凝土梁时，梁中可预留小洞口穿越水、电设备管线，通风管道紧靠梁底设置，净高＝层高－架空地板高度－结构梁高－通风管道高－灯槽（含龙骨）高－施工误差。一般情况下，架空地板高度取 150mm、通风管道高取 400mm、灯槽高度取 150mm、施工误差取 50mm，即：净高＝层高－150－结构梁－400－150－50＝层高－结构梁高－750（图 5-14）。

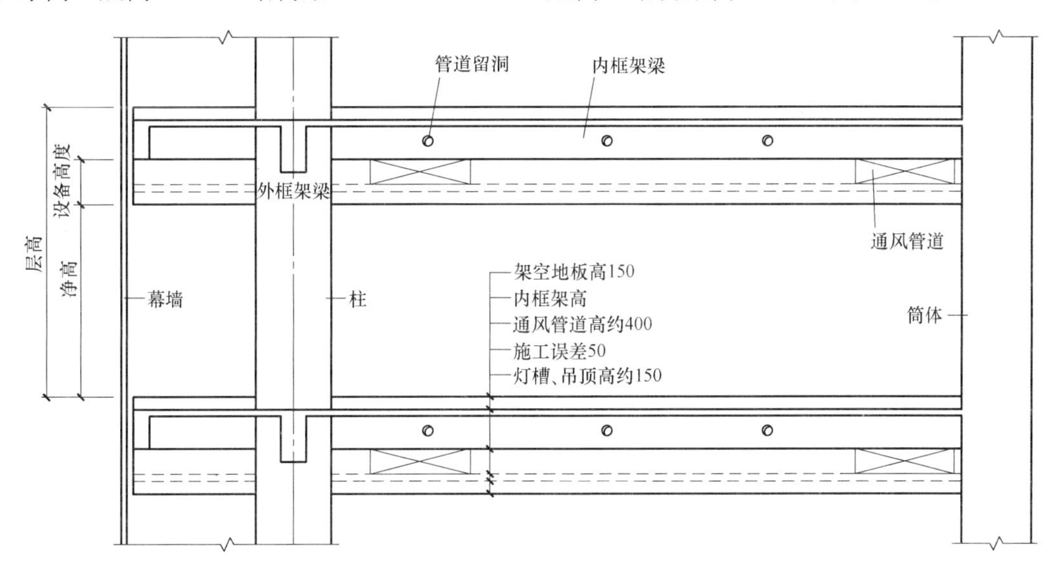

图 5-14　采用钢筋混凝土梁时层高与净高关系

（2）采用变截面实腹钢梁时层高与净高关系

采用实腹钢梁时，钢梁与框架柱间为刚接节点，与核心筒间为铰接节点，即梁在核心筒一端无负弯矩作用，可以采用变截面梁，在核心筒一端减小梁高，并利用减小梁高的空间布置主通风管道、在其他位置布置支通风管道。同样在梁中可预留小洞口穿越水、电设备管线，通风管道紧靠梁底设置，这种情况影响净高的因素包括建筑架空地板高度、钢梁高、楼板厚度、支通风管道高度、灯槽高度及预留的施工误差。一般情况下，架空地板高度取 150mm、楼板厚度取 120mm（采用压型钢板与混凝组合楼板，压型钢板高度 65mm、上部混凝土厚度 55mm）、支通风管道高度取 200mm、灯槽高度取 150mm、施工误差取 50mm，即：净高＝层高－150－钢梁高－120－200－150－50＝层高－结构梁高－670（图 5-15）。

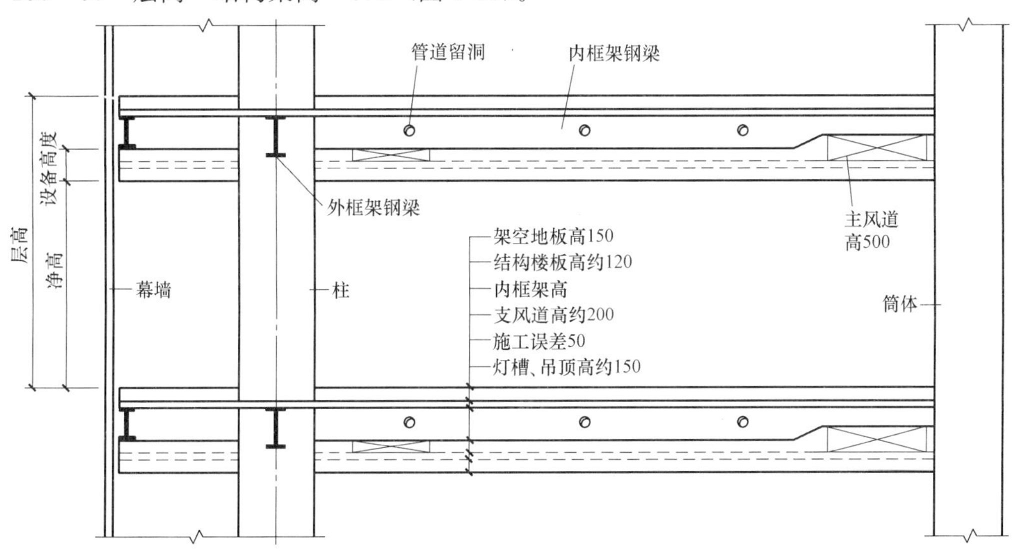

图 5-15　采用变截面实腹钢梁时层高与净高关系

（3）采用空腹钢桁架时层高与净高关系

采用空腹钢桁架时，水、电设备管线和通风管道均可在空腹钢桁架中穿越，这种情况影响净高的因素包括建筑架空地板高度、楼板厚度、空腹钢桁架高度、灯槽高度及预留的施工误差。一般情况下，架空地板高度取150mm、楼板厚度取120mm、灯槽高度取150mm、施工误差取50mm，即：净高＝层高－150－120－空腹钢桁架高－150－50＝层高－空腹钢桁架高－470（图5-16）。

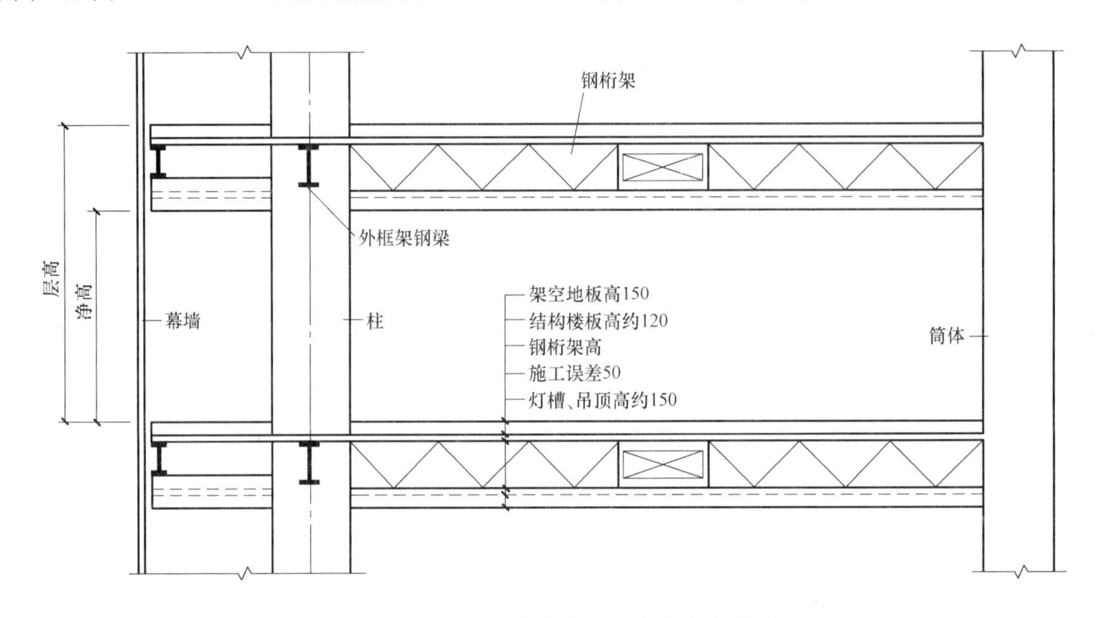

图5-16　采用空腹钢桁架时层高与净高关系

（4）采用钢筋混凝土梁、有内走道时层高与净高关系

内走道对于净高的要求小于办公空间，因此可利用走道空间布置主通风管道、在其他位置布置通风管道。同样在梁中可预留小洞口穿越水、电设备管线，通风管道紧靠梁底设置，这种情况影响净高的因素包括建筑架空地板高度、结构梁高、支通风管道高度、灯槽高度及预留的施工误差，净高＝层高－架空地板高度－结构梁高－楼板厚度－支通风管道高－灯槽高度－施工误差。一般情况下，架空地板高度取150mm、支通风管道高取200mm、灯槽高度取150mm、施工误差取50mm，即：净高＝层高－150－结构梁高－200－150－50＝层高－结构梁高－550（图5-17）。

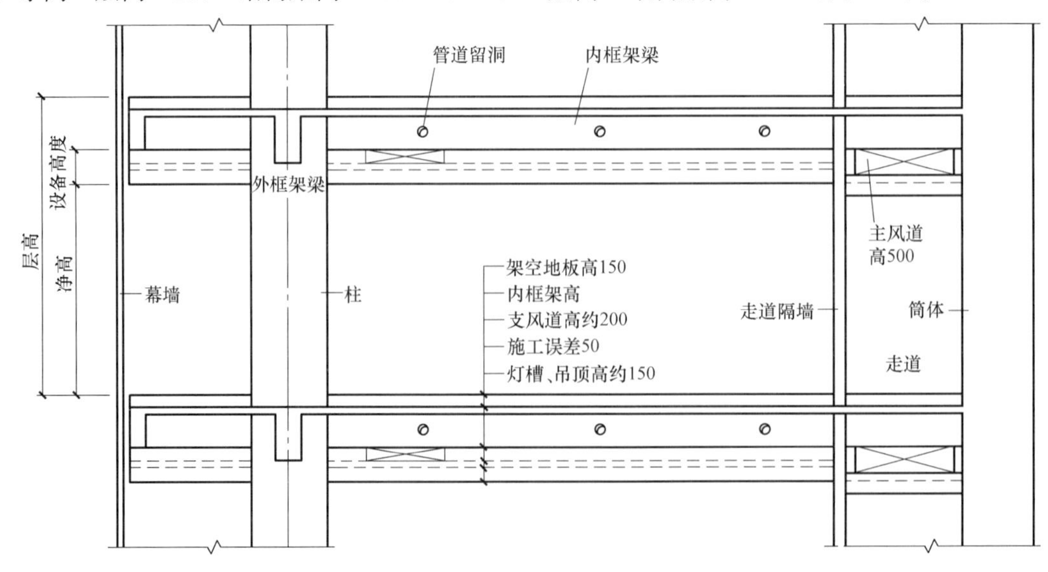

图5-17　采用钢筋混凝土梁、有内走道时层高与净高关系

（5）采用钢梁、有内走道时层高与净高关系

同样可利用走道空间布置主通风管道、在其他位置布置支通风管道，在梁中可预留小洞口穿越水、电设备管线，通风管道紧靠梁底设置，这种情况影响净高的因素包括建筑架空地板高度、结构梁高、楼板厚度、支通风管道高度、灯槽高度及预留的施工误差，净高＝层高－架空地板高度－钢梁高－楼板厚度－支通风管道高－灯槽和吊顶高－施工误差。一般情况下，架空地板高度取 150mm、楼板厚度取 120mm、支通风管道高度取 200mm、灯槽高度取 150mm、施工误差取 50mm，即：净高＝层高－150－钢梁高－120－200－150－50＝层高－钢梁高－670（图 5-18）。

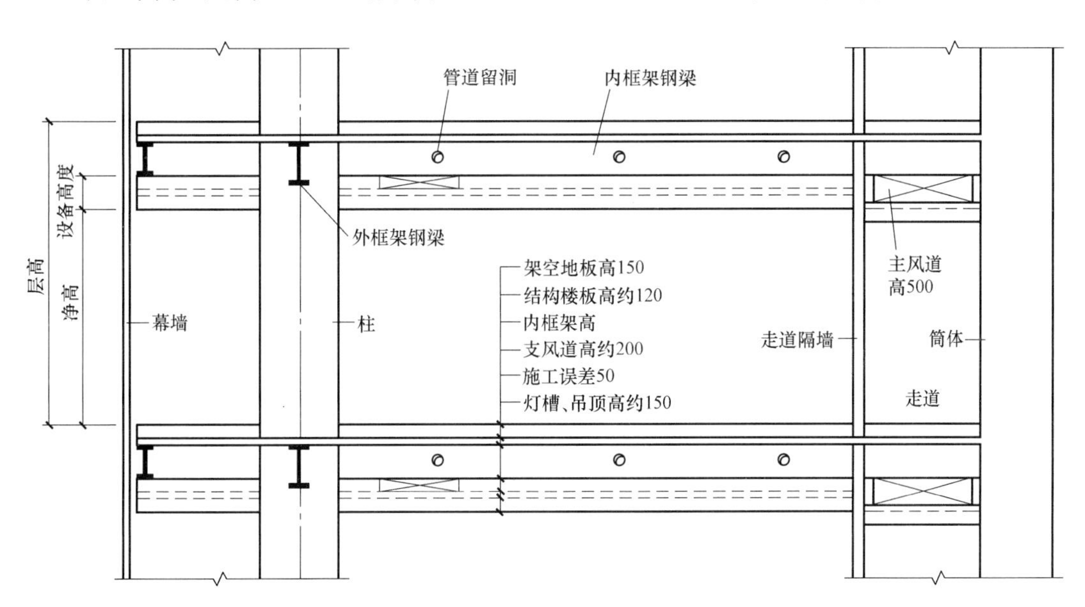

图 5-18　采用钢梁、有内走道时层高与净高的关系

6 千米级摩天大楼机电竖向系统分区研究

6.1 概述

千米级摩天大楼由于其竖向超高的特点，对机电系统设备配件承压、能源的转运输送有效半径、系统安全、系统复杂等提出了挑战，机电系统的竖向合理分区成为研究千米级摩天大楼机电系统的关键。

6.2 空调水系统

合理进行空调水系统竖向分区，能够避免空调设备、管道和配件超压，减少能耗，确保空调水系统的安全性、可靠性和经济性。

6.2.1 空调冷水系统分区

以大连某千米级摩天大楼为例，将空调冷水系统竖向上分区进行比较。

6.2.1.1 板式换热机组集中设置

在竖向上分为六个区，采用板式换热器进行竖向分段接力，板式换热机组相对集中设置，如图 6-1 方案（*a*）所示：

（1）一区 100m 以下，由设于地下二层蓄冰系统空调冷源产生的 2.5℃/10.5℃一次空调冷水直供，定压补水膨胀水箱放置在 100m 设备机房内，双工况主机承压不超 1.6MPa。

（2）二区 100～200m 办公部分，经过设于 100m 设备层两组板式换热器交换成 4℃/12℃的二次空调冷水，进入 100～200m 办公空调冷水系统。定压补水膨胀水箱放置在 200m 设备机房内，板式换热器、二次冷水泵和管道管件承压按不超过 1.6MPa 设计。

（3）三区冷水，进入 200～300m 办公空调冷水系统。定压补水膨胀水箱放置在 300m 设备机房内，200～300m 为办公部分，经过设于 100m 设备层两组板式换热器交换成 4℃/12℃的二次空调板式换热器、二次冷水泵和管道管件承压按不超过 2.5MPa 设计。空调末端设备冷水盘管承压按不超过 1.6MPa 设计。

（4）四区 300～400m 办公部分，经过设于 300m 设备层两组板式换热器交换成 5.5℃/13.5℃的二次空调冷水，进入 300～400m 办公空调冷水系统。定压补水膨胀水箱放置在 400m 设备机房内，板式换热器、二次冷水泵和管道管件承压按不超过 1.6MPa 设计。

（5）五区 400～500m 办公部分，经过设于 300m 设备层两组板式换热器交换成 5.5℃/13.5℃的二次空调冷水，进入 400～500m 办公空调冷水系统。定压补水膨胀水箱放置在 500m 设备机房内，板式换热器、二次冷水泵和管道管件承压按不超过 2.5MPa 设计。空调末端设备冷水盘管承压按不超过 1.6MPa 设计。

（6）六区 500～600m 办公部分，经过设于 500m 设备层板式换热器交换成 7℃/15℃ 的二次空调冷水，进入 500～600m 办公空调冷水系统。定压补水膨胀水箱放置在 500m 设备机房内，板式换热器、二次冷水泵和管道管件承压按不超过 1.6MPa 设计。

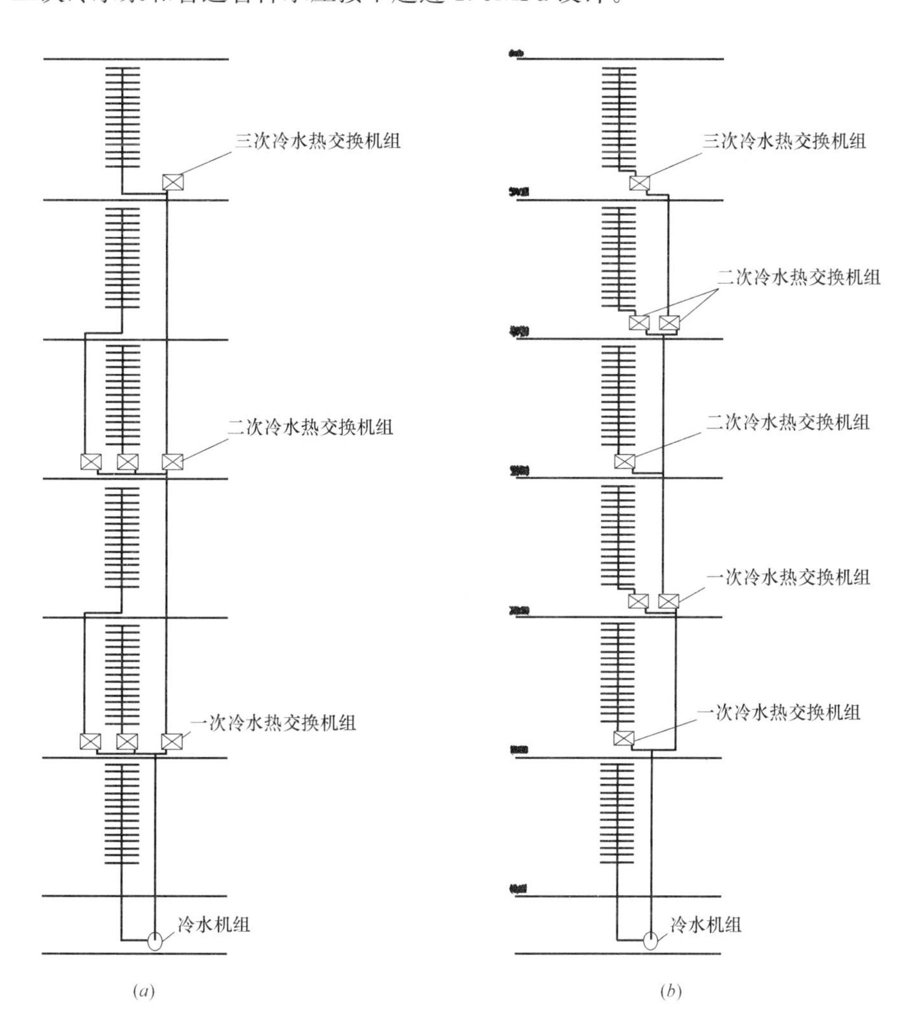

图 6-1 板式换热机组设置方案

6.2.1.2 板式换热机组分散设置

在竖向上分为六个区，采用板式换热器进行竖向分段接力，板式换热机组相对分散设置，如图 6-1 方案（*b*）所示。

与方案（*a*）不同的是三区板换及为四、五、六区服务的中间接力板换放于 200m 设备层，五区板换及为六区服务的接力板换置于 400m 设备层。

6.2.1.3 方案（*a*）与（*b*）比较：

两种方案冷水均经过三级换热，蓄冷系统供水温度为 2.5℃，三级换热提供冷水温度依次为 4℃、5.5℃、7℃。

两种方案均可保证末端设备承压小于 1.6MPa。

方案（*a*）将一次板换放在 100m 设备层处，B2 制冷机房最高承压小于 1.6MPa；方案（*b*）将一次板换放在 200m 设备层处，B2 制冷机房水泵采用吸出式，冷机处最高承压约为 2.1MPa，水泵及分集水器等部件约 2.5MPa，已经达到了承压的上限值。

方案（*a*）将五、六区二次板换置于 300m 设备层处，板换及水泵等部件承压均小于

2.5MPa；方案（*b*）将五、六区二次板换置于400m设备层处，板换及水泵等部件承压均小于1.6MPa。

综上，方案（*a*）虽三、四区板换及二级接力板换及配套水泵承压加大，但空调末端设备承压仍在1.6MPa以下，并且这样可不必在三、五区设置机房，节省了机房面积，便于管理；且方案（*b*）主机房冷机承压太大，所以采用方案（*a*）更合理。

表6-1给出了现有空调制冷设备、管道及管件承压能力。

空调制冷设备、管道及管件承压能力　　表6-1

空调制冷设备		空调制冷设备额定工作压力 P_w(MPa)
冷水机组	普通型	1.0
	加强型	1.7
	特加强型	2.0
	特定加强型	2.1
空调处理器、风机盘管机组		1.6
板式换热器		1.6～3.0
水泵壳体		1.0～2.5
管道及管件		管材和管件的公称压力 P_N(MPa)
低压管道		2.5
中压管道		4.0～6.4
高压管道		10～100
低压阀门		1.6
中压阀门		2.5～6.4
高压阀门		10～100
无缝钢管		>1.6

对于千米级摩天大楼，600m以下区域宜采用集中冷源供冷，600m以上区域可采用风冷机组或小冷机上楼分区域供冷的方案。

6.2.2 蒸汽系统

蒸汽系统相对于水系统，密度较小，没有水系统重力作用下带来的管道压力叠加，非常有利于管道承压下的竖向传输。蒸汽主干管可以不采用分区接力的方式直接到达千米级摩天大楼的顶部。

低区能源中心锅炉房内产生的高压蒸汽通过管道直接被送至各个竖向分区，每个中间层，可以根据需要通过汽-水热交换器制备各区的空调、采暖热水、生活热水等。基本上满足每个避难区间设置一个竖向分区，换热器后的水系统就可以比较容易控制到一般设备管道的工作压力。

6.2.3 空调热水系统

空调热水系统基本上与空调冷水系统的分区相一致，每个避难区间设置一个竖向分区，换热器后的水系统就可以比较容易地控制到普通设备管道的工作压力。

空调热水系统利用了蒸汽系统进行换热。每个建筑避难区间的设备层，接入主干管蒸汽系统，减压至0.4MPa的饱和蒸汽进入汽-水热交换器制备空调热水，二次侧空调热水供回水温度为 60℃/45℃。

6.3 空调风系统

空调风系统按照功能区和避难区竖向分段设置。每个避难区间设置一个竖向分区，在设备层设置集中送排风机，新风和排风通过竖井风管接至各层。

酒店客房、公寓的卫生间设计有机械排风系统，吊顶上安装管道风机，排风管竖向布管，在设备层设置新、排风之间的全热回收新风机组。

标准办公层设计有机械排风系统，每个系统选择多台排风机并联运行，使排风系统与空调系统匹配，满足空调季节排风，特别是过渡季的 50%新风运行的排风量要求。排风机安装在各设备层，以便与各新风系统实现全热回收。

6.4 防排烟系统

防排烟系统按照避难区竖向分段设置。

防排烟系统主要是由楼梯正压送风系统、电梯井筒的加压送风系统、排烟系统及相应的控制系统组成，而楼梯正压送风系统则包括疏散楼梯及合用前室（包括消防电梯前室）的正压送风系统。机械排烟系统将按竖向布置，排烟风机分别于各个避难层、设备层设置。

（1）对需要设加压送风的所有疏散楼梯间、消防电梯前室、合用前室、避难层分别设置各自独立的机械加压送风系统。当有火灾发生时，向上述区域加压送风，使其处于正压状态（设计参数：防烟楼梯 50Pa、合用前室 25Pa），以阻止烟气的渗入，以便建筑内的人能安全离开。加压送风机分别设在避难层；

（2）地上和地下楼梯间加压送风系统应分别设置；

（3）楼梯合用前室及楼梯间的加压送风系统应设置防止超压的措施；

（4）避难层设置独立的机械加压送风系统；

（5）避难层断开的楼梯间上、下考虑分段设计。

6.5 生活给水系统

根据建筑高度、水源条件、防二次污染、节能和供水安全原则。千米级摩天大楼管网系统竖向分区的压力控制参数为：各区最不利点的出水压力：酒店不小于 0.20MPa、公寓、办公不小于 0.10MPa，最低用水点最大静水压力（0 流量状态）不大于 0.45MPa。

千米级摩天大楼中，充分利用高度优势，除顶部区域采用变频给水方式外，采用水箱重力供水方式有利于建筑的稳定供水。在每隔 100m 设置一个中间转输水箱及供水水箱，采用一组变频泵加压供水，每隔 100m 再采用减压阀分为 3 个小区，转输水泵采用液位控制启停的工频泵，采用上述系统给水设备及管材最大承压为每 100m 高度，系统承压不会超过 1.6MPa，目前的技术及设备承受此压力还是比较安全的。

项目分区配合建筑以 100m 进行分区，管网竖向具体分区和供水方式见表 6-2。

生活给水系统分区 表 6-2

建筑功能	详细分区		供水方式
地下部分	F1 以下部分		市政直接供给
商业、办公	1 区	2F～100m	100m 生活转输水箱重力供给
	2 区	100～200m	200m 生活转输水箱重力供给
	3 区	200～300m	300m 生活转输水箱重力供给
	4 区	300～400m	400m 生活转输水箱重力供给
	5 区	400～500m	500m 生活转输水箱重力供给
	6 区	500～600m	600m 生活水箱重力供给
公寓	7 区	600～700m	700m 生活转输水箱重力供给
	8 区	700～800m	800m 生活水箱重力供给
酒店	9 区	800～900m	900m 生活转输水箱重力供给
	10 区	900～1000m	1000m 生活水箱重力供给

6.6 生活热水系统

集中热水供应系统的竖向分区及各区冷水的供应方式同给水系统。

生活热水由蒸汽系统进行加热，加热设备设在每个避难层的设备间中。生活热水从大分区来看，按照避难区竖向分段设置。

6.7 消防给水

千米级摩天大楼消防给水宜采用重力给水方式，系统构成简单，安全可靠性高，管理方便。由设在屋顶消防水池引出两条 *DN*200 主供水管，作为各竖向分区室内消火栓和自动喷水灭火系统的水源。供给各竖向分区和各避难层的减压水箱。

项目屋顶水池两条进水管：生活给水加压系统引一条 *DN*100 作为水池进水管，另一条为水泵接合器转输水泵供水管 *DN*200，以此保证供水安全度；在 200m、400m、600m、800m 避难层设置了 $100m^3$ 的转输水箱，在 100m、300m、500m、700m、900m 避难层设置了 $100m^3$ 的减压水箱。

消防给水系统按照避难区竖向分段设置。

6.8 污废水系统

6.8.1 中水系统

中水给水系统的供水范围是办公楼的卫生间冲厕、地下室车库冲洗、绿化，中水水源是 600m 以上层的公寓和酒店淋浴废水，300～600m 公寓的淋浴废水不收集。中水处理装置设置在

600m的避难层，这样减少了中水泵的提升，处理后的中水采用重力水箱的供水方式，供至600m以下的中水用水点，在100m、200m、300m、400m、500m的避难层设置了转输减压水箱，逐级减压供水。中水水质应符合《城市污水再生利用 城市杂用水水质》GB/T 18920—2002和《城市污水再生利用景观环境用水水质》GB/T 18921—2002。

中水转输水箱既起转输又提供重力供水，贮水容积按重力供水范围的0.5h最大时用水量与转输范围的5min最大时用水量之和计。

中水处理装置设置在600m，处理后的污泥清运、处理站的异味隔绝是后期管理需要解决的难题。

在中水箱设备层向中水转输水箱设置自来水补水（图6-2）。

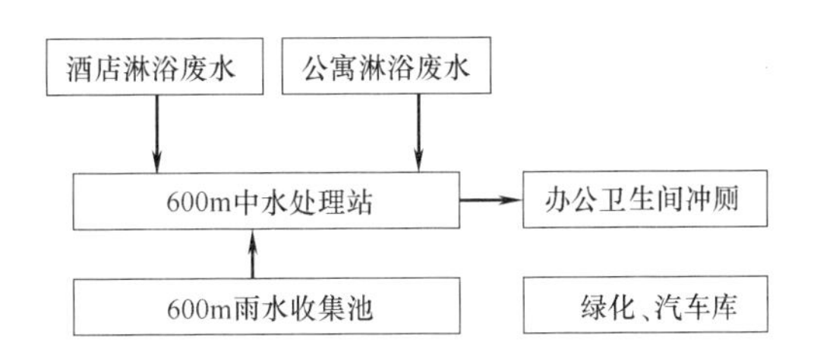

图6-2 中水水量平衡表

6.8.2 雨水排水系统

屋面雨水利用重力排除，雨水量按50年重现期设计。地下车库坡道的拦截雨水、窗井雨水，用管道收集到地下室雨水坑，用潜污泵提升后排出，雨水量按10年重现期设计。

屋面雨水采用87型斗雨水系统，多斗系统中雨水斗未在同一平面者的最大高差为12.8m。在600m设备层设置了雨水收集池，经处理后作为中水用水的补水，同时也作为雨水的减压水箱。裙房屋面雨水单独排到室外。

6.9 强电系统

强电系统按照功能区和避难区竖向分段设置。配变电所的位置主要综合考虑以下因素：

（1）深入或接近负荷中心，主站和分站均满足此要求；

（2）主站进出线方便，紧邻外墙；

（3）接近电源侧；

（4）设备吊装、运输方便，尤其设置在避难层的变电所，考虑到垂直交通问题，原则上容量不宜过大；

（5）不应设在有剧烈振动或有爆炸危险介质的场所；

（6）不宜设在多尘、水雾或有腐蚀性气体的场所；

（7）不应设在厕所、浴室、厨房或其他经常积水场所的正下方，且不宜与上述场所贴邻。如果贴邻，相邻隔墙应作无渗漏的防水处理；

（8）主站及分站不宜设置在最底层；

（9）考虑酒店、商业、办公等不同功能，以及运行管理等因素（图6-3）。

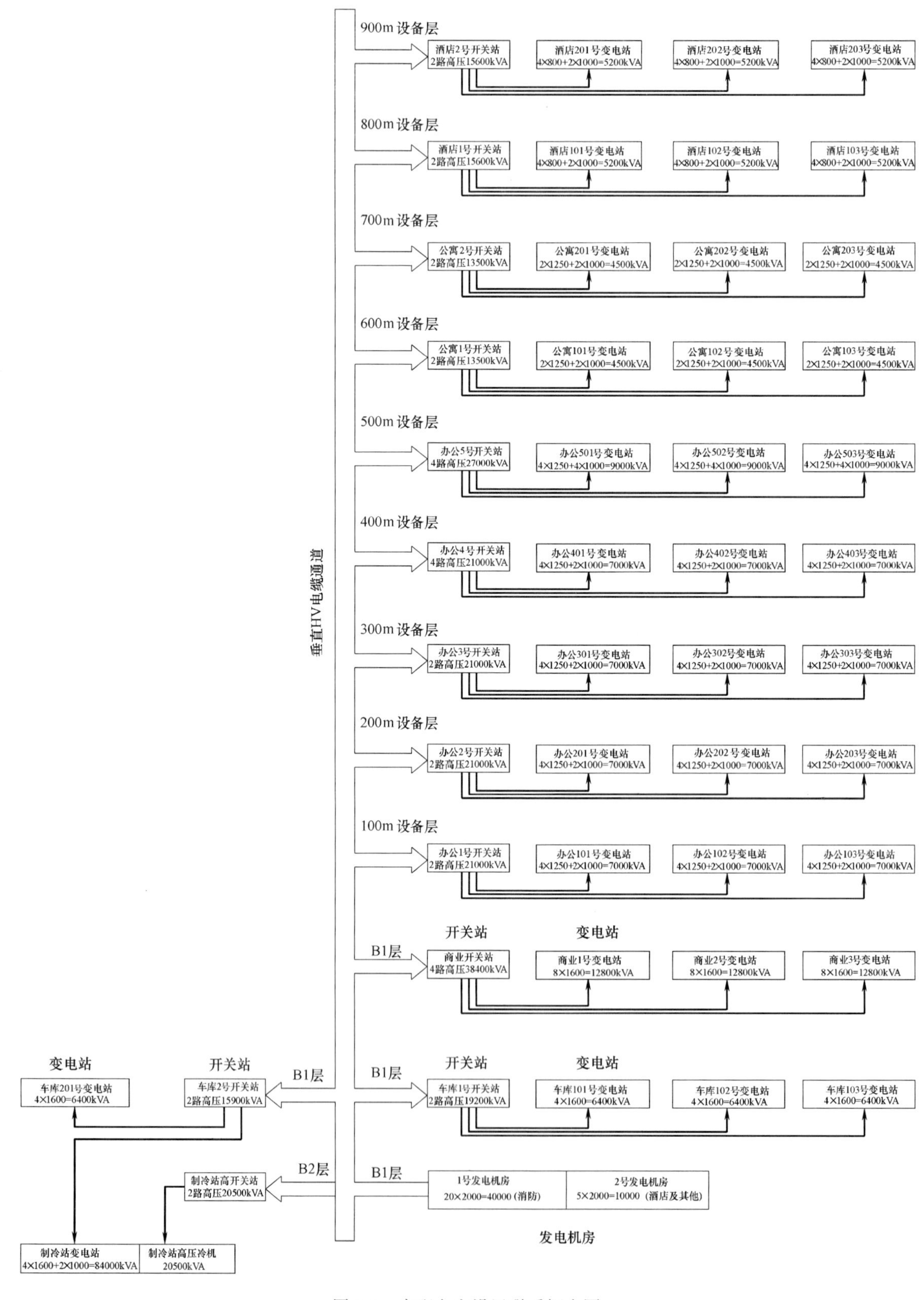

图 6-3　变配电室设置联系概念图

6.10 弱电系统

强电系统按照功能区和避难区竖向分段设置。千米级摩天大楼的智能化系统设计应按照先进、智慧的理念设计，充分考虑系统的可靠性、安全性、实用性、先进性及可扩展性。

6.11 机电系统模块化竖向系统分析

千米级摩天大楼基本按照功能区和避难区竖向分段设置，形成了初步的竖向分区模块。如相同的功能楼层模块，机电系统包括空调水系统、空调风系统、给水系统、消防系统、供电系统也大致相同，因此可实现“模块化”作业，将机电系统简单化、标准化。千米级摩天大楼模块化理念，简化了设计与施工，提高了工作效率。

7 千米级摩天大楼防排烟系统优化研究

7.1 概述

对于千米级摩天大楼而言，由于其建筑高度和功能复杂，一旦火灾发生，消防扑救和人员疏散，会给火灾救援带来极大困难。在着火过程中，比起迅速蔓延的火势，大量火灾烟气的产生更是危害人员生命的主要原因。火灾烟气是多种粒径在 0.01～10μm 之间的固体或者液态烟粒子、CO 等混合组成，烟气的毒性、高温性、遮光性是对人体产生危害的三个方面，而且在实际火灾中，浓烟造成人员视线受阻，能见度低，容易使人产生心理恐慌，甚至会让人失去理智。很多火灾中，并不是大火直接夺去人员的生命，主要是烟气的蔓延造成了人员生命的损失。

科学的防排烟系统和创造良好的自救条件是千米级摩天大楼安全性的关键。基于千米级摩天大楼研究不同位置着火的烟气传播特性，探讨性能化设计的防排烟系统优化方法。

7.2 千米级摩天大楼 A 栋单层烟气流动模拟分析

根据着火情景的统计，建筑中常见的火源主要是：区域起火、走廊起火、有喷淋火。三种火源的主要特点见表 7-1。选取三种火源中最不利的火源类型：区域起火为基本研究工况。选取左下方位两边有相邻区域为着火区域，位置如图 7-1 中的 D-3 区域。在文献中提出：火灾峰值功率及总释热量与室内不同位置起火无关，但是此处考虑到在区域中部空气供给充足，有利于火灾的快速发展，所以此模拟中火源位置设置在 D-3 区域的中间，通常火灾引起严重后果的发生地点基本上是在超高层的独栋中，故针对千米级摩天大楼设置 A 栋着火，并且按照模拟技术路线先使用 CFAST 模拟火灾相关参数。

三种不同常见火源的特点　　表 7-1

火源类型	燃烧空间	达到旺盛期的时间	火源的释热率
区域起火	受限，空间体积较小	时间很短	最大
走廊起火	扩散空间大	时间较长	较小
有喷淋火	无限制	很快熄灭	小

CFAST（Consolidate Fire and Smoke Transport）软件是能够对多室结构的建筑环境发生火灾进行模拟，对建筑中的火灾和烟气蔓延进行预测的区域模拟软件，由美国标准技术研究所（NIST）开发，研究使用的版本为 CFAST6。

在 CFAST 中，用户首先设定一个火灾工况，CFAST 能够模拟出随时间的推移，冷空气层高度、火灾烟气的扩散、冷空气层温度、热烟气层温度和烟气中的各种生成物组分的变化。

7.2.1 模拟千米级摩天大楼 A 栋火灾的建模

对千米级摩天大楼的 A 栋单层进行简化建模，由于 CFAST 模拟的主要目的是得到着火层的烟气浓度，并不强调层内的相互传播，所以建模时忽略竖直的竖井和楼梯间，以办公层布局为基础，每一个区域代表了一个大的办公区域。D-9/D-10，UP9/UP10 区域模拟与核心筒连接的空场所，所以连通建模。由于 CAFST 软件对区域个数有限制，横纵坐标最大值不能超过 100m，故对建筑进行简化，建筑简化平面图如图 7-1 所示，CFAST 建模如图 7-2 所示。

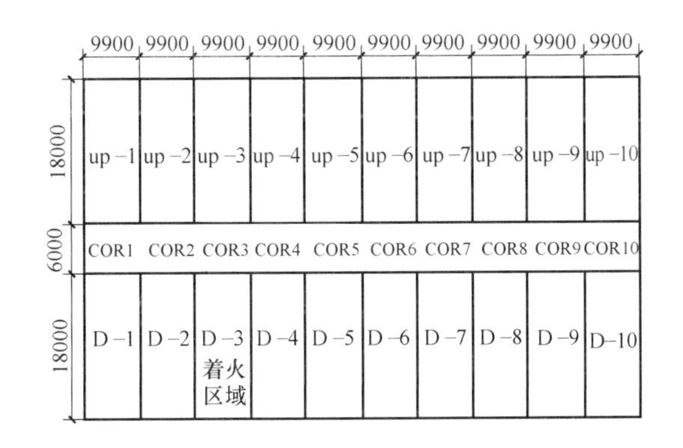

图 7-1 千米级摩天大楼的 A 栋单层简化示意图

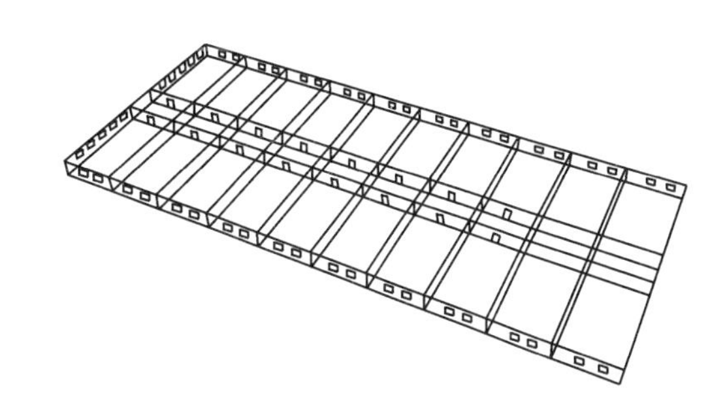

图 7-2 千米级摩天大楼的 A 栋单层建模图

主要物理建模参数见表 7-2。模拟的无喷淋状态下的办公室，在此情况下 t^2 火选取中速火，达到 1MW 需要用时为 300s，最大释热率为 6MW。模拟时长：2400s，仍以大连为典型地区，冬季室外温度：－12.9℃，室内温度 20℃。

建模主要尺寸和参数 表 7-2

	位置	状态	数量	尺寸
区域门	每个区域	打开	16	1m×2m
窗户	区域壁面	关闭	50	1.5m×1.5m
办公区域	上下对应设置	均分	16	18m×9.9m

7.2.2 烟气传播模拟结果及分析

模拟时间设定为 2400s，为了得到相关的参数，对数据进行整理，主要针对千米级摩天大楼 A 栋单层的火灾烟气传播，火源位于 D-3 区域。360s 的烟气传播 3D 示意图如图 7-3 所示，着火区域温度随时间变化曲线如图 7-4 所示，着火区域 D-3 和走廊分区 COR1-COR10 的 CO 浓度随时间的变化曲线如图 7-5 所示，着火区域 D-3 和走廊分区 COR1-COR10 的 CO_2 浓度随时间变化曲线如图 7-6 所示。非着火区域的 CO 浓度随时间的变化曲线如图 7-7 所示，非着火区域的 CO 浓度随时间的变化曲线如图 7-8 所示。

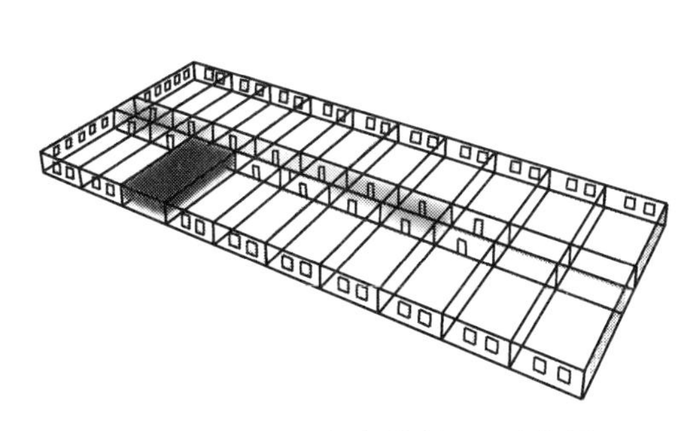

图 7-3 360s 的烟气传播 3D 示意图

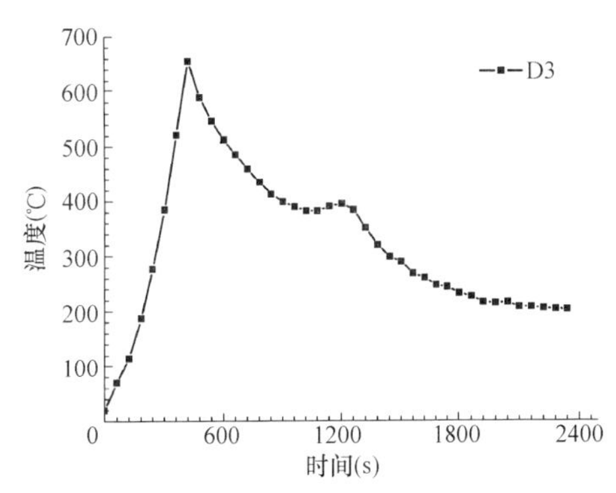

图 7-4 着火区域温度随时间变化曲线

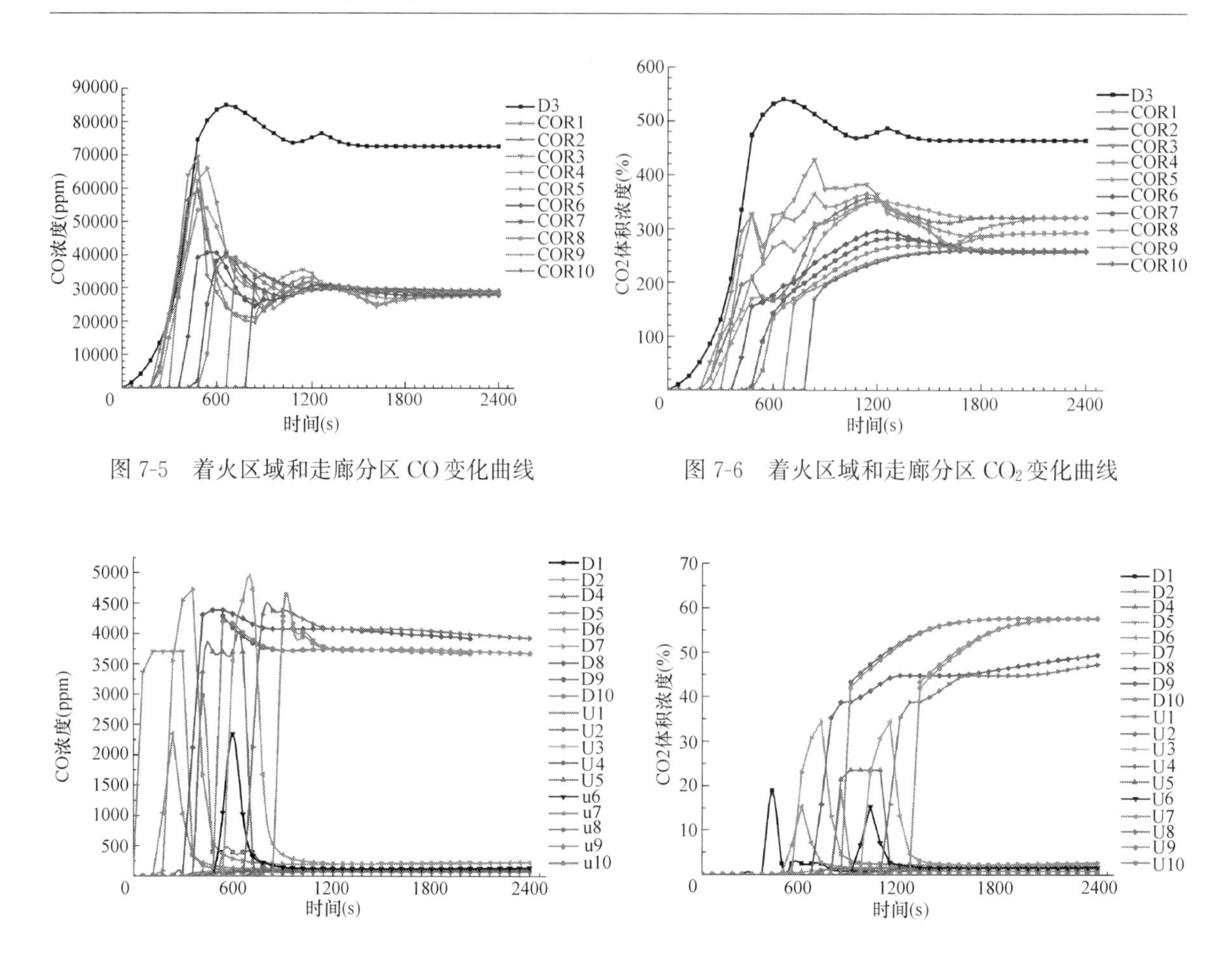

图 7-5　着火区域和走廊分区 CO 变化曲线

图 7-6　着火区域和走廊分区 CO_2 变化曲线

图 7-7　非着火区域的 CO 浓度变化曲线

图 7-8　非着火区域的 CO_2 浓度变化曲线

由图 7-3 可以直观的看出，火灾烟气的传播路径是由着火区域向走廊传播，在走廊区间传播的过程中，向各区域中传播。图 7-4 表示着火区域的温度变化，可以看出在着火过程中，着火区域的最大温度能达到 660℃左右，并且在 500s 达到最值，经过火灾发展阶段到稳定燃烧阶段，在 30min 后达到稳定。

图 7-5 和图 7-6 表示在各个区域的 CO 和 CO_2 浓度变化曲线，各区域变化趋势一致，着火区域的浓度值最大，着火区域附近的 5 个走廊分区（COR1、COR2、COR3、COR4、COR5）与之相近，距离较远的 5 个走廊分区相差很大，说明与着火区域越近的区域烟气传播量越大。着火区域在 600s 左右达到了最大值，CO 浓度约为 85000ppm，1500s 达到稳定值，CO 浓度约为 72000ppm；与着火区域距离较远的 5 个走廊分区（COR6、COR7、COR8、COR9、COR10）在 700s 左右达到了最大值，CO 浓度约为 40000ppm，1500s 达到稳定值，CO 浓度约为 29400ppm。

图 7-7 和图 7-8 表示在非着火区域的 CO 和 CO_2 浓度变化曲线，各区域变化趋势一致，但是 CO 和 CO_2 浓度值与走廊和着火区域相差一个数量级，相对来说烟气传播量较少。其中 U9、U10、D9、D10 区域的 CO、CO_2 浓度值相比于其他非着火区域的浓度值大，是因为这四个区域相互连接，是设置的开敞结构，模拟 A 栋与核心筒连接的区域。

7.3　不同着火层着火的烟气特性及机械排烟分析

通过 7.2 小节的模拟研究，得到了千米级摩天大楼 A 栋单层的烟气传播规律和数据，以 CO

和 CO_2 浓度值为烟气和污染物代表导入 CONTAM 中，并且将着火房间的温度变化曲线一同导入 CONTAM 进行模拟。由于千米级摩天大楼可能在不同位置发生火灾，1000m 的高度导致了火灾烟气特性与一般建筑的差别，为了明确不同位置着火对于火灾和烟气传播的影响，本小节以 CO 和 CO_2 烟气和污染物为代表，选取 5 个典型层设置火灾工况并分析 CO 和 CO_2 的传播规律，典型层分别为 1 层、60 层、110 层、150 层、200 层，这五个楼层代表了千米建筑的下部、中下部、中部、中高部和高部，起火点均为 A 栋。本研究重点分析 1 层着火时的烟气扩散特点。

7.3.1 千米级摩天大楼着火层的建模和分析说明

千米级摩天大楼着火层平面建模如图 7-9 所示，温度曲线设置如图 7-10 所示。其中图 7-9 中标示了 A、B、C 三个独栋和核心筒的相对位置，红框标出来的是 CO 和 CO_2 浓度源的标示，在 CONTAM 中并没有详细划分各楼层的功能和区域，因为主要考虑竖向通道，将此作为基础布局，进行千米级摩天大楼着火特性和防排烟的研究。在此基础上，导入到 CONTAM 中的 CO 和 CO_2 浓度变化曲线分为两部分，一部分是着火区域 D-3 以及与其值相近的 COR1～COR5 浓度总量作为 A 栋的污染物初始数据；另一部分是距离核心筒较近的 COR6～COR10 浓度总量作为核心筒的污染物初始数据。图 7-10 是 24h 的温度曲线，这是因为 CONTAM 软件自身限制，用户不能自定义短时间段，只能进行一天的编辑，但如此设置并不影响 CONTAM 的运行计算，因为在进行瞬态计算时，用户可自定义时间，只要在模拟条件时将时间设置为从 00：00 开始，便可与温度设定值对应。模型按大连冬季考虑，其他取值与基本工况 B-1 相同。

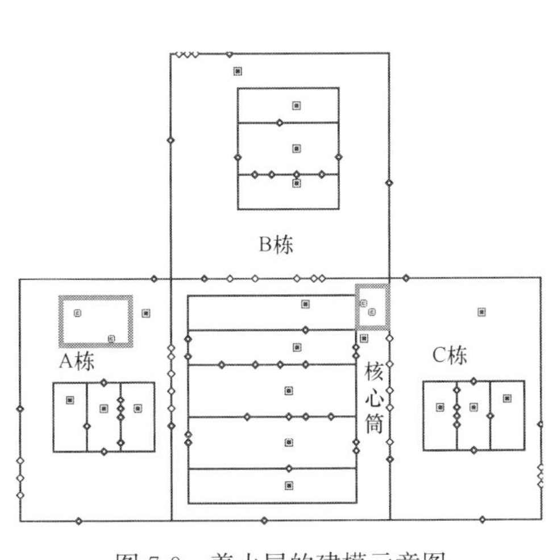

图 7-9 着火层的建模示意图

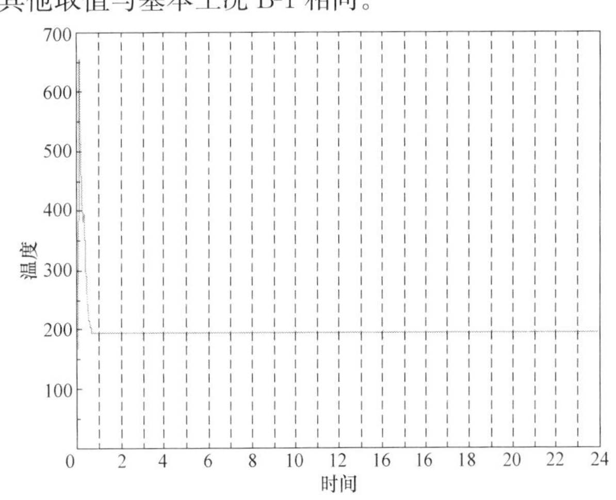

图 7-10 温度导入后的曲线设置

以 CO 和 CO_2 浓度值为烟气和污染物代表烟气特性，模拟时长设置为 9h，模拟类型为瞬态模拟。千米级摩天大楼其他层的设置与第 3 章中的模型一样，此处不再赘述。由于 CO 和 CO_2 在千米级摩天大楼内的传播并不相互影响，并且浓度变化规律相似，CO 的危害性大于 CO_2，故下文以 CO 为代表进行分析，在火灾过程中，烟气中的 CO 含量严重影响着人的存活和生还机会，由文献可知，当 CO 浓度达到 12800ppm 时，在短期内人员就会面临死亡危险，CO 对人体的影响见表 7-3。

CO 对人体的影响程度和后果 表 7-3

空气中 CO 含量(ppm)	造成的后果和影响
50	对人体无副作用的临界值
200	在环境中停留 2～3h 会产生轻微头疼

续表

空气中 CO 含量(ppm)	造成的后果和影响
400	在环境中停留 1～2h 会恶心和头痛
800	45min 后会造成头晕眼花,恶心伴随头疼
1000	1h 后就会失去意识
3200	20min 后造成头晕眼花,30min 失去意识
6400	1～2min 头晕眼花头疼,10～15min 后失去意识并可能死亡
12800	立即产生生理反应,1～3min 后失去意识并可能死亡

7.3.2 千米级摩天大楼 1 层着火时的烟气特性分析

7.3.2.1 典型位置的 CO 浓度随时间变化规律

由于 CONTAM 中区域很多，楼层有 220 层，不能全部表示出来，选取典型位置的 CO 浓度随着时间变化，能方便清楚地看出整个 CO 传播的途径和整栋楼的烟气变化规律，故选取 1 层、60 层、110 层、170 层、220 层为典型层，代表了千米级摩天大楼的下、中、上部分。为了研究横向和纵向的 CO 传播，选取 CO 污染源所在的 A 大厅、核心筒走廊，以及横向的 B、C 大厅作为横向传播典型区域；相应的选取各典型横向区域对应的电梯间作为纵向传播典型区域。在其他层着火时，无特别说明的情况下，典型区域选取方式均和此一样。着火 1 层各区域的 CO 浓度随时间变化如图 7-11～图 7-12 所示，60 层的 CO 浓度随时间变化如图 7-13 所示，110 层的 CO 浓度随时间变化如图 7-14 所示，170 层的 CO 浓度随时间变化如图 7-15 所示，220 层的 CO 浓度随时间变化如图 7-16 所示。

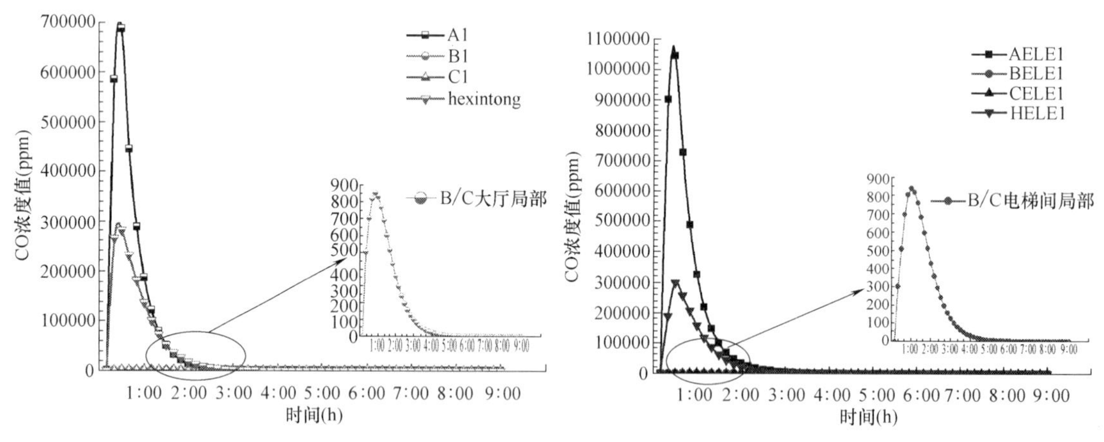

图 7-11　1 层各大厅 CO 浓度随时间变化　　图 7-12　1 层各电梯间 CO 浓度随时间变化

图 7-11 是 1 层各大厅 CO 浓度随时间变化曲线，其中 B、C 大厅的 CO 浓度值数量级与 A 大厅和核心筒差很多，故单独做小图表示出了局部值，后文中数量级相差时均按照此方法处理，图 7-12 是 1 层各电梯间 CO 浓度随时间变化曲线。由图 7-11、图 7-12 可以看出，着火区域中的 CO 在前 30min 中急速上升且达到最大值，在 30～120min 减小，并在 120min 后保持恒定，电梯间和大厅的变化趋势和规律一致。1 层 A 大厅和核心筒走廊均在 30min 达到最大值，分别为 686430ppm、281720ppm，A 电梯间和核心筒电梯间滞后 5min 达到最大值，分别为 1040000ppm、297510ppm，1 层 A 大厅和核心筒走廊的 CO 浓度比 A 电梯间和核心筒电梯间小，其中 A 大厅比 A 电梯间的最大值小 353570ppm，核心筒走廊比核心筒电梯间最大值小

15790ppm。在经过 130min 后，A 大厅和核心筒走廊的 CO 浓度值分别为 9015ppm、12053ppm，此处 A 大厅的 CO 含量小于核心筒走廊 CO 含量是因为 A 大厅内的 CO 会随着气流方向向核心筒中传播。过 140min 后核心筒电梯间的 CO 浓度值为 9961ppm，在经过 150min 后 A 电梯间的 CO 浓度值为 12082ppm。说明在 1 层着火区域的 CO 受热压作用影响很大，随着空气流动会使部分 CO 从 A 栋中横向流入核心筒，在竖向上各位置 CO 大量的流入电梯间并且在电梯间中传播，竖向作用显著，而且在前 30min 中是火灾烟气快速上升的阶段，也是逃生的最佳时间，此刻着火区人员应该抓紧时间积极开展自救，不要被动等待，因为在接下来的 2h 中，着火区域中 CO 浓度一直会在安全临界值以上，人员面临着极大的危险。

非着火区域的 B、C 大厅的变化趋势和值都一样，在 60min 时刻达到最大值，B、C 大厅最大值为 830ppm，B、C 电梯间最大值为 795ppm，并且在同时刻大厅的 CO 浓度值均大于电梯间，说明 CO 是先传入 B、C 大厅，再由大厅传入 B、C 对应的电梯间的，这是因为扩散作用使得 CO 从核心筒中向 B、C 独栋中传播了少量，其值均小于安全临界值 1000ppm，即非着火区域的 B、C 独栋中的 CO 浓度在整个着火过程中没有人员致死危险，横向传播不显著。

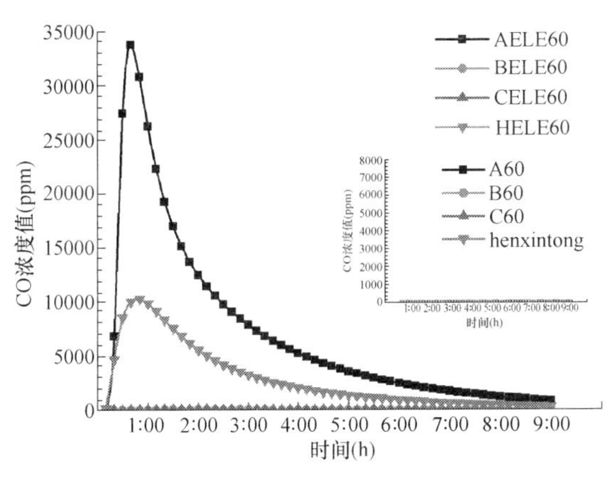

图 7-13　60 层 CO 浓度随时间变化

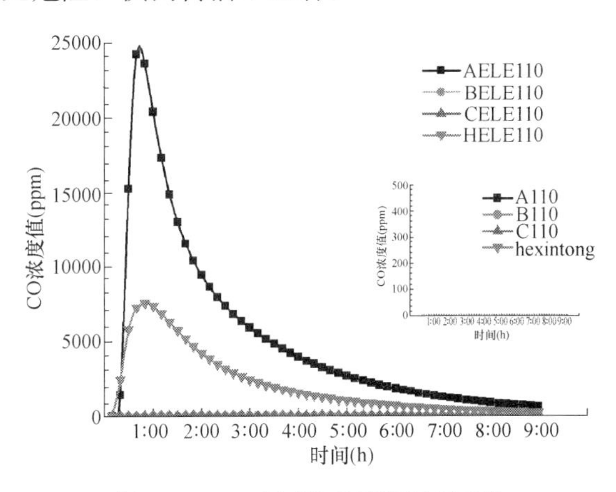

图 7-14　110 层 CO 浓度随时间变化

图 7-13 表示的是 60 层各典型区域 CO 浓度随时间变化，由图中可以看出，A、B、C 和核心筒四个区域的 CO 值均为 0，表示无 CO 浓度，这是因为在 60 层时，由热压影响曲线可知，空气流动是由各区域向竖向通道流入，并且 60 层与着火层 1 层相差 270m，扩散作用已经很微弱。竖向通道上，A 电梯间在 40min 达到最大值 33723ppm，比 1 层最大值减小了 96.7%，130min 浓度值为 11445ppm。核心筒电梯间在 50min 达到最大值 10270ppm，比 1 层最大值减小了 96.6%，B、C 区域的传播仍一样，在 100min 达到最大值 28.7ppm，远小于安全临界值 1000ppm。说明在中下部 60 层左右的楼层里，着火区域和非着火区域的大厅安全，烟气浓度几乎没有，主要的烟气集中在竖向通道中，如电梯间、楼梯间，并且相对于 1 层着火区域电梯间 CO 含量，其浓度值大量减少，减少了 96%左右，说明危险性减小很多。

图 7-14 表示 110 层各典型区域 CO 浓度随时间变化，A、B、C 和核心筒四个区域的 CO 值均为 0，原因与 60 层一样。竖向通道上，A 电梯间在 40min 达到最大值 24217ppm，比 1 层最大值减小了 97.7%，比 60 层最大值减小了 28.2%，100min 浓度值为 11547ppm。核心筒电梯间在 50min 达到最大值 7593ppm，比 1 层最大值减小了 97.4%，比 60 层最大值减小了 26.0%，B、C 区域的传播类似，在 100min 达到最大值 21.7ppm。110 层相对于 60 层着火区域电梯间 CO 含量，其浓度值有所减少，最大减少了 28.2%，危险性有所减小，说明 60 层至 110 层的传播强度远小于 1 层至 60 层的传播强度。

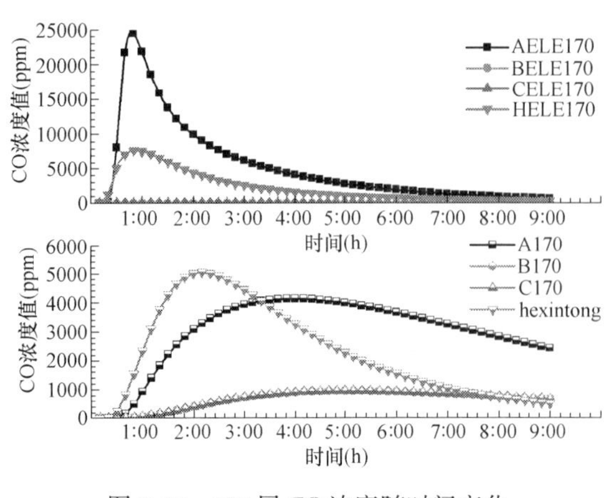

图 7-15　170 层 CO 浓度随时间变化

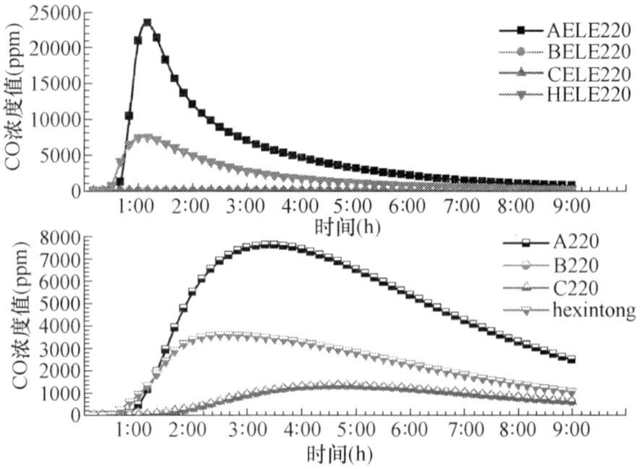

图 7-16　220 层 CO 浓度随时间变化

图 7-15 和图 7-16 所示分别为 170 层和 220 层各典型区域 CO 浓度随时间变化，由图可见，CO 浓度分布与 60、110 层有着明显不同，这是因为在中性面以上，热压作用导致的空气流动方向发生变化，由竖向通道（电梯间、楼梯间）向外传播，从而各大厅均有 CO 气体，且 CO 浓度在较长时间内达到最大值后下降，最后趋于稳定值，即 CO 浓度会在中上层聚集，并且达到平衡。由图 7-15 可知，A、B、C 大厅和核心筒走廊的最大值分别为 4145ppm、955ppm、955ppm、5058ppm，且都是 2h 以后达到的最大值，最终保持 10^3 数量级的恒定值，故相对安全。A 电梯井在 50min 达到最大值 24497ppm，且 30min 时为 7995ppm，故前半个小时电梯井危险较小，B、C 电梯间和核心筒电梯间的最大值分别为 21ppm、21ppm、7564ppm，表示除了电梯间，其他区域浓度都在安全临界值以内，竖向电梯间在整个火灾过程中 CO 值较小。图 7-16 表示，A、B、C 大厅和核心筒走廊的最大值分别为 7619ppm、1329ppm、1329ppm、3617ppm，浓度值较小，比 170 层的 A、B 大厅各增加了 83.4%、39.2%，核心筒走廊减少了 28.4%，说明越往上横向传播强度和浓度值越大。

7.3.2.2　典型位置的 CO 浓度随建筑高度变化规律

因为前 60min 内 CO 浓度变化明显，且 60min 时间为人员疏散的合理时间，所以选取 60min 作为典型时间。由前文分析可知 B、C 独栋的 CO 浓度小于 A 独栋和核心筒，且浓度值较小，故不考虑，而作为竖向疏散通道的电梯井和楼梯井是发生火灾时，人们主要的撤离通道，需要分析 CO 浓度值，故分别选取 A 大厅、A 电梯间、A 楼梯间、核心筒及其电梯间和楼梯间作为典型位置，分析 CO 浓度同一时刻在整个千米级摩天大楼竖向的分布，如图 7-17 和图 7-18 所示。

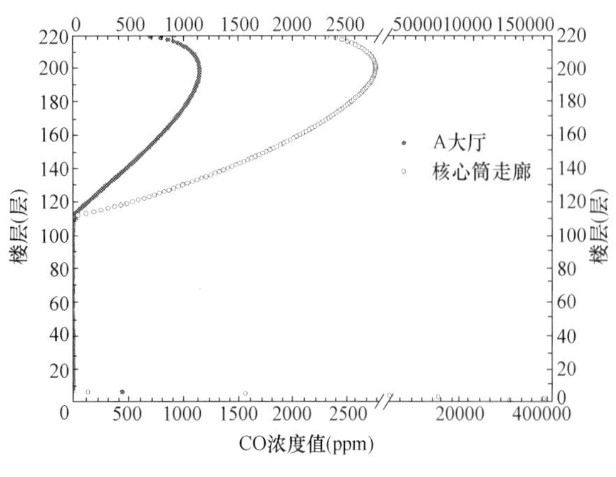

图 7-17　60min 大厅 CO 浓度竖向分布

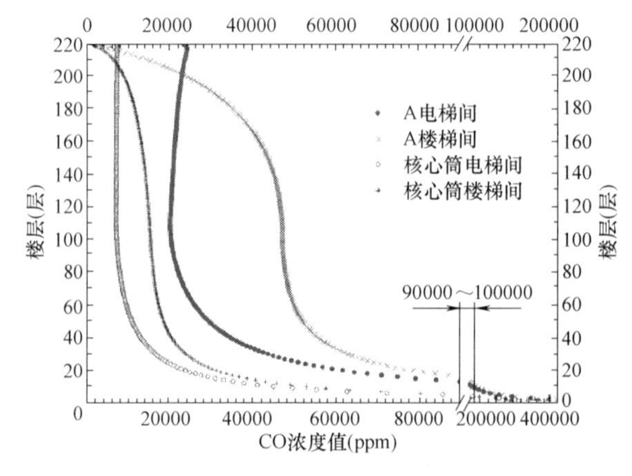

图 7-18　60min 竖井 CO 浓度竖向分布

由图 7-17 可知，在 60min 时，112～220 层核心筒走廊的 CO 浓度值大于 A 大厅的 CO 浓度值，且值分布在 10^3 数量级内，而 7～111 层 CO 浓度值几乎为 0，1～6 层 CO 浓度值由下至上由 10^5 数量级剧烈减小到 10^2 数量级，且呈单点分布，并不连续。这是因为 1 层 A 大厅的烟气会向核心筒流入并混合原本产生的 CO，沿着竖井向千米级摩天大楼的上层传播，在热压作用下，中性面 110 层以下空气从大厅向竖井中流动，故竖井并不向外大量扩散烟气；中性面以上烟气从竖井向各大厅流动。

由图 7-18 可知，在 60min 时，40～220 层 CO 浓度变化不大，基本上均匀，说明烟气已经充满了竖向通道，14～39 层浓度变化在同一数量级内，1～13 层浓度在 10^5 数量级内变化。烟气量由小到大依次为：核心筒电梯间＜核心筒楼梯间＜A 栋电梯间＜A 栋楼梯间，这是因为核心筒电梯井和楼梯井中的大量烟气传播到 A、B、C、核心筒走廊中，而 A 栋仅在 A 栋本身传播，储存在电梯间中的烟气少于 A 独栋中的烟气。核心筒和 A 栋中的电梯间烟气量均小于楼梯间的烟气量，是因为电梯间井道相对于楼梯间简单，向外传播的速度快。楼梯间中的楼梯布置减小了烟气的传播速度。

综上可知，发生火灾时，保证运行的情况下电梯井中的烟气量少于楼梯井，核心筒竖向通道相对着火独栋竖向通道更安全，最安全的是非着火独栋区域。当 1 层发生火灾时，在 1～6 层着火独栋大厅中烟气量最大，其次是中性面以上 112～220 层大厅中的烟气量次之，7～110 层大厅中的烟气量最小，在进行人员疏散时，烟气量大的区域要进行重点规划。

7.3.3　机械排烟作用分析

7.3.3.1　机械排烟的排烟量计算及排烟风口设置

排烟量的计算主要有两种方法，第一种按照《建筑防烟排烟系统技术标准》GB 51251—2017 划分排烟分区，并按照规范要求计算，第二种是通过烟气生成量计算排烟量。根据两种方法分别计算排烟量。

（1）根据划分排烟分区计算排烟量

对楼层进行防火分区的划分如图 7-19，按照规范每个防烟分区的建筑面积不宜超过 $500m^2$，且防烟分区不能跨越防火分区。按照规范担负一个防烟分区排烟或净空高度≤6m 的场所，应按每平方米面积不小于 $60m^3/h$ 计算。排烟口的风速不宜大于 10m/s，进行计算验证。

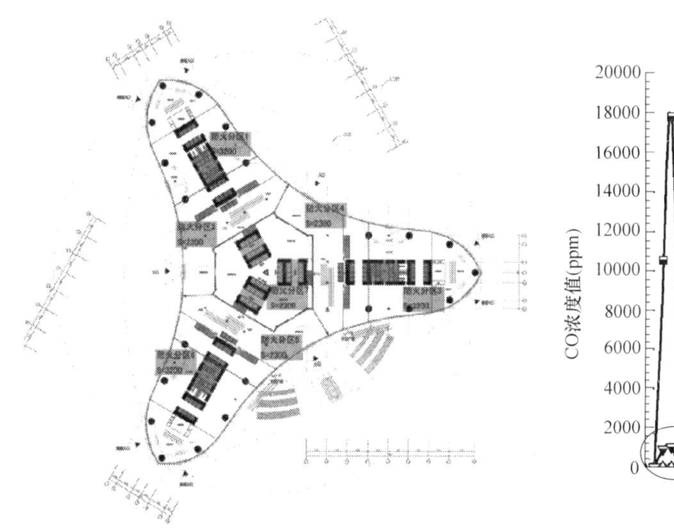

图 7-19　防火分区示意图

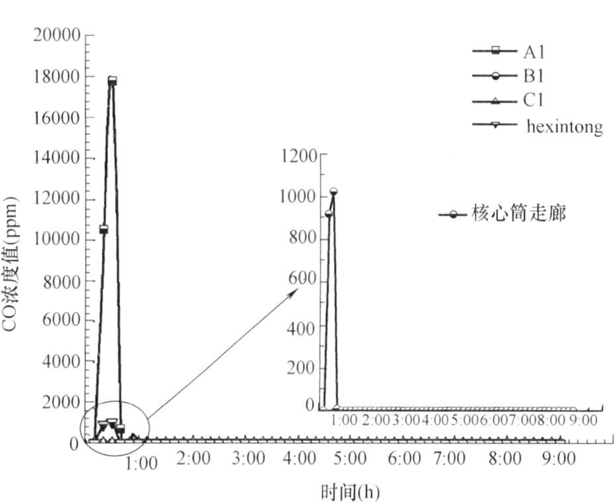

图 7-20　1 层各大厅 CO 浓度随时间变化

防烟分区面积设置为 400m²，布置在防火分区内，且不跨越防火分区，则每个区域的排风量为 24000m³/h，取排烟口尺寸为 1000×200mm=0.2m²，验算排风口风速：ν=24000/(0.2×3600) = 33.3m/s>10m/s，故为了满足速度要求，每个防烟区域设置 4 个排风口，每个排风口的风量为 6000m³/h，单个排风口风速：ν=6000/(0.2×3600)=8.33m/s，满足排烟口的风速不宜大于 10m/s 规定。按照 A 区域和核心筒区域的面积分别按照此法设定，B、C 区域因为不是着火区域，故不开启排风系统（现实中 A、B、C 独栋的系统一样且分别独立）。

（2）通过烟气生成量计算排烟量

气体的体积流量是根据气体的质量流量计算得到，计算公式如下：

$$V=m/\rho=mRT/P \tag{7-1}$$

通过 CFAST 计算可知，在火灾过程中烟气生成量最大值为 5.8kg/s，由式（7-1）可计算得烟气生成量为 20880m³/h，再加 20%的漏风系数，则排烟量为 25056m³/h，由于从 CFAST 中提取的是单个办公分区中的烟气生成量，在 CONTAM 中要进行求和，最后结果与按照《建筑防烟排烟系统技术标准》GB 51251—2017 计算的值相差不大，此处为了比较排烟措施的有效性，取两者中较大的排烟量模拟结果进行分析。

7.3.3.2 机械排烟作用分析和比较

由于 1 层着火是最不利工况，故仍然设置 1 层着火，并在 1 层的 A 栋和核心筒走廊设置排烟系统，图 7-20 是机械排烟系统作用下 1 层各大厅 CO 浓度随时间变化曲线，其中核心筒走廊的 CO 浓度值单独做小图表示出了局部值，图 7-21 是机械排烟系统作用下 220 层各大厅 CO 浓度随时间变化曲线。

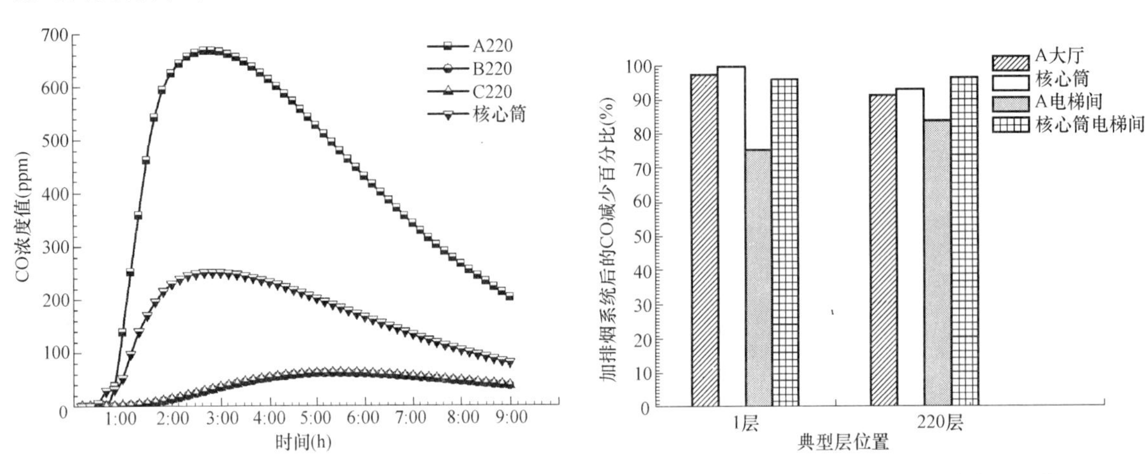

图 7-21　220 层各电梯间 CO 浓度随时间变化

图 7-22　加排烟系统的 CO 减小量百分比

由图 7-20 和图 7-22 可知，1 层着火的各大厅分布在 27min 达到最大值，比不加排风系统提前 3min，并且在 40min 以后 A 大厅和核心筒 CO 浓度接近 0，烟气量并不堆积。A 大厅最大值为 17826ppm，比不加排风系统减小了 97.4%，核心筒最大值为 1026ppm，比不加排风系统减小了 99.7%，B、C 大厅浓度值为 0，即经过排风系统核心筒内已经接近安全临界值。

由图 7-21 和图 7-22 可知，220 层的各大厅达到最大值的时间在 2h 50min 左右，与图 7-16 相比达到最大值的时间提前 30min，变化规律一致，A 大厅最大值为 6951ppm，比不加排风系统减小 91.2%，核心筒最大值为 3366ppm，比不加排风系统减小 93.1%，B、C 大厅最大值为 1268ppm，比不加排风系统减小 95.3%，对人员造成致命威胁的概率大大减小。

综上可知，两种方法计算的排风量接近，故并没有明显取值差别，在加上排烟系统后，着火层烟气量大幅度减少，相应的往上层传播的烟气量也减少，减少烟气量比例都在 90%以上，排烟效果较好。

7.4 楼梯间与前室烟控系统作用分析

7.4.1 防烟系统的加压风量计算

防排烟中为了防止烟气侵入，根据保持人员疏散通道需要一定的正压值和开启着火层防火门门洞风速的要求，机械加压送风量的计算方法，常用的是楼梯间加压和楼梯间合用前室加压两种方法。

（1）按照疏散通道需要的正压值计算，采用机械加压送风的防烟楼梯间及其前室，消防电梯前室及合用前室，其加压送风量按当防火门关闭时，保持一定正压值计算。

$$L_1=0.827\times A\times \Delta P^{1/m}\times 3600\times 1.25 \quad (7\text{-}2)$$

式中 A——计算漏风总有效漏风面积（m^2）；

ΔP——门、窗两侧的压差值，楼梯间取 50，前室取 25（Pa）；

m——指数，门缝及较大漏风面积取 2，窗缝取 1.6，此处取 2；

1.25——不严密处附加系数。

四种类型标准门的漏风面积见表 7-4。

四种类型标准门的漏风面积　　表 7-4

门的类型		高×宽(m)	缝隙长(m)	漏风面积(m^2)	缝隙宽(mm)
开向正压间的单扇门		2×0.8	5.6	0.01	1.79
从正压间向外开启	单扇门	2×0.8	5.6	0.02	3.57
	双扇门	2×1.6	9.2	0.04	4.35
	电梯门	2×2.0	10.0	0.06	6.00
	电梯门	2×1.8	9.6	0.06	6.25

（2）按照着火层开启时的门洞风速计算，采用机械加压送风的防烟楼梯间及其前室，消防电梯前室或合用前室，当门开启，保持门洞处一定风速所需的风量。

$$L_2=F\cdot v\cdot n\times 3600\times\frac{(1+b)}{a} \quad (7\text{-}3)$$

式中 F——开启门的断面积，疏散门 2×1.6，电梯门 2×1.8（m^2）；

v——开启门洞处的平均风速，取 0.7～1.2 m/s；

a——背压系数，根据加压间密封程度取 0.6～1.0；

n——同时开启门的数量，取 3～4；

b——漏风附加率，取 0.1～0.2。

风量确定后还需要确定送风口面积和尺寸，风口面积 f(m^2) 按照下式计算：

$$f=\frac{L}{3600\times n\times\eta\times 7} \quad (7\text{-}4)$$

式中 L——加压风量（m^3/h）；

n——加压送风口同时开启的层数；

η——风口有效面积率，一般取 85%（计算中可取 $\eta=100\%$，因为风速 7m/s 是从影响人舒适性出发的限值，火灾可不考虑）。

在计算过程中，按照上述方法（1）计算中的标准门漏风面积查表 7-4，取双扇门 $A=0.04m^2$，电梯门 A=0.06m²，建筑高度大于 100m 的建筑，其机械加压送风系统应竖向分段独立设置，且每段高度不应超过 100m，千米级摩天大楼送风系统及送风量应该分段设计。此处将千米级摩天大楼分段，按照上述方法（2）计算取：$n=3$，$F=3.2\text{m}^2$，$v=1.0\text{m/s}$，$b=0.1$，$a=1.0$。

运用方法（1）时，计算总漏风面积会因为正压间选取和建筑布局不同导致结果不同，塔楼和核心筒的气流流向如图 7-23～图 7-26 所示。

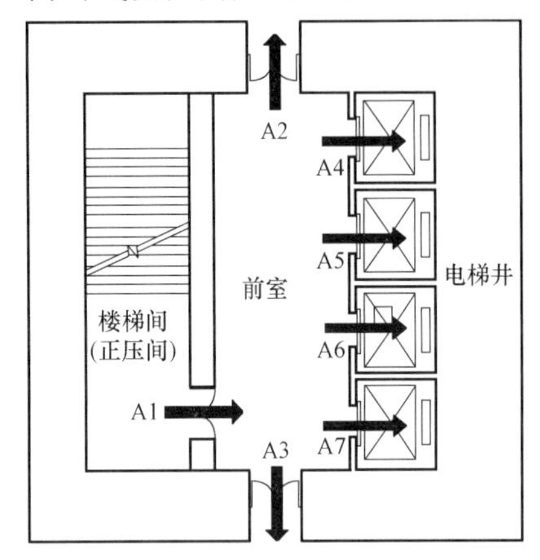

图 7-23　塔楼楼梯间为正压间的气流示意图

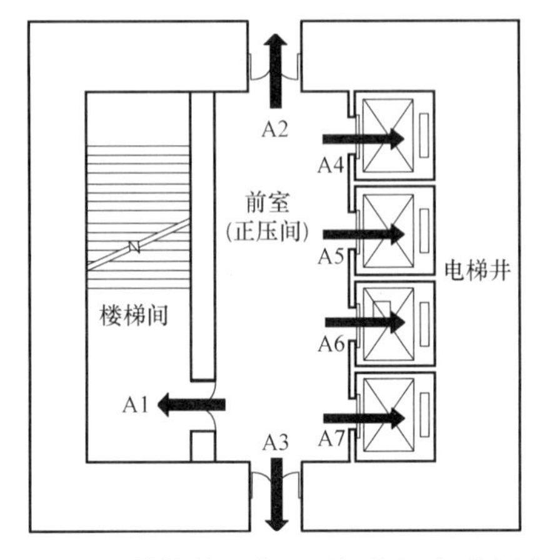

图 7-24　塔楼前室为正压间的气流示意图

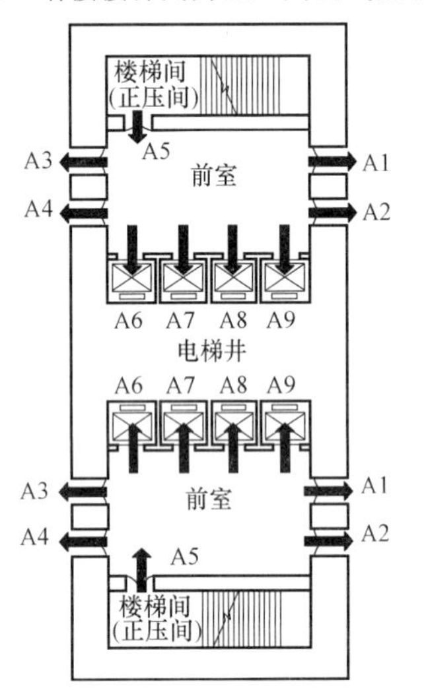

图 7-25　核心筒楼梯间为正压间的气流示意图

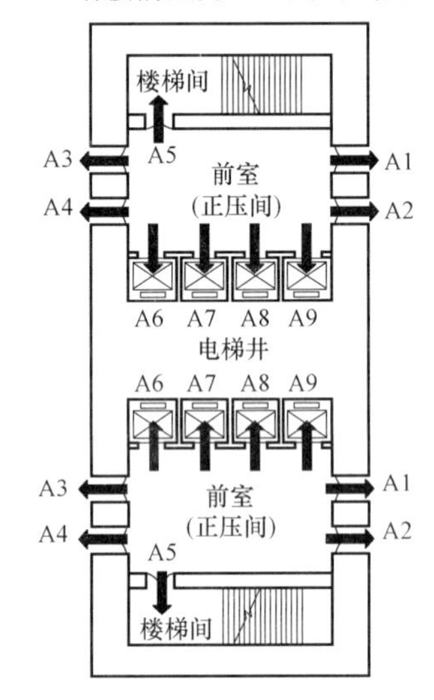

图 7-26　核心筒前室为正压间气流示意图

由图 7-23 可知，当楼梯间为正压间时，虽然楼梯间与前室是属于并联和串联混合式漏风通路，但其他的门对于楼梯间加压系统是间接作用，对加压系统影响不大，漏风总面积为楼梯间门漏风面积 A=0.04m³。由图 7-24 可知，当前室为正压间时，四周的门都是与前室直接相关的，且为并联式漏风通路，加压间总漏风面积为 $A=A_1+A_2+A_3+A_4+A_5+A_6+A_7=0.36\text{m}^2$。由图 7-25 可知，核心筒楼梯间为正压间时，其他的门对于楼梯间加压系统是间接作用，对加压系统影响不大，漏风总面积为楼梯间门漏风面积 $A=0.04\text{m}^2$。由图 7-26 可知，总漏风面积 $A=A_1+A_2+A_3+A_4+A_5+A_6+A_7+A_8+A_9=0.44\text{m}^2$。

根据式（7-2）和式（7-3）及前文相关取值，计算加压风量值，因为前室有 2～4 个出口，故乘以 1.5～1.75 系数，取 1.5，楼梯间宜每隔 2～3 层设置一个加压送风口，前室的加压送风口应每层设置一个，并设置在着火层及附近的 2 层，共 3 层。先按照 7m/s 的临界风速计算，再进行送风口尺寸选择和校核，送排风口的尺寸按照多叶排烟口尺寸表取值，送风口个数和尺寸见表 7-5、表 7-6。

计算送风量与表值分量汇总 表 7-5

加压送风系统	位置	压差(Pa)	计算加压风量值(m^3/h)			
			按正压值		按门洞风速	
楼梯间加压系统	核心筒	50	31573		38016	
	塔楼		31573		38016	
楼梯间合用前室加压系统	塔楼	25	楼梯间	22329	楼梯间	38016
		25	前室	20096	前室	38016
	核心筒	25	楼梯间	22329	楼梯间	38016
		25	前室	24562	前室	38016

三种方法的送风口尺寸和风速验算 表 7-6

位置		风量值(m^3/h)	每个送风口的风量(m^3/h)	风口数量	送风口尺寸(mm)	实际送风口风速(m/s)
按照正压值计算	楼梯间单独	31573	3157	10	600×250	5.85
	共同作用楼梯间	22329	2233	10	400×250	6.20
	塔楼前室	20096	6699	3	600×500	6.20
	核心筒前室	24562	8187	3	800×500	5.69
按照门洞风速计算	楼梯间单独/共同	38016	3802	10	400×400	6.60
	核心筒前室	38016	12672	3	1000×600	5.87
	塔楼前室	38016	12672	3	1000×600	5.87
按照高规取值	楼梯间单独	45000	4500	10	400×400	7.81
	共同作用楼梯间	30000	3000	10	400×250	8.33
	前室	28100	9367	3	800×600	5.43

分析比较不利的冬季情况，起火层为最不利的 1 层，分别讨论楼梯间单独加压系统和楼梯间与合用前室共同加压系统，并进行分析。

7.4.2 楼梯间单独加压作用分析

按照三种楼梯间单独加压风量计算结果分别进行模拟，按照《建筑防排烟系统技术标准》GB 51251—2017 取值的工况命名为 G-1，按照门洞风速计算的工况命名为 V-1，按照正压值计算的工况命名为 P-1，1 层着火不采取加压防烟措施的工况命名为 O-1。选取压差较大的核心筒楼梯间门作为典型位置，进行四种工况的压差值对比。

图 7-27 表示了运用三种计算方法计算的加压风量加入楼梯间单独加压系统后，1～20 层压差的对比。由图可知 O-1 未加入防烟系统的工况在各层的压差都大于其他三种工况，且 P-1 比 O-1 在 1 层减小 36.7Pa，减小 30.7%；G-1、V-1、P-1 三种工况压差相差不大，各层压差：G-1<V-1<P-1，G-1 比 O-1 减小约 38.3%，V-1 比 O-1 减小约 36.5%，G-1 与 P-1 仅相差 9.1Pa。说明三种防烟计算方式针对于楼梯间单独加压系统的效果相差不大，效果最好的是 G-1 工况，并且楼梯间防烟系统会使楼梯间处的压差值减小 38.3%，1 层值由 120Pa 减小到 74Pa，在 87Pa 以内，能够打开。

图 7-28 表示了三种计算方法中防烟效果最好的 G-1 工况与基本工况 O-1 的比较，主要列举了 1～20 层各典型位置的压差变化。由图可知，核心筒和 A 栋的楼梯间门和前室门的压差值在

1～20层中是G-1＜O-1，核心筒楼梯间门减小38.3%；核心筒前室门减小11.6%；A楼梯间门减小98.1%，1层压差值由27.6Pa减小到0.5Pa；A前室门减小15.6%。核心筒和A栋的电梯间门压差值是G-1＞O-1，核心筒电梯门增大5.2%；A电梯门增大26.7%；这是因为楼梯间的加压风量向外渗透，从前室中部分流入了电梯间，加大了压差值。

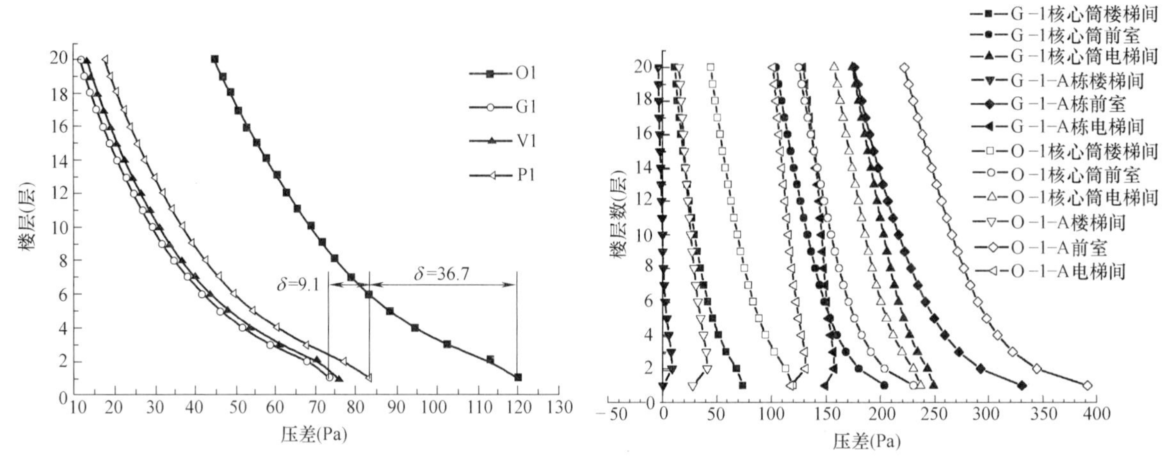

图7-27　部分楼层核心筒楼梯间压差图　　图7-28　两种工况部分楼层典型位置的压差

综上所述，楼梯间加压系统对于减小楼梯间和前室的压差值都有着明显的作用，对于人员在火灾中安全性的保障系数有所提高。但是值得关注的是，合用前室连接的电梯间压差值会增大，虽然增大百分比不大，但是仍值得注意。

7.4.3　楼梯间和前室共同加压分析

与前述类似，按照《建筑防烟排烟系统技术标准》GB 51251—2017取值的工况命名为G-2，按照门洞风速计算命名为V-2，按照正压值计算命名为P-2。选取核心筒前室门作为典型位置，进行四种工况的压差值对比。

图7-29表示了核心筒前室1～20层的压差值比较。由图可知O-1在各层的压差都大于其他三种工况，且P-2比O-1在1层减小185.1Pa，减小80.3%；G-2、V-2、P-2工况的各层压差：V-2＜G-2＜P-2，V-2比O-1减小约105.1%，G-2比O-1减小约98.4%，V-2与P-2相差57.2Pa。A电梯门处P-2由140增加到318Pa，V-2增加到473Pa，G-2增加到445Pa，三种防烟计算方式结果相差较大，P-2结果较为合适，V-2与G-2的风量值过大。

图7-30表示了P-2工况与基本工况O-1的比较，主要列举了1～8层各典型位置的压差变化。由图可知，在楼梯间和合用前室共同加压时，核心筒和A栋的楼梯间门和前室门的压差值在4层以上是P-2＜O-1，核心筒和A栋的电梯间门压差值是P-2＞O-1，而在1～3层与楼梯间单独加压有明显的规律性不同，1～5层P-2相对于O-1的变化百分比见表7-7。

1～5层P-2相对于O-1各门处的变化百分比　　**表7-7**

楼层	核心筒楼梯间	核心筒前室	核心筒电梯间	A栋楼梯间	A栋前室	A栋电梯间
1层	106.2%	−80.3%	71.4%	540.6%	−59.1%	170.1%
2层	109.0%	−82.4%	71.7%	337.8%	−60.3%	144.7%
3层	112.2%	−81.8%	71.4%	302.1%	−58.1%	132.3%
4层	−24.1%	−11.7%	9.0%	−37.5%	−17.4%	28.3%
5层	−33.6%	−9.1%	5.8%	−73.1%	−14.6%	19.3%

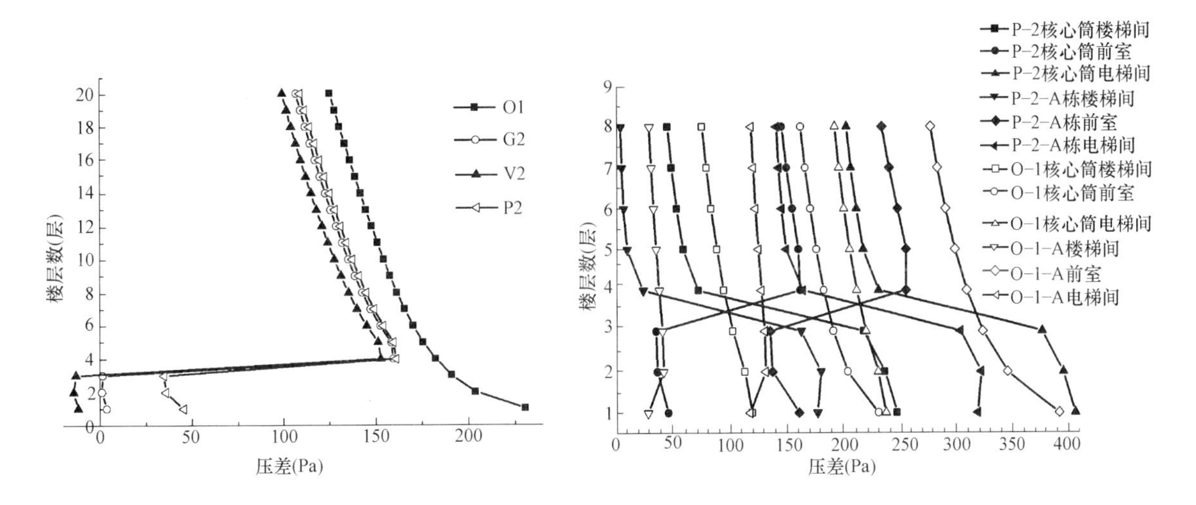

图 7-29　部分楼层核心筒前室压差图　　图 7-30　两种工况部分楼层典型位置的压差

由表 7-7 和图 7-30 可以看出，正值表示 P-2 比 O-1 增大的百分比，负值表示 P-2 比 O-1 减小的百分比，在前室和楼梯间共同加压送风时，虽然核心筒和 A 栋前室压差明显减小，分别在 80%和 60%左右，但楼梯间造成严重超压，核心筒楼梯间增大 1 倍左右，A 栋楼梯间增大 3～5 倍，同时电梯间门的压差值均增大 1 倍多，除前室外，其他典型位置的压差均大于打开门的临界值 87Pa，也大于国外实验的打开门临界值 125Pa，这对人员疏散会带来严重不利影响。

7.5　电梯井加压烟控系统作用分析

在楼梯间单独加压和楼梯间与合用前室共同加压系统作用下，电梯间门处的压差值一直比基本工况大，为了研究电梯井加压的作用，设计电梯间加压工况，命名为 E-1。电梯间有前室时，计算公式为：

$$L=F_4\times 0.0014(A_s+a_4)\times 3600 \tag{7-5}$$

式中　F_4——电梯井机械加压送风量系数；

a_4——电梯井围护墙的面积（m^2）；

A_s——电梯井前室侧壁面积（m^2）。

计算电梯井加压风量并进行并行模拟，对 E-1 工况与基本工况 O-1 的比较，如图 7-31 所示，典型位置的压差变化百分数如图 7-32 所示。

由图 7-31、图 7-32 可知，1～20 层核心筒和 A 栋电梯间门压差值明显减小，核心筒电梯间由 150～250Pa 变化区间减小为 90～150Pa 变化区间，各层约减小 40%；A 栋电梯间由 100～150Pa 变化区间减小为 0～40Pa 变化区间，各层约减小 80%。核心筒前室由 120～240Pa 变化区间减小为 90～180Pa 变化区间，各层约减小 20%；A 栋前室由 230～400Pa 变化区间减小为 100～220Pa 变化区间，各层约减小 50%。针对核心筒楼梯间、A 楼梯间而言，E-1 比 O-1 有所增加，但二者相差不大，核心筒楼梯间压差增加的百分比最大在 1 层，为 5.7%；A 楼梯间压差增大后在 50Pa 左右。由此可见，电梯井加压防烟的作用很好。

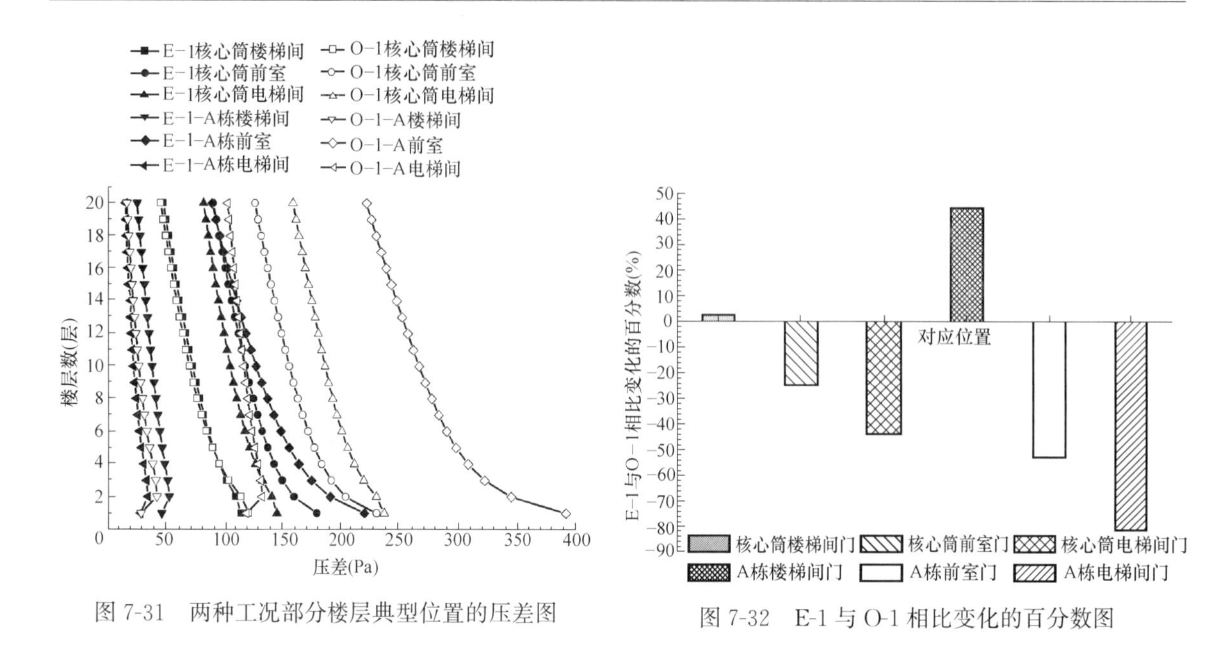

图 7-31　两种工况部分楼层典型位置的压差图

图 7-32　E-1 与 O-1 相比变化的百分数图

7.6　防排烟系统的分析

通过计算分析，排烟系统按照规范计算取值，能够有效的排除着火层烟气，并且当火灾发生时开启着火层的排烟系统可满足排烟需求，并不需要开启其他层的排烟系统，这样能够避免重复性开启排烟系统。

电梯间加压取得更好的效果，不仅解决了楼梯间加压导致与公用前室连接的电梯间压差变大的问题，还减小了电梯间、前室的压差值，楼梯间虽然有一定的压差增加，但增加量很小，并且在门能打开的安全范围之内，安全性得以提升，对于人员疏散有着非常重要的意义。

千米级摩天大楼的防排烟模拟结果说明，从防排烟系统的经济性和安全性考虑，宜采用排烟系统与防烟系统相结合的形式，防烟系统选用楼梯间单独加压和电梯间加压结合的方案更好。

8 千米级摩天大楼机电安全性及防灾研究

千米级摩天大楼具有高度超高，功能复杂，安全及灾害隐患点多，人员密集集中，疏散困难等，一旦有安全事故或灾难发生，将有可能产生巨大的人员伤亡及经济损失，带来巨大灾难。千米级摩天大楼的机电安全对灾害的防治、防御、监测、预报等具有重要的意义。

研究千米级摩天大楼的机电安全，一方面增强机电系统的安全性，减少灾害的发生；另一方面，利用机电系统进行预防，消灭灾害的发生或者蔓延，创造相对安全的环境，将危害和损失降低。

8.1 暖通安全与防灾设计

千米级摩天大楼具有楼层高，租户类型多，空调负荷大且负荷多样性的特点，其安全性着重体现在冷热源的供给安全、通风安全、水系统安全等方面。

8.1.1 冷热源

千米级摩天大楼空气调节系统是大楼正常运转的重要组成部分，空调冷热源是为空调系统提供能源动力来源。空气调节除了满足人们正常生活条件、提高舒适性及工作效率外，在千米级摩天大楼建筑中是人员安全、健康、稳定的重要保障措施，同时也是大楼重要核心区域及设备（如电梯、消防设施、控制指挥中心、数据机房等）正常运转的保障。因此冷热源安全保障对千米级摩天大楼尤为重要。

单一即供式的冷热源系统缺少互补性，千米级摩天大楼的冷热源宜采用复合式多能源互补系统。电力、天然气、燃油、蒸汽、热力、可再生能源等多种能源联合利用，可增加冷热源的可靠性，规避城市能源供给系统事故的风险；能适应能源价格波动变化，有利于摆脱部分能源供应受限的困境。

在峰谷电价差较大的地区，采用蓄冷系统不仅能够节省运行费用，而且能够在千米级摩天大楼中储备了空调冷源，有利于保障空调系统的运行安全。

冷热电三联供系统供冷利用天然气资源，为建筑提供了供冷、供热和供电，而且使能源利用效率大幅提高，对千米级摩天大楼能源保障非常有利。

太阳能、风能等可再生能源不仅节能环保，也可以较好地解决千米级摩天大楼对能源的依赖。

8.1.2 通风系统

千米级摩天大楼随着高度的增加，室外风速增大，风压增加，热压差引起的烟囱效应明显。会出现热压差引起的烟囱效应产生楼梯间门打不开的现象，新排风口不能实现取风或者排风功能现象。因此，需要关注千米级摩天大楼的烟囱效应、新风引入、排风倒灌、事故通风等通风系统的设计和运行。

（1）取排风口均压处理

由于室外风压的作用，特别是随着高度增加风速风压也增加，正压区的压强会超过排风口压强，会使排风不能正常排出，而背风向会形成负压区，引起取风口不能正常取风。单一朝向室外取排风口可能出现不能正常取风或者排风。

千米级摩天大楼的取排风口一般集中在避难层设置。取排风口采用均压处理可以有效解决风口压力平衡问题，即在取排风口前设置较大的静压箱或者通风走廊，在静压箱或者通风走廊至少两个方向设置与大气连通的开口，保持静压箱或者通风走廊的压力趋于稳定，不会产生过大的正压或者负压。均压处理措施可以有效保障通风系统的正常运行。

（2）烟囱效应

千米级摩天大楼的烟囱效应明显，容易造成门不能开关，影响安全使用。除设置有效的水平隔断和垂直隔断外，对大空间和不能设置隔断电梯井筒部位，采用机械加压送风的方式主动抑制风压热压影响，有效控制烟囱效应。

（3）事故通风

当建筑内存在爆炸性气体（如燃气）或者有害气体时，应设置事故通风，防止危害人们的正常生活和建筑设施安全。通常设置事故排风，应急使用，及时安全地排除有害气体。当工艺设计不能提供有关的计算数据时，换气次数不应小于 12 次/h，并设自动报警装置。

（4）燃气管井通风安全

超高层建筑中厨房常常有燃气需求，燃气立管当设在便于安装和检修的管道竖井内时，竖井应每隔 2～3 层对楼板耐火极限的不燃烧体进行防火分隔，且应设法保证平时竖井内自然通风和火灾时防止产生“烟囱作用”的措施。燃气立管每隔 10 层设分区切断阀。一旦发生事故时，紧急切断燃气供应。

燃气管道井需要设通风联动系统，如图 8-1 所示，具体措施如下：

1）为保持燃气管井空气流通，在屋顶层设置排风百叶及在管井底层设置进风百叶。另外，在转换层设置防爆型排风机，以获得通风效果。

2）当泄漏感测器探测到燃气泄漏，该系统将自动关闭总紧急切断阀及分区切断阀，切断燃气供应，控制泄漏范围。

3）当发生火灾时，火灾报警器将发出警报；管道井底部的进风电动防火阀关闭，并关闭机械排风风机，防止烟火进入管道井；关闭总紧急切断阀及分区切断阀，停止燃气供应。

4）防爆型排风机为一用一备设置。当其中 1 台风机关闭或发生故障时，备用风机投入运行；排风风机与燃气紧急切断阀联锁，当正常及备用风机同时关闭或故障时，联动系统亦会关闭总紧急切断阀及分区切断阀，停止燃气供应。

8.1.3 空调水系统

千米级摩天大楼空调水系统的安全性主要考虑系统的合理分区、环路设计及管道的热补偿。

（1）水系统环路设计

水系统可以按照不同功能采用分环路设计。管路设计上，考虑管道功能和备用，有常用的两管制、冷热独立设置的四管制，也有备用一管的三管制水系统。

（2）水系统分区设计

空调水系统由冷、热源机组、末端装置、管道及其附件组成，系统内设备与部件有各自的承压值。将每个分区的最大工作压力控制在所要求的范围内。例如，标准型的冷水机组的蒸发器和

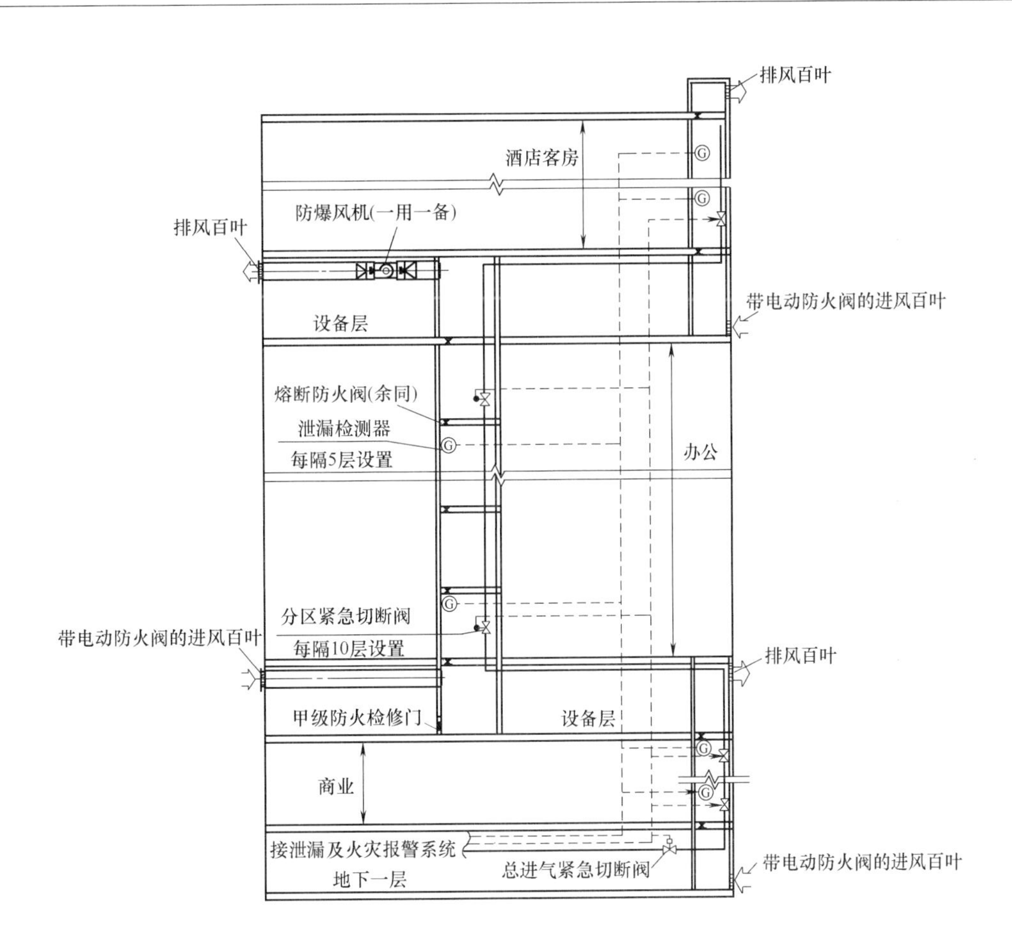

图 8-1　燃气管井通风方案示意图

冷凝器的工作压力为 1.0～1.6MPa；空调机组和风机盘管的工作压力也可达到 1.6MPa；管道本身及法兰连接或焊接的接口承压值也可大于 1.6MPa；丝扣连接的接口是承压的薄弱环节，而且在系统中它又是经常使用的。因此，在高层建筑中，当空调水系统超过一定高度时，就必须进行高、低分区，以保证系统的安全（图 8-2）。

（3）管道补偿

管道因热胀冷缩、端点附加位移等造成的管道破坏、支架损坏、相连设备破坏等现象，因此需要进行管道补偿设计。

补偿设计应对管道的热伸长量进行计算，优先考虑利用管道的转向等方式进行自然补偿。自然补偿不能满足时，合理选择补偿器，保证使用安全可靠。合理设置固定支架、滑动导向支架，固定支架受力一般包括：重力、推力、弹性力和摩擦力；滑动支架主要承受重力和摩擦力。尤其要注意的是：当应用于垂直管道中时，管道和水的重量应考虑在支架的剪切受力之中。

8.1.4　暖通防灾设计

千米级摩天大楼暖通防灾内容主要是防排烟系统，火灾时能够及时控制烟气，保证人员安全疏散，控制烟气蔓延方面。

（1）防排烟系统

防排烟一般分为加压送风的防烟系统和排烟系统。千米级摩天大楼应按无窗建筑的理论进行

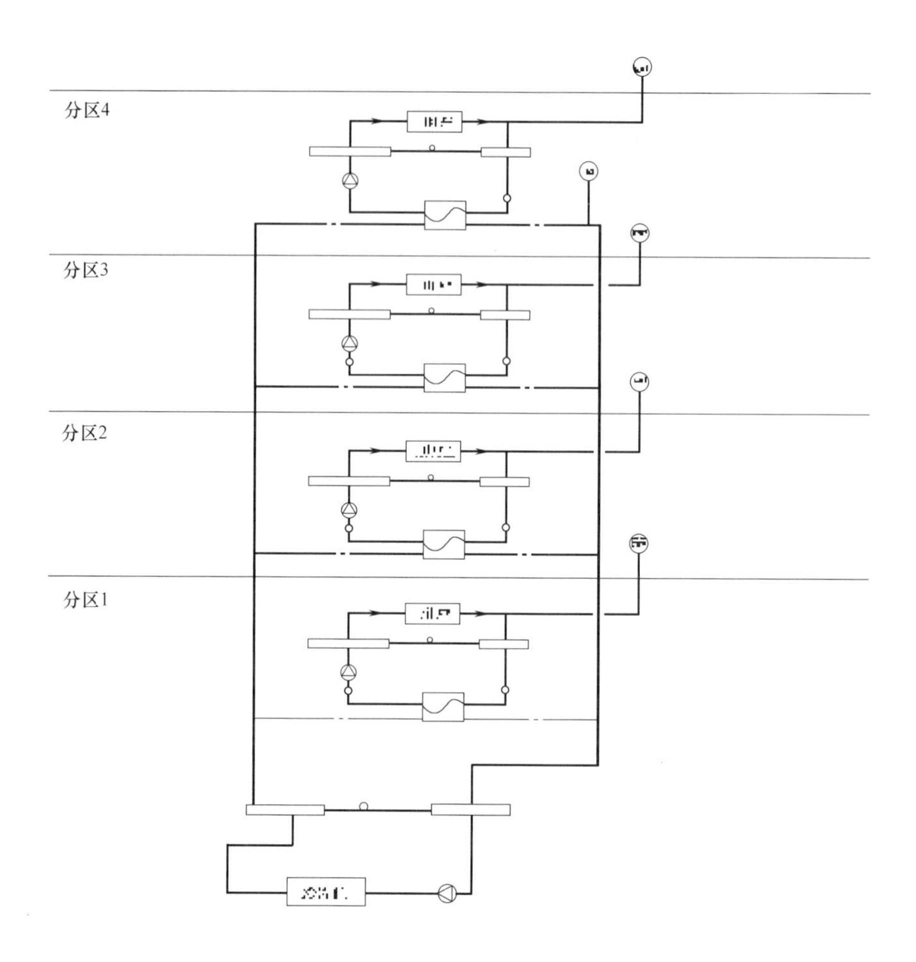

图 8-2　水系统分区示意图

防排烟设计，并设计机械补风系统，补风量不应小于排烟量的 50%。

千米级摩天大楼不能采用自然排烟的方式，建筑防烟楼梯间、消防电梯前室、合用前室、避难层需要设加压送风系统，一般以避难层为界，分段设置加压送风系统。在防火分区内合理划分防烟分区，并设置机械排烟系统。

为了增强消防设计的安全性，加压送风系统取风口还应考虑到大楼爆燃时整个大楼会被笼罩在火灾烟气中的情况，塔楼某处发生火灾时，其所在段的烟气不会被同一段的加压送风的取风口吸入而进入疏散楼梯间内，确保人员逃生时的安全。建议将塔楼部分每一段的加压系统设置在其服务楼层的下部，机械排烟系统的排烟口布置在其服务楼层的上部。从而保证取风不受上部烟气的影响。

（2）防排烟系统控制

1）当大楼发生火灾时，自动切断普通空调、通风设备的电源。

2）当裙楼及地下车库某个区域发生火灾时，开启此区域的排烟系统、补风系统以及该防火分区的加压送风系统。当塔楼某个楼层发生火灾时，开启此层及上一层走道的排烟口和补风口，并联动相应的排烟风机、消防补风机，同时相应的楼层加压送风系统开启，以防止烟气进入楼梯间、前室。

3）所有常闭的电动排烟口及电动加压送风口具有手动开启功能。当任一排烟口或电动加压送风口开启时，应联动相应风机启动。当排烟风机入口处的 280℃防火阀关闭时，联动排烟风机关闭。

4）加压风机、排烟风机、消防补风机均联锁启动。

8.2 给水排水安全设计及防灾

千米级摩天大楼给水排水主要包括生活给水系统、生活热水系统、排水系统、雨水系统、中水系统、消防系统等。其安全包括水质安全、管材安全、设备安全及卫生环保安全等方面，防灾主要考虑消防安全给水及灭火措施。

8.2.1 生活给水系统

千米级摩天大楼采用串联供水系统方式。考虑设备管线承压，分区高度建议以系统工作压力不超过 $160mH_2O$ 为宜。串联供水系统减少了竖向立管、节约管井及机房面积、水泵和管配件压力减小，增加了系统的经济性和安全性。

给水系统安全着重体现在管材、水质、工艺设备、卫生、环保安全等方面。

（1）管道系统安全

1）管材及配件应选择可靠性产品，系统管道的最大运行压力不得大于产品标准公称压力或标称的允许工作压力。

2）重要的主干管及阀门应考虑备用。

3）给水管应按相应管材的要求设置伸缩补偿装置。

（2）水质安全

1）生活给水水质应符合国家现行标准《生活饮用水卫生标准》要求。

2）生活饮用水水质不得因管道内产生虹吸、背压回流而受污染。

3）生活给水系统采用防回流污染技术。

4）生活饮用水池（箱）内贮水应有 48h 内能更新的措施，并设置水箱消毒装置。

（3）工艺设备安全

1）水处理单元运行应安全可靠，装置维修时应有备用措施。

2）水处理单元工艺流程合理，规模、设备能力、出水水质、水量、水压满足生活饮用水供水要求。

3）生活加压泵组应有备用泵，其供水能力不应小于最大一台运行水泵的供水能力。

4）给水系统设备的噪声值应符合环保要求，应采用措施减少噪声和振动。

8.2.2 排水系统

千米级摩天大楼应收集建筑内高区的优质杂排水，经中水处理系统后可直接重力供建筑内低区进行冲厕等，因此排水应采用雨、污、废分流系统。排水系统安全体现在管材、工艺设备、卫生、环保等方面。

（1）管道系统安全

1）排水管道应能有效地满足厕所、厨房、洗衣和洗涤设施的排水能力。排水系统应最大可能地减少系统堵塞，并应提供合理清扫的技术措施。

2）排水管道应满足排水温度、排放介质、建筑高度、抗伸缩变形、防火的要求。

3）排水管应采用柔性接口机制排水铸铁管及管件。排水立管下部应考虑消能措施，如立管偏移等消能技术。

4）排水立管考虑安全性因素，各个区域均按不少于二根进行设计。

5）屋面雨水优先采用虹吸式排水系统，雨水量按50年重现期设计。

（2）卫生安全

1）必须有可靠的防止污废水管道系统或污废水处理设备，污染给水管道或水源的技术措施。

2）排水管道不应有潜在污染的重要设备和物品风险。

3）建筑排水系统的所有水封宜在安装完毕后进行水封安全性检测，水封在超过负压500Pa时才被击穿方可认定为水封合格。

4）建筑物的洗手盆、浴缸等排水应有防止虹吸破坏水封的措施。

5）排水立管穿越楼板处应有可靠的防水措施。

（3）环保安全

1）排水系统应根据工艺设备排出的废水性质、浓度和水量等特点确定。含有大量油脂的洗涤废水、含有大量超过排放标准的污水、超过40℃的加热设备排水、试验室有毒有害废水应单独排水并处理。

2）地下室排水设施应设置备用水泵和报警水位，且供电负荷为重要负荷。

8.2.3 生活热水系统

千米级摩天大楼生活热水需求：客房、卫生间、浴室、厨房操作间等。集中热水系统采用蒸汽加热，供水温度为60℃。集中热水供应系统的竖向分区及各区冷水的供应方式同给水系统。

（1）管道及附件应符合生活饮用水卫生标准要求。

（2）集中生活热水给水子系统供水温度不应低于60℃。

（3）生活热水管道应采用耐腐蚀管道，不应采用非热浸镀锌钢管。当采用内衬塑钢管时应采取端头防腐措施。

（4）热水管道应设有补偿热胀冷缩的技术措施。

（5）加热换热设备的热媒自动温度控制阀应安全可靠，热媒供应的温控阀调节精度应能满足系统供水安全舒适的要求，并能满足系统最小流量运行要求。

（6）生活热水系统应设置膨胀罐、安全泄压阀等安全措施，安全泄压阀的开启和关闭压力应根据系统设计计算确定。

（7）太阳能热水系统应设置集热系统和供水系统防过热安全措施，在严寒、寒冷地区应设置防冻措施。

8.2.4 给水排水防灾设计

千米级摩天大楼火灾的扑救相当困难，现有的外部消防装备还不能有效施救，大楼的消防设施和自救显得尤为重要，水消防是给水排水防灾设计的重点。

8.2.4.1 消防给水系统

消防给水系统按给水方式可分为串联水泵给水，转输水箱给水和重力给水等三种方式。目前已建成或在建的超高层建筑消防给水方式见表8-1。

（1）串联给水方式

串联给水方式是指消防给水管网竖向各区由消防水泵串联分级向上给水，高区消防水泵可从低区消防管网直接吸水，低区消防水泵起着高区给水管网转输泵的作用，消防水泵启动顺序从下到上依次启动（图8-3）。

已建成或在建的超高层建筑消防给水方式 表 8-1

项目名称	建筑高度(m)	系统给水方式
平安大厦	660	转输水箱串联
中国尊	528	重力供水
上海环球金融中心	492	转输水箱串联
广州国际金融中心	432	重力供水
南京紫峰大厦	420	重力供水
重庆金融中心	400	转输水箱串联
西安利科国际金融中心	347	重力供水
上海世贸中心	250	消防水泵直接串联

(2) 转输水箱给水方式

转输水箱给水方式：第Ⅰ级消防水泵从地下室消防水池中吸水提升至第一级转输水箱，第Ⅱ级水泵从第Ⅰ级转输水箱中吸水提升至第Ⅱ级转输水箱，第Ⅲ级水泵从第Ⅱ级转输水箱中吸水提升至第Ⅲ级转输水箱，以此类推，理论上转输水箱给水方式可不受建筑物高度的影响。转输水箱、专属水泵、高区消防水泵一般设在避难层（间）内（图 8-4）。

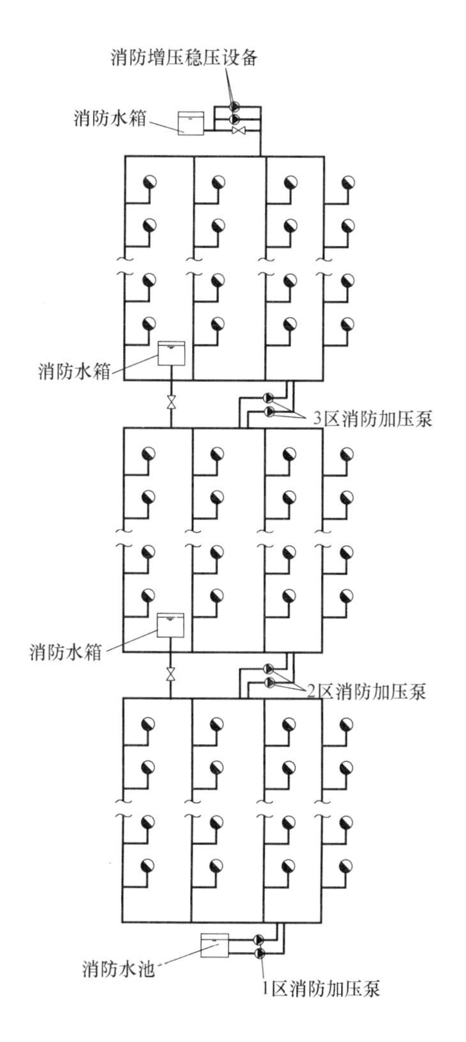

图 8-3 串联水泵给水方式原理图

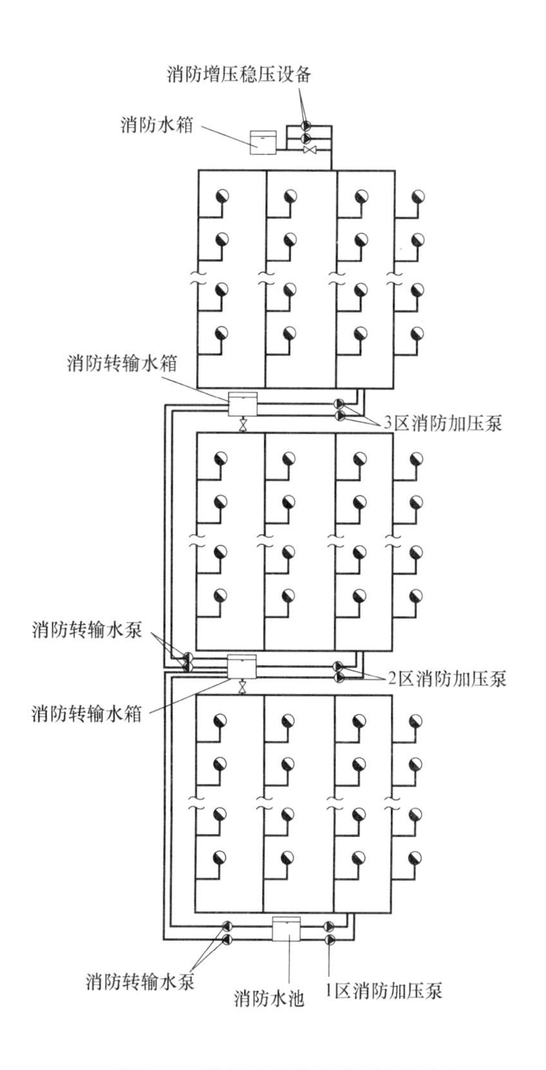

图 8-4 转输水箱给水方式原理图

(3) 重力给水方式

重力给水方式是指在建筑物的最高处或适当的位置（如避难层等）设置满足消防水量和压力的重力水箱，并有重力水箱向各竖向消防给水分区供水，因此屋顶设置的水池容积应满足全部消防用水量。各区重力水箱的数量不应少于两个，且每个水箱的有效容积不应小于 $100m^3$。该系统除建筑最高几层采用消防泵加压供水外，其他楼层均采用屋顶水箱供水（图 8-5）。

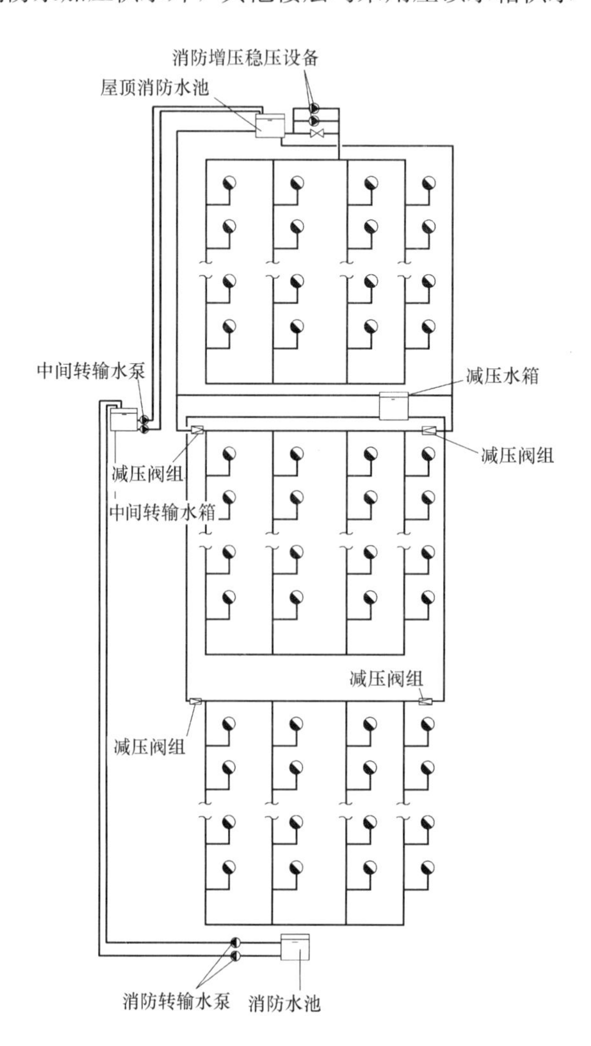

图 8-5　重力水箱给水方式原理图

(4) 建筑消防给水方式对比及建议见表 8-2。

建筑消防给水方式对比　　**表 8-2**

给水方式	系统构成	安全可靠性	管材承压	管理要求
串联水泵给水	较复杂	较差	高	高
转输水箱给水	复杂	较好	低	高
重力给水	简单	好	低	较高

以上三种给水方式均能满足千米级摩天大楼的消防系统设计，但从系统的安全、可靠性来选择进行比选，重力给水＞转输水箱给水＞串联水泵给水。

8.2.4.2　自动灭火系统

自动灭火系统主要有两大类：自动水灭火和自动气体灭火。

千米级摩天大楼除不宜用水保护的场所外，均设置湿式自动喷水灭火系统，是目前应用最广泛，控火、灭火中使用频率最高的灭火系统。中庭采用大空间智能型主动喷水灭火系统。

计算机机房、图书档案馆、弱电机房、防灾中心机房、高低压配电间等设置气体灭火系统，适用于扑救不宜用水保护的场所。

8.3 电气安全设计与防灾

从电气专业设计的角度，千米级摩天大楼的电气安全及防灾主要包含供配电系统可靠性、电气火灾防范、应急照明、火灾自动报警系统、火灾疏散、航空障碍照明、防雷接地等几个方面。

8.3.1 供配电系统可靠性

对于千米级摩天大楼，其供电可靠性方面设计应考虑的主要问题有：供电电源的设置、供配电系统主接线方式、配电线路选择及敷设等。

8.3.1.1 供电电源的设置

（1）负荷分级

根据本工程的特点和性质，将负荷分成以下等级，见表 8-3。

负荷分级 **表 8-3**

负荷等级	负荷举例
特别重要的一级负荷	大型商场和超市的经营管理用计算机系统用电，酒店经营及设备管理用计算机系统用电
一级负荷	消防水泵、消防电梯及其排水泵、防烟排烟设施、火灾自动报警及连动控制装置、漏电火灾报警系统、自动灭火系统、应急照明、疏散指示标志和电动的防火门、窗、卷帘、阀门；走道照明、值班照明、警卫照明、障碍照明用电，客梯用电，排污泵、生活水泵用电；通信机房、安全防范系统、数据网络系统、变配电室、消防控制室等；酒店的宴会厅、餐厅、厨房、康乐设施、门厅及高级客房等场所照明用电，厨房、客梯、计算机和录像设备、新闻摄影用电
二级负荷	大型商场和超市的自动扶梯、擦窗机、办公用电、换热站等
三级负荷	办公区域照明、冷冻机组、冷冻冷却泵、热交换站、地源热泵、冷却塔，风机等普通动力、景观和立面照明等

（2）供电电源

1）市电供电。根据项目规模及需求，为确保一级负荷供电系统的安全和可靠，同时满足负荷容量，要求由市政引入多组 10kV 线路为项目供电。当每组 1 路 10kV 电源失电时，另 1 路 10kV 电源可以承担所有一、二级负荷的供电。

根据用户运行管理考虑，酒店、公寓、办公、商业及车库的负荷分别设置变电站为其供电。

2）备用电源。不间断电源 UPS：在重要弱电负荷附近（如中央监控室、消防控制室、安防系统、计算机网络机房、扩声系统等）集中设置在线式 UPS，为其提供优质、连续供电电源，蓄电池供电时间 30min。

应急蓄电池类电源装置：采用 EPS 应急蓄电池类电源装置为应急疏散照明系统提供应急电源，电源切换时间不大于 0.25s，蓄电池供电时间≥蓄电池供电时初装容量不小于 90min。

柴油发电机组：酒店、办公楼内的银行等金融单位重要的计算机系统和安防系统用电以及商业部分的大型商场和超市的经营管理用计算机系统用电为一级负荷中的特别重要负荷，为确保一级负荷中的特别重要负荷供电系统的安全和可靠，设置柴油发电机组作为独立备用电源，同时兼做消防负荷的备用电源。

星级酒店柴油机可作为备用电源为酒店下列区域提供备用电源：全日餐厅、总统套房照明及动力；弱电机房设备，中控室设备，安防机房设备，重要机房的空调机；厨房的食品冷库；生活水泵，污水泵；厨房，大堂、全日餐厅、总统套房和行政酒廊的空调机组（AHU/PAU、FCU）等。

8.3.1.2　供配电系统主接线

影响供配电系统可靠性和安全性的因素很多，合理设计供配电系统的主接线无疑是最重要的。对于千米级摩天大楼来说，供配电系统主接线设计主要有以下几个方面：

(1) 高压配电系统

10kV 系统按照小电阻接地系统。

10kV 高压配变电系统将采用主—分变电站结构，主站为 10kV 高压开关站，即高压配电室，高压采用单母线分段运行方式，中间设联络断路器，平时两路电源同时分列运行，互为备用。当一路电源故障时，通过手/自动操作联络断路器闭合，由另一路电源负担全部一、二级负荷。二路主进电源断路器和母联断路器之间设置机械电气联锁，在任何情况下保证三台断路器只有二台断路器投入。

分变电站采用变压器深入负荷中心的方式，由高压开关柜、变压器和低压开关柜组成分站。变压器采用两台一组，电源分别来自不同的母线。变电站高压系统为单母线分段方式，中间不设联络，而低压侧设置联络断路器。变电站内设有多台变压器，需要柴油发电机作为备用电源的负荷集中由一台变压器供电，发电机进线与市电进线做互投联锁，两路市电均失电，由发电机为重要负荷供电。供电示意如图 8-6 所示。

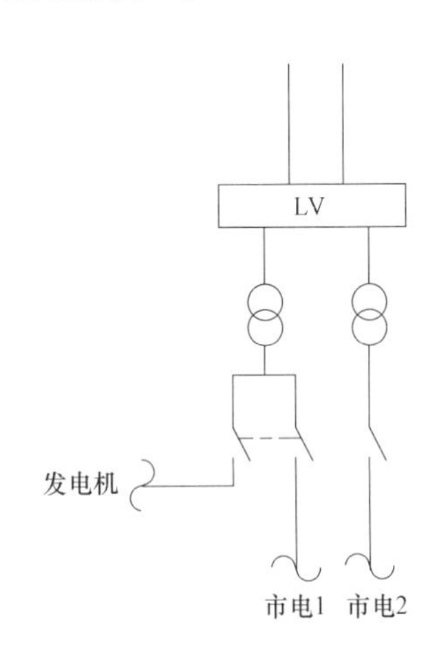

图 8-6　变电站供电示意图

(2) 低压配电系统

低压配电系统采用单母线分段运行，联络断路器设自投自复、自投不自复、手动三种方式。自投时应自动断开三级负荷，以保证变压器正常工作。两个主进断路器与联络断路器设电气联锁，任何情况下只能合其中的两个断路器。

低压配电根据负荷的级别、安装容量、用途及防火分区的划分等采用树干式与放射式相结合的供电方式。建筑负荷竖向配电采用预分支电缆或插接母线，提高系统的可靠性。单台容量较大或重要负荷采用放射式供电。保证各级保护之间的选择性配合，减小故障范围。能源中心大负荷用电变配电室就近设置，就近母线配电，缩短配电间距，减少压降。办公配电照明及插座分别设置配电箱，灵活使用达到更加节能的要求。

负荷与电源需满足如下要求：

1) 一级负荷中特别重要负荷采用双市电及柴油发电机供电并在末端互投；

2) 一级负荷采用双电源供电，在末端或合适位置互投；

3) 二级负荷采用市电双电源供电并在适当位置互投；

4) 三级负荷采用单电源供电。

(3) 消防负荷及其他重要负荷的配电

为满足消防负荷及其他重要负荷的需要，低压系统设有备用母线段。备用母线段上接有消火栓泵、自动喷洒泵、排烟风机、加压风机、消防电梯、消防控制室、应急照明等紧急情况时使用的负荷，以及接有酒店中特别重要的一级负荷。上述消防类的重要负荷采用双电源专用回路供电并在末端互投。

8.3.1.3 配电线路

千米级摩天大楼的配电线路选择及敷设主要考虑下列几个问题：

（1）消防配电线路的选择及敷设

消防配电线路应根据火灾时消防设备持续运行时间选择电缆或敷设方式。各种消防设备的配电线路和敷设方式如下：

1）消火栓泵、消防电梯、消防泵房和消防控制中心的备用照明火灾时持续运行时间为3h，应采用氧化镁电缆，35mm^2 及以上采用吊架安装，25mm^2 及以下可沿电缆桥架安装。

2）喷淋水泵火灾时持续运行时间为1h，其机房备用照明火灾时持续运行时间应大于1h，如喷淋水泵与消火栓泵共用水泵房，备用照明应按3h设置。防排烟风机、加压风机、加压泵等和相应机房备用照明火灾时持续运行时间不大于1h，选择NH型耐火电缆即可，高标准选线也可采用氧化镁电缆。当采用耐火电缆时，应采用防火桥架敷设。

（2）非消防配电线路的选择及敷设

1）火灾时非消防配电线路也参与燃烧，如采用普通聚氯乙烯绝缘的电缆，燃烧时的浓烟及有毒气体会使人窒息。为保证人员疏散，非消防配电线路应采用辐照交联型低烟无卤阻燃耐火电线电缆。

2）千米级摩天大楼内设有开闭所，由开闭所至各变电所的10kV电力电缆跨越防火分区供电，当10kV电力电缆采用耐火电缆时，可用防火桥架敷设；当采用YJV-10型交联聚乙烯电缆时，应采用耐火桥架敷设。因为低压配电系统的消防干线有耐火要求，10kV供电系统亦应满足。否则，10kV侧烧毁，0.4kV侧亦不能供电。

（3）配电线路跨越防火分区时应采取措施

1）消防配电线路的电缆穿墙跨越防火分区时，防火或耐火桥架与墙体之间的空隙应采用相当于建筑构件耐火极限的不燃烧材料填塞密实。

2）非消防配电线路的电缆跨越防火分区时，应采用方或线槽＋电缆桥架敷设。当穿越防火分区墙体时，隔墙两侧采用两节防火线槽且防火线槽内用防火堵料填实，防火桥架与墙体之间的空隙应采用相当于建筑构件耐火极限的不燃烧材料填塞密实。

通过以上分析，千米级摩天大楼配变电站内的高、低压进出线路的型号及敷设方式，二级及以下等级配电线路要求见表8-4。

低压电缆的选择 表8-4

负荷	电缆类型	敷设方式
特一级、一级消防设备干线及分支干线	矿物绝缘耐火铜芯电缆 BTTZ 或 YTTW	明敷
消防设备支线	阻燃型耐火铜芯电缆 WDZN-YJFE-A类	金属线槽或穿金属管
特一级非消防回路	阻燃型铜芯电缆 WDZ-YJFE-A类	暗敷在不燃烧结构内保护层厚度＞30mm
一级非消防负荷回路	阻燃铜芯电缆 WDZ-YJFE-B类	
二级负荷回路	阻燃铜芯电缆 WDZ-YJFE-C类	
特一级、一级消防设备控制回路	耐火型铜芯电缆 WDZN-KYJF	暗敷在不燃烧结构内保护层厚度＞30mm
其他控制回路	阻燃型铜芯电缆 WDZ-KYJF	
柴油发电机至低压应急母线	矿物绝缘耐火铜芯电缆 BTTZ 或 YTTW	明敷

注：电缆、电线均为铜芯导体，不接受任何形式的铝芯导体，包括铜包铝、合金铝等类型。

水平方向的线路敷设，由变电站的低压配电屏配出的各种电缆和封闭母线，沿电缆桥架和线槽敷设至电气竖井。垂直方向的线路敷设，设置竖向的强电竖井，竖井上下贯通，每层做防火封堵。来自配变电站的220/380V交流电经强电竖井再分送至各楼层水平方向的各用电点。另外，向高区配变电站供电的10kV电缆设置专用高压电缆竖井，在物理上将高压与低压分开，保证安全用电。

（4）电气线路漏电火灾报警

为准确监控电气线路的故障和异常状态，及时发现电气火灾的隐患，千米级摩天大楼设置漏电火灾报警系统。即在中央监控室设置一套报警系统集中控制器，在区域照明、应急照明、插座、大负荷设备配电箱和动力配电箱等进线处设置漏电火灾报警探测器。

8.3.2 应急照明

（1）应急照明设置的部位

1）疏散走道、楼梯间、防烟楼梯间前室、消防电梯间及其前室、合用前室和避难层（间）及屋顶直升机停机坪。

2）变配电所、消防控制室、消防水泵房、防烟排烟机房、自备发电机房、电话总机房以及发生火灾时仍需坚持工作的其他房间。

3）多功能厅、餐厅和商业营业厅等人员密集的场所。

（2）疏散照明照度标准

疏散照明在地面上的最低照度不低于5lx，室外广场疏散照明最小水平照度值不应低于1lx。

（3）智能应急照明和疏散指示系统

采用集中控制型智能应急照明和疏散指示系统，包括集中监控主机、路由配电箱（含路由控制模块）、消防应急标志灯、消防应急照明灯等其他通信设备。系统实时监测供电（通信）网络各回路及灯具的开路、短路及连接状态、光源故障及电池的充电情况，并判定是否充满；定时检测蓄电池应急时间、应急预案启动及应急灯具的应急转换功能。集中监控主机具有消防联动及图形监控功能，能显示各灯具的位置、灯具状态（故障、充电、应急状态等信息）、疏散指示方向并能动态显示应急逃生路线等信息。采用集中式蓄电池控制，应急备用时间不低于90min。灯具采用绿光LED光源，功率不大于1～5W。

（4）蓄光型消防安全疏散标志

在不便于安装电光源的疏散走道和主要疏散路线的地面或靠近地面的墙上设置蓄光型疏散指示标志或疏散导流标志。设置蓄光型消防安全疏散标志时，应符合下列要求：

1）设置场所和部位的正常电光或日光照度，对于荧光灯，不低于25lx；

2）消防安全疏散标志表面的最低照度不小于5lx；

3）满足正常电源中断30min后其表面任一发光面积的亮度不小于0.1cd/m^2。

（5）应急照明最少持续供电时间

应急照明最少持续供电时间及最低照度见表8-5。

最少持续供电时间及最低照度表 表8-5

区域类别	场所举例	最少持续供电时间(min)		照度(lx)	
		备用照明	疏散照明	备用照明	疏散照明
一般平面疏散区域	疏散楼梯间、防烟楼梯间前室、疏散通道、消防电梯间及其前室、合用前室等	—	≥30	—	≥0.5
竖向疏散区域	疏散楼梯	—	≥30	—	≥5

续表

区域类别	场所举例	最少持续供电时间(min)		照度(lx)	
		备用照明	疏散照明	备用照明	疏散照明
人员密集流动疏散区域及地下疏散区域	多功能厅、餐厅、宴会厅、会议厅、营业厅、办公大厅和避难层(间)等	—	≥30	—	≥5
航空疏散场所	屋顶消防救护用直升机停机坪	≥60	—	不低于正常照明照度	
避难疏散区域	避难层	≥60	—	不低于正常照明照度	—
消防工作区域	消防控制室、电话总机房	≥180	—	不低于正常照明照度	—
	配电室、发电站	≥180	—	不低于正常照明照度	—
	水泵房、风机房	≥180	—	不低于正常照明照度	—

注：疏散应急照明灯设在墙面上或顶棚上。安全出口标志设在出口的顶部；疏散走道的指示标志设在疏散走道及其转角处距地面 1.00m 以下的墙面上，局部大空间场所设置在地面上。走道疏散标志灯的间距不应大于 20m。疏散标志灯为长明灯，其他场所的应急照明在火灾时强行点亮。

8.3.3 航空障碍照明

千米级摩天大楼应设置航空障碍标志灯，航空障碍标志灯的控制引入安防及消防中心统一管理，并根据室外光照及时间自动控制。航空障碍灯要求见表 8-6。航空障碍物照明采用分散供电。

航空障碍灯技术要求表　　表 8-6

障碍标志灯类型	低光强	中光强		高光强
灯光颜色	航空红色	航空红色	航空白色	航空白色
控光方式及数据(次/min)	恒定光	闪光 20～60	闪光 20～60	闪光 20～60
有效光强	32.5cd 用于夜间	2000cd ± 25% 用于夜间	2000cd ± 25% 用于夜间 20000cd ± 25% 用于白昼、黎明或黄昏	2000cd±25%用于夜间 20000cd±25%用于黄昏与黎明 270000cd/140000cd ± 25% 用于白昼
可视范围	水平光束扩散角 360° 垂直光束扩散角 ≥10°	水平光束扩散角 360° 垂直光束扩散角 ≥3°	水平光束扩散角 360° 垂直光束扩散角 ≥3°	水平光束扩散角 90 ≥ 3° 或 120° 垂直光束扩散角 3°～7°
	最大光强位于水平仰角 4°～20°之间	最大光强位于水平仰角 0°		
安装高度	45m	90m	135m	180～945m 及屋顶，间距 45m

8.3.4 防雷接地

8.3.4.1 防雷

千米级摩天大楼的防雷设计包括防直击雷、防侧击雷、防闪电电涌侵入措施和防雷电电磁脉冲措施，并满足总等电位联结的要求。

(1) 防直击雷措施

接闪器采用避雷带。避雷带采用Φ闪器镀锌圆钢，装设在建筑物屋角、女儿墙等易受雷击部位，并在整个屋面上装设不大于10m钢，装设的网格。为了直升机安全降落，不采用避雷针作为接闪器。

引出屋面的金属物体，如擦窗机金属构件、风冷机组金属外壳、风机金属外壳、金属水箱、天线的金属立柱等与屋面防雷装置可靠相连。

防直击雷的引下线利用建筑物钢结构柱，其中包括建筑外廓易受雷击的各个角上的钢柱，引下线间距不大于18m。

防直击雷的接地网利用建筑物护坡桩钢柱及基础底板轴线上的上下两层主筋中的两根通长焊接形成的基础接地网。

(2) 防侧击雷措施

千米级摩天大楼的防侧雷击是重要防雷措施。建筑物内钢结构相互连接，形成完好的法拉第笼；利用外围钢柱作为防雷装置引下线；结构圈梁方钢每三层连成闭合回路，并同防雷装置引下线、钢结构楼板工字钢和钢板、混凝土楼板钢筋可靠连接；将45m及以上外墙上的栏杆、门窗等较大金属物直接或通过预埋件与防雷装置相连；垂直敷设的金属管道如金属水管、金属风管、金属桥架等应在顶端和底端与防雷装置连接，且每三层与局部等电位联结端子板连接一次。局部等电位联结利用本层结构圈梁方钢、楼板内工字钢和钢筋，与金属管道可靠连接。

(3) 防闪电电涌侵入措施

为防止雷电波的侵入，进入建筑物的各种电气线路及金属管道采用全线埋地引入，并在入户端将电缆的金属外皮、钢导管及金属管道与接地网连接。进出建筑物的架空和直接埋地的各种金属管道在进出建筑物处与防雷接地网连接。

当低压线路由建筑物引出到建筑物外时，采用电缆线路埋地敷设，并在引出处的配电箱（柜）内装设浪涌保护器。

设在建筑物内、外的配电变压器，宜在高、低压侧的各相装设避雷器。

(4) 防雷电电磁脉冲措施

由室外引入或由室内引出至室外的电力线路、信号线路、控制线路、信息线路其入口处的配电箱、控制箱、前端箱等的引入处应装设SPD。在第二级配电箱/柜、室外用电设备以及有电子设备的终端配电控制箱（柜）内均设置浪涌保护装置；线缆敷设采用金属桥架或金属线槽或金属管。

8.3.4.2 接地

接地包括保护性接地和功能性接地，具体有建筑物防雷接地、变压器中性点接地、电气设备的保护接地、电梯机房、消防控制室、通信机房、计算机机房等，所有接地采用共用接地网，要求接地电阻不大于0.5Ω。

(1) 等电位设置

采用总等电位联结，总等电位连接板（MEB）由紫铜板制成。将建筑物内保护干线、电气装置中的接地母线、进出建筑物的设备金属管（如水管、煤气管、采暖和空调管道等）、建筑物金属构件进行联结。总等电位联结导体的采用BV-25mm^2，沿地面或墙内暗敷设。

在消防中心、通信机房、计算机机房、电梯机房、卫星电视机房、冷冻机房、水泵机房等处设局部等电位联结。

浴室、有淋浴的卫生间、游泳池、喷水池等场所，除采取总等电位联结外，尚进行辅助等电位联结。此处的辅助等电位联结同时具有局部等电位联结的作用。

(2) 安全接地及特殊接地的措施

低压配电为TN-S系统，其工作零线和保护地线在接地点后应严格分开。凡正常不带电，而当绝缘破坏有可能呈现电压的一切电气设备金属外壳均应可靠接地。专用接地线（PE线）的截面要求如下：

当相线截面≤16mm²时：PE线与相线相同。

当相线截面为16～35mm²时：PE线为16mm²。

当相线截面>35mm²时：PE线为相线截面的一半。

在变配电室低压配电柜处、各层总配电箱处、通信机房、计算机网络机房、保安监控室、卫星天线控制室、消防控制室、电梯机房、屋顶及室外设备的供电电源处均装设防雷及浪涌保护器。

电视天线引入端、有线电视、电信线路引入端设过电压保护装置。

电子设备接地包括信号电路接地——为保证信号具有稳定的基准电位而设置的接地，可简称为信号地；电源接地——对电子设备供电的交、直流电路的功能接地；保护接地——为保证人身及设备安全的接地。其中信号地要求见表8-7。

电子设备接地系统要求表 **表8-7**

接地形式	条　件	做　法
单点接地	接地导体长度小于或等于0.02λ，频率为30kHz及以下	宜先将电子设备的信号电路接地、电源接地和保护接地分开敷设的接地导体，接至电源室的接地总端子板，再将端子板上的信号电路接地、电源接地和保护接地接在一起
多点接地	接地导体长度大于0.02λ，频率大于300kHz	宜将信号电路接地、电源接地和保护接地接在一个公用的环状接地母线上
混合式接地	频率为30～300kHz	宜设置一个等电位接地平面，以满足高频信号多点接地的要求，再以单点接地形式连接到同一接地网，以满足低频信号的接地要求

注：λ为波长。

8.3.5 智能化防灾设计

千米级摩天大楼可能有上百家租户，在满出租的情况下，人员将达到数万人，而且访客众多，大楼内的人员和安全问题十分突出。千米级摩天大楼应设置防灾控制中心，门口要有明显的标志，对外有直接出口；并与安保中心、BMS总机房、电能管理装置、漏电火灾报警等集中设在一起，形成防灾控制中心。

主要包括了综合安全防护设计、消防及联动控制设计、紧急广播系统设计、紧急呼叫系统设计、内部对讲系统设计、安全门系统设计、访客管理系统设计、不间断电源系统设计、防雷接地设计、人防设计、抗震及地震检测系统设计、漏水报警设计等内容；并通过智能集成平台，尽可能将各类相关信号或信息集中收集到防灾中心，做到早期防火灭火，防水堵漏，抗震，防恐等。

千米级摩天大楼的建筑特点决定了它的防灾疏散是水平疏散与垂直疏散相结合的，其防灾安全疏散是系统性的、多学科多专业的，一般依循分段疏散的原则。千米级摩天大楼内的电气安全疏散渐渐趋向于智能化和综合化，是综合语言、声音、灯光以及监控等。有利于及时、准确引导人们迅速快捷疏散的各种手段和设备的智能组合。对于千米级摩天大楼，需要深入地研究建筑自身特点和人类灾害状况下的行为心理特点，运用先进的技术手段和心理分析工具，建立可靠、经济、人性化的防灾安全疏散体系。

确保火灾状况下的安全疏散是超高层建筑必须面对的难题。而电气系统就是通过火灾自动报警系统、有线广播系统、安保监控系统以及灯光疏散诱导系统等为人们提供及时的预警及可靠正确的灯光指引、声音和语音引导，最大限度地缩短人们到达这些安全区域的时间，赢得更多的逃生机会。

8.3.5.1 火灾自动报警系统

探测器的设置不能有盲区，包括大于 5m^2 的卫生间在内的各个场所均设置火灾探测器；在厨房部分还设有可燃气体探测器；在每个防火分区内至少设一个手动报警按钮，将区域的报警及联动控制信号传至消防控制中心。

（1）火灾自动报警系统与空调、电气、消防水、广播等系统的消防联动设计，报警回路应留有余量。

（2）客房报警探测器要求带蜂鸣器，须注明有 24V 电源线，保证蜂鸣器的声压输出不小于 75dBA。

（3）各公共区须设声光报警，而后勤区可设声光报警或警铃，各主要机房如制冷站、锅炉房、变电站内须设声光报警器。

（4）电梯可通过联动控制台手动迫降。

（5）所有喷淋系统上的阀门须带信号反馈，接入火灾自动报警系统。

（6）设置在喷淋水泵出水主管的压力开关，直接连线至水泵控制箱（备注：不通过模块及报警主机以减少失误）。系统压力下降时，自动启动主喷淋泵；压力继续下降时，备用泵自动投入。

（7）电话值班室须设报警复示盘，及与电梯通话的电话。

（8）火灾报警系统的蓄电池要求为 4h，而广播系统的蓄电池要求为 1h。

（9）要求火灾自动报警系统为环形总线制，要求主机具备环线功能，并需设短路隔离器。

（10）房间内探测器必须具有地址码。

8.3.5.2 智能声光诱导疏散

由于人们在灾害发生状况下，特别是在火灾状况下所产生的本能的趋光、循声、趋向地面，以及容易从众，甚至会争先恐后等心理和行动的异常性，单单凭借有线广播语言的指导对于迅速有效的疏散而言是不够的，还需要辅以一定的灯光指引，甚至灯光流和声音相结合的引导，以降低恐慌心理，减少盲目性和避免错误选择逃生路线，从而更大地缩短识别时间以及行动时间。对于灯光指引，就是在疏散通道地面每隔 0.15～1m 埋设一个绿色光源，火灾发生时，依靠感烟探头测出安全疏散通道，并且让光源沿着安全疏散通道向着安全出口一个个依次闪烁，逃生者沿着光源闪烁移动方向前进，就能到达安全出口。如图 8-7 所示。

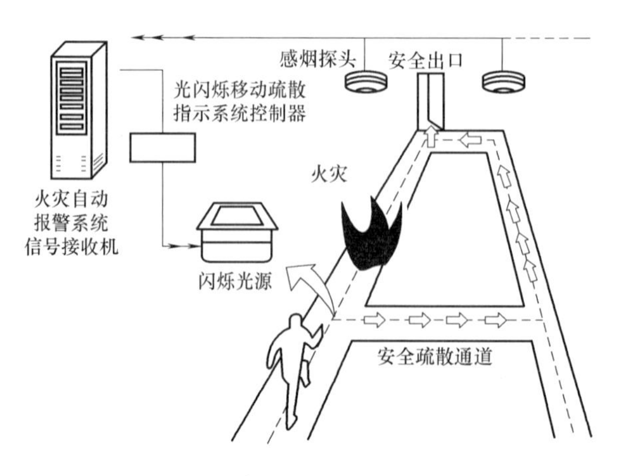

图 8-7 光闪烁移动疏散指示系统示意图

实践表明在安全疏散系统中引入语音功能能显著缩短疏散时间（缩短 70%）和提高疏散路径的明确性（缩短 32%）。

8.3.5.3 综合型智能化安全疏散

为了降低和避免火灾状况下人员因心情紧张恐慌、光线不足看不清安全疏散路线和出口所造成的误入火灾危险区，延误逃生时间等不利情况的发生。千米级摩天大楼在火灾状态下的安全疏散系统开始渐渐趋向将广播语音、声音、应急灯光、疏散路线光流，以及安保监控等，综合使用的智能化安全疏散系统。这种系统在火灾状况下，首先进行火灾确认后，所有相关疏散区域内的应急灯具转入应急状态，开启应急照明灯，保证照度和照明时间；其次，收到来自火灾自动报警系统传来的经过确认后的联动信号后，通过逻辑判断和现场情况，动态调整相应的应急疏散标志灯的安全疏散逃生通道指向，以便对火灾疏散路径局部优化调整。帮助人们在火灾情况下避开火灾区，沿着安全便捷的疏散方向和疏散通道进行疏散。用语音、频闪、地面导向光流加强对人员疏散的引导。这些相关系统设备在建筑内的具体设置原则（如间距、高度、数量、功率等）可以参照相应规范和标准的要求执行。联动的依据是火灾自动报警系统的联动信号，采用分段疏散的方法。依据避烟疏散的策略，对火灾本层、上一层、下一层启动逃向最近避难层或其他安全区域的安全疏散逃生方案，确保系统在火灾发生时动态“安全引导”人员疏散，而不是“就近引导”的静态引导方式。所谓避烟疏散策略，就是首先分析所有疏散通道和疏散出口前端的火灾自动报警系统感烟和感温探头经过确认后的火灾联动信号，然后以灾害发生点为分界线，通过系统自动调整疏散路径的指示方向，使人员向安全的疏散方向逃生。

9 千米级摩天大楼绿色低碳技术研究

开展超高层及千米级摩天大楼绿色低碳相关技术研究，探讨了千米级摩天大楼绿色低碳技术的应用方向。对建筑风能和太阳能利用进行了初步探讨，提出了利用建筑风能发电、太阳能发电以及垂直大温差的技术创新为主要的技术方案，对两种技术方案进行了初步分析和模拟研究。

9.1 被动式绿色低碳技术

被动式绿色低碳技术是指建筑物本身通过各种自然的方式来收集和储存能量，建筑物与其周围的环境之间形成自循环的系统，不需要耗能的机械设备充分利用自然资源，达到节约传统能源的效果。被动式节能强调的是建筑对气候和自然环境的适应及协调。

9.1.1 被动式太阳能利用技术

被动式太阳能利用技术是不采用其他机械动力，直接通过辐射、对流和传导实现太阳能采暖或供冷，利用太阳能直接满足人们需求。

大连市位于辽宁省南部，在建筑热工分区上属寒冷地区，最冷月平均温度≤−5℃，综合辐射百分比为40%～65%。1970～2012 年大连市太阳总辐射累年月平均和年平均值见表 9-1。1970～2012 年的年平均值为 4999MJ/m²，按照太阳能资源丰富程度等级的划分，大连市属于太阳能资源丰富区。这为太阳能利用创造了必要的前提。

大连太阳总辐射累年月平均值和年平均值　　表 9-1

时间	1月	2月	3月	4月	5月	6月	7月	8月	9月	10月	11月	12月	年
太阳总辐射 MJ/m²	231	281	431	535	631	593	537	508	463	363	230	196	4999

高层建筑可采用的太阳能利用方式有以下几种：

（1）直接受益式：太阳辐射穿过太阳房的透明材料后，直接进入室内方式，其原理图如图 9-1所示。

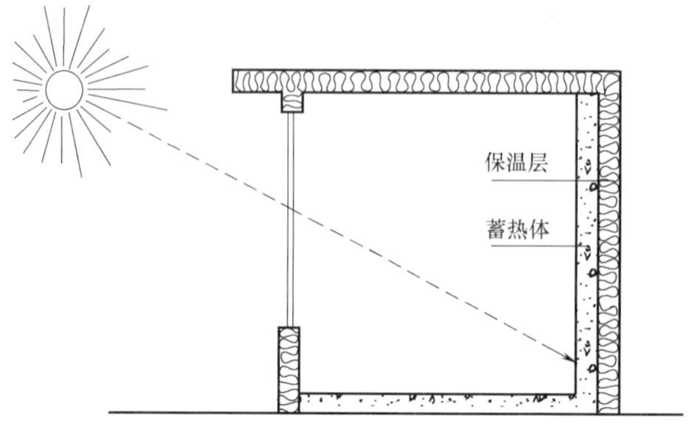

图 9-1　直接受益式太阳房

（2）集热蓄热墙式：太阳辐射透过材料后，投射在集热（蓄热）墙的吸热面上，加热夹层中的空气（墙体），再通过空气（墙体）的对流（热传导、辐射）向室内传递热量的采暖方式，如图 9-2 所示。集热蓄热墙体可分为实体式集热蓄热墙、花格式集热蓄热墙、水墙式集热蓄热墙、相变材料集热蓄热墙、快速集热蓄热墙等。

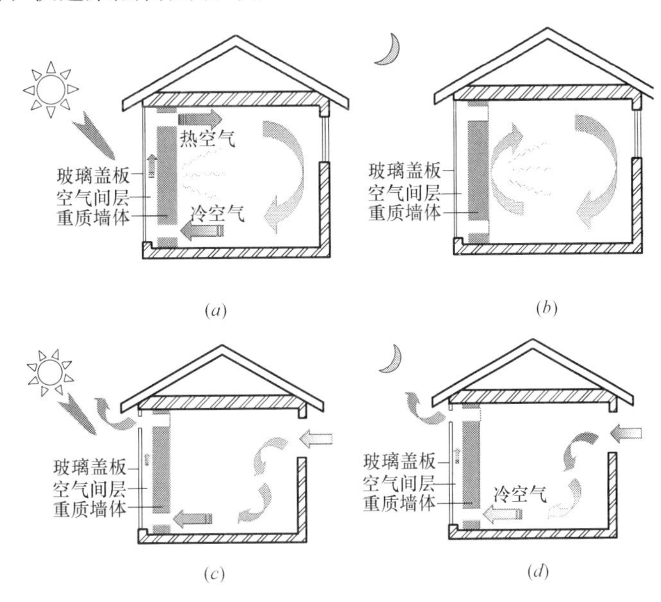

图 9-2　集热蓄热墙

（*a*）冬季白天；（*b*）冬季夜间；（*c*）夏季白天；（*d*）夏季夜间

9.1.2　围护结构热工性能优化

通过对围护结构的优化设计来降低能耗，提高居住的舒适性，具体涉及夏季隔热、冬季保温等措施。

热的传递有传导、对流和辐射三种基本方式，热流在各种建筑（热工）材料中传递的速度是不同的。对于一定厚度的建筑材料，当其他两个方向的长度远大于其厚度时，即成为一维稳定传热，使围护结构传热计算得以简化。

建筑外围护结构在稳定传热条件下，热流平衡式：

室内空气温度高于室外空气温度时：
$$\frac{\overline{t_1}-\overline{t_e}}{R_0}=\frac{\overline{\theta_1}-\overline{\theta_e}}{R}=\frac{\overline{t_1}-\overline{\theta_1}}{R_i} \tag{9-1}$$

室外空气温度高于室内空气温度时：
$$\frac{\overline{t_e}-\overline{t_1}}{R_0}=\frac{\overline{\theta_e}-\overline{\theta_1}}{R}=\frac{\overline{\theta_1}-\overline{t_1}}{R_i} \tag{9-2}$$

式中　$\overline{t_1}$——室内空气平均温度（℃）；

$\overline{t_e}$——室外空气平均温度（℃）；

$\overline{\theta_1}$，$\overline{\theta_e}$——外围护结构内、外表面平均温度（℃）；

R_0——外围护结构的传热阻（m^2·K)/W；

R_i——外围护结构的内表面换热阻（m^2·K)/W，一般取 0.11(m^2·K)/W；

R——外围护结构的热阻，为各层材料热阻之和，即 $R=\sum R_J$。

以上两式亦可写为：

室内空气温度高于室外空气温度时：
$$\overline{\theta_1}=\overline{t_1}-\frac{R_i}{R_0}(\overline{t_1}-\overline{t_e}) \tag{9-3}$$

室外空气温度高于室内空气温度时： $\overline{\theta_1}=\overline{t_1}+\frac{R_i}{R_0}(\overline{t_1}-\overline{t_e})$ (9-4)

建筑热工节能是通过控制建筑体形系数、窗墙面积比、围护结构的传热系数等几个重要指标来实现的。

(1) 控制体形系数

建筑物体形系数是指建筑物与室外接触的外表面积与其所围成的体积的比值。根据国家的有关规范和实践，办公建筑体形系数一般不大于 0.4，而住宅建筑宜在 0.3 左右。寒冷地区建筑的体形系数应小于或等于 0.4，当不能满足时，应进行权衡判断。宜小不宜大，最好控制在 0.3 及 0.3 以下。研究表明，耗热量会随建筑物体形系数沿直线上升，体形系数每增加 0.01，则耗能指标就要增加 2%。

(2) 控制窗墙面积比

各个朝向窗墙面积比是指不同朝向外墙面上的窗、阳台门及幕墙的透明部分总面积与所在朝向建筑的外墙面的总面积（包括该朝向上的窗、阳台门及幕墙的透明部分）之比。外墙作为外围护结构中一种透明的薄型轻质构件，其保温隔热性能比外墙和屋面差得多，故控制窗墙面积比是必要的。

(3) 建筑朝向设计

我国位于北半球，因此建筑主体应采用东西向或接近东西向，为便于取得冬季日照和利用夏季主导风气流，最佳位置宜为南西至东南方向，但也需要结合地形布局，一方面避开冬季盛行风向直吹；另一方面有利于吸纳夏季西南风向，便于疏散热量。

(4) 建筑保温、隔热设计

在建筑的围护结构中，采用轻质高效的玻璃棉、岩棉、泡沫塑料等保温材料。利用保温能大大增加墙体的热阻，增加墙体的隔热能力，有效防御室外气温对室内热环境的影响，从而使围护结构引起单位面积冷热负荷最小，建筑能耗最低。

(5) 建筑气密性

控制门窗、透明幕墙气密性，同时采用一些构造措施提高围护结构的气密性，使整个房间达到一定的气密性水平，减少渗风引起的能耗。

9.1.3 太阳能光电系统

太阳能光伏供电系统的基本工作原理就是在太阳光的照射下，太阳电池板产生的电能经由控制器控制充电给蓄电池，或者在负载合适的情况下直接供给负载，在日照不足或者在夜间则由通过蓄电池给直流负载供电，如图 9-3 所示。

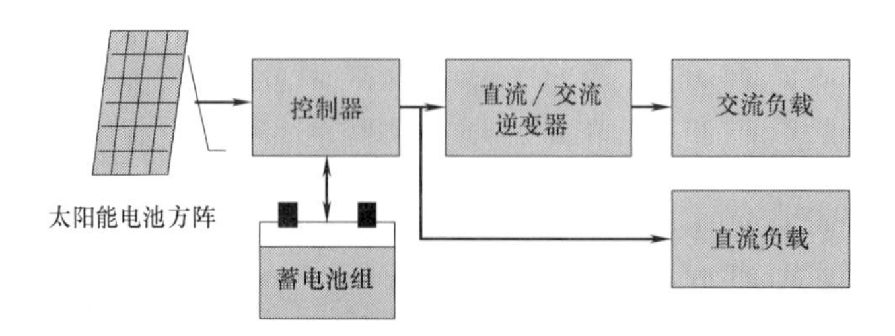

图 9-3 太阳能电池发电系统示意图

太阳能电池方阵在太阳光辐射下产生直流电，经联网逆变器转换为交流电，经由配电箱将电能的一部分供建筑内电器使用。另一部分多余的电能馈入公共电网；在晚上或阴雨天发电量不足时。由公共电网向建筑内用电设备供电。

对于多、高层建筑来说，建筑外墙是与太阳光接触面积最大的外表面，为了合理地利用墙面收集太阳能，可采用各种墙体构造和材料。将光伏系统置于有建筑墙体上将光伏板及玻璃幕墙集成为 P_v 玻璃幕墙，突破了传统玻璃幕墙的单一围护功能，不仅屏蔽太阳的热辐射，而且可以利用太阳能转化为电能，并能有效降低建筑墙体的温度，从而降低建筑物室内空调冷负荷。

太阳能光伏发电测算 表 9-2

面积占比	光伏幕墙面积(m^2)	每平方米发电功率(kW)	每年有效照射小时数(h)	年发电量(kW·h)	减少用煤(t)	减少 CO_2 排放(t)
60%总面积	349200	0.12	2600	108950400	43580	43449
50%总面积	291000	0.12	2600	90792000	36316	36207
45%总面积	261900	0.12	2600	81712800	32685	32587
40%总面积	232800	0.12	2600	72633600	29053	28966
35%总面积	203700	0.12	2600	63554400	25421	25345
30%总面积	174600	0.12	2600	54475200	21790	21724
25%总面积	145500	0.12	2600	45396000	18158	18103
20%总面积	116400	0.12	2600	36316800	14526	14483
15%总面积	87300	0.12	2600	27237600	10895	10862
10%总面积	58200	0.12	2600	18158400	7263	7241

千米级摩天大楼的外表面积巨大，而且不会受到其他建筑物的遮挡，利用千米级摩天大楼的外立面进行太阳能发电将会带来巨大的能源效益。

表 9-2 经过计算，大楼外表面积约为 582000m²，按照每平方米发电 0.12kW，每年有效照射小时数 2600h，如果仅利用 10%的外表面积，则年发电量可达 18158400kW·h，相当于减少 CO_2 排放 7241t。

如果太阳能发电利用到 50%，则可以每年为大楼提供 9 亿 kW·h 的电能，相当于减少 CO_2 排放 36207t，非常可观。

9.1.4 风能利用系统

从前面章节可以看出千米级摩天大楼在高度上具有一定的风速分布，500m 以上每天的平均风速保持在 9～15m/s，有较大的风能利用潜力。风力发电产生的电能直接供给建筑本身，这样可减少电能在输配线路上的投资与损耗，有利于发展绿色建筑或者零能耗建筑。

风力机的功率与风叶受风面积成正比。风力机的功率系数约为 0.4～0.5kW/m²，即 1m² 的风轮发电功率约为 400～500W，以 1 年 500 工作小时计算，全年可产生 200kW·h 的电力。

从供电模式上看，与前几种供电模式相比较而言较为经济，基本采用清洁能源发电，但是对于个别天气状况可能对摩天大楼造成供电不稳定的状况，综合比较而言，与电网联合的供电模式更适合在千米级摩天大楼中应用。在其他建筑中应用状况如图 9-4 所示。

在结构设计载荷允许和满足建筑美学的前提下，根据千米级摩天大楼的空间限制，可在 500～1000m 的高度上每隔 100m 安装 2 台风力发电机组，机组参数如下：

(1) 输出电压 380V；

图 9-4　风力发电与建筑一体化

(2) 风轮直径 21.6m;

(3) 叶片数目 3 片;

(4) 额定风速 12m/s;

(5) 风轮直径为 21.6m;

(6) 额定功率 100000W。

平台上安装空间距离可达到 60m，可供两台发电机组同时安装运行。500m 以上的平均风速在 9m 左右，风机发电的额定风速为 12m/s，按照 8 月份模拟出的风速结果，全天有超过 12h 的风速在 12m/s 左右。8 月份，风机工作小时数按照 360h 计算，其他月份总工作小时数在保守估计下按照其 3 倍来计算，全年风力发电机组可达 1440h，风力发电机组共 12 台。

全年可发电 1440h×440kW×W4=1728000 (kW·h)

按照 1kW·h 可折算 0.4kg 标准煤的折算关系，每年可节省标准煤 691.2t。

按照 1kg 标准煤排放 2.493kg CO_2进行计算，每年可减少 CO_2排放量为 1723t。

9.1.5　冷却塔供冷技术

冷却塔侧（免费）供冷是指在原有常规空调水系统的基础上增设部分管路和设备，当室外空气湿球温度达到一定条件时，可以关闭水冷式制冷机组，以流经冷却塔的循环冷却水直接或间接向空调系统供冷，提供建筑空调所需要的冷负荷。

封闭式冷却塔直接供冷的形式与开式直接供冷系统的原理非常类似，它也是用从冷却塔流出的冷却水直接代替冷冻水进入空调末端进行供冷，所不同的只是冷却塔改为封闭式，如图 9-5 所示。封闭式冷却塔是一种新型的冷却设备，流经冷却塔的冷却水始终在冷却盘管内流动，通过盘管壁与外界空气进行换热，不与外界空气接触，与冷却水的主要污染源即外界空气实现了隔离，

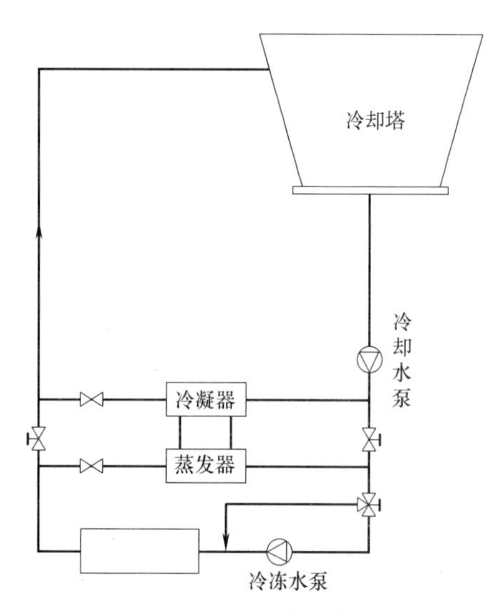

图 9-5　封闭式冷却塔形式的系统图

能保持冷却水水质洁净。

9.1.6　新风直接供冷技术

基于第2章中尺度数值模式WRF处理得到的千米高度空气气象参数规律可知，空气干球温度随高度增加而逐渐降低，夏季千米高度空气干球温度较地面高度降低约7℃左右。如果将千米高度空气作为新风引入室内，与引入地面高度空气相比，势必会减少夏季供冷期空调系统能耗。

采用千米级摩天大楼建筑1000m高度空气作为新风，新风状态点的空气焓值小于地面附近空气焓值，选取北京夏季空调室外计算干球温度33.5℃，相对湿度57.6%作为地面附近空气参数，根据WRF处理得到的千米高度空气规律可知，1000m高度空气干球温度为26.6℃，相对湿度为72.9%。分别以地面附近空气和1000m高度空气作为新风，同时综合考虑风系统输送能耗。

将新风机组置于千米级摩天大楼顶层设备层，新风机组分为四个系统，在核心筒内设置四个通风竖井，分别向第一区（0～300m）、第二区（300～500m）、第三区（500～800m）、第四区（800～1000m）输送新风。根据系统风量以及系统压力损失确定风机型号及台数，计算得到风系统能耗，见表9-3。在核心筒内设置四个通风竖井，通风竖井面积增大到4倍。

空调风系统能耗　　**表9-3**

	风机型号	台数	功率(kW)	总能耗（kW·h）
常规变风量系统	FZ35- Y315S-6	18	101	6544800
新风直接供冷系统	FZ35- Y315M3-6	18	160	10368000

对于不同的空调系统，由于其运行调节方式不同，所能保证的室内空气环境和能耗均不同。本节将在前面计算得出的常规定风量能耗基础上，对新风直接制冷空调系统的供冷期能耗进行计算，结果见表9-4，可以看出，新风直接供冷空调系统的节能率可达28.65%，节能指标为14.05kW·h/(m²·a)。

空调系统能耗（单位kW·h）　　**表9-4**

项目	常规定风量系统	1000m新风直接供冷
风系统能耗	6544800	52992000
冷水机组能耗	71931840	2997160
系统总能耗	78476640	55989160
节能率	0	28.65%

9.2　机电系统的能效提升

9.2.1　水泵变频

如图9-6所示，在系统原有水量的条件下，水泵的工作点为A点，若采用阀门调节就需要将水泵出口的阀门关小，从而引起管路的总阻力特性系数增大，管路特性曲线变陡，使水泵的工作状态点从A点沿曲线A_1变化到A'点，流量减小到Q_A'，扬程增大到H_A'；水泵的功率为工作点下曲线围成的面积。可以看到，使用调节阀门时虽然水量减少，但因水泵扬程增加，并且效率降低，水泵的输入功率变化不大，因而其节能效果相当有限。而采取变频调节改变水泵的转速，则效果截然不同。图中 A 点所对应的流量是系统设计最大流量。当空调负荷减小时，流量也相应减小，即图中 A′、A″点所对应的流量。当采用变频调速运行时，保持阀门的开度不变，也就是管路的水力特性曲线不变，通过改变水泵的转速达到调节流量的目的，降低水泵的转速，将改变水泵的性能曲线，使其与管路的阻力特性曲线相交于 A″点，A″点即为水泵变频下的工作点，由于水泵的流量与转速成正比的关系，而水泵的输入功率与转速成立方比关系。

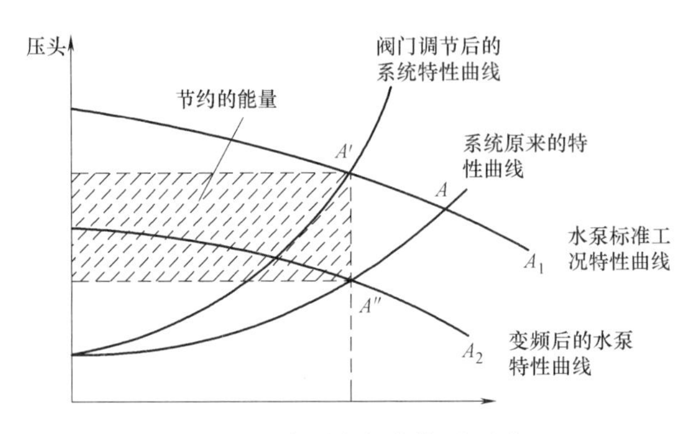

图 9-6　水泵变频节能原理图

当水泵流量为原来的 75%时，水泵消耗功率仅为原来的 42%，节约 58%。而采用阀门调节时，仅节约 5%的能量，故使用水泵变频技术的节能效果显著。

9.2.2　风机变频

如图 9-7 所示，送风出口阻力增加时，管道特性曲线由 R_1 向左上方移到 R_2，工况点 A_1 沿压头流量曲线 H-Q 移到点 B_1，其送风量由 Q_{A1} 减少到 Q_{B1}。运行在 B_1 点的风机消耗的功率 N_{B1} 为：

$$N_{B1}=KQ_{A1}H_{A2}+KQ_{A1}(H_{B1}-H_{A2})+KQ_{A1}H_{B1}(1/\eta_{B1}-1) \tag{9-5}$$

式中第一项为风机的有用功率，第二项为调节阀的损耗，第三项为风机本身的损耗。节流过程损失的有用功为 $KQ_{A1}(H_{B1}-H_{A2})$。

若改为变频调速，如图 9-8 所示，此时管道阻力曲线 R_1 不变，风机的特性曲线随着转 n_A 下降，向左下方移到 A_2 点。变频调节的轴功率见式（9-6）：

$$N_{A2}=KQ_{A1}H_{A2}+KQ_{A1}H_{A2}(A/G_{A1}-1) \tag{9-6}$$

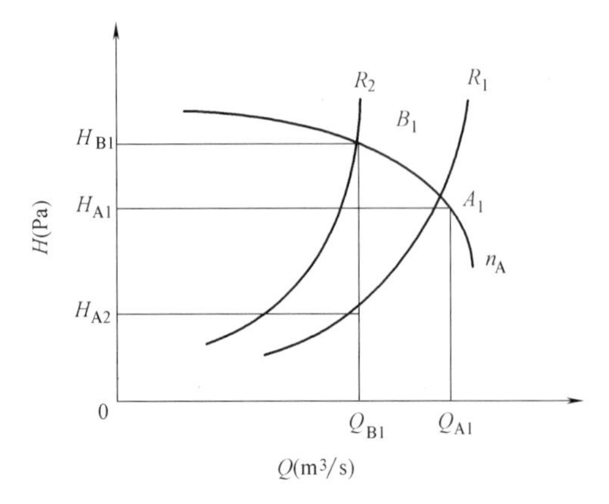

图 9-7　风机出口节流调节

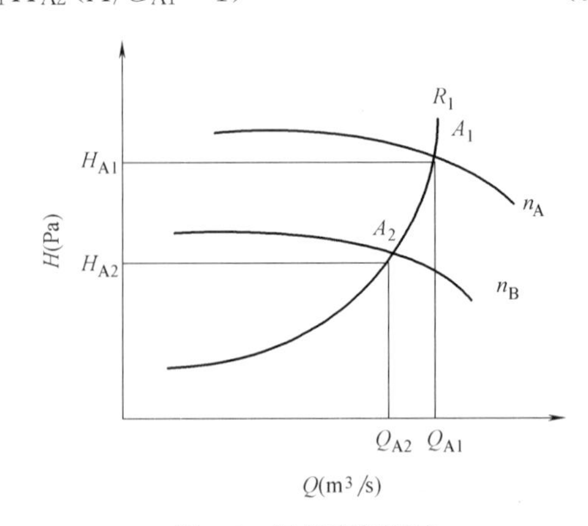

图 9-8　风机变频调速

$$\Delta N = N_{B1} - N_{A2} = KQ_2(H_{B1} - H_{A2}) + KQ_2[H_{B1}(1/G_{B1} - 1) - H_{A2}(1/G_{A1} - 1)] \quad (9\text{-}7)$$

从上式可看出，变速调节所节省的功率由两部分组成：

① 阀门节流损失功率；②由于变速后风机的压头降低以及运行效率提高使风机本身少消耗的功率。所以用变频调速调节风量可大幅节约电能。

9.2.3 辐射系统

（1）按使用功能分：

1）供冷辐射板：应用12～20℃的冷媒水循环流动于辐射板换热元件（管道）内，将室内余热转移至室外。

2）供暖辐射板：30℃以上的热媒水循环流动于辐射板换热元件（管道）内，将室内供暖。

3）供暖/冷辐射板：一板两用，既供暖又供冷，冬季用以供暖，夏季用以供冷。

（2）按表面温度分：

1）常温辐射板，板面温度不高29℃；

2）低温辐射板，板面温度低于80℃；

3）中温辐射板，板面温度80～200℃；

4）高温辐射板，板面温度高于500℃。

（3）按辐射板构造分：

1）埋管式，热媒水循环流动于理置在地面、墙面或平顶的填充层或粉刷层内的直径d=10～20mm金属管或塑料管内面构成；

2）毛细管式，模拟植物叶脉和人体血管输配能量的形式，利用3.35×0.5mm导热塑料管预加工成毛细管席，然后采用砂浆直接粘贴于墙面、地面或平顶表面而组成辐射板；

3）风管式，利用建筑构件如空心楼板的空腔，让热空气循流其间而构成；

4）装配式，在按一定模数组成的金属板上通过焊接、镶嵌、粘结、紧固等方式与金属管相固定而预制成辐射板；

5）整体式，整块辐射板系通过模压等工艺形成的一个带有水通路的整体，没有接触热阻。

（4）按辐射板位置分：

1）平顶式，以平顶表面作为辐射板进行供暖或供冷；

2）墙面式，以墙壁表面作为辐射板进行供暖或供冷；

3）地面式，以地板表面作为辐射板进行供暖或供冷。

地板辐射供冷系统的冷水机组供水温度为15℃，与常规空调系统冷水机组供水温度5℃相比，制冷性能系数提高，节能效果客观。地板辐射供冷系统没有风机，耗电量下降，室内安静。研究表明，地板辐射供冷系统比常规空调系统节能，例如美国劳伦斯伯克里实验室在使用美国全境各地气象参数对商用建筑进行模拟试验得出结论，地板辐射供冷系统比常规空调系统节能30%。另一项研究表明，在单位建筑面积冷负荷为20～60W/m^{2}时，置换通风系统加地板辐射供冷系统与常规变风量空调系统相比，节能20%～50%，与常规定风量空调系统相比节能40%～60%。

9.2.4 能量回收

（1）排风热回收

新风能耗在空调通风系统中占了较大的比例，为了保证房间室内空气品质，不能以削减新风量来节省能量，而且还可能需要增加新风量的供应。建筑中有新风进入，必有几乎等量的室内空气排出。这些排风对于新风来说，含有热量或冷量。有许多建筑中，排风是有组织的，不是无组织的从门窗等缝隙排出。这样，有可能从排风中回收热量或冷量，以减少新风的能耗。

常见的轮转式全热交换器工作原理如图 9-9 所示。

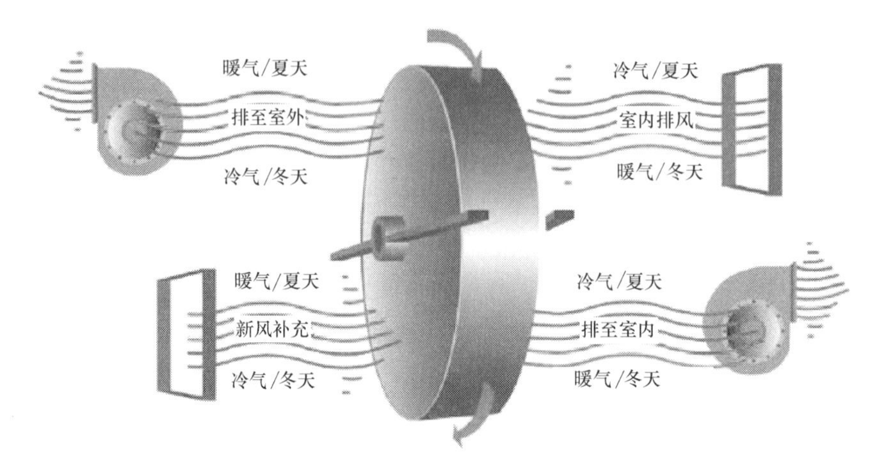

图 9-9　轮转式全热交换器工作原理图

全热交换器主要是由转芯、传动装置、自控调速装置及机体构成。转芯是转轮式全热交换器的主体，它可以采用各种不同材料和工艺制成。目前的做法是采用铝箔或合金钢作为基本原料，添加 Na_2SO_4、NaCl 和 LiCl 等吸热剂和吸湿剂以及增加强度的胶料加工而成；也有采用硅酸盐类物质烧结而成的复合材料制作的。转轮式全热交换器是利用转轮转芯的蓄热和吸收水分的作用来回收排风中的冷量（或热量），并将其回收的冷量（或热量）直接传给新风，在夏季和冬季分别使新风获得降温去湿和升温加湿处理，从而降低空调系统中处理新风用能。显热交换效率(温度效率)=(新风送风温差/新风回风温差)×100%；全热交换效率(焓效率)=(新风送风焓差/新风回风焓差)×100%。

(2) 空调冷凝热回收

常规空调系统主要由制冷剂循环、冷却水（或空气）循环、冷冻水（或空气）循环组成。空调房间的冷负荷通过蒸发器进入制冷剂循环，变成冷凝排热的一部分，再通过冷却水（或空气）循环排放到大气中去。因此，对于常规空调制冷机，空调系统的冷凝热直接排放到大气中未加以利用。制冷机组在空调工况下运行时向大气环境排放大量的冷凝热，通常冷凝热可达到制冷量的 1.15～1.3 倍。大量的冷凝热直接排入大气，白白散失掉，造成较大的能源浪费，这些热量的散发又使周围环境温度升高，造成严重的环境热污染和大气温室效应。若将制冷机放出的冷凝热予以回收用来加热生活热水和生产工艺热水，不但可以减少冷凝热对环境造成的热污染，而且还是一种变废为宝的节能方法。

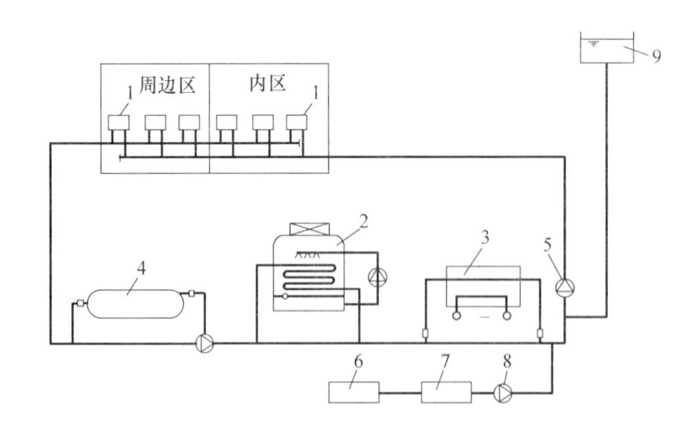

图 9-10　水环热泵空调系统原理图

注：1—水/空气热泵机组；2—闭式冷却塔；3—加热设备；4—蓄热容器；5—水环路的循环水泵；6—水处理装置；7—补给水箱；8—补给水泵；9—定压装置

(3) 内区热量回收

建筑内区无外墙和外窗，四季无围护结构冷、热负荷。但内区中有人员、灯光、发热设备等，因此全年均有余热。回收内区热量主要采用水环热泵空调系统，即用水环路。将小型的水/空气热泵机组并联在一起。水环热泵空调系统由室内水/空气热泵机组、水循环环路和辅助设备三部分组成，如图 9-10 所示。

9.3 千米级摩天大楼高区超低建筑能耗的实现分析

通过模拟大连地区室外气候垂直分布，分析了地面至千米高度大气的温度、湿度、风速、太阳辐射存在一定的梯度分布规律，特别在夏季高区可以出现较为适宜的节能型气候区。通过建筑能耗计算，可以分析高区建筑的负荷特点，提出对围护结构遮阳、新风有效的优化措施，同时采用高效的能源系统，从而实现摩天大楼高区建筑的超低能耗、低碳甚至零碳。

9.3.1 高空对空调负荷影响

以大连地区为例，利用中尺度气象模式 WRF，计算了该地区不同季节垂直高度的气候参数分布，其中 1 月和 8 月的温湿度分布，如图 9-11～图 9-14 所示。

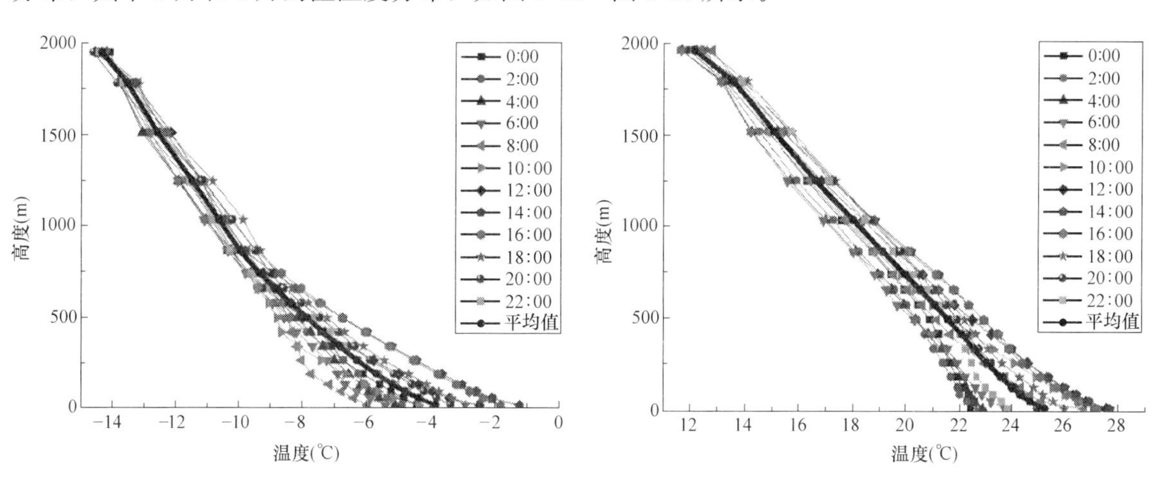

图 9-11 大连 1 月逐时平均温度随高度变化 图 9-12 大连 8 月逐时平均温度随高度变化

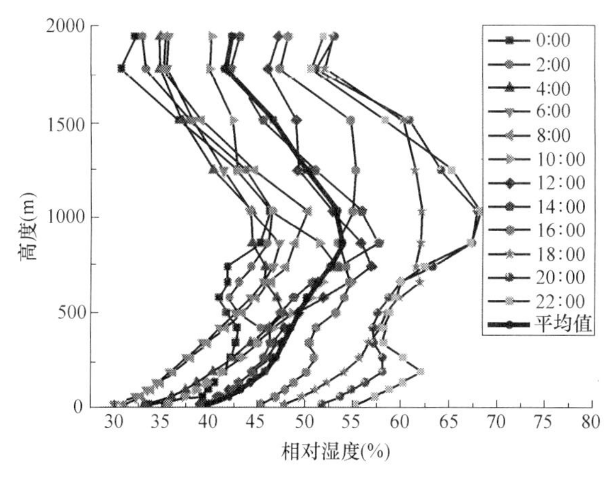

图 9-13 大连 1 月逐时平均相对湿度随高度变化

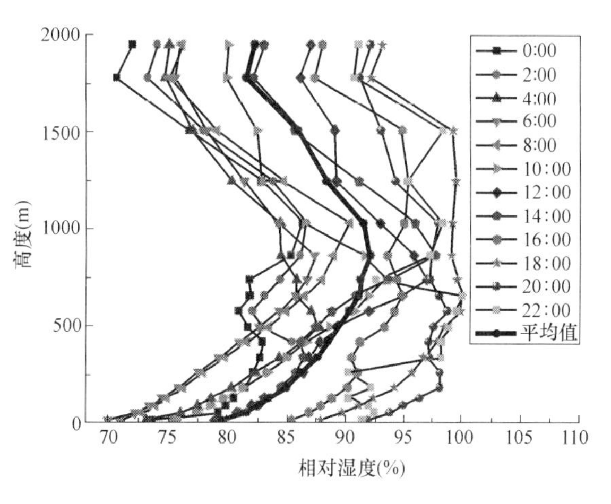

图 9-14 大连 8 月逐时平均相对湿度随高度变化

可以看出，大连地区的大气温度随着距离地面高度的升高呈线性降低的规律，空气相对湿度随着高度升高逐渐变大，在高度1000m附近相对湿度出现峰值，但随着高度的升高，空气的相对湿度又逐渐降低。该地区千米高度的室外空气温度比地面降低约6℃，相对湿度比地面高20%左右。由于受地面辐射和海陆风的双重作用，温湿度接近地面处由于地形、种类等不同，地面辐射影响相对较大，不同时间段温度值变动较大；越远离地面，地面影响逐渐减弱，海陆风的影响起主导作用，不同时刻间温度值差异变小，超过千米高度空气的相对湿度出现了逐渐降低的变化。

根据计算结果整理分析了该地区空气相对湿度、温度和风速在垂直方向上的变化规律，并拟合出了1000m高度范围内夏季和冬季温度、相对湿度随高度变化的简化关系式，即：

$$T_{x,1}=T_b-0.0056x-0.3149(R^2=0.96) \tag{9-8}$$

$$T_{x,8}=T_b-0.0058x-0.3837(R^2=0.96) \tag{9-9}$$

$$\varphi_{x,1}=0.0239x+5.6145+\varphi_b(R^2=0.94) \tag{9-10}$$

$$\varphi_{x,8}=0.0127x+3.6514+\varphi_b(R^2=0.92) \tag{9-11}$$

式中 T_b——距离地面10m处的空气温度（℃）；

T_x——夏季距离地面xm处的空气温度（℃）；

φ_b——距离地面10m处的空气相对湿度（%）；

φ_x——距离地面xm处的空气相对湿度（%），下标1，8分别代对应月份；

x——距离地面高度（m）。

根据冬季典型月1月和夏季典型月8月空气温湿度沿垂直方向的变化规律，对《民用建筑供暖通风与空气调节设计规范》GB 50736—2012中大连地区冬季和夏季的空气计算干球温度和相对湿度进行高度修正，得到不同高度空气计算干球温度和相对湿度修正值（表9-5、表9-6）。

夏季不同高度室外气象参数修正值 **表9-5**

高度	地面高度	300m	500m	800m	1000m
干球温度(℃)	29	27	26	24	23
湿球温度(℃)	24.7	23.8	23.15	21.8	21.1
相对湿度(%)	71	77	79	83	85
含湿量(g/kg)	18.32	17.67	17.07	15.89	15.31
焓值(kJ/kg)	76.08	72.32	69.76	64.67	62.15
露点温度(℃)	23.09	22.5	21.95	20.8	20.2

冬季不同高度室外气象参数修正值 **表9-6**

高度	地面高度	300m	500m	800m	1000m
干球温度(℃)	−9.8	−11.8	−13	−14.6	−15.7
湿球温度(℃)	−11.1	−12.65	−13.65	−15	−16
相对湿度(%)	56	68	73	80	85
含湿量(g/kg)	0.91	0.92	0.89	0.84	0.81

随着建筑高度的增加，室外空气的温度、湿度和焓值已发生较大变化，在进行空调负荷计算时，地面的气象资料和焓湿图不再适用，需要采用高度修正的计算参数。在地面为炎热的夏季时节，位于500m高度以上的室外气候已经变为宜人的春秋季节，也就是说，摩天大楼的高区部分在夏季处在了较为适宜的节能型气候区，室外空气的焓相差14kJ/kg。

室外风速的垂直分布基本是随着高度的增加而加大，规律较为复杂。大连8月逐时平均风速随高度变化情况（图9-15），地面附近风速为5m/s时，500m高度风速约为11m/s，1000m高度风速约为10m/s。

风速对建筑能耗的影响主要是其对外表面对流换热系数的影响，但由于外表面对流换热系数形成的热阻比较小，所以对围护结构的热阻或传热系数影响较小，大约在2%左右，所以可以忽略风速对建筑冷负荷的影响。

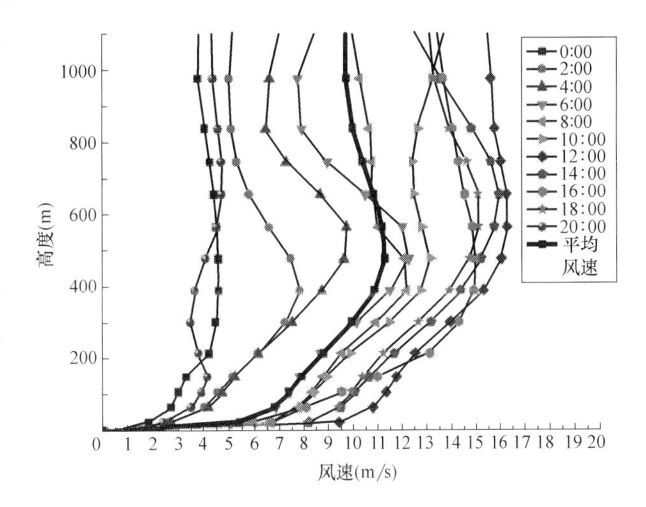

图 9-15 大连 8 月逐时平均风速随高度变化

从目前的超高层建筑来看，高区部分的功能大部分为公寓或住宅、酒店。以公寓为算例探讨高区建筑空调负荷的特点。

计算参数如下：外墙传热系数 0.6W/(m^2·K)，玻璃幕墙传热系数 2.8W/(m^2·K)，遮挡系数 0.5，窗墙比 0.7；夏季室内温度 26℃、相对湿度 60%，冬季室内温度 20℃、相对湿度 40%，每人新风量 50m^3/h。

按照不同高度的室外气象参数，分别计算了不同高度的空调负荷（图 9-16～图 9-19）。

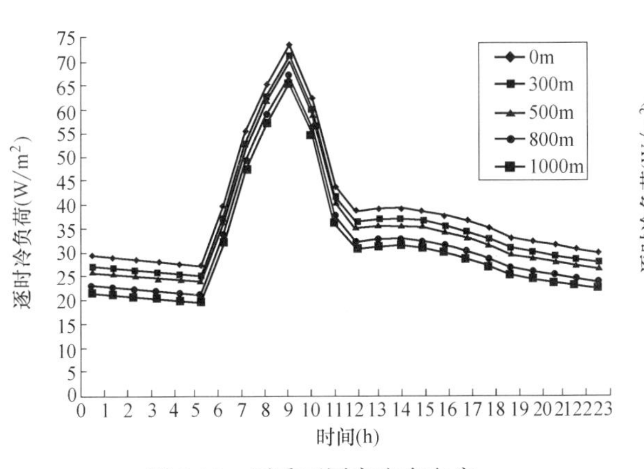

图 9-16 夏季不同高度东向房间逐时单位面积冷负荷

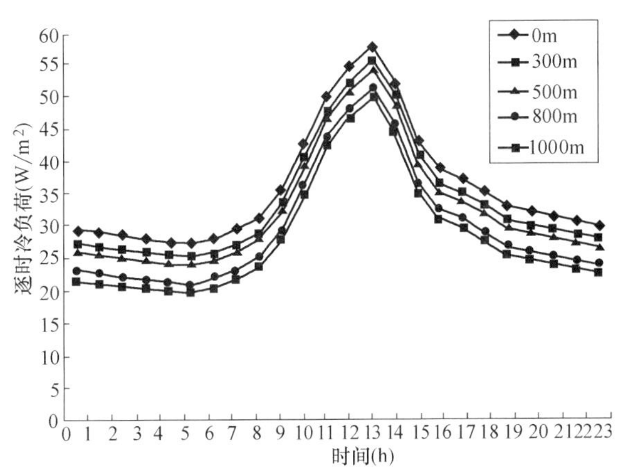

图 9-17 夏季不同高度南向房间逐时单位面积冷负荷

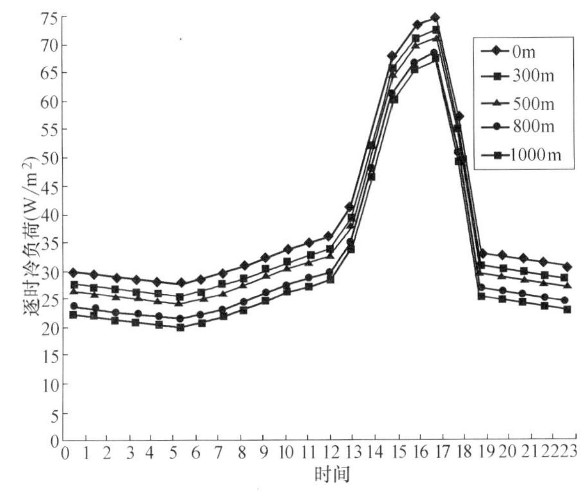

图 9-18 夏季不同高度西向房间逐时单位面积冷负荷

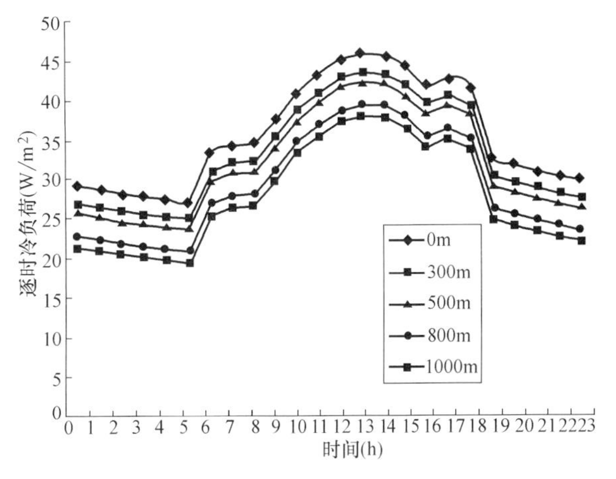

图 9-19 夏季不同高度北向房间逐时单位面积冷负荷

可以看出，室外垂直气象参数的变化对摩天大楼的负荷影响很大，不同朝向夏季最大逐时冷负荷出现的时刻不同，逐时冷负荷随着房间高度的升高而逐渐减小，1000m处房间冷负荷最小。建筑高度每升高100m，其逐时冷负荷降低约0.8W/m²。在地面处房间的冷负荷指标为73.4W/m²（东）、57.6W/m²（南）、74.7W/m²（西）、45.8W/m²（北）；在1000m处房间的冷负荷指标为65.7W/m²（东）、49.8W/m²（南）、67W/m²（西）、38W/m²（北），与地面房间相比减少了10.5%（东）、13.5%（南）、10.3%（西）、17%（北）。

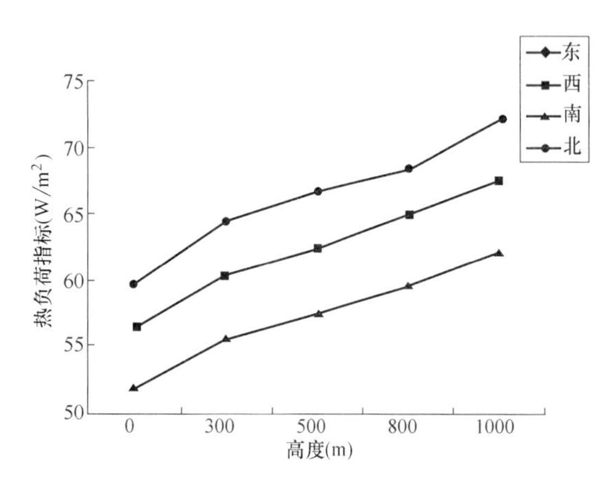

图9-20　冬季不同高度房间供热指标

图9-20给出了不同高度房间冬季热负荷指标，东西方向热负荷相等，随着高度的升高，热负荷逐渐增加，在1000m处房间热负荷最大，建筑高度每升高100m，热负荷约增加1 W/m²。

可以看出，在地面处房间的热负荷指标为56.5W/m²（东、西）、52.0W/m²（南）、59.6W/m²（北）；在1000m处房间的热负荷指标为67.4W/m²（东、西）、62.1W/m²（南）、72W/m²（北），与地面房间相比增加了19.3%（东、西）、19.4%（南）、20.8%（北）。

从各项负荷的比例分布（图9-21～图9-24）可以看出，围护结构形成的负荷在房间负荷中的

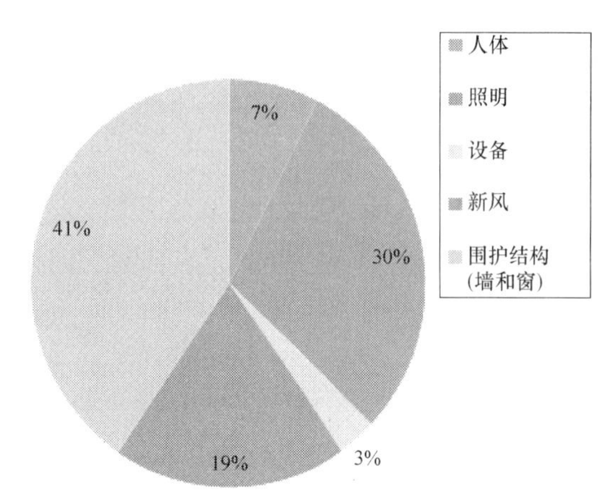

图9-21　地面高度房间各项冷负荷所占比例分布

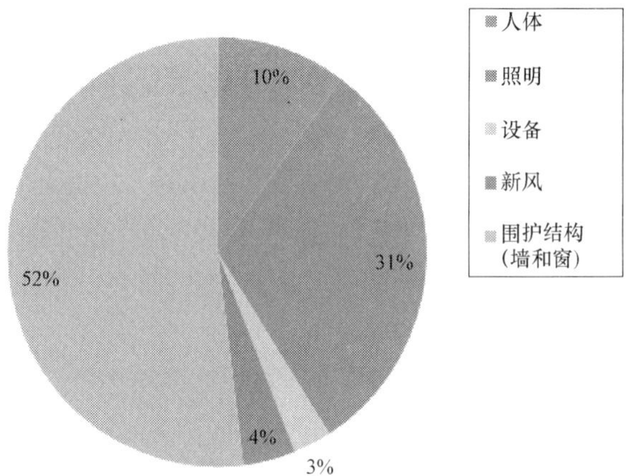

图9-22　1000m高度房间各项冷负荷所占比例分布

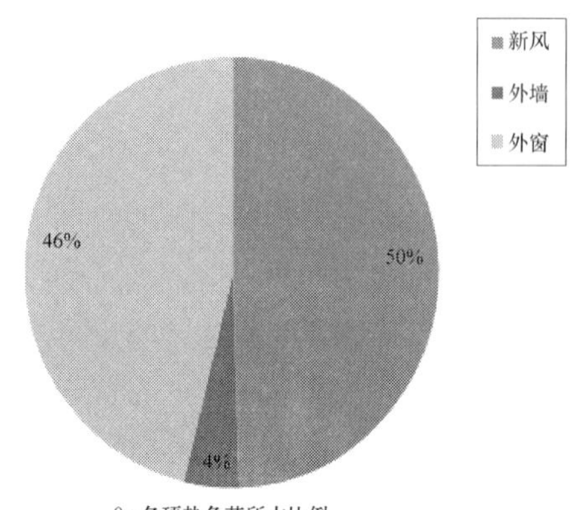

图9-23　地面高度房间各项热负荷所占比例分布

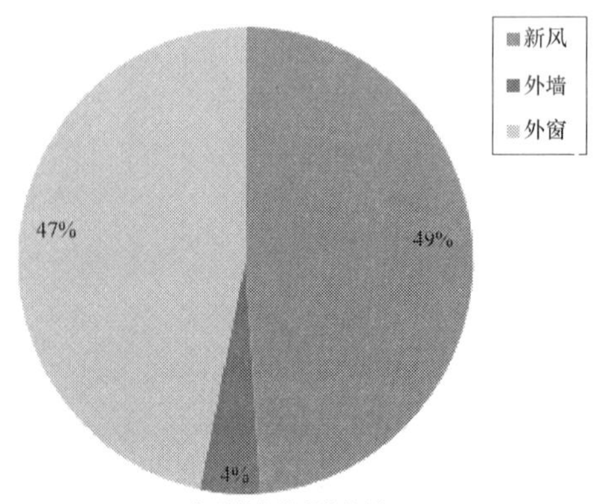

图9-24　1000m高度房间各项热负荷所占比例分布

比例最大，约 50%，随着高度的增加，围护结构形成的负荷比例也在增加。因此围护结构的优化对减小负荷、降低建筑能耗是至关重要的环节。

9.3.2　围护结构优化节能

对围护结构进行优化，按照增加外墙保温措施，传热系数 0.3W/(m^2・K)；采用双层呼吸式玻璃幕墙，传热系数 0.8 W/(m^2・K)；采用可变遮阳，夏季遮阳系数为 0.2，冬季为 1。负荷计算结果如图 9-25～图 9-29 所示。

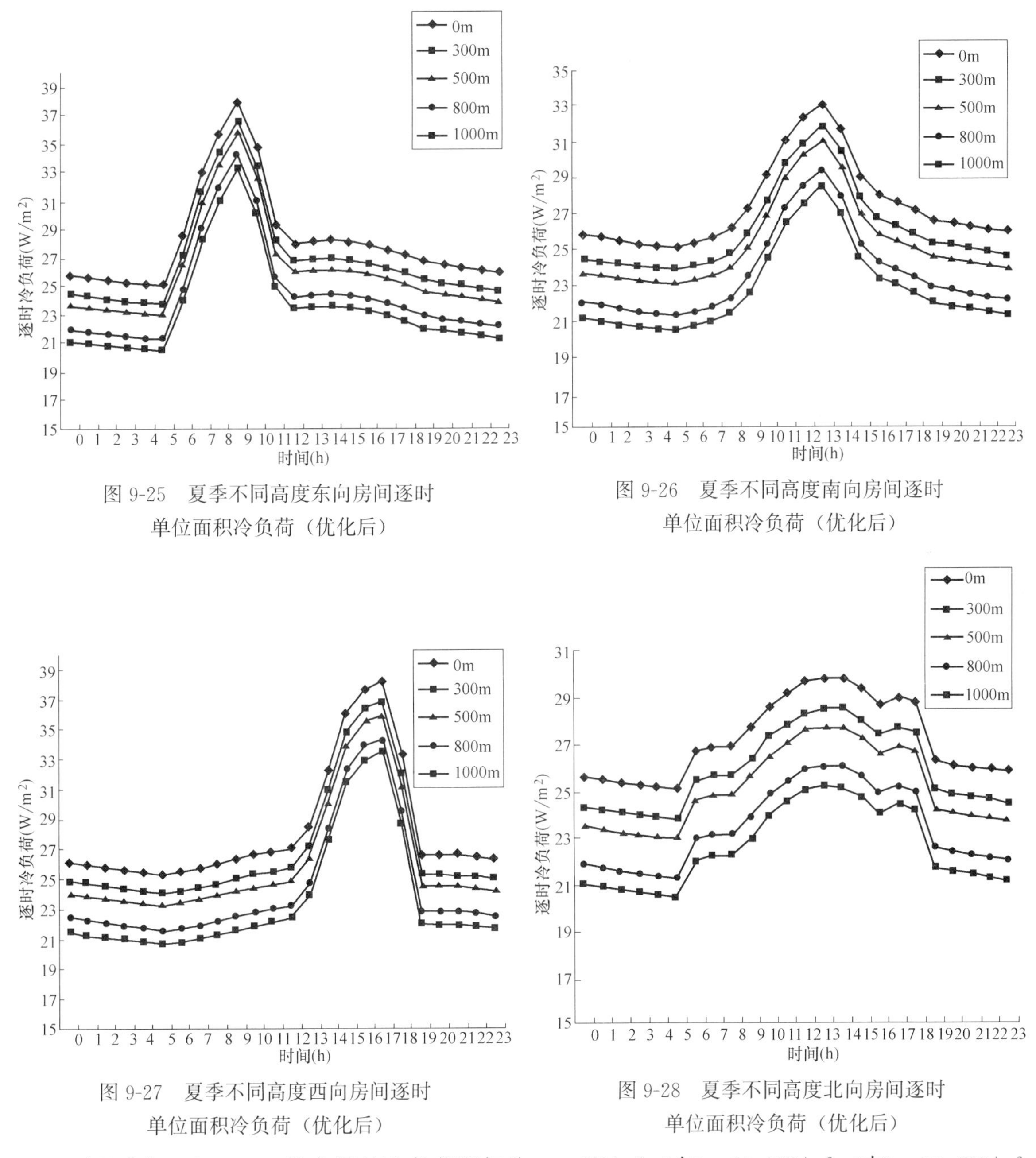

图 9-25　夏季不同高度东向房间逐时单位面积冷负荷（优化后）

图 9-26　夏季不同高度南向房间逐时单位面积冷负荷（优化后）

图 9-27　夏季不同高度西向房间逐时单位面积冷负荷（优化后）

图 9-28　夏季不同高度北向房间逐时单位面积冷负荷（优化后）

可以看出，在 1000m 处房间的冷负荷指标为 33.3W/m^2（东）、28.6W/m^2（南）、33.6W/m^2（西）、25.2W/m^2（北），与加强保温前相比冷负荷指标减少了 49.3%（东）、42.6%（南）、50%（西）、33.7%（北）。在 1000m 处房间的热负荷指标为 22.8W/m^2（东、西）、21.6W/m^2（南）、

24.8W/m² (北), 与加强保温前相比热负荷指标减少了 66.2% (东、西)、65.2% (南)、65.6% (北), 热负荷的节能率比冷负荷效果更明显。

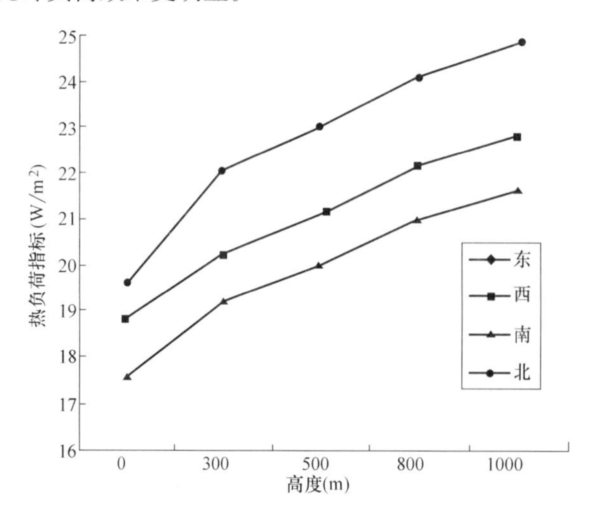

图 9-29 冬季不同高度房间单位面积热负荷

9.3.3 新风系统优化节能

大连地区的大气温度随着距离地面高度的升高逐步减小，夏季室外空气的焓值也随着减小，室外空气计算状态点焓值在 1000m 处比地面高度的焓值减小了约 14kJ/kg (图 9-30)，新风冷负荷仅为地面新风的 17.6%，减少了 82.4%，使空调系统能耗大幅减少。因此，非极端条件下，千米高度室外新风的焓值应该低于室内空气的焓值，可以直接利用室外新风，消除室内余热，减少空调系统的开启。

但在冬季，大气温度随着高度的升高降低，必然引起房间热负荷增加、能耗加大。根据需要，新风系统可设置排风热回收器，让新风与排风在热回收器中进行显热或全热交换，把排风中的热量提取出来加热新风。按照热回收器的热回收效率 70%进行计算，房间热负荷分布如图 9-31所示。

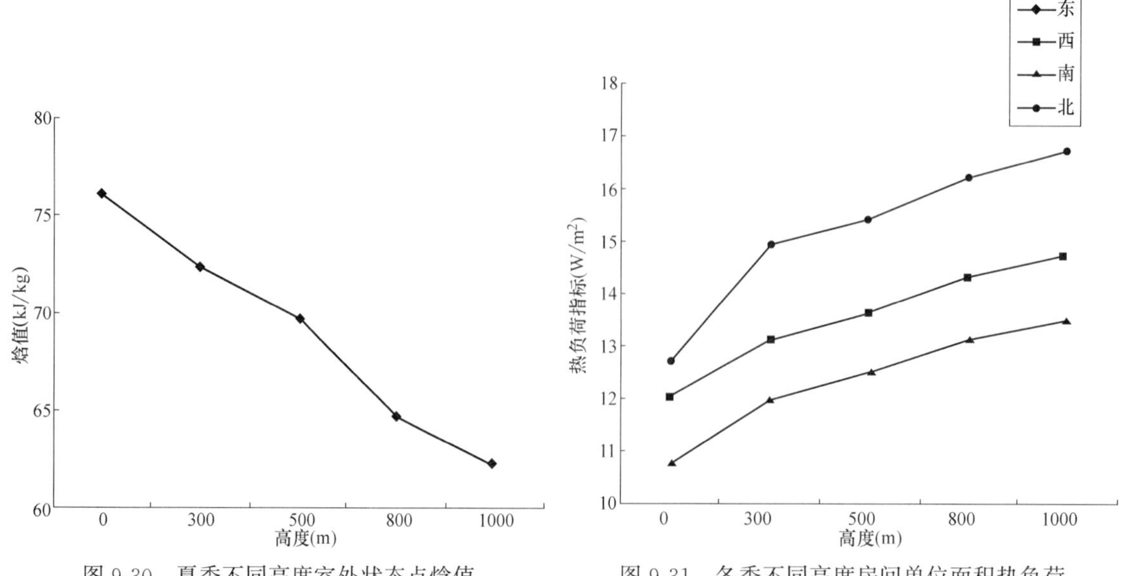

图 9-30 夏季不同高度室外状态点焓值

图 9-31 冬季不同高度房间单位面积热负荷

可以看出，当热回收效率 70%时，在 1000m 处房间的热负荷指标为 12W/m^2（东、西）、10.8W/m^2（南）、12.7W/m^2（北），与采用热回收前相比热负荷指标减少了 35.5%（东、西）、37.5%（南）、32.6%（北），节能效果显著。

9.3.4 超低能耗分析

通过加强围护结构保温性能、采用可变遮阳系统、设置排风热回收系统，可以看到，房间的空调冷负荷指标和热负荷指标大大降低。特别是在高区的夏季平均计算冷负荷指标约 30W/m^2，冬季平均计算热负荷指标约 11.9W/m^2，属于典型的低能耗建筑。

在夏季，在 500m 处室外气温已经与室内设计温度相等，也就是说，围护结构没有了传热冷负荷，1000m 处室外气温比室内设计温度低 3℃，开始帮助室内散热，减少空调冷负荷。在适宜的时节，直接采用室外新风即可消除室内余热。高区的气候环境，空调冷源可以采用高效的蒸发冷却空调技术，大大减少空调系统的用电量。

冬季可采用蓄热地板等技术，积蓄白天进入室内的太阳能，晚上释放热量来维持室内温度，使得建筑能耗降到最小。

由于高区建筑的低能耗，配合高区建筑的太阳能幕墙发电、风能发电等可再生能源，完全有可能实现摩天大楼高区建筑的超低能耗甚至零能耗，达到零碳建筑。

10 千米级摩天大楼风洞风压测试

10.1 概述

风是自然环境中由于气压作用而引起的空气流动现象，当风在运动路径上被障碍物阻挡，就会使空气动压转化为静压力，在迎风面形成正压，背风面形成负压，正压和负压统称为风压。对于建筑结构设计，风压是形成横向荷载的根本原因；对于建筑环境设计，风压是建筑形成自然通风的两种动力方式之一，是建筑环境设计必须重点考虑的因素；同时也是进行建筑风口布置、室外设备安装以及安全疏散等必须重点考虑的因素。本文重点研究千米级摩天大楼外表面风压的分布。

考虑到数值模拟和现场实测在千米级摩天大楼的风压研究方面的局限性，本研究基于哈尔滨工业大学风洞与浪槽联合实验室实验平台对千米级摩天大楼进行风压测试实验。对于测压风洞实验，其测试结果的可靠性由四方面决定：（1）测试方案的合理性；（2）测试设备的可靠性；（3）风速边界条件与真实大气的相似性；（4）建筑模型布点的合理性。在排除实验方案不合理和测试设备不可靠的基础上，本研究风压测试的主要挑战是后两项。首先，传统大建筑风洞风压测试通常根据建筑所在地区的地形特征，确定其所属地貌类别，在相关风洞实验规范中选择适用的大气边界层类型，利用相关模拟技术模拟当地风廓并完成相关实验。而千米级摩天大楼高度远远超出了大气边界层厚度，传统的实验方法不再适用。因此本研究基于中尺度气象模式的模拟结果，整理得到大连当地适用于千米级摩天大楼高度的风速垂直分布，如何根据该垂直分布在风洞中模拟出与其具有相似性的风廓将是本实验的主要挑战；其次，千米级摩天大楼体量巨大，建筑模型很难在保证测试精度的同时满足风洞截面对模型尺寸的限制，如何通过合理的模型设计，在保证测试精度的同时满足风洞截面对模型阻塞率的要求是本实验的难点。

本研究接下来将详述如何在大气边界层风洞中利用被动模拟技术完成千米级摩天大楼风压测试实验，并对风压数据进行相关处理。

10.2 风洞风压实验理论基础——相似律

10.2.1 相似律

相似律是研究自然现象中特殊与一般，个性与共性关系的基础性理论。在工程实验中，通常采用模型实验代替原型实验，而相似理论认为只有当模型实验和原型遵循相似准则时，通过模型实验得到的实验结果才适用于原型的实际情况。风洞实验就是一种典型应用相似理论进行工程测试的研究手段，通常情况下，风洞无法完全实现原型所在真实场景中的各种条件，特别是当模型所采用的几何缩尺比较大时，风洞本身因其尺寸限制就难以还原原型所在的真实场景。因此针对这种实际情况，实验模型为大型测试对象提供了实验的可行性，即可以通过采用一定缩尺比的实验模型在风洞中完成测试，那么此时实验要考虑的问题就是风洞中经过缩尺处理之后的实验模型能否真实地反应实际研究对象所面临的空气动力学现象，那么相似理论就是基于这种实际情况所提出来的实验理论基础。即在相同的无量纲边界条件下，当相互独立的物理过程遵循相同的相似准则，那么这两个独立的物理过程必然具有相同的无量纲数值解，可以说这两个独立的物理过程是相似的物理现象。也就是说两个物理过程满足相似条件的充分必要条件就是具有相同的相似准数。

10.2.2 风洞实验相似律

流体的运动微分方程和相应的初始条件可以准确地描述流体在实际情况下的运动状况，风洞实验的相似准则就是从运动微分方程中推导出的空气流动相似判据。对于一般流体运动的缩尺实验，实验模型和实验原型的相似性包括两方面内容：几何相似和运动相似，其中几何相似表示原型和模型流场形状相似，即边界条件相似；运动相似表示原型和模型所在流场对应点速度方向相同，大小成比例。几何相似和运动相似是原型和模型流动相似的充要条件。

10.2.2.1 几何相似

风洞实验的几何相似是指模型流场与原型流动所在空间在物理尺寸相似，顾名思义，几何相似要求实验模型与原型及其所在的流场在几何形状上具有相似性，对应长度具有保持相同比例，对应夹角大小相等。长度、面积、体积的相似性表达见式（10-1），夹角的相似性表达见式（10-2）。

$$\begin{cases} 长度\ C_{l}=\dfrac{l^{3}}{l^{*}} \\ 面积\ C_{A}=\dfrac{V}{V^{*}}=\dfrac{l^{2}}{l^{*2}} \\ 体积\ C_{V}=\dfrac{V}{V^{*}}=\dfrac{l^{3}}{l^{*3}} \end{cases} \tag{10-1}$$

$$夹角\begin{cases} \alpha=\alpha^{*} \\ \beta=\beta^{*} \\ \gamma=\gamma^{*} \end{cases} \tag{10-2}$$

在式（10-1）和式（10-2）中，不带*表示该变量为原型量，*量则表示模型量，C表示几何缩尺比，如果C为定值，则可以说两个流体运动几何相似。

10.2.2.2 运动相似

原型与模型的流动遵循相同的控制方程，且方程中相同物理量的比值具有彼此约束关系，则可以说原型与模型运动相似。本研究中的风洞实验是要在风洞中模拟大气运动的垂直分布，那么风洞中空气运动与大气运动的相似准则均应从流体运动控制方程中开始推导。在近地面高度范围内，空气运动的运动状态为低速运动，且将空气视为不可压缩流体，式（10-3）为流体运动连续性方程（质量守恒定理），式（10-4）为运动方程（动量定理）：

$$\frac{\partial u_{i}}{\partial x_{i}}=0 \tag{10-3}$$

$$\frac{\partial u_{i}}{\partial t}+u\frac{\partial u_{i}}{\partial x_{j}}=-\frac{1}{\rho}\frac{\partial p}{\partial x_{j}}+\nu\frac{\partial^{2}u_{i}}{\partial x_{j}\partial x_{j}}-2\varepsilon_{ijk}u_{k}\Omega_{j}+g\frac{\delta T}{T_{0}}\delta_{ij} \tag{10-4}$$

式中 δ_{ij}——克罗内克函数；

ν——动力黏滞系数；

ε_{ijk}——若 ijk 顺排为1，逆排为−1，若有两个下标相同则为0；

Ω_j——j 方向的地球自转角速度；

$g\frac{\delta T}{T_0}$——净浮力项，反映了层结的影响，T_0 为特征温度。

采用方程分析法从以上控制方程出发推导风洞实验遵循的相似准则。原型与模型控制方程中不同的物理量采用不同的比值，如式（10-5）所示，C_l 为几何缩尺比、C_t 为时间缩尺比、C_u 为速度缩尺比、C_v 为动力黏度缩尺比、C_p 为压力缩尺比、C_ρ 为密度的缩尺比，均为无量纲数。

$$\begin{aligned}&t=C_t t^*,x_i=C_l x_i^*,u_i=C_u u_i^*,p=C_p p^*,v=C_v v^*\\&\rho=C_\rho \rho^*,\Omega_j=C_\Omega \Omega_j^*,g=C_g g^*\end{aligned}\tag{10-5}$$

将式（10-5）代入式（10-3）和式（10-4）中，则可以得到无量纲的流动控制方程，见式（10-6）和（10-7）：

$$\frac{C_u}{C_l}\frac{\partial u_i^*}{\partial x_i^*}=0\tag{10-6}$$

$$\begin{aligned}&\frac{C_u}{C_t}\frac{\partial u_i^*}{\partial t^*}+\frac{C_u^2}{C_l}u_j^*\ \frac{\partial u_i^*}{\partial x_j^*}=\\&-\frac{1}{\rho}\frac{\partial p^*}{\partial x_j^*}\frac{C_p}{C_p C_l}+v^*\ \frac{\partial^2 u_i}{\partial^2 x_j^*}\frac{C_u^2 C_v}{C_l^2}-C_\Omega C_{u2}\varepsilon_{ijk}\Omega_j^* u_k^*+C_g g^*\frac{\delta T}{T_0}\delta_{3i}\end{aligned}\tag{10-7}$$

式（10-7）中所有项均除以 $\frac{C_u^2}{C_l}$，则得到：

$$\frac{C_u}{C_t}\frac{\partial u_i^*}{\partial x_i^*}=0\tag{10-8}$$

$$\begin{aligned}&\frac{C_u}{C_t}\frac{\partial u_i^*}{\partial t^*}+\frac{C_u^2}{C_t}u_j^*\ \frac{\partial u_i^*}{\partial x_j^*}=\\&-\frac{1}{\rho^*}\frac{\partial p^*}{\partial x_j^*}\frac{C_u^2 C_v}{C_l^2}+\nu^*\ \frac{\partial^2 u_i}{\partial x_j^*\,\partial x_j^*}-C_\Omega C_u 2\varepsilon_{ijk}u_k\Omega_j^* u_k^*+C_g g^*\frac{\delta T}{T_0}\delta_{ij}\end{aligned}\tag{10-9}$$

式（10-3）和式（10-4）表示原型流体的控制方程，式（10-8）和式（10-9）表示模型流体的控制方程，如果要求原型和模型运动相似，则需满足：

$$\frac{C_p}{C_\rho C_u^2}=\frac{C_l}{C_u C_t}=\frac{C_\Omega C_l}{C_u}=\frac{C_v}{C_u C_l}=\frac{C_l C_g}{C_u^2}=1\tag{10-10}$$

则式（10-10）中的无量纲数分别为：

欧拉数（Euler）　$Eu=\frac{p^*}{\rho u^{*2}}=\frac{C_p}{C_\rho C_u^2}$

施劳特哈数（Strouhal）　$St=\frac{l^*}{u^* t^*}=\frac{C_l}{C_u C_t}$

罗斯比数（Rossby）　$Ro=\frac{u^*}{l^*\Omega^*}=\frac{C_\Omega C_l}{C_u}$

雷诺数（Reynolds）　$Re=\frac{u^* l^*}{v}=\frac{C_v}{C_u C_l}$

弗洛德数（Froude）　$Fr=\frac{u^{*2}}{g^* l^*}=\frac{C_l C_g}{C_u^2}$

如果两种流体运动同时满足几何相似和上述相似准则时，那么模型与原型运动是相似的，此时可以认为通过模型实验得到的测试结果完全适用于模拟原型在真实环境中的运动。但在实践中，由于风洞中进行模型实验必然存在各种客观条件限制，同时原型运动具有相当的复杂性，很难使模型实验完全满足上述条件，甚至有些相似准则在显示条件中根本无法实现，比如在风洞实

验时 Re 数和 St 数或 Re 数和 Fr 数就很难同时相等，仅仅 Re 数准则在风洞中就很难实现。因此，对于根据相似原理建立的流体力学实验往往重点关注主要相似数的一致性，对于其他对最终测试结果影响不大的相似数，采取尽量满足的原则。根据测试目的的单一性原则，在一场实验中，一般只需要考虑 1 个或 2 个相似准则就可以满足测试相似性的要求。

10.2.3 风洞实验风压测试相似律选择

首先简化无量纲化的运动方程式（10-9），H. Snyder 认为空气流动主要受对流力控制，比如原型区域下垫面是粗糙度较高或者模拟的原型区域半径小于 5km，可以忽略柯氏力作用，因此式（10-9）简化为式（10-11）。

$$St\frac{\partial U^*}{\partial t^*}+u_j^*\frac{\partial U^*}{\partial x^*}=\frac{1}{Re}\frac{\partial^2 U_j}{\partial x_j^*\partial x_j^*}-Eu\frac{\partial p^*}{\partial x_j^*} \tag{10-11}$$

St 准则数是否相等决定了两种流体运动的非定常惯性力相似与否。对周期性定常流动，St 准则数是否相等决定了两种流体运动的周期性相似与否。本研究的风压系数测试中空气运动为定常流动，不需要考虑 St 准则。但本实验中采用电子扫描阀来测试建筑围护结构外表面的风压值，采用热线风速仪来测试不同高度的风速分布，测试结果为高频率压力值和风速值，需要根据 St 准则数来确定模型实验的样本长度和周期。本研究的建筑模型测试主要是用于探索实际建筑的风压分布，但考虑到风洞实验时风洞截面对模型阻塞率的限制，经过计算认为采用 1：400 的几何缩尺比较为合适。对于建筑原型所在的城市区域，风速一般不会超过 5m/s，但风洞实验采用较低的风速时风机工作不稳定，因此同时考虑风机工作的稳定性和风速的代表性，将测试风速设定为 10m/s。根据 St 准则数相似，考虑将时间缩尺比设定为 1：200，气象观测时平均风速的采样时间一般为 10min，则风洞实验风速的采样时间为 4s，为了提高测试的稳定性，对采样时间适当延长，设置单工况采样时间为 20s。

Re 数表征了流体运动中惯性力与黏性力的大小关系，是本研究重点考虑的相似准则，Re 数越大则说明流体运动惯性力其主要作用，Re 越小说明流动中黏性力起主导作用。一般情况下，风洞实验中建筑模型采用的缩尺比为 10^2，而实际情况下的风速为 10^1 量级，如果将空气运动黏性系数视为常数的话，要想满足模型实验时达到 Re 相似准则，则要求风速达到 10^3 量级，这在一般建筑风洞中是不可能达到的条件。大连地区的年均风速为 4.9m/s，运动黏性系数 $v=1.4\times10^{-5}\mathrm{m^2/s}$，则流场中 $Re=3.49\times10^6$。如果在风洞中开率 Re 相似准则，则要求风洞中风速为 490m/s，且不说在风洞中很难达到这样的风速，即使达到了这样的风速，此时的空气应视作可压缩流体，其运动特性已经发生了变化，与现实情况下空气运动的不可压缩性相矛盾。但实际情况下大多数流体流经的表面具有一定的粗糙度时，其与接触平面接触所产生的阻力与 Re 关系不大，只与表面的粗糙度有关。大量的研究表明，当流体运动的 $Re>10^5$ 时，其运动状态与雷诺数关系不大。综上，本研究的风洞实验测试风速设定为 10m/s，几何缩尺比为 1：400，且 $Re=3.49\times10^6$，满足 Re 数无关的使用条件。

Eu 数表征流体运动时表面压力与惯性力的关系，但流体运动时的表面压力由其他参数决定，并非流体本身物理性质。所以，欧拉数本质上是其他准则数的函数。例如，在流体力学中，如式（10-12）、式（10-13）所示，欧拉数可以表示为压差系数的缩尺比，为区分压差系数和压力缩尺比的符号，将压力缩尺比表示为 C_p。

$$C_\mathrm{p}=\frac{2\Delta P}{\rho u^2} \tag{10-12}$$

$$C_\mathrm{cp}=\frac{C_\mathrm{p}'}{C_\mathrm{p}C_\mathrm{u}^2} \tag{10-13}$$

对于本研究的风洞实验，速度缩尺 $C_u=2$，空气密度缩尺 $C_\rho=1$，压力系数缩尺 $C_{cp}=1$，根据风压的表达式（10-14）：

$$P^*=\frac{1}{2}C_p^*\rho^*u^{*2} \tag{10-14}$$

则压力缩尺为：

$$C_p'=C_{cp}C_\rho C_u^2=4 \tag{10-15}$$

综上得欧拉数等于压差系数的缩尺。

$$E_u=\frac{C_p'}{C_\rho C_u^2}=1=C_{cp} \tag{10-16}$$

本研究风洞实验确定了 *Eu* 准则数相似，同时可以保证在 *Eu* 数相似的前提下，风压系数缩尺比为 1，即风洞实验中测试得到的风压系数与原型实际的风压系数相等，并且可用测试得到的风压系数计算其他风速条件下的风压值。

10.3 千米级摩天大楼风洞实验方案

10.3.1 千米级摩天大楼风洞实验概要

千米级摩天大楼的建筑原型信息参见 1.2.1。对于本研究千米级摩天大楼的风洞风压测试实验，入口风廓采用 2.1.3 节中基于中尺度气象模式 WRF 模拟得到的风速垂直分布。如何在风洞中模拟该风廓使其与目标风廓符合相似性是本次风洞实验面临的主要工作之一，因此本风洞实验主要包括两个阶段：风廓调试阶段和风压测试阶段。同时为了评估实际风廓特征，而采用传统大气边界层指数率模型进行风压测试的结果误差，风廓调试阶段分别模拟基于 WRF 模式得到的真实风廓和适用建筑当地环境特征的标准大气边界层风廓，并分别作为风速入口边界条件测试了风压分布。

本实验在哈尔滨工业大学风洞与浪槽联合实验室进行，该风洞具有目前国内最大尺寸级别的大气边界层风洞，如图 10-1 所示。整个平台额定功率为 907kW，分为大、小两个实验段。风压测试实验在小实验段进行 25m（长）×4.0m（宽）×3.0m（高），最小可用风速为 3m/s，最大风速为 50m/s，风速稳定区间为 5～42m/s，空载状态下湍流强度小于 0.46%，风速不均匀度小于

图 10-1　哈尔滨工业大学风洞与浪槽联合实验室

1%，平均气流偏角小于 0.5°。另外，该实验段装有 2 个直径均为 2.5m 可自动旋转转盘，用来模拟变风向工况，可调节范围±自动旋。

风廓调试阶段：本实验指导风速为 10m/s，风速采用热线风速仪，准三维测试支架从风洞地面间隔 100mm 对风速进行采样，最高测试高度 1500mm，采样时间为 20s。

风压测试阶段（图 10-2）：本实验指导风速为 10m/s，变风向测试以建筑正东方向为 0°风向角，风向与 3 座塔楼的位置关系如图 10-3 所示，并以 15°按顺时针方向递增，每个方向测试时间为 20s，为保证实验数据的稳定性和可靠性，每个工况测试重复 3 次。

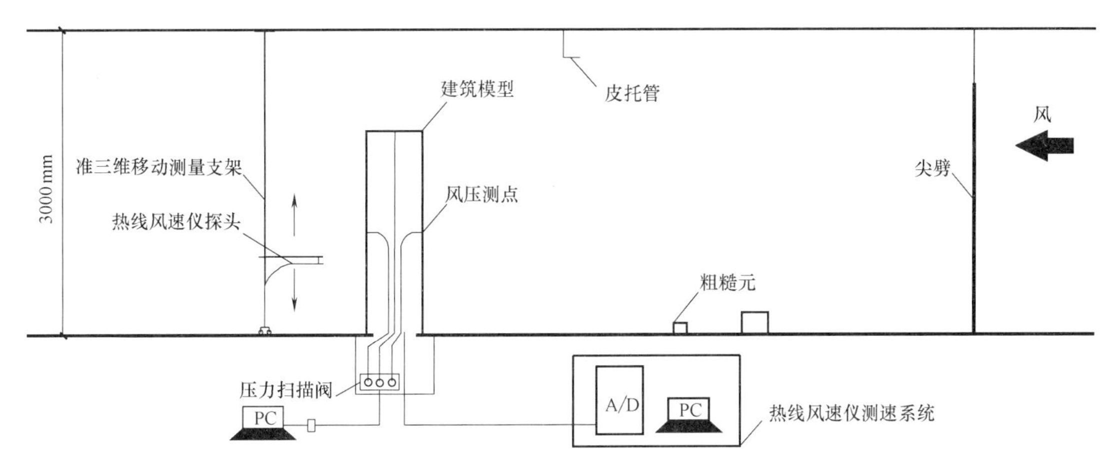

图 10-2　风洞风压测试实验原理图

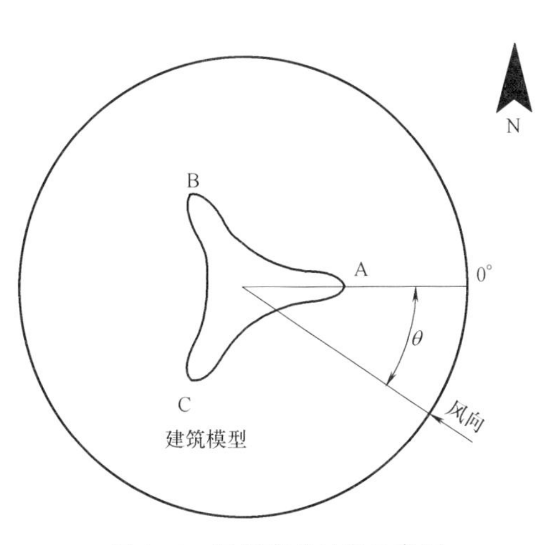

图 10-3　风洞实验风向示意图

10.3.2　千米级摩天大楼风洞测压实验设备

本实验入口风廓的调试和测定采用经过事先标定的热线风速仪进行测量（图 10-4），采样频率 1000Hz。风压测试采用 DSM3400 压力扫描阀系统、PC 机以及自编的信号采集和数据处理软件组成风压测量、记录及数据采集和处理系统。同步测量的最多通道数 512 个，采样频率 625Hz，如图 10-5 所示。

因实验中有风廓调试的要求，为避免热源多次进入风洞影响风洞环境的清洁，同时避免风洞电机反复启停带来的不便，实验中采用大气边界层风洞的准三维自动测量系统对不同高度的风速进行测试。

图 10-4　StreamLine 热线/热膜风速仪

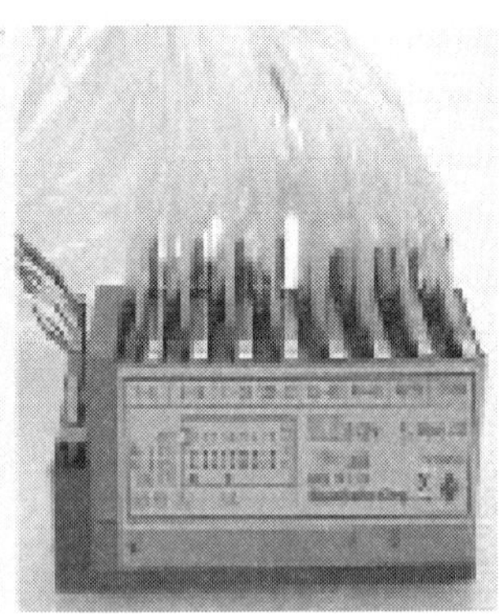

图 10-5　电子式压力扫描

风廓调试采用尖劈+粗糙元的被动模拟方法，由于各个风洞的具体物理尺寸和技术参数不同，实验对象之间也都存在一定差异，目前还没有相关的被动模拟装置设计规范。一般在风洞建设初期根据实验室工作人员的实践经验，通过反复实验最终定型不同地貌的被动模拟装置，而本实验中的风廓基于中尺度气象模式的模拟结果，对于该风洞来说是一个全新的风廓，因此采用一种建筑风洞可调节风剖被动模拟尖劈装置对风洞入口风廓进行模拟。

10.3.3　千米级摩天大楼模型

建筑模型设计既要满足风洞截面阻塞率的要求，又要满足实验测试精度的要求。具体来说，一般风洞实验截面阻塞率不大于 5%，以免对建筑上游风场造成明显干扰；同时建筑模型集合缩尺比应在 1∶300～1∶500 之间，几何缩尺比太大会降低测试精度。举例来说，对于本研究的千米级摩天大楼来说，如果采用 1∶1000 缩尺比，整个模型高度为 1m，模型表面测压孔（通常直径为 1mm）对应实际尺寸为 1m，必然对测试精度产生较大影响，同时使用的测试仪器的干扰作用被放大。综合以上考虑，本实验采用分段模型，缩尺比采用 1∶400，即把整个建筑分为 0～500m和 500～1000m 两段，如图 10-6 所示，同时为了模拟分段处风场误差，对上、下两段分别向下、向上延长 100m，延长段不布风压测点。本测试实验是为了测试自然风场下建筑外表面风压分布，因此建筑模型不考虑周边其他具体建筑。鉴于建筑外形的对称特性，只在其中一个塔楼上沿截面外轮廓线均匀布置，如图 10-7 所示，总计布点 495 个。风压测点采用外径 1mm 内径 0.8mm 不锈钢管制作，嵌入建筑模型外表面，并经过光滑处理，与压力扫描阀的连接采用塑料

(a)

(b)

图 10-6　千米级摩天大楼风洞实验分段建筑模型

(a) 下半段实验模型；(b) 上半段实验模型

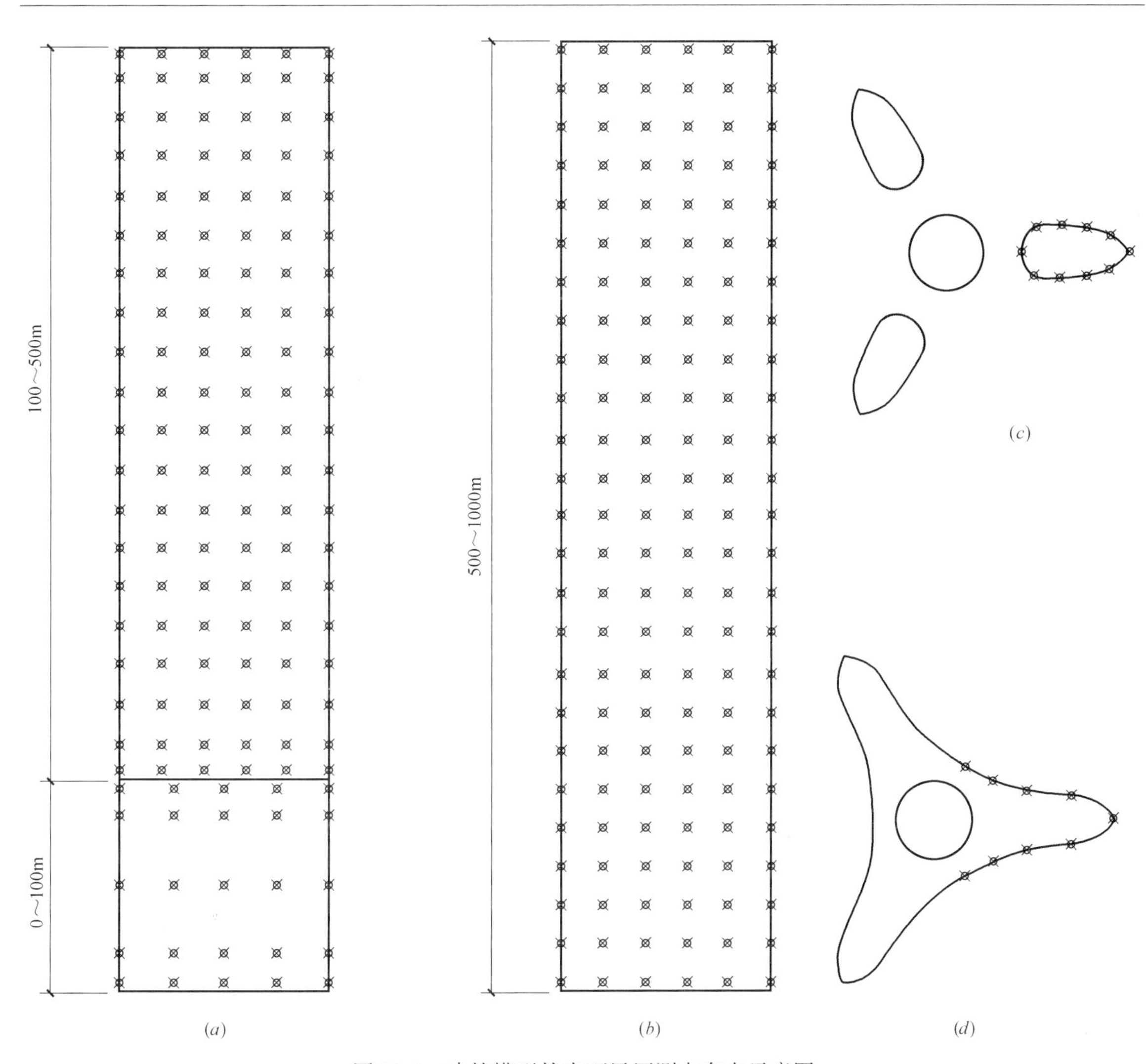

图 10-7　建筑模型外表面风压测点布点示意图

(*a*) 0～500m 模型风压测点正视图；(*b*) 500～1000m 模型风压测点正视图；
(*c*) 0～100m 布点俯视图；(*d*) 100～1000m 布点俯视图

软管，测试前所有测压点均经过气密性检验。为了避免测试阶段模型振动影响测试结果，采用细钢丝将建筑模型从顶部固定在旋转盘上；为保证建筑模型的刚性，制作时采用 8mm 木板，模型内部采用钢架支撑。

10.3.4　风洞实验入口风廓方案

在风洞实验中，风洞入口的风速垂直分布（风廓）与真实情况的相似性是保证实验结果的可靠性的必要条件。如引言所述，传统大气边界层指数模型不适合千米级摩天大楼的风压测试，本研究采用 WRF 模式模拟得到的大连地区年平均风速垂直分布对千米级摩天大楼的风压分布进行测试（图 10-8）。

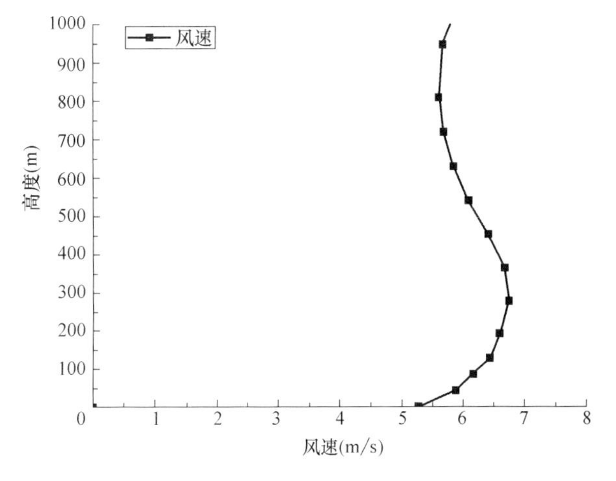

图 10-8　大连地区年平均风速垂直分布

同时为了比较采用大气边界层模型进行风压测试时产生的误差，本研究选择标准地貌的大气边界层模型作为对比工况进行风压测试。《建筑结构荷载规范》（GB 50009—2012）将地面粗糙度分为4类，见表10-1。根据长期的气象观测，在大气边界层内，风速随高度升高逐渐增大。一般情况下，高度在300～550m以上时，风速不再受下垫面影响。但风速不受影响的高度与下垫面的地表特征相关，如果地表存在很多明显的凸出物，势必会导致受影响的高度升高。因此规范根据常见的地面特征类型划分了4类标准地貌。本研究建筑所在位置为大连沿海区域，靠近大海，周围地势平坦，因此选择B类标准大气边界层模型作为对比实验的模拟风廓。

地貌粗糙度类别 **表 10-1**

类别	地貌特征	风廓指数	边界层厚度(m)
A	海上、近海、海岸、湖岸边	0.12	300
B	乡村、田野、丘陵地带以及建筑比较少的城市近郊	0.15	350
C	低矮建筑较多的城市区域、树林	0.22	450
D	大城市中心、高层建筑密集的城市中心	0.30	550

10.3.5 风廓被动模拟及调试

本研究中，风洞入口风廓分别根据WRF模式的模拟结果和B类标准地貌进行模拟，以讨论不同风廓特性对风压分布结果的影响。其中WRF模拟结果是指2012年全年在0～1000m高度范围内的平均风速垂直分布，下文简称为风廓1，B类标准地貌风廓下文简称为风廓2。

10.3.5.1 风廓模拟装置

根据风洞实验中风廓模拟设备是否向流场中注入机械能分为主动模拟和被动模拟，其中尖劈＋粗糙元的组合是目前建筑风洞中最为常见的被动模拟装置（图10-9），这也是本研究的风洞实验采用的模拟手段。由于各个边界层风洞的具体规格尺寸不同、技术参数不同，所以没有一定的被动模拟装置的设计规范，通常根据风洞实验人员的操作经验做出初步的尖劈设计，最终需要在试验中逐步调整。

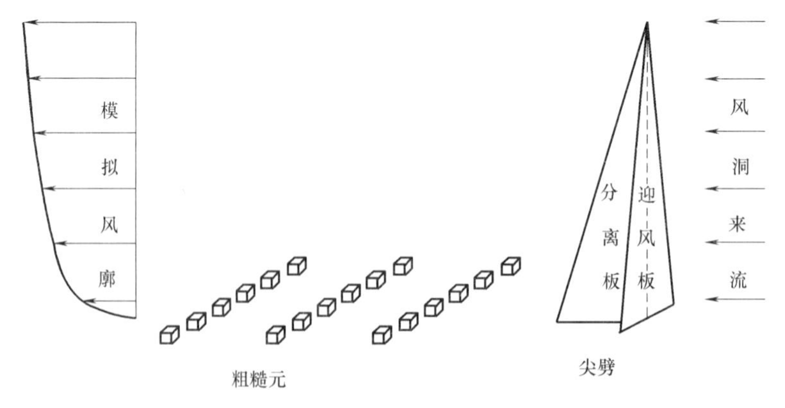

图10-9 尖劈＋粗糙元模拟风廓原理图

为了更为灵活的调节风洞内模拟风廓不同高度的风速，同时也为了弥补传统尖劈在模拟风廓方面调节风速能力的不足，本研究实验中采用一种建筑风洞可调节风剖被动模拟尖劈装置对风廓进行模拟，其主要原理是将其安装在尖劈上，通过调整相应高度的尖劈迎风板的宽度来改变安装高度风洞截面的阻塞率（图10-10），从而调节相应高度的风速。这里需要指出的是，针对风廓1上半段的风速分布特征，为使模拟的风速分布更准确，本实验引入倒尖劈，其基本原理与尖劈完全相同。本实验所用到的（倒）尖劈和微调节装置的物理尺寸见表 10-2 和表 10-3。

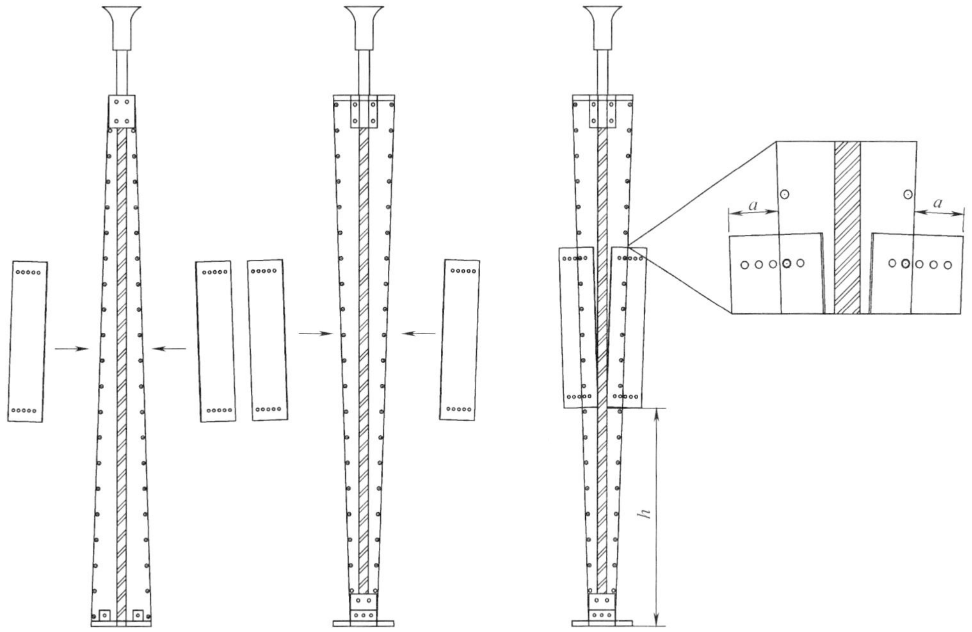

图 10-10 （倒）尖劈与微调节装置组装示意图

（倒）尖劈物理尺寸 表 10-2

设备	厚度（mm）	底宽（mm）	顶宽（mm）	高度（mm）
尖劈	20	210	50	3000
倒尖劈	20	50	220	3000

微调节装置物理尺寸 表 10-3

序号	1	2	3	4	5	6	7	8	9
数量	10	10	10	10	10	10	10	10	10
长度（mm）	200	200	200	200	200	200	200	200	200
调节范围（mm）	0～10	0～15	0～20	0～25	0～30	0～35	0～40	0～45	0～50

10.3.5.2 风廓模拟结果

与建筑分段模型相对应，本研究中风廓模拟也分段进行。为了便于对模拟风廓与目标风廓（风廓 1 和风廓 2）进行对比，在风廓调试过程中对模拟风廓与目标风廓均进行无量纲处理，下半段风廓和上半段风廓的参考高度分别为 500m 和 1000m，即各个分段风廓的最高处。经过大量的调试实验，最终得到风廓 1 和风廓 2 的被动模拟结果，如图 10-11 和图 10-12 所示，其被动模拟装置配置见表 10-4 和表 10-5。

风廓 1 被动模拟配置表 表 10-4

设备配置	(倒)尖劈		微调节装置调节量(mm)	
	类型	数量	h	a
下半段	尖劈	5	500 1000	60 80
上半段	倒尖劈	5	0 400 800	80 60 40

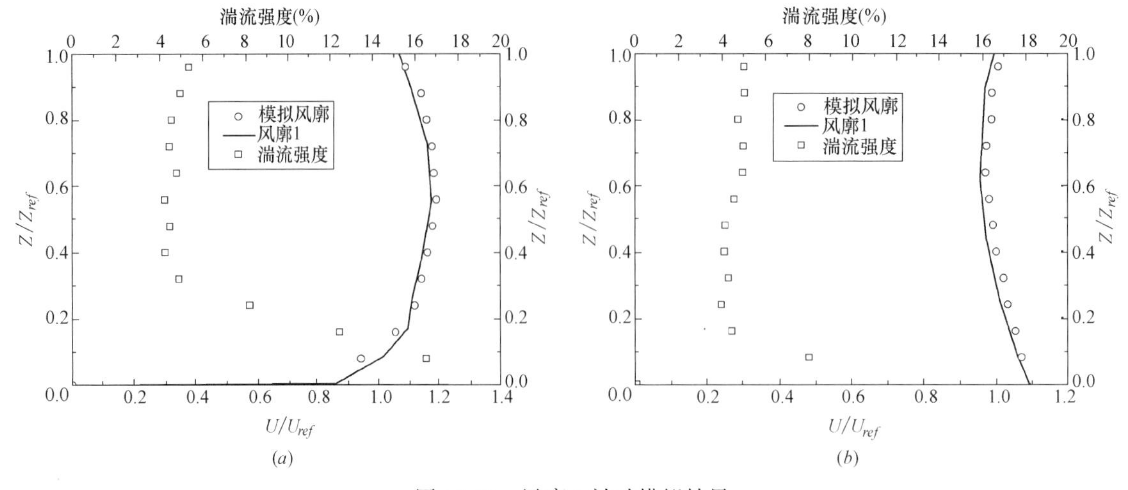

图 10-11 风廓 1 被动模拟结果

(a) 下半段；(b) 上半段

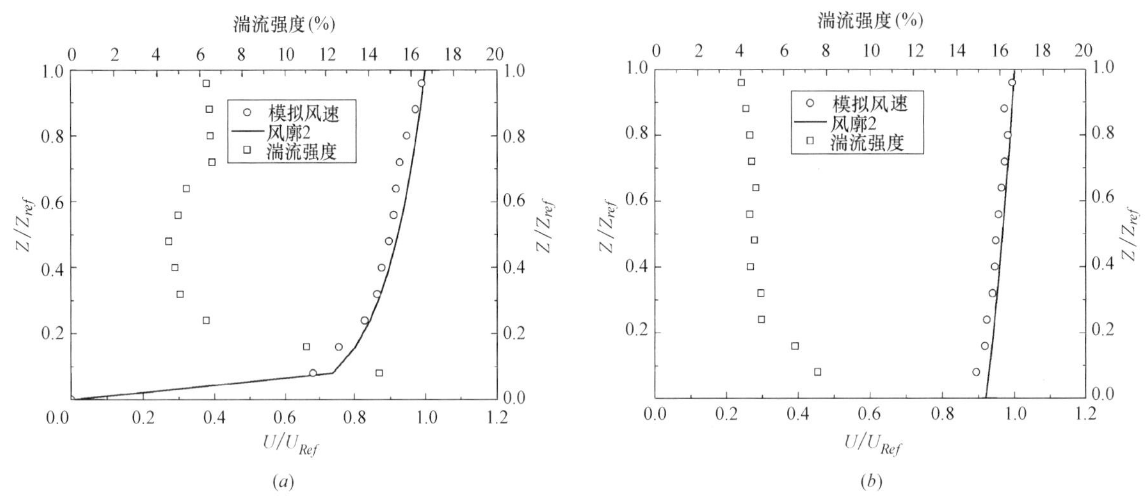

图 10-12 风廓 2 被动模拟结果

(a) 下半段；(b) 上半段

风廓 2 被动模拟配置表 **表 10-5**

设备配置	(倒)尖劈		微调节装置调节量(mm)	
	类别	数量	h	a
下半段	尖劈	5	400	10
			600	10
上半段	尖劈	5	200	20
			400	10
			600	10

10.4 千米级摩天大楼风洞实验结果及分析

在完成风洞入口风廓被动模拟的基础上进行千米级摩天大楼风压测试实验，本研究采用风压系数来描述千米级摩天大楼外表面的风压作用：

$$C_{\mathrm{w}}=\frac{P-P_{\mathrm{r}}}{0.5\rho U_{\mathrm{r}}^{2}} \tag{10-17}$$

式中　C_{w}——风压系数；

P——风压测点所测风压（Pa）；

P_{r}——参考高度静压（Pa）；

U_{r}——参考高度风速（m/s）。

10.4.1.1　数据处理

由式（10-17）可知，建筑模型外表面的风压系数由测压点风压和风场参考动压共同决定，其中测压点风压可由3个测试样本相同测压点数据的平均值得到，但对参考风压，由于风压测试分段进行，上下半段的参考风压并不一致，尤其对于下半段建筑模型的风压测试，风压系数的参考高度不在下半段风廓的模拟范围，其参考风速（U_{r}）不能通过热线风速仪直接测量。如图10-13所示，曲线1和3分别表示下半段和上半段模型风压测试时所采用的半段风廓，其中虚线部分表示不在模拟范围内，曲线2表示模拟风廓的完整形式（已知的风廓1或风廓2），图中三条风廓只是因参考风速（U_{r}）不同才表现出不同的样式，实质上曲线1和3均是基于曲线2模拟而来，所以三条曲线在经过标准化处理之后具有同一性，见式（10-18），式中1000表示风压处理时的参考高度（建筑顶端高度1000m）：

$$\frac{U_1}{U_{\mathrm{r1}}}=\frac{U_2}{U_{\mathrm{r2}}}=\frac{U_3}{U_{\mathrm{r3}}}=f\left(\frac{Z}{1000}\right) \tag{10-18}$$

式中　U_1、U_2、U_3——不同参考风速下风廓中风速（m/s）；

U_{r1}、U_{r2}、U_{r3}——参考高度的不同参考风速（m/s）。

综上所述，整个建筑模型的风压系数数据处理过程如下：

（1）下半段模型风压系数：基于图10-13中三条曲线的同一性，则建筑模型下半段风压测试的参考风速U_{r1}可表达为式（10-19），并获得下半段模型的风压系数。

（2）上半段模型风压系数：上半段模型风压系数的参考风速可直接在建筑模型顶端高度测得，并以此计算上半段模型的风压系数。

$$U_{\mathrm{r1}}=\frac{U_1U_{\mathrm{r2}}}{U_2} \tag{10-19}$$

（3）对上半段和下半段模型重合部分相同位置的风压系数取平均值，作为对应位置的风压系数，从而得到整个建筑外表面的风压系数分布。

10.4.1.2　不同高度和不同风向风压系数垂直分布

为了便于分析千米级摩天大楼风压随着高度与风向的变化规律，本研究选取建筑外表面典型位置的风压测点（图10-14），其中系列5、6和11上的测点在建筑纵向对称面内，绘制其风压系

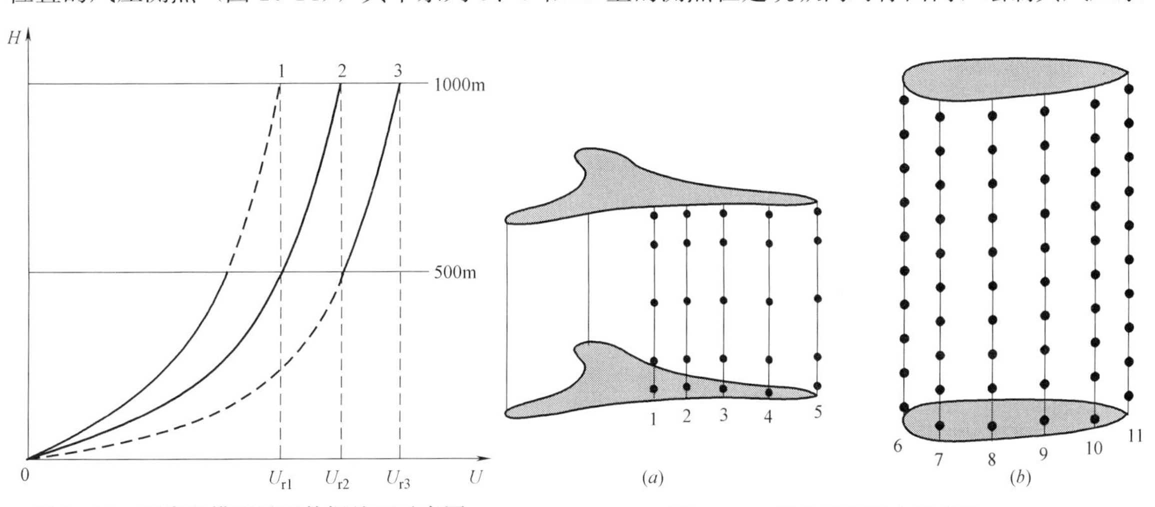

图10-13　下半段模型风压数据处理示意图

图10-14　部分风压测点示意图
（a）主体结构部分；（b）塔楼部分

数在不同风向下的具体分布（图 10-15、图 10-16）。风压系数随高度变化情况：对于主体建筑部分，整体上，同一条线上的测压点风压系数随高度变化不明显，其中靠近地面位置的风压系数略大于其他位置测压点的风压系数。对于塔楼建筑部分，处于正压区的测压点风压系数随高度逐渐变大，当高度超过 800m 以后，风压系数明显减小，在 1000m 高度达到最小。处于负压区的测压点整体上随高度变化不明显，但是对于处于系列 6 和 7 上测压点在负压区风压系数随高度变化明显，但规律性不强，其主要原因是处于系列 6 和 7 上的测压点受主电梯通道和天台影响，风压变化剧烈。

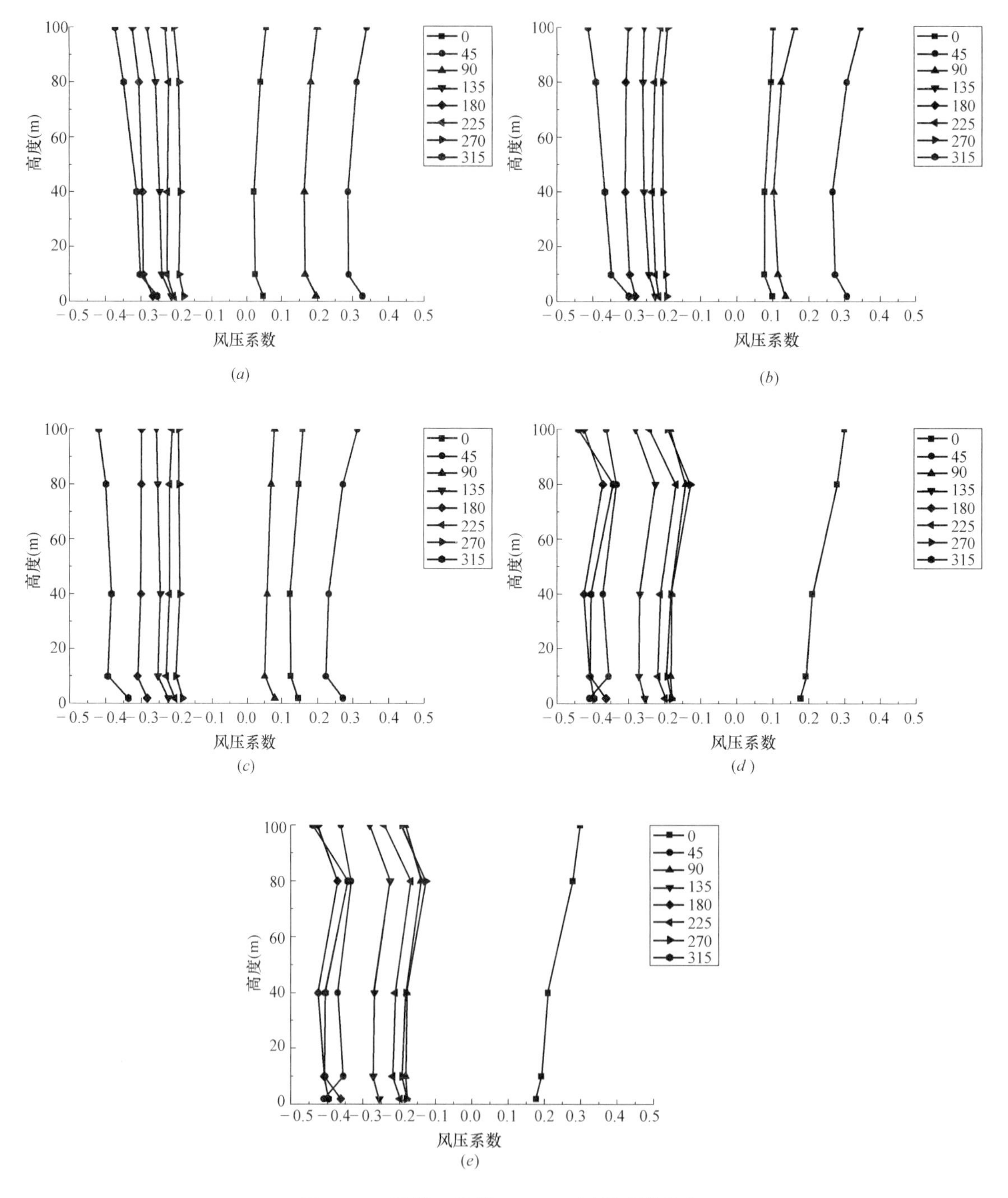

图 10-15　风廓 1 建筑 0～100m 风压系数分布

(a) 系列 1；(b) 系列 2；(c) 系列 3；(d) 系列 4；(e) 系列 5

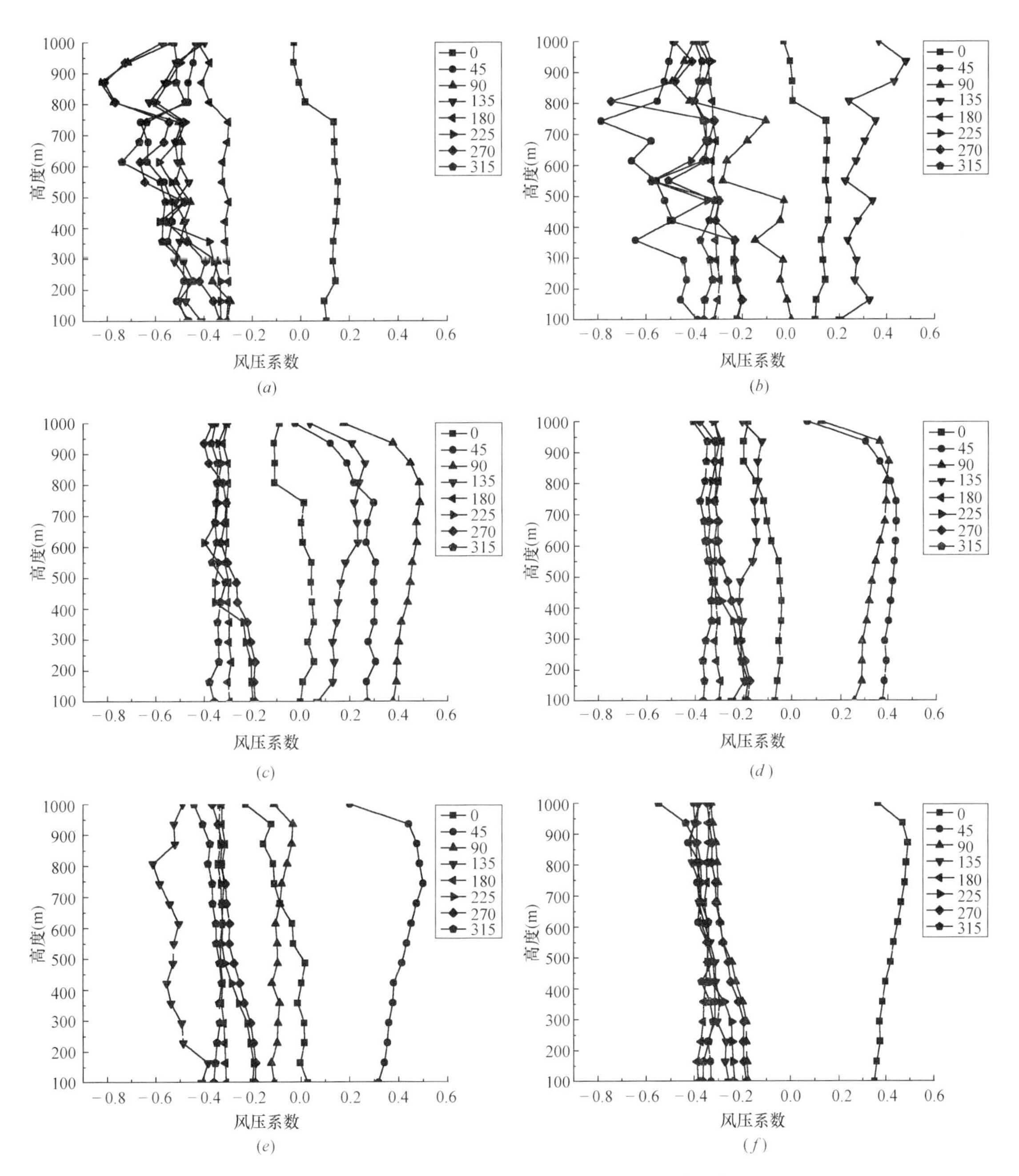

图 10-16 风廊 1 建筑 100～1000m 风压系数分布

(a) 系列 6；(b) 系列 7；(c) 系列 8；(d) 系列 9；(e) 系列 10；(f) 系列 11

风压系数随风向变化情况：建筑主体部分不同位置的测压点风压系数最大值约为+0.3，最小值约为−0.4，分别出现在 45°风向和 315°风向。塔楼部分因其表面均为光华曲面，随风向变化的规律性不明显。但值得注意的是，系列 6 上的测压点在 0°风向时，其风压为正压，这是由于主电梯通道和塔楼之间的返流以及其他两座塔楼的影响造成的。另外，对于处于“尖角”位置的测压点（系列 5、6 和 11），其风压系数只有在 0°风向时才为正压，在其他风向时均为负压。

10.4.1.3 不同风廊风压系数垂直分布

为了比较采用传统指数率风廊进行风洞实验所得到风压系数误差，图 10-17 以 0°和 90°风向为例，分别展示了建筑模型中相同测压点在风廊 1 和风廊 2 所测的风压系数。整体上，采用风廊 1 得到的风压系数大于采用风廊 2 得到的风压系数。为了更清楚的阐释风压系数差别与风廊差别的关系，图 10-18 所示为 1000m 作为参考高度进行无量纲化处理得到的风廓 1 和风廓 2。

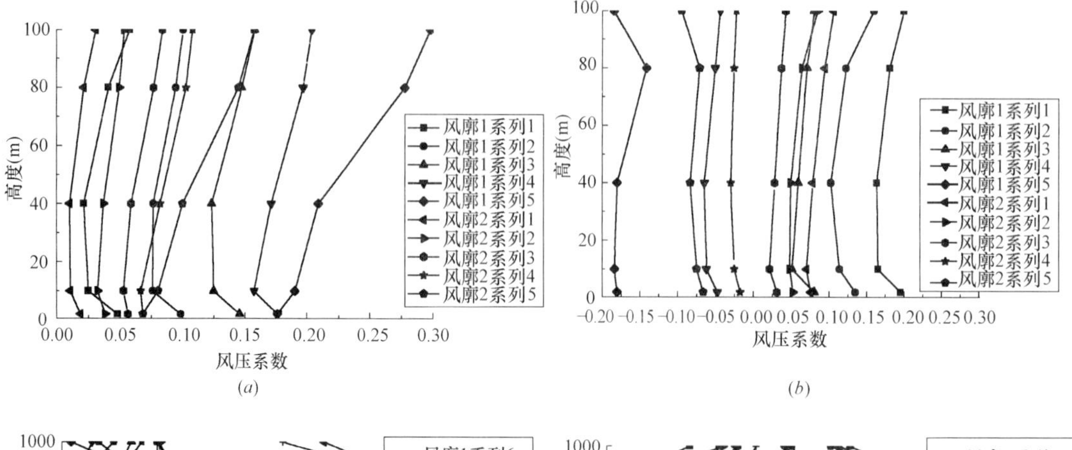

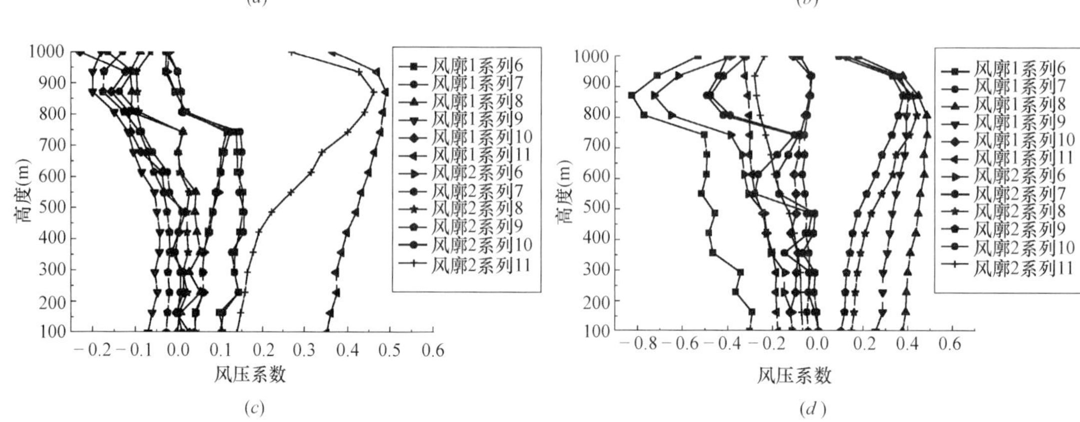

图 10-17　风廓 1 和风廓 2 风压测试结果对比

（a）0°风向（0～100m）；（b）90°风向（0～100m）；（c）100～1000m 建筑 0°风向；（d）100～1000m 建筑 90°风向

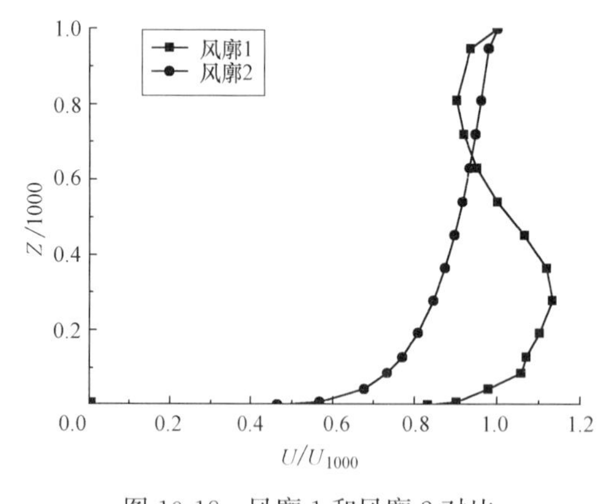

图 10-18　风廓 1 和风廓 2 对比

建筑主体（0～100m）对应高度范围内的两种风廓形式相似，风速均随高度升高近似指数率增大，导致采用两种不同风廓所得到的风压系数随高度的变化趋势也基本一致，但相同高度时风廓 1 的风速大约是风廓 2 风速的 1.5～1.9 倍，因此采用风廓 1 得到风压系数值明显大于采用风廓 2 得到的风压系数。对于塔楼 100～1000m 部分，在大部分高度范围内风廓 1 的风速大于风廓 2 的风速，因此采用风廓 1 得到风压系数大于采用风廓 2 得到的风压系数，其差值随高度的升高而逐渐减小。但是在 600～800m 高度范围内，风廓 2 的风速大于风廓 1，这说明风压系数同时受相应高度风速和风速整体分布（风廓）的影响，当高度大于 800m 时，采用两种风廓得到的风压系数非常接近。

10.5　高层建筑热压现场实测方案

10.5.1　测试方案及过程

10.5.1.1　测试参数及仪器

测试项目包括室外温度和室内相应楼层的楼梯间温度、电梯前室温度、走廊温度以及室外与楼梯间之间的压差、室内楼梯间门两侧的压差。所用仪器如图 10-19、图 10-20 所示。

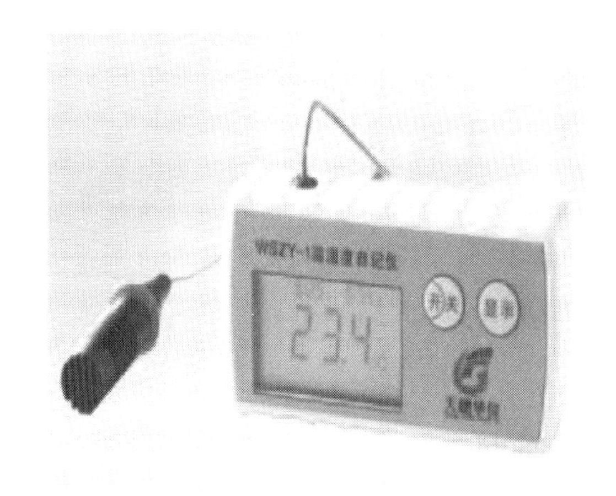

图 10-19　天建华仪 WSZY-1 温湿度自记仪

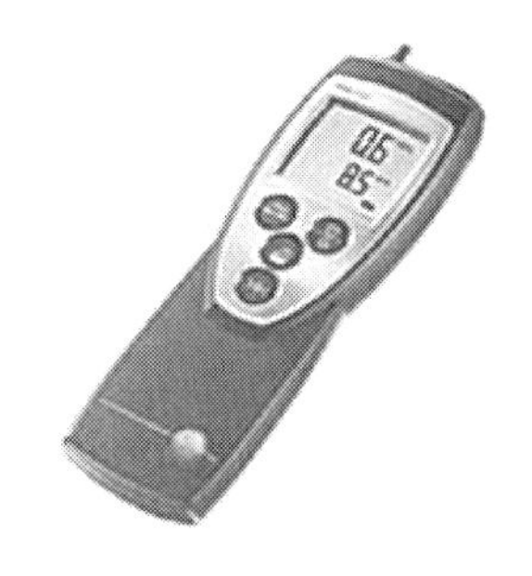

图 10-20　Testo512 压差测试仪

测试仪器的性能参数见表 10-6。

测试仪器特性参数　　表 10-6

测量参数	仪器	量程	误差	数量
压差	压差测试仪	压差 0～±200Pa	±0.5%	2
温度	温度记录仪	温度－40℃～100℃	±0.5℃	20

10.5.1.2　测点布置

在室外，大气温度测点位于楼顶，持续记录测试期间的室外温度。在建筑内部，由于现场实测存在局限性，控制居住建筑电梯的运行和深入住户对住户门窗两侧压差等进行测试难以实现。本次测试的测点在平面上的布置见表 10-7。表中测试压差位置用 3 栋建筑的有关门窗编号和名称表示，编号对应的具体门窗见表 10-8 和表 10-9。温度测点以区域名称表示。

测点位置汇总　　表 10-7

建筑	压差测点	温度测点
6 号	1(楼梯间窗)	楼梯间
	4(楼梯间门)	电梯前室

需要说明的是，由于 8 号楼进入楼梯间有两个路径，表 10-8 中 8 号楼楼梯间窗两侧的压差是由 B2 门进入后测试的结果。11 号楼的压差测点的编号 2 不代表 1 层的入口第二道门，其表示的是楼梯间与相通的窗和楼梯间门。

表 10-8

建筑	压差测点	温度测点
8号	2(楼梯间窗)	楼梯间(在1层由B1门进入)
	4(B1门)	楼梯间(在1层由B2门进入)
	5(B2门)	电梯前室
		走廊
11号	2(楼梯间与室外)	楼梯间
	3(B门)	电梯前室
		走廊

在竖直方向上，压差测点所在的楼层见表10-9，其中6号楼室外大气与楼梯间之间的压差测试楼层与8号和11号楼不同。

在竖直方向上，温度测点所在的楼层均为1层、3层、5层……33层。

压差测点在竖直方向的布置 **表 10-9**

建筑	测试参数类型	测点所在的楼层
6号	楼梯间窗两侧压差	6、8、12、16、20、24、28、32
	楼梯间门两侧压差	1、5、9、13、17、21、25、29、33
8号	楼梯间窗两侧压差	1、5、9、13、17、21、25、29、33
	B1门两侧压差	1、5、9、13、17、21、25、29、33
	B2门两侧压差	1、5、9、13、17、21、25、29、33
11号	楼梯间与室外大气压差	5、9、13、17、21、25、29、33
	B门两侧压差	5、9、13、17、21、25、29、33

10.5.1.3 工况设置

工况设置的思路如下：

(1) 通过对不同高度楼层内部隔断的开关进行人为调整来研究建筑内部横向与竖向隔断状态对建筑垂向热压分布的影响。

(2) 具体测试时，3栋楼的工况1均为所有楼梯间门及首层入口门关闭的状态。对于6号楼(表10-10) 设置6个工况，在首层入口门关闭的前提下，分别考虑位于建筑垂向的底层、中下部位、中间部位、中上部位、顶层5个不同高度处的楼梯间门的开启对热压分布的影响，由于其楼梯间结构的特殊性，选择在奇数层进行测试。对8号楼、11号楼（表10-11），设置7个工况，除了与6号楼设置方法相同的几个工况外，其中工况3的设置是为了体现出横向隔断对热压分布的影响，因此除了将B门（或B1、B2门）开启之外，还将A门（或A1、A2门）开启。

6号楼测试工况设置 **表 10-10**

工况	门的开关状态	说明
1	楼梯间门及首层入口门全关闭	基准工况
2	1、3层楼梯间门打开，其余关闭	考虑底层楼梯间门开启对热压分布的影响
3	9、11层楼梯间门打开，其余关闭	考虑建筑中下部位楼梯间门开启对热压分布的影响
4	17、19层楼梯间门打开，其余关闭	考虑建筑中间部位楼梯间门开启对热压分布的影响
5	25、27层楼梯间门打开，其余关闭	考虑建筑中上部位楼梯间门开启对热压分布的影响
6	31、33层楼梯间门打开，其余关闭	考虑建筑顶层楼梯间门开启对热压分布的影响

8号楼、11号楼测试工况设置　　表 10-11

工况	门的开关状态	说明
1	楼梯间门及首层入口门全关闭	基准工况
2	1、2、3层打开B(或B1、B2)门,其余关闭	考虑建筑底层楼梯间门开启对热压分布的影响
3	1、2、3层打开A、B(或A1、A2、B1、B2)门全开,其余关闭	考虑建筑底层楼梯间门全部开启对热压分布的影响
4	8、9、10层打开B(或B1、B2)门,其余关闭	考虑建筑中下部位楼梯间门开启对热压分布的影响
5	16、17、18层打开B(或B1、B2)门,其余关闭	考虑建筑中间部位楼梯间门开启对热压分布的影响
6	24、25、26层打开B(或B1、B2)门,其余关闭	考虑建筑中上部位楼梯间门开启对热压分布的影响
7	31、32、33层打开B(或B1、B2)门,其余关闭	考虑建筑顶层楼梯间门开启对热压分布的影响

10.5.1.4 测试时间

本次测试时间为2016年1月19日～2016年1月21日，每天的测试时间从13：30左右开始，一般测试到晚上22：00左右结束。根据前期调研，此前的热压测试大多数选择在凌晨，但由于在这一时间段测试会对住宅建筑内部居民的休息形成干扰，在13：30之后建筑内部的进出人员最少，对测试结果的影响最小，故选择这一时间段进行测试。

10.5.1.5 测试过程

（1）人员的分组

测试人员共7人，其中测试人员共6人，1人负责在1层处保证入口门的开关状态并检查每个工况下的门的开关状态。将测试人员分为3组，每组2人。测试开始前，由测试人员按照每个工况下的设置改变相应位置的门的开关状态。然后按照前述测点布置中提到的温度所在的楼层将温度记录仪布置在楼梯间内，布置完毕后方可进行测试。以下所有建筑的测试均按此规定和人员分配进行。

（2）测试过程人员安排

对于6号楼，在竖直方向上将整个建筑分为2段，即1～17层、18～33层。测试开始后，由两组人员分别负责其中1段的测试工作，测试内容包括竖直方向上楼梯间与室外的压差和楼梯间门两侧的压差。余下的1组人员负责水平和竖直方向上的不同区域温度的测试。测试开始后，在测试进行15min后将所有楼层的温度记录仪从楼梯间移动到电梯前室，移动过程约10min，之后使温度记录仪在电梯前室内持续记录15min。

对于8号楼，其平面上的压差测点较多，分别是室外与楼梯间两侧的压差、B1门和B2门两侧的压差。因此由一组人员从B2门进入并测试竖直方向上的室外和楼梯间的压差和不同楼层的B门两侧的压差，另一组人员负责测试B1门两侧的压差。余下的一组人员负责水平和竖直方向上的区域温度的测试。测试开始后，在测试开始15min后将所有楼层的温度记录仪在水平方向上从楼梯间移动到走廊，移动完毕并稳定15min后在将温度记录仪从走廊移动到电梯前室，移动完毕后再持续记录15min。

对于11号楼，由1组人员在楼梯间内测试竖直方向上楼梯间与室外的压差，由另一组人员测试竖直方向上B门两侧的压差。余下1组人员负责水平方向上不同区域温度的测试，在测试开始15min后将温度记录仪从楼梯间移动到电梯前室，稳定15min后再移动到走廊并持续测试15min。

（3）注意事项

压差读数之前应将压差测试仪放平并调零（图10-21～图10-23）。

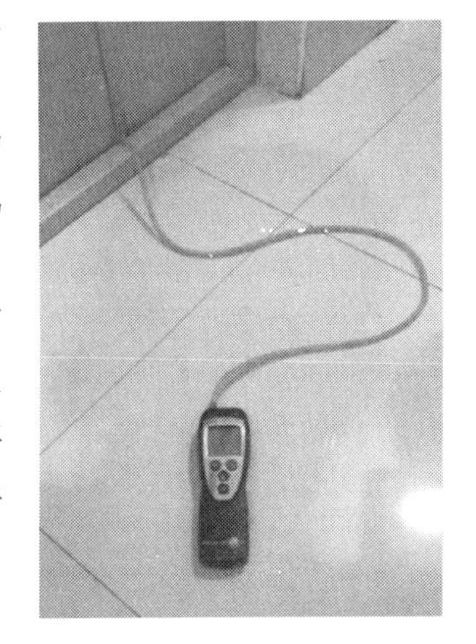

图10-21　热压测试现场1

测试过程中，尽量保持3组人员同时进行，若两组测试压差的人员先测试完毕，需等待水平区域的温度的一组测试人员测试完毕后再进行下一个工况的测试。

图 10-22　热压测试现场 2

图 10-23　热压测试现场 3

为了减小测试误差，每个位置的压差测试值取连续3次测试后的平均值。

温度记录仪移动到某个区域后应定15min再移动到下个区域。这样做是保证温度记录仪处在一个新的区域时其温度能适应区域温度。

移动温度记录仪的小组人员要明确记录温度记录仪在每个区域的时间段，以便数据的筛选。

热压实测期间室外风速统计结果见表10-12。

热压测试期间室外风速　　表 10-12

建筑	最小值(m/s)	平均值(m/s)	最大值(m/s)
6号	0.69	1.40	1.87
8号	0.74	1.50	1.88
11号	1.29	1.50	2.22

在建筑四周的风压计算公式如下：

$$\Delta p_{\mathrm{w}}=K\frac{v_{\mathrm{w}}^{2}}{2}\rho_{\mathrm{o}} \tag{10-20}$$

式中　Δp_{w}——风压（Pa）；

K——空气动力系数，取值可正可负，K为正值代表该处的压力升高了Δp_{w}，正方形或矩形建筑的迎风侧K值在0.5～0.9，背风侧K值在−0.3～−0.6；

v_{w}——风速（m/s）；

ρ——室外空气密度（kg/m^3）。

表10-13为3栋楼在测试期间的室外温度。

测试对象在不同工况时的室外温度　　表 10-13

建筑＼工况	工况1	工况2	工况3	工况4	工况5	工况6	工况7
6号楼	−12.5	−14	−15	−18	−20.3	−20.8	无
8号楼	−16.6	−18.1	−19	−19.5	−20	−20.3	−15.8
11号楼	−10.7	−17	−19	−20.5	−20	−19.3	−19.2

由表10-13中测试期间室外温度可以计算得到室外空气密度，按式（10-18）计算风压的影响。在3栋建筑中分别取温度最低的工况下室外空气密度，空气动力系数K值分别取迎风侧时的0.9和背风侧时的−0.6，以此研究风压的最不利影响。计算结果见表10-14。

风压影响计算结果 表 10-14

建筑	风压最大增加量(Pa)	风压最大减小量(Pa)
6 号	2.20	−1.46
8 号	2.22	−1.48
11 号	3.10	−2.06

表 10-14 表明实测期间风力作用在楼梯间正面时，可对 3 栋建筑的压差测试结果引起 2.20～3.10Pa 的偏差，风力作用在楼梯间背面时，可对 3 栋建筑的测试结果引起−2.06～−1.46Pa 的偏差。由此可见，风压的作用减小，在室外风速较低时对热压测试结果影响不大。

10.5.2 建筑热压通风现场实测结果与分析

10.5.2.1 测试结果的无量纲化处理

图 10-24 为热压作用原理的示意图。图中以底部开口处的高度为基准高度，即 0m，基准高度距离上部开口的高度为 H，室外空气密度为 ρ_o，室内空气密度 ρ_i，设基准高度处的室外大气压力 0，则基准高度处的室内空气压力为 p_i。

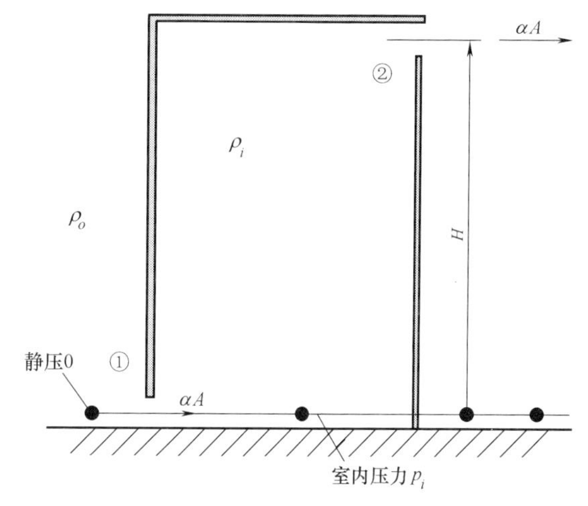

图 10-24 热压基本原理

由压力变化随高度变化的关系可知，建筑内部上部开口（②处）的压力为 $p_i-g\rho_i H$，H 高度处室外的大气压力为$-g\rho_o H$。

所以，基准高度和高度 H 处的压差 Δp_1 和 Δp_2 的表示如下：

$$\Delta p_1 = p_i, \Delta p_2 = p_i + \Delta\rho g H \quad (10\text{-}21)$$

式中 $\Delta\rho=\rho_o-\rho_i$。

进出口的空气质量流量由以下公式计算：

$$G_{in} = \alpha A\sqrt{2\rho_o(-\Delta p_1)} \quad (10\text{-}22)$$

$$G_{out} = \alpha A\sqrt{2\rho_i(\Delta p_2)} \quad (10\text{-}23)$$

由进出口的质量流量平衡 $G_{in}=G_{out}=G$ 可以计算得到：

$$p_i = -\frac{\rho_i\Delta\rho}{\rho_i+\rho_o}gH, G=\alpha A\sqrt{\frac{2\rho_o\rho_i\Delta\rho}{\rho_o+\rho_i}gH} \quad (10\text{-}24)$$

由以上计算过程及结果可知，压差的大小受到室内外空气密度和开口高度的共同影响。由于在建筑热压的实测过程中，不同工况下的室外气象参数发生了变化，所以不便比较不同工况的设置对热压分布的影响。为了摒除室内外空气密度和建筑高度的影响，对测试结果进行无量纲化处理。这样处理的意义是将室内外空气密度和建筑高度对热压的影响消除后单纯研究工况的变化对热压的影响。

处理的过程如下所述：

（1）流量的无量纲处理

由热压计算原理可以知道，不同位置开口的质量流量同样受到室内外空气密度的影响。其无量纲化的处理方式如下式：

$$G^* = \frac{G}{\rho_o\alpha A\sqrt{gH}} \quad (10\text{-}25)$$

式中 G^*——无量纲流量；

G——由压差的测试结果根据门窗气密性计算得到的流量。由室外流入楼梯间为正，反之为负；由楼梯间流入前室为正，反之为负（kg/h）；

ρ_o——室外空气密度（kg/m^3）；

α——开口流量系数；

A——开口面积（m^2）；

H——门窗中心距离1层地面的高度（m）。

为了研究不同工况的设置相对于基准工况的变化，将无量纲化后的流量按照以下方法进行比较分析，计算方法如下：

$$|\Delta G^*|=\frac{G^*-G_o^*}{G_o^*}\cdot 100\% \tag{10-26}$$

式中 $|\Delta G^*|$——无量纲流量的相对增量（%）；

G^*——除基准工况之外的其他工况的无量纲流量；

G_o^*——基准工况的无量纲流量。

将基准工况之外的每一层计算得到的流量均按照上述方法处理，再对不同工况的设置进行比较分析。

（2）压差的无量纲化处理

由压差实测值根据下式计算无量纲压差。

$$\Delta P^*=\frac{\Delta P_m}{\Delta\rho g H} \tag{10-27}$$

式中 ΔP^*——无量纲压差；

ΔP_m——压差实测值。室外流入楼梯间为正，反之为负；楼梯间流入前室为正，反之为负（Pa）；

$\Delta\rho$——$\Delta\rho=\rho_o-\rho_i$（kg/m^3）；

H——门窗中心距离1层地面的高度（m）。

经过以上的处理，每层测试得到的压差是无量纲数值，按照对流量处理的类似方法计算无量纲流量的相对增量，如下式：

$$|\Delta P^*|=\frac{\Delta P^*-\Delta P_o^*}{\Delta P_o^*}\cdot 100\% \tag{10-28}$$

式中 $|\Delta P^*|$——无量纲压差的相对增量（%）；

ΔP^*——除基准工况之外的其他工况的无量纲压差；

ΔP_o^*——基准工况的无量纲压差。

以上处理是将不同的工况处理结果分别与基准工况下的无量纲结果进行比较，以此研究不同高度的内部楼梯间门的开启对热压分布的影响。

10.5.2.2 各建筑大气—楼梯间压差分布

通过对压差的无量纲化处理，得到各建筑的大气—楼梯间压差分布。具体分析如下：

（1）基准工况下的测试结果对比

基准工况是所测试建筑的首层入口门和所有的楼梯间门全部关闭，其测试结果能体现不同建筑在压差分布上的差异。为了研究不同布局对热压分布的影响，有必要对基准工况进行对比分析，图10-25表示大气与楼梯间之间的压差无量纲化结果。图10-26表示内部楼梯间门的无量纲化结果。

由图10-25和图10-26可知，3栋建筑大气—楼梯间和内部楼梯间门的无量纲压差在趋势上

基本一致，区别较大的是较低层的位置。

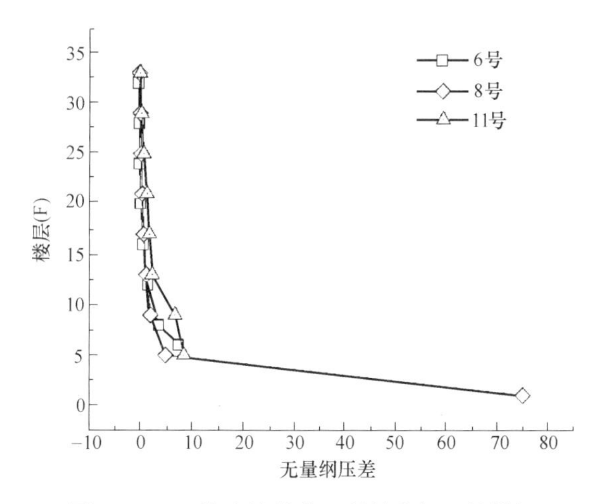

图 10-25　3 栋建筑基准工况的大气—楼梯间无量纲压差比较

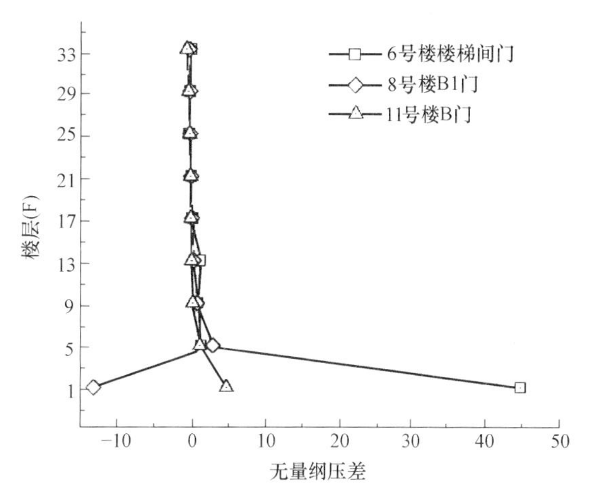

图 10-26　基准工况的内部楼梯间门无量纲压差比较

图 10-25 中，11 号楼在 13 层以下其无量纲压差值均比 6 号、8 号楼大。这表明如果在相同的楼梯间温度和室外大气环境下，11 号楼 13 层以下部分的压差仍然比 6 号、8 号楼大。产生以上结果的主要原因有两个：首先，11 号楼的楼梯间顶部与大气连通的开口面积大于 6 号、8 号楼。6 号楼在测试所在的楼梯间到达 33 层以后无法到达楼顶，不与室外大气相通；8 号楼的顶部有 1 道门与室外相隔，可以通过此门直达楼顶。顶部开口面积大时，中和面的位置会明显上升，在楼梯间竖井内部形成更强的热压作用。其次，几种楼梯间不同，6 号、8 号楼的楼梯间其截面积狭小，路线曲折；11 号楼的楼梯间在竖直方向上更为通透，形成了一个贯通的竖向空间，因此 11 号楼梯间内的气流阻力更小，导致其热压作用更强，从而接近于底层的部位其无量纲压差增大。

图 10-26 中 1 层的差别尤为显著，无量纲压差的大小关系是 6 号楼>11 号楼>8 号楼。产生这种现象的原因如下：从建筑布局来看，6 号楼梯间与电梯前室通过楼梯间门连通，且楼梯间内有与室外大气相通的楼梯间消防门。在楼层较低处，如 2 层和 4 层的位置，从室外经过楼梯间消防门渗透进来的空气量较大，造成楼梯间内的压力升高，而 1 层的电梯前室由于电梯竖井的热压作用的存在使其压力降低。这两种综合作用下，导致 1 层无量纲压力较大；11 号楼 B 门两侧分别是电梯竖井和楼梯间竖井，但是其无量纲压差较 6 号楼小。前面提到，6 号楼与 11 号楼的不同之处楼梯间顶层位置的开口面积，11 号楼顶层开口面积大，热压作用更明显，且 11 号楼电梯竖井顶部比 6 号楼气密性好。所以由 1 层渗入的空气更容易直接沿楼梯间上升，而不是通过 B 门流向电梯前室，因此无量纲压差减小；8 号楼由于 B1 门两侧分别是楼梯间和电梯前室，8 号楼从 B1 侧进入的楼梯间在竖直方向上只有外窗能引起冷风渗透，因此 1 层楼梯间的压力较小。所以 8 号楼的楼梯间在 1 层的压力比 11 号楼小。

（2）6 号楼大气—楼梯间压差比较

图 10-27～图 10-31 分别是 6 号楼基准工况下大气与楼梯间的无量纲压差与其他工况的比较结果。该结果显示了不同工况的设置对无量纲压差的影响，从中可以发现以下特点：

随着楼梯间门的开启位置的升高，20 层以下的压差有减小的趋势，20 层以上的压差有增大的趋势。实际上是楼梯间门开启位置越高则楼梯间内的压力在竖直方向上整体越大。对于以上现象，有如下解释：从图中可以看到基准工况时的楼梯间与前室之间的压差分布。图中表明 20 层以下气流由楼梯间流向前室，20 层以上气流由前室流向楼梯间。由此不难解释，楼梯间门开启的位置越往上，从楼梯间流向前室的空气流量越少，在 20 层以上甚至流向已发生改变，所以越靠上的楼梯间门的打开越使楼梯间内压力增大，造成前述的现象。

图 10-32 为其他工况相对于基准工况的增量，图中最为明显的是 20 层不同工况的无量纲压差增量。在 20 层处，工况 2、工况 3、工况 6 的无量纲压差相对增量变大，工况 4 几乎不变，工况 5 的无量纲压差减小。其中工况 2 和工况 3 由于开启的楼梯间门的位置较低，造成楼梯间内的

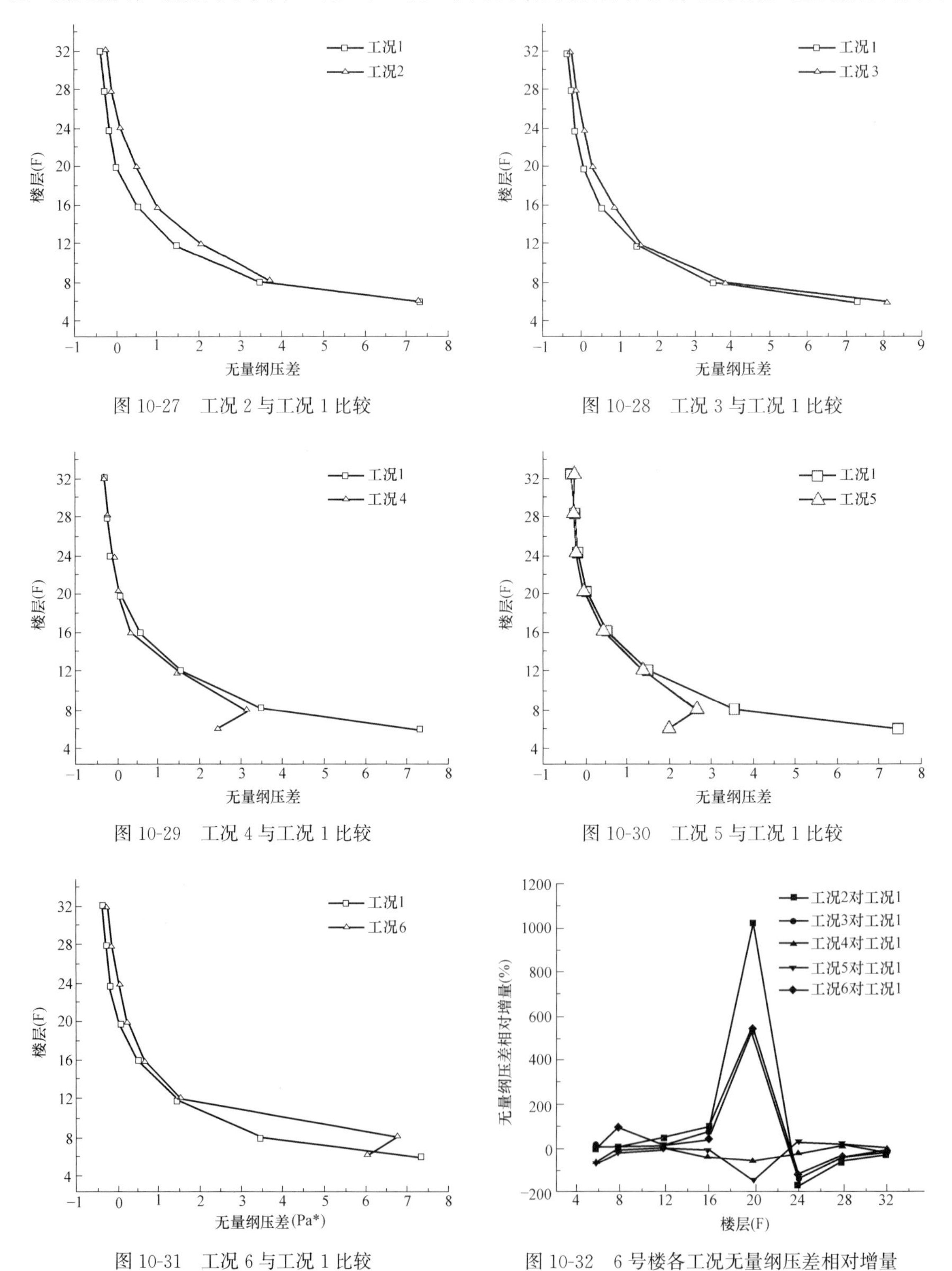

图 10-27　工况 2 与工况 1 比较

图 10-28　工况 3 与工况 1 比较

图 10-29　工况 4 与工况 1 比较

图 10-30　工况 5 与工况 1 比较

图 10-31　工况 6 与工况 1 比较

图 10-32　6 号楼各工况无量纲压差相对增量

气流通过楼梯间流向电梯前室，导致楼梯间内压力的整体降低，因此 20 层处的无量压差相对增量变大。工况 4 由于开启门的位置在 17 层和 19 层，在 20 层附近，所以对楼梯间内整体压力影响较小。工况 5 的无量纲压差相对增量为负值是因为工况 5 时在 25 层和 27 层开启楼梯间门导致楼梯间上部压力增大，中和面位置下移，造成 20 层处的压差方向发生了改变。工况 6 与其他工况的变化规律不同，这是因为 33 层开门时，由楼梯间上升到 32 层的温度较高的气流更容易从 33 层楼梯间门流到电梯前室，而不是由电梯前室流向楼梯间，相当于增大了楼梯间顶部开口面积，造成中和面的上移。

（3）8 号楼大气—楼梯间压差比较

图 10-33～图 10-38 是 8 号楼基准工况大气与楼梯间的无量纲压差与其他工况的比较结果，结合图 10-39 中无量纲相对增量的变化情况，可以发现以下特点：工况 2～6 在 1～25 层的高度上无量纲压差的大小关系为工况 2>工况 3>工况 4>工况 5>工况 6，在 29～33 层的高度上无量纲压差的大小关系为工况 6>工况 5>工况 4>工况 3>工况 2。这是因为在工况 2～6 的变化过程中，随着楼梯间门开启的位置逐渐向上，楼梯间通过 B2 门流到无电梯前室的空气流量减少，在 29 层以上通过 B2 门的空气流向，造成楼梯间内的压力逐渐增大，因此产生以上结果。工况 7 显示出与前述现象不同的变化，图 10-38 显示工况 7 相对于工况 1 其无量纲压差有整体变大的趋势，其原因与 6 号楼类似。表明在 31 层和 33 层楼 B2 门开启时，经过 B2 门的气流方向是由楼梯间流向无电梯前室且气流量较大，造成楼梯间内压力的减小和 1～25 层工况 7 相对其他工况而言增量较大，29 和 33 层增量较小。

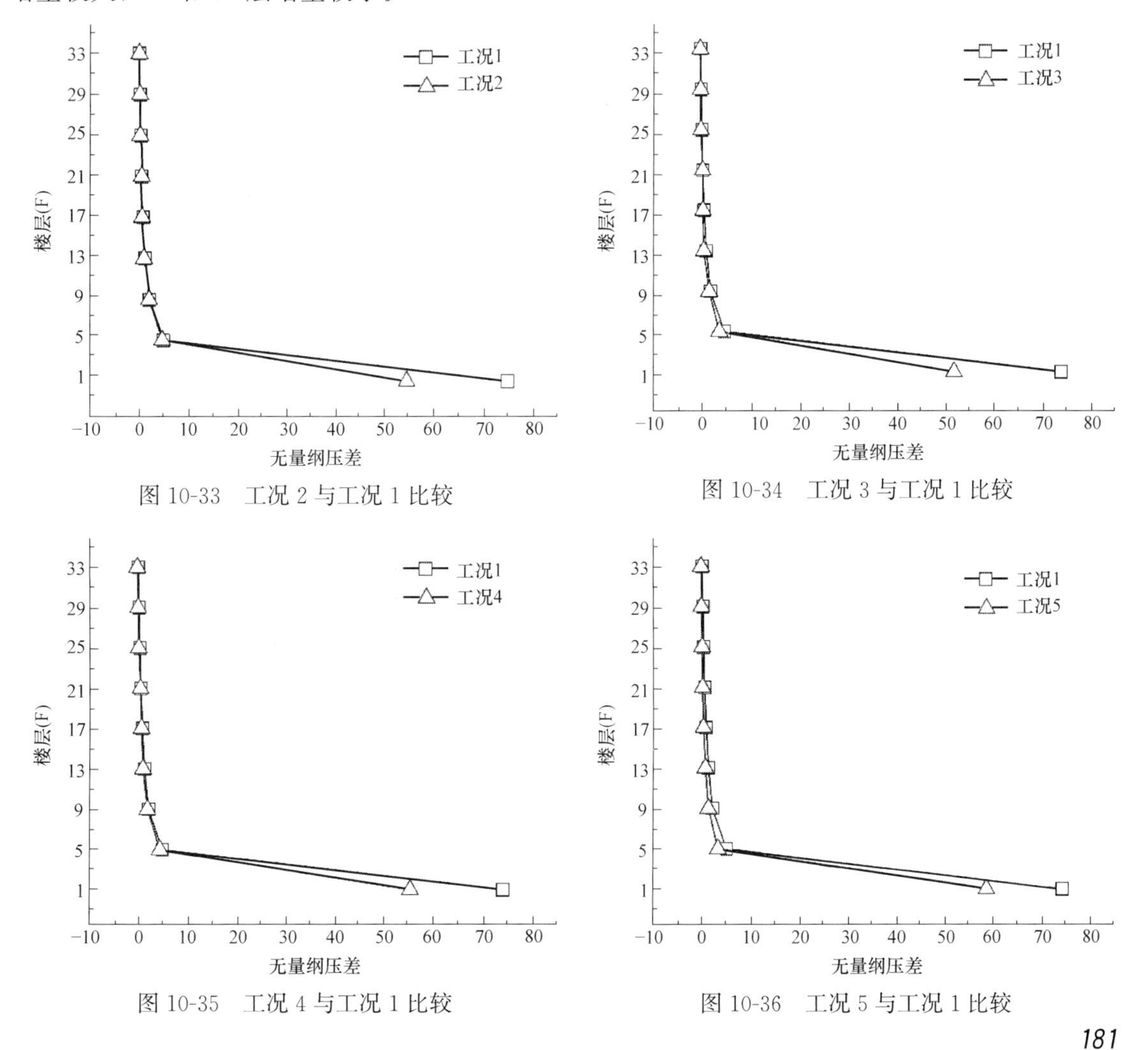

图 10-33　工况 2 与工况 1 比较

图 10-34　工况 3 与工况 1 比较

图 10-35　工况 4 与工况 1 比较

图 10-36　工况 5 与工况 1 比较

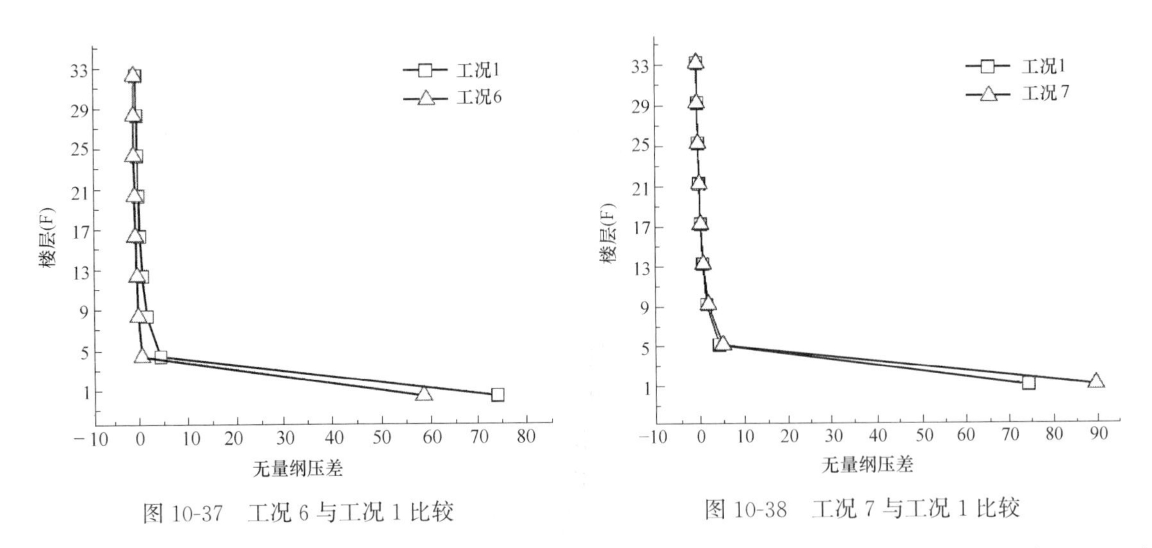

图 10-37　工况 6 与工况 1 比较　　图 10-38　工况 7 与工况 1 比较

图 10-39 中最明显的是 29 层处的大气楼梯间相对增量，其增量变化的范围在 500%～2500%之间。根据测试现场记录发现工况 4～6 的测试期间，29 层有一个住户将户门打开。说明由于住户的开门作用会影响到该楼层的大气楼梯间压差，而且会明显增大该楼层的大气楼梯间压差值。这是因为在 29 层处住户内的空气有流向室外的趋势，户门打开时，使走廊内的空气更容易进入室内从而流向室外。无电梯前室内的气流也产生向走廊流动的趋势，所以进一步会影响 29 层楼梯间内的局部压力。

（4）11 号楼大气—楼梯间压差比较

图 10-40～图 10-45 是 11 号楼 8 基准工况大气与楼梯间的无量纲压差与其他工况的比较结果，结合图 10-46 无量纲压差的相对增量，可以发现以下特点：图 10-46 中工况 2～7 的相对增量均为负值，且相对增量的变化程度不如 6 号楼、11 号楼明显。说明几种工况均减小了大气与楼梯间之间的压差。由此可以说明，在 11 号楼梯间的构造和顶层的大开口状态下，不论楼梯间门开启的高度是多少，均会导致楼梯间内气流增多，使楼梯间内压力升高，从而其室外与楼梯间的压差减小。但是由于 11 号楼梯间顶部开口较大，楼梯间门的开启对无量纲压差的影响程度不如 6 号、8 号楼大。

10.5.2.3　各建筑热压通风中和面位置

定义当量中和面为中和面位置所在的高度占建筑总高度的百分比，见式（10-29）。

$$\varphi_{NPL}=h/H\times PL\% \tag{10-29}$$

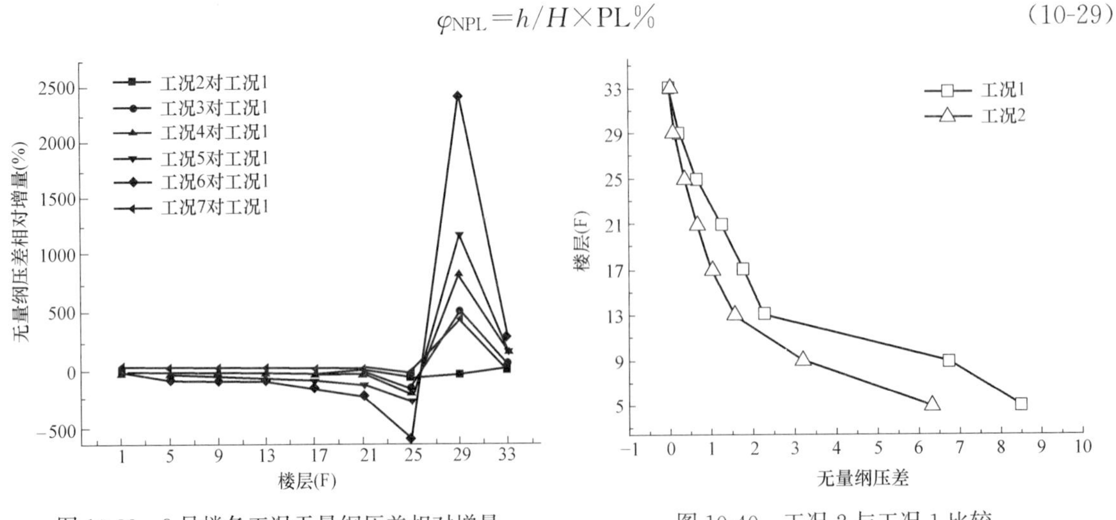

图 10-39　8 号楼各工况无量纲压差相对增量　　图 10-40　工况 2 与工况 1 比较

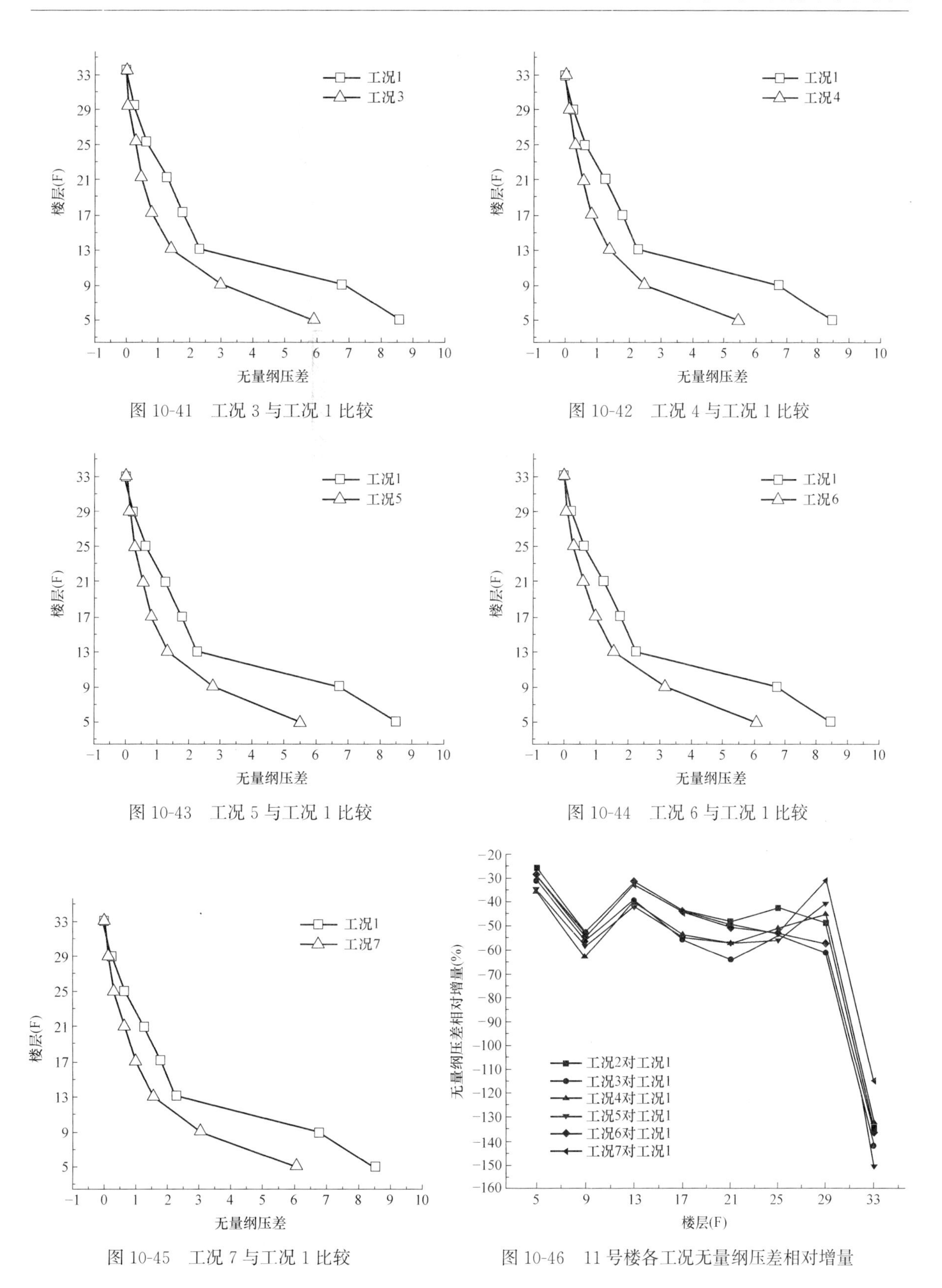

图 10-41　工况 3 与工况 1 比较

图 10-42　工况 4 与工况 1 比较

图 10-43　工况 5 与工况 1 比较

图 10-44　工况 6 与工况 1 比较

图 10-45　工况 7 与工况 1 比较

图 10-46　11 号楼各工况无量纲压差相对增量

图 10-47 是对 3 栋楼不同工况下楼梯间与室外压差的中和面位置统计结果。6 号楼的中和面位置在不同工况下变化不大，6 号楼中和面的高度占整个建筑高度的比例最大值为 75.8%，最小值为 57.6%，平均值为 65.2%，均处于建筑中间高度的上方；11 号楼的相应变化则更小，中和

面位置均较高，均接近 100%；8 号楼的中和面位置随工况变化波动较大，8 号楼中和面位置的最大值为 84.8%，最小值为 33.3%，平均值为 69.2%。

综合测试情况来看，6 号楼梯间顶部为一个封闭的空间不与室外大气相通，但由于楼梯间内消防门等缝隙较大，中和面位置在不同工况时均处于 60%～70%的当量中和面高度。8 号楼楼梯间顶部通往室外大气有一道门相隔，在 19 层以上气密性较差，相当于 19 层以上楼梯间开口面积增大，所以 8 号楼的中和面大多数处于 80%左右。11 号楼楼顶直接与大气相通，相当于顶部有一个很大开口，导致中和面较高以至于当量中和面接近 100%。

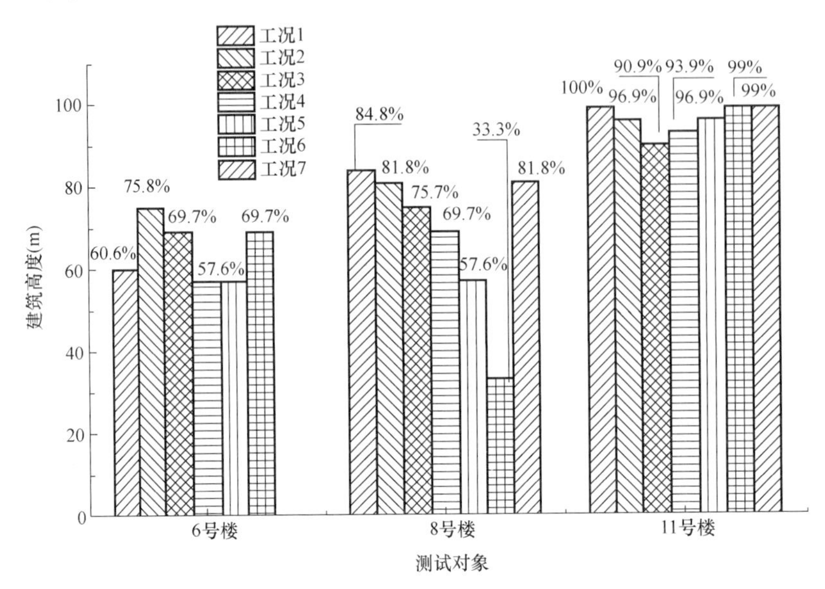

图 10-47　楼梯间与室外压差的中和面位置

10.5.2.4　各建筑大气—楼梯间空气流量

通过对流量的无量纲化处理方法对楼梯间的渗透空气流量进行了处理，处理结果及分析如下所述。

(1) 6 号楼大气—楼梯间空气流量

图 10-48～图 10-53 是 6 号楼基准工况与其他工况的比较结果。从其中可以发现以下特点：工况 2 与工况 3 相比于工况 1 的变化中，6～20 层无量纲流量增大，28 和 32 层无量纲流量减小，且工况 3 与工况 1 的差别比工况 2 和工况 1 的差别有所减小。因为在靠近底层的位置，当打开低于中和面高度的楼梯间门以后，气流会从楼梯间直接流向电梯前室，造成楼梯间内压力的降低，

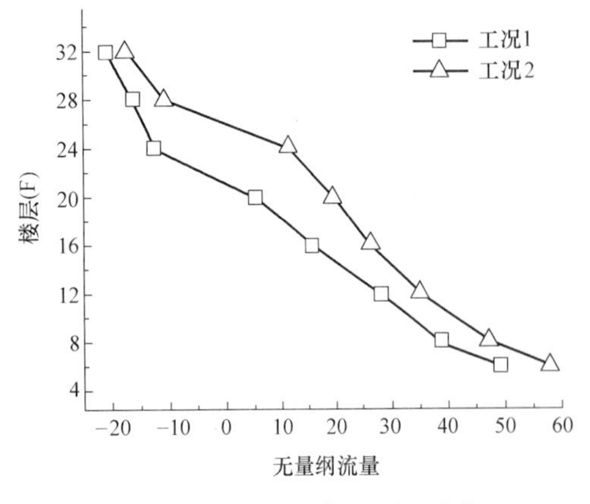

图 10-48　工况 2 与工况 1 比较

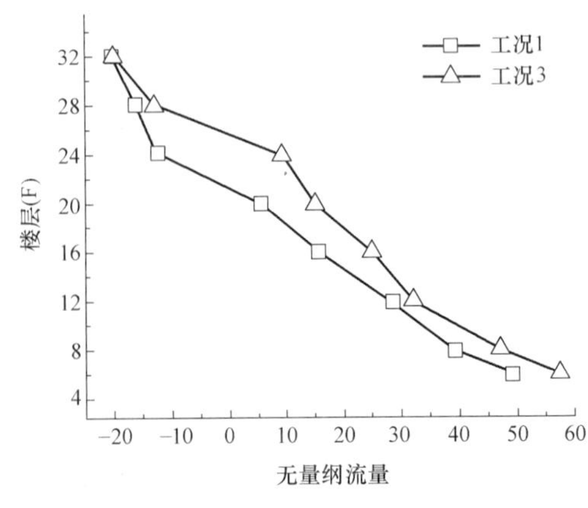

图 10-49　工况 3 与工况 1 比较

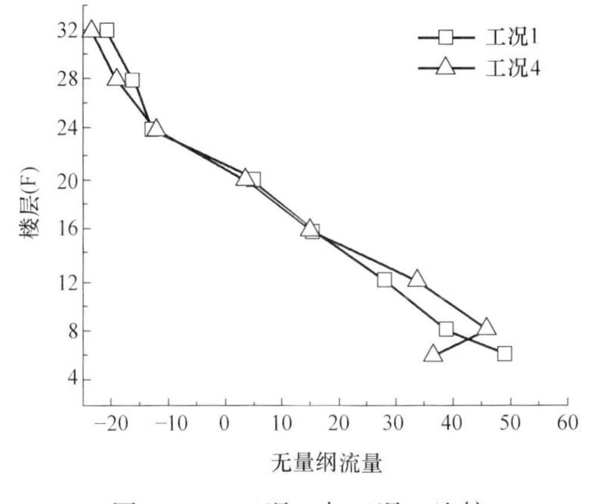

图 10-50 工况 4 与工况 1 比较

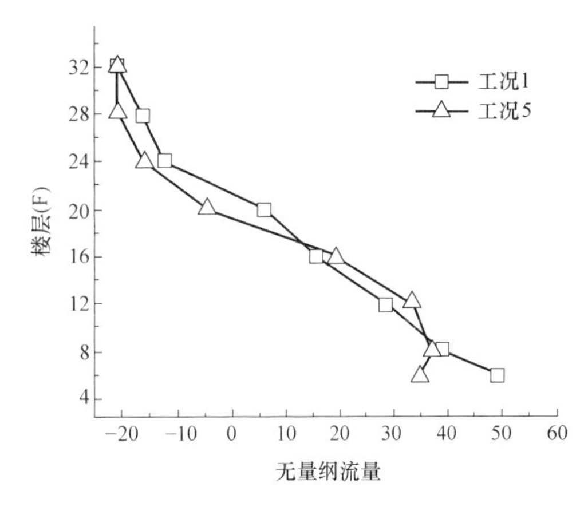

图 10-51 工况 5 与工况 1 比较

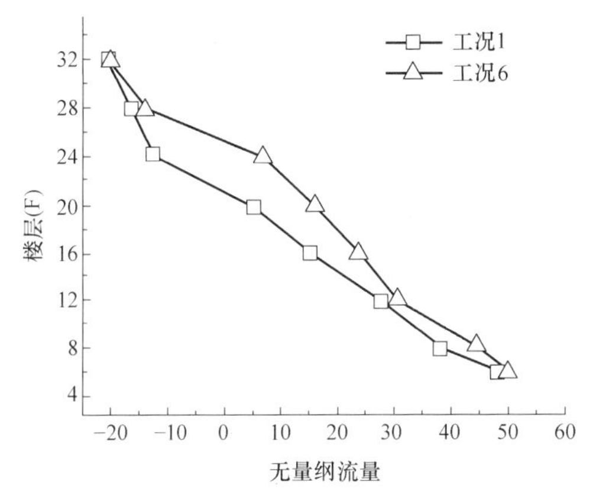

图 10-52 工况 6 与工况 1 比较

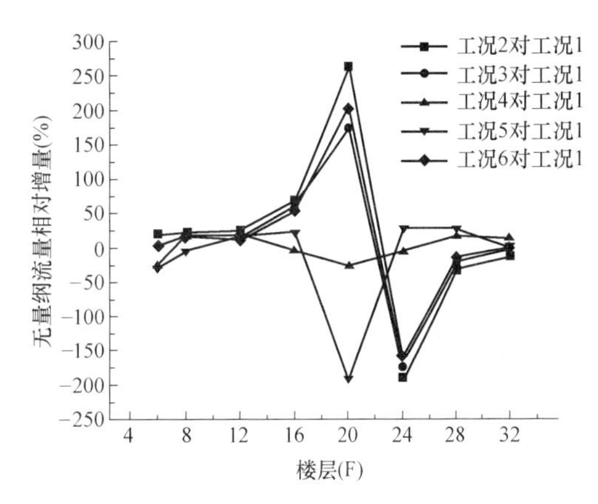

图 10-53 6 号楼各工况无量纲流量相对增量

由室外渗入室内的空气热压驱动作用增强，从而导致在 6～20 层无量纲流量增大。所以上升到楼梯间中和面以上的气流也相应增多，使这一区间段的压力增高，但是同时由于中和面以下的高度上流入电梯前室有很大一部分流量，这两种因素的综合作用结果使中和面以上的压力小于基准工况时的压力，从而无量纲流量也随之减小。

工况 4 与工况 1 的比较发现其变化不大，这是因为开启的楼梯间门位置在 17 和 19 层，这与基准工况时中和面的位置更接近。所以对压差和流量的影响均不大。

工况 5 中 24、28、32 层其无量纲曲线相对于工况 1 的位置均比前几种工况整体向左移动，说明楼梯间门的开启位置接近顶层，由电梯前室流向楼梯间的空气流量越大，所以在 24、28、32 层流向室外的压差和流量均有所增大。

工况 6 与其他工况的变化不同，无量纲流量的曲线相对工况 1 的位置向右平移较大，产生这种特点的原因与工况 6 时的无量纲压差的变化相同。

（2）8 号楼大气—楼梯间空气流量

图 10-54～图 10-60 是 8 号楼基准工况与其他工况的比较结果，从其中可以发现以下特点：工况 2～6 的变化过程中无量纲流量曲线相对于基准工况的位置逐渐向左移动。这说明随着楼梯间门开启位置的向上，无量纲流量与测试结果的无量纲化处理中的 8 号楼的无量纲压差有相同的变化趋势。即楼梯间门开启的位置越向上，楼梯间内的压力越大，则中和面以上压差和流量越大，中和面以下压差和流量越小。

工况 7 相对于工况 1 的无量纲流量的位置基本不变，在 29 和 33 层处的无量纲流量稍微增大，这与无量纲压差的变化有相同之处，其原因也类似。

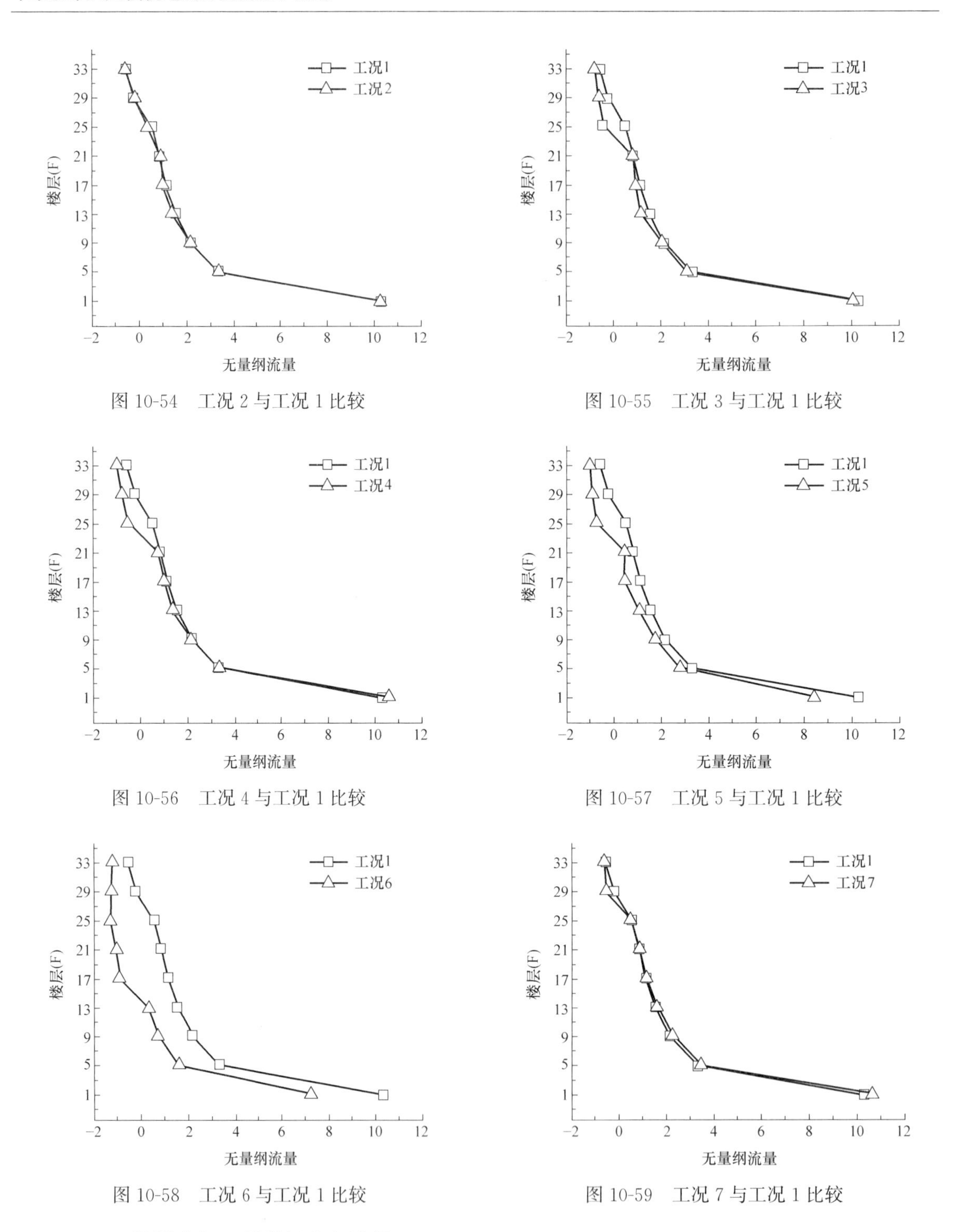

图 10-54　工况 2 与工况 1 比较

图 10-55　工况 3 与工况 1 比较

图 10-56　工况 4 与工况 1 比较

图 10-57　工况 5 与工况 1 比较

图 10-58　工况 6 与工况 1 比较

图 10-59　工况 7 与工况 1 比较

（3）11 号楼大气—楼梯间空气流量

图 10-61～图 10-67 为 11 号楼基准工况与其他工况的比较结果，从其中可以发现以下特点：无量纲流量的变化曲线与无量纲压差的变化曲线有所不同，所有工况的无量纲流量在 17～21 层有一个陡增的过程。工况 2～7 中 17 层以下的无量纲流量几乎不变，21 层以上的无量纲流量与基准工况比较而言变化较大。这是由于在 1～18 层楼梯间通过楼梯间窗与室外相通，在 19～33 层楼梯间通过楼梯间门与室外相通，因此 19 层以上由于门的气密性较大其渗风量较大，无量纲流量也较大。

工况 2～7 相对于基准工况的位置随工况的变化不大。这是由于 11 号楼的顶部开口面积较大和 11 号楼梯间的构造在竖直方向上更为通透，楼梯间门的开启对楼梯间内的压力影响较小所致。

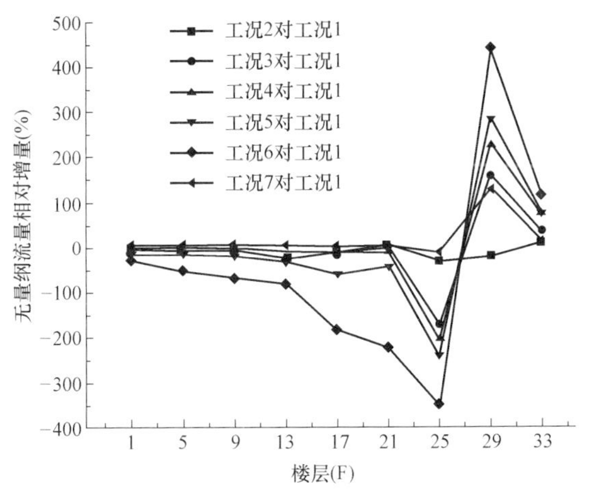

图 10-60 8 号楼各工况无量纲流量相对增量

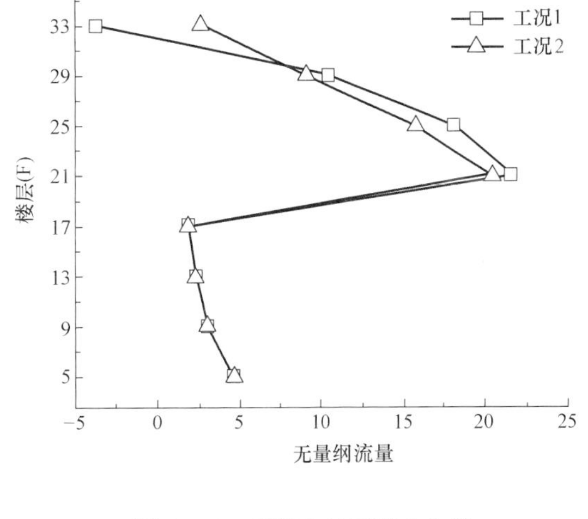

图 10-61 工况 2 与工况 1 比较

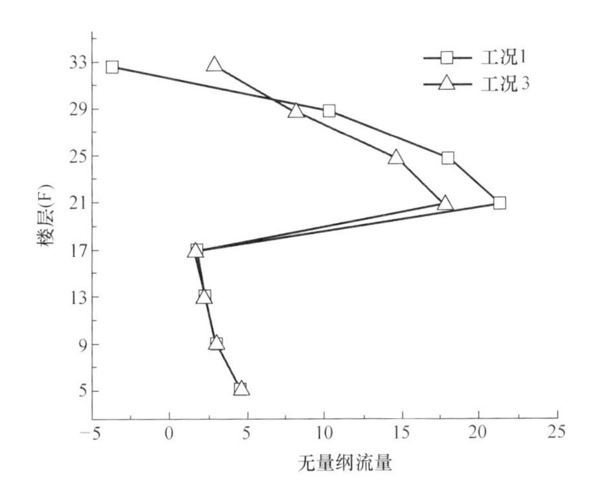

图 10-62 工况 3 与工况 1 比较

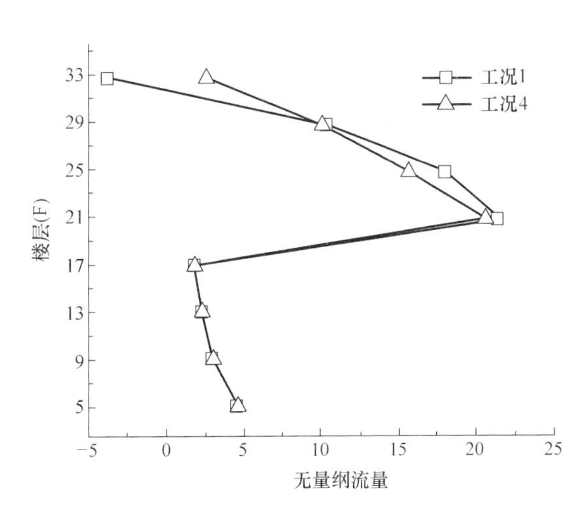

图 10-63 工况 4 与工况 1 比较

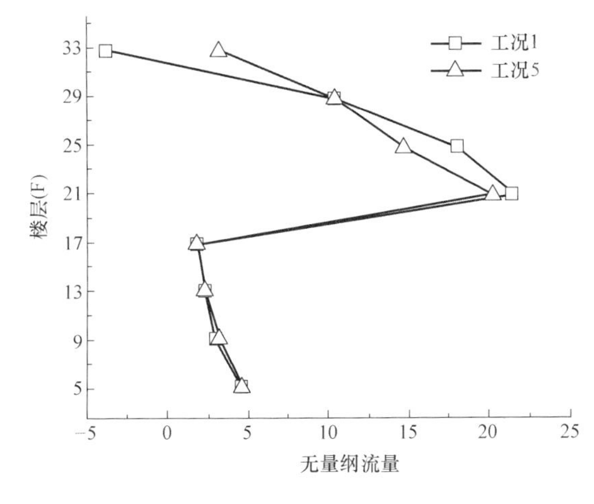

图 10-64 工况 5 与工况 1 比较

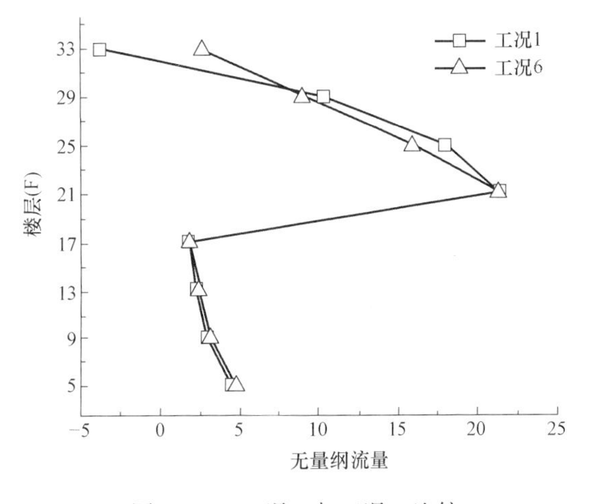

图 10-65 工况 6 与工况 1 比较

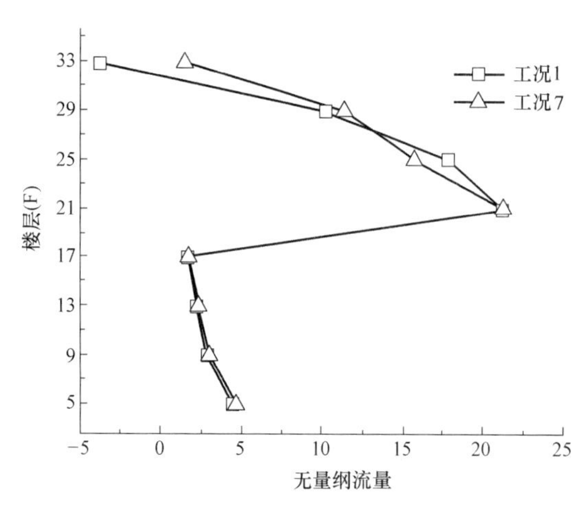

图 10-66　工况 7 与工况 1 比较

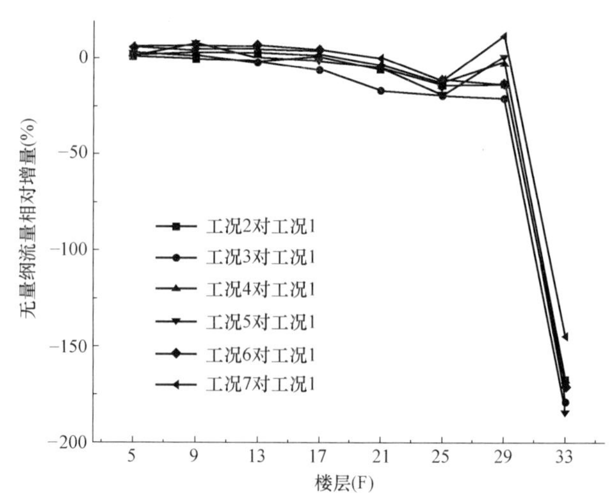

图 10-67　11 号楼各工况无量纲流量相对增量

11　中国建筑千米级摩天大楼机电概念方案

11.1　工程概况

中国建筑千米摩天大楼位于辽宁大连（拟定），项目的设计理念为“空中之城”。该千米级摩天大楼为三座千米级塔式超高层建筑的连合体，分别在南向、西北及东北角弧形向上收分，在1000m以上弧形向外出挑，中央为圆形核心筒直接落地，增加其自身的挺拔感和整体性。

“空中之城”的设计是用安全且造价不高的创新技术手段，建造出有助于减少交通能耗和环境污染的“竖向城市”，人们可以“足不出户”满足办公、学习、生活、娱乐等需求的建筑。这座未来的“空中之城”将是安全、低碳、绿色之城，它将是疲惫的人们超脱于现实生活的场所，是人们向往身心放松舒适的家园，更是一座通往心灵深处的世外桃源。该设计整体造型现代、简洁、大气，雄伟、壮观。三座塔楼及中央核心筒外立面采用单元式组合玻璃幕墙，使挺拔的体形更加富有生机，清澈透明的玻璃体，使建筑庞然体形化于无形，凸显千米级摩天大楼的高耸气魄（图 11-1）。

图 11-1　千米级摩天大楼效果图

功能设定为超大型综合建筑体。地上主体塔楼层数为 190 层，地下层数 9 层。地下 4～9 层主要为停车库。地下 3 层为停车库和设备用房。地下 1、2 层为商场和设备用房。本工程总建筑设计面积约 2791000m²。以下为建筑设计主要信息：

（1）建筑性质：超高层公共建筑；

（2）设计使用年限：4 类，100 年；

（3）工程设计等级：特级；

（4）建筑分类：一类；

（5）耐火等级：一级；

（6）结构形式：建筑主体为支撑框架外包钢板剪力墙核心筒结构。

建筑设有高档商场，两个五星级酒店，酒店式公寓以及配套的服务设施，高、中档写字楼配套设施，办公方式为大开间办公与小型办公结合的方式，满足客人办公、居住、购物、生活等需求。

建筑主体塔楼地上 198 层，地下 9 层。其中地下 3 层～地下 9 层为停车库，地下 2 层、地下 1 层为百货商场。地面 1 层设有入口大堂、休息厅、写字楼大堂和大客户接待中心，2 层为大堂上空。3～16 层为商业区。17～18 层为综合服务区，19 层为避难层并设有设备用房。20～35 层为办公楼层，36～37 层为综合服务区，38 层为避难层并设有设备用房。39～54 层为办公楼层，55～56 层为综合服务区，57 层为避难层并设有设备用房。58 层以上每隔 19 层（100m）为相对独立的 3 个子建筑单元，其中第 19 层为避难层和设备用房，以下两层均为综合服务区。其中 300～600m 为办公和公寓区段，600～900m 为公寓区段，900～985m 为酒店区，985～1000m 是观光层，1005～1040m 是高档办公层。屋顶设置机房层，功能有电梯机房、消防水箱间、膨胀水箱间、卫星天线控制室等。

对应不同高度建筑平面布置如图 11-2～图 11-8 所示。

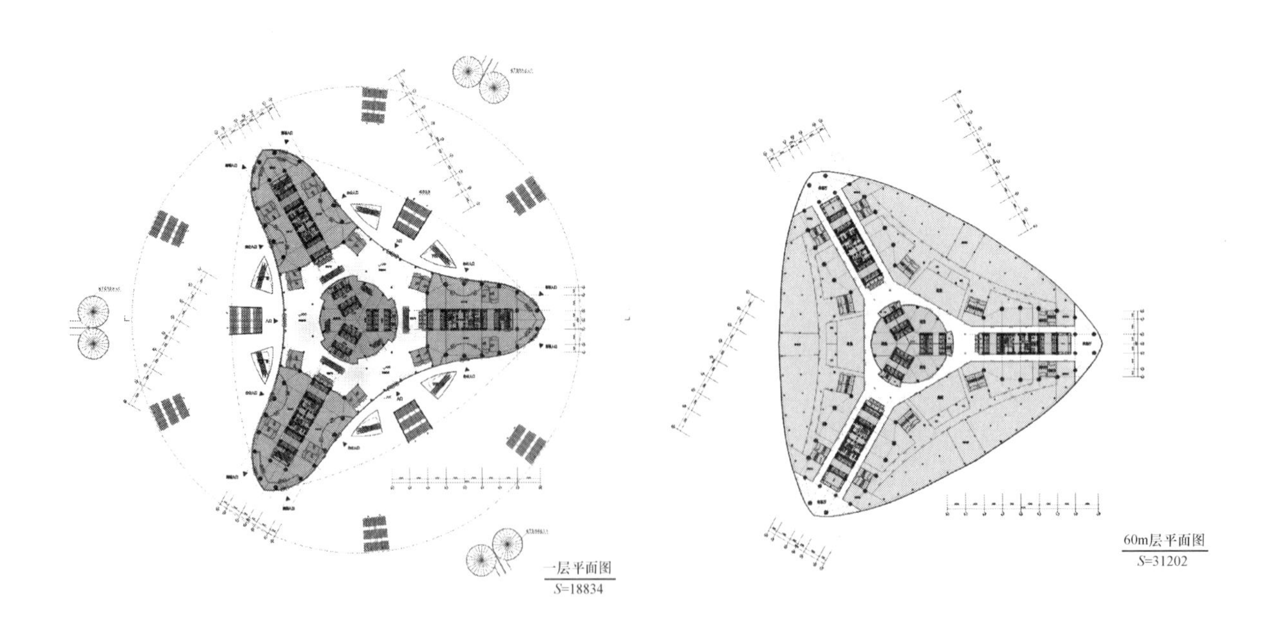

图 11-2　建筑平面布置（一层）

图 11-3　60m 平面

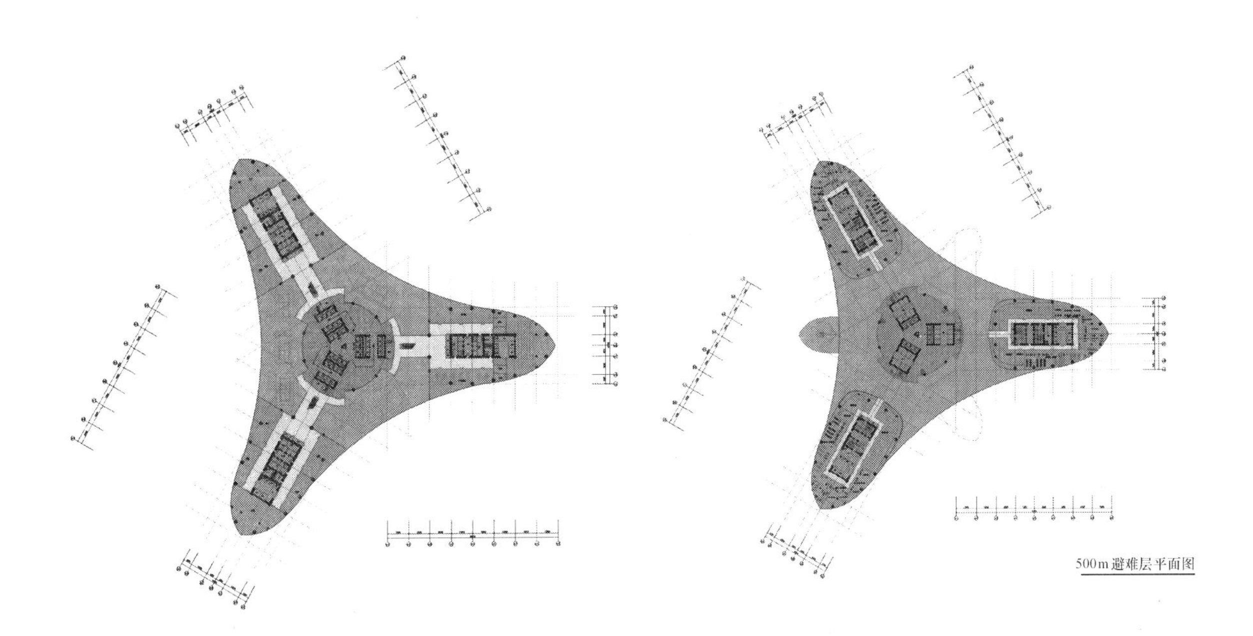

图 11-4　485m 平面　　图 11-5　500m 平面

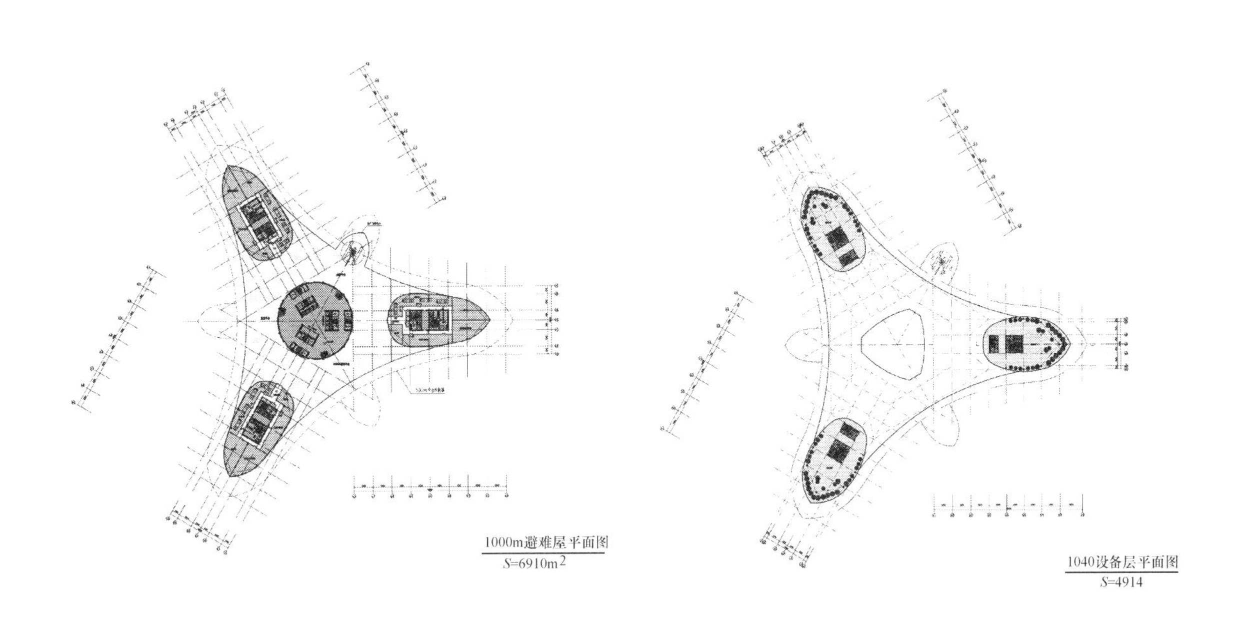

图 11-6　1000m 平面　　图 11-7　1040m 平面

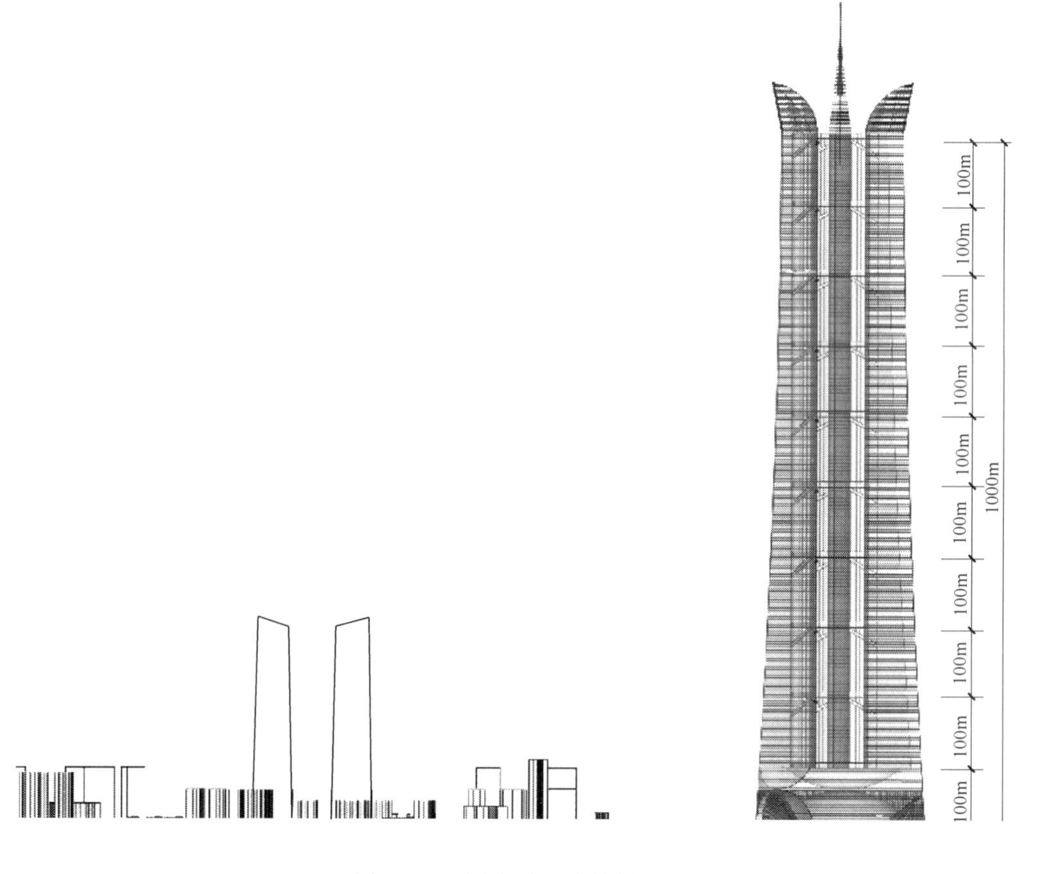

图 11-8　千米级摩天大楼剖面图

11.2　暖通专业概念方案

11.2.1　冷热负荷

（1）室外计算参数。

大连位于辽东半岛最南端，位于北半球的暖温带地区，具有海洋性特点的暖温带大陆性季风气候，是东北地区最温暖的地方，冬无严寒，夏无酷暑，四季分明。年平均气温 10.5℃，极端气温最高 37.8℃，最低－19.13℃。年降水量 550～950mm，2013 年日照总时数为 2500～2800h。其中 8 月最热，平均气温 24℃，日最高气温超过 30℃的天数只有 10～12d。1 月最冷，平均气温－5℃，极端最低气温可达－21℃左右。60%～70%的降水集中于夏季，多暴雨，且夜雨多于日雨（表 11-1、表 11-2）。

室外计算参数（大连地面）　　表 11-1

季节＼参数	干球温度(℃)		湿球温度(℃)	相对湿度(%)	室外平均风速(m/s)	大气压力(hPa)	主导风向
	空调	通风					
夏季	29.0	26.3	24.9	71	4.1	997.8	SSW
冬季	－13.0	－3.9	—	56	5.2	1013.9	NNE

室外计算参数（大连高空） 表 11-2

	高度	0m	300m	500m	800m	1000m
夏季	夏季空气调节室外计算干球温度(℃)	29	27	26	24	23
	夏季空气调节室外计算相对湿度(%)	71	77	79	83	85
冬季	冬季空气调节室外计算干球温度(℃)	−9.8	−11.8	−13	−14.6	−15.7
	冬季空气调节室外计算相对湿度(%)	56	68	73	80	85

（2）室内设计参数（酒店部分）见表 11-3～表 11-5。

室内设计参数（酒店部分） 表 11-3

服务区	温度(℃)		相对湿度(%)		新风量(m^3/h・p)	噪声	人员密度(m^2/p)
	夏季	冬季	夏季	冬季			
客房	23～25	22～24	≤60	30～40	50	NR30	2 人/间
大堂、电梯厅	23～25	20～22	≤60	30～40	18	NR38	10
中餐、咖啡厅	24～26	20～22	≤60	30～40	30	NR38	2
商店	24～26	20～22	≤60	30～40	20	NR38	4
会议、多功能厅	23～25	20～22	≤60	30～40	36	NR35	2
游泳池	27～29	27～29	≤65	≤65	30	NR38	
更衣室	24～26	20～22	≤65	≤65	20	NR38	5
健身房	23～25	20～22	≤60	30～40	36	NR38	5
办公	24～26	20～22	≤60	≥30	30	NR35	10
员工餐厅	24～26	20～22	≤60	≥30	30	NR38	2
通信中心	24～26	20～22	—	—	5 次/h	NR45	
保安监控	24～26	20～22	≤60	≥30	36	NR38	

室内设计参数（办公部分） 表 11-4

服务区	温度(℃)		相对湿度(%)		新风量(m^3/h・p)	噪声	人员密度(m^2/p)
	夏季	冬季	夏季	冬季			
办公区	24～26	20～22	≤60	30～40	40	办公区	24～26
办公大堂	24～26	20～22	≤60	30～40	18	办公大堂	24～26
电梯厅	24～26	20～22	≤60	30～40	18	电梯厅	24～26

室内设计参数（裙房部分） 表 11-5

服务区	温度(℃)		相对湿度(%)		新风量(m^3/h・p)	噪声	人员密度(m^2/p)
	夏季	冬季	夏季	冬季			
零售中心	28	20～22	40	≥30	20	NR50	4
餐厅	28	20～22	40	≥30	30	NR38	2
宴会厅	28	20～22	40	≥30	30	NR38	2
大堂	28	20～22	40	≥30	18	NR38	10
电梯厅	28	20～22	40	≥30	18	NR45	10
值班室	≤26	≥18	—	—	—	—	6

注：裙房空调系统采用低温送风，相对湿度采用下限 40%。

（3）冷热总负荷。

空调总冷负荷 141421kW（40406RT）（其中 600m 以下 118700kW）；空调总热负荷 126439kW；空调总加湿量 40708 kg/h，见表 11-6。

办公、酒店（包括公寓）及裙房空调冷热负荷及加湿量　　表 11-6

业态 / 估算负荷	商业	办公				
	0m～100m	0m～100m	100～200m	200～300m	300～400m	400～500m
夏季空调冷负荷(kW)	61200	11600	11600	11600	11600	11110
冬季空调热负荷(kW)	42838	10630	10630	10630	10630	10630
冬季空调加湿量(kg/h)	7282	5289	4785	4230	3726	3324

业态 / 估算负荷	办公	公寓		酒店	
	500～600m	600～700m	700～800m	800～900m	900～1000m
夏季空调冷负荷(kW)	11110	2598	2469	3300	3234
冬季空调热负荷(kW)	10630	3974	5486	5437	5394
冬季空调加湿量(kg/h)	3333	1398	1401	3000	2922

11.2.2　冷热源设计

（1）市政条件

市政热力为本工程全年提供 0.8MPa 的饱和蒸汽。项目用地西北角有一 DN300 的市政中低压燃气管，东北角有一条 DN300 的市政中低压燃气管。

（2）冷源设计

本项目共设计六个独立的制冷系统。

1）低区商业空调系统冷源

冷热电三联供系统提供冷冻水，为 10000m^2 商业部分空调系统服务。

选用四台燃气内燃机作为三联供系统的原动机，每台燃气内燃机的天然气耗量为 503 Nm^3/h，发电量为 2000kW（10kV），所发电量并入大厦内部电网；选用两台烟气型双效溴化锂吸收式制冷机，夏季提供 6℃/13.5℃冷水，冬季提供 60℃/45℃热水，单台制冷量为 9300kW，制热量 7730kW。机房设于地下二层。

三联供系统工作原理如图 11-9 所示。燃气内燃机发电时产生的高温烟气（427℃）和高温缸套水（90℃）分别经过烟气—水热交换器和水—水板式热交换器与二次侧的热水进行热交换，回收余热；二次侧的热水夏季作为热水型溴化锂吸收式制冷机的热源，用于空调供冷；冬季作为热水型溴化锂吸收式制冷机的热源，用于空调供冷，或通过水—水板式换热器进行热交换后用于空调供暖。

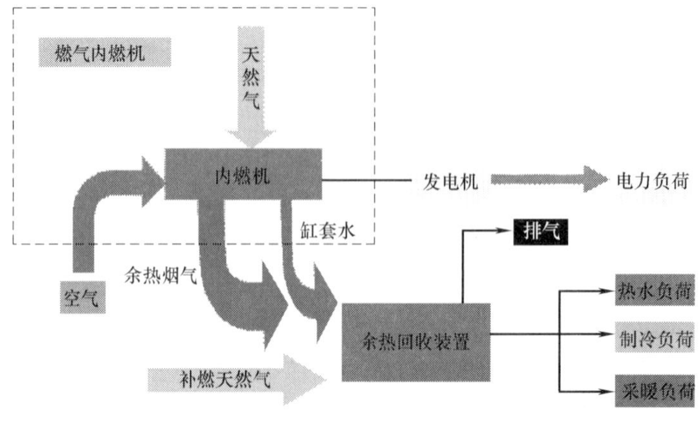

图 11-9　三联供系统原理图

2）600m 以下裙房及办公空调系统冷源

600m 以下办公空调冷源及部分商业冷源，由蓄冰系统提供，制冷机房位于地下 2 层。

冰蓄冷系统共配置六台 1900RT（10KV）双工况离心式电制冷机＋1900RT（10KV）离心式基载机，及蓄冰总容量为 87009TR-h 的冰盘管外融冰蓄冰槽，安装在地下 2 层制冷机房内，空调冷冻水供回水温度为 2.5℃/10.5℃。双工况离心式电制冷机与蓄冰槽采用串联，主机上游的设置方式。冷却水温度 32℃/37℃，冷却塔放置在室外地面。空调冷水系统采用膨胀水箱定压。冰蓄冷系统工作原理如图 11-10 所示。

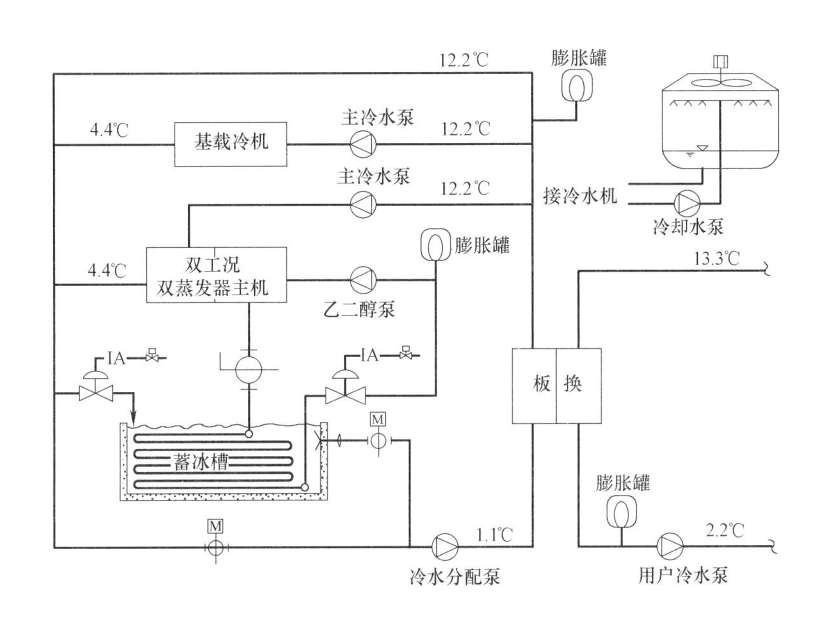

图 11-10　冰蓄冷系统原理图

3）600～700m 公寓空调系统冷源

公寓空调采用温湿度独立控制系统，新风负荷由溶液调湿新风机组承担。高温冷源选用 18 台单机制冷容量为 152kW 的风冷冷水机组，总装机容量 740RT，提供 16℃/21℃的空调冷水，空调季节回收空调冷凝热作为生活热水预热热源；风冷冷水机组在 600m 设备层露天放置，相应的冷水泵、热回收水泵设在同层水泵房内。空调冷水系统采用膨胀水箱定压。

4）700～800m 公寓空调系统冷源

系统配置同 600～700m 公寓，风冷冷水机组在 700m 设备层露天放置。

5）800～900m 酒店空调系统冷源

酒店采用温湿度独立控制系统，新风负荷由溶液调湿新风机组承担。高温空调冷源选用 24 台单机制冷容量为 152kW 的风冷冷水机组，总装机容量 920RT，提供 16℃/21℃的空调冷水，空调季节回收空调冷凝热作为生活热水预热热源；风冷冷水机组在 800m 设备层露天放置，相应的冷水泵、热回收水泵设在同层水泵房内。

6）900～1000m 酒店空调系统冷源

系统配置同 800～900m 酒店，风冷冷水机组在 900m 设备层露天放置。

（3）热源设计

本项目热源主要有两个：一是燃气发电机产生的余热经换热供商业空调；二是来自市政热网全年供应的 0.8MPa 的饱和蒸汽。冬季、过渡季作为空调系统的热源，并为洗衣房和空调系统加湿提供蒸汽。

来自市政热网的0.8MPa饱和蒸汽，经设置在地下一层及各设备层热力站内的板式换热器为各系统提供不同温度的热水。

1）B1换热站内板式换热器为办公大堂地板辐射供暖系统提供45℃/35℃热水；

2）B1换热站内板式换热器为裙房空调提供60℃/45℃热水；

3）B1换热站内板式换热器为100m以下办公区空调提供60℃/45℃热水；

4）B1换热站内板式换热器为厨房补风预热及热风幕制备95℃/70℃热水；

5）100、300、500、700、900m设备层换热站内板式换热器为办公区及酒店空调提供50℃/40℃热水；为公寓毛细管辐射供暖系统提供35℃/30℃的低温热水。

系统均采用膨胀水箱定压，并设真空脱气机及物化水处理装置以稳定水质。

11.2.3 空调水系统设计

（1）空调冷水系统

1）裙房商业空调冷水系统

由设于地下2层三联供吸收式冷机夏季提供6℃/13.5℃冷水，供三层以下商业部分使用。采用一级泵变流量系统，四管制，异程式布置。

2）600m以下蓄冰空调冷水系统

采用二级泵系统，一级泵定流量，二级泵变流量。四管制，异程式布置。空调冷水系统竖向分六个区。分区示意如图11-11所示。

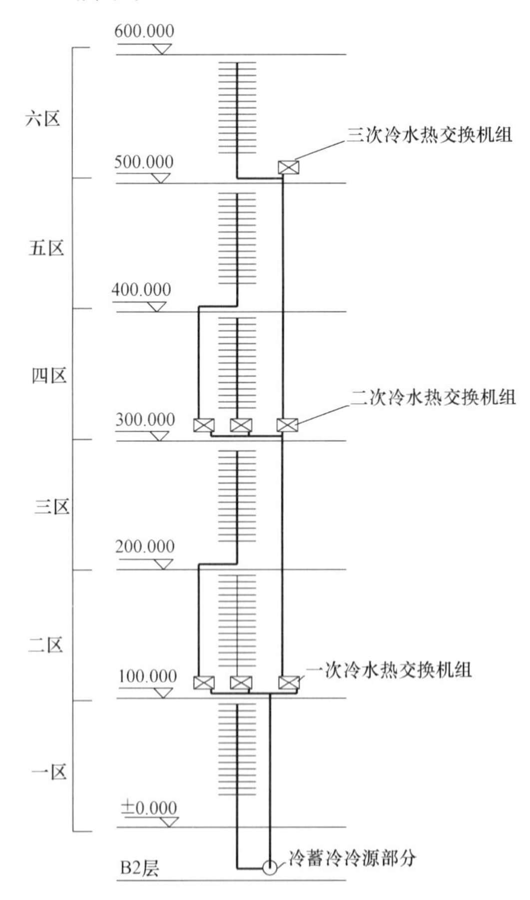

图11-11　600m以下冷水系统图

一区100m以下，由设于地下2层蓄冰系统空调冷源产生的2.5℃/10.5℃一次空调冷水经板式换热器交换成4℃/12℃二次空调冷水，定压补水膨胀水箱放置在100m设备机房内，双工况主机承压不超1.6MPa。

二区100～200m办公部分，2.5℃/10.5℃一次空调冷水经过设于100m设备层板式换热器交换成4℃/12℃二次空调冷水。定压补水膨胀水箱放置在200m设备机房内，板式换热器、二次冷水泵和管道管件承压不超过1.6MPa。

三区200～300m办公部分，2.5℃/10.5℃一次空调冷水经过设于100m设备层板式换热器交换成4℃/12℃二次空调冷水。定压补水膨胀水箱放置在300m设备机房内，板式换热器、二次冷水泵和管道管件承压不超过2.5MPa。空调末端设备冷水盘管承压不超过1.6MPa。

四区300～400m办公部分，4℃/12℃空调冷水经过设于300m设备层板式换热器交换成5.5℃/13.5℃的二次空调冷水。定压补水膨胀水箱放置在400m设备机房内，板式换热器、二次冷水泵和管道管件承压不超过1.6MPa。

五区400～500m办公部分，4℃/12℃空调冷水经过设于300m设备层板式换热器交换成5.5℃/13.5℃的二次空调冷水。定压补水膨胀水箱放置在500m设备机房内，板式换热器、二次冷水泵和管道管件承压不超过2.5MPa。空调末端设备冷水盘管承压不超过1.6MPa。

六区500～600m办公部分，5.5℃/13.5℃空调冷水经过设于500m设备层板式换热器交换成7℃/15℃的二次空调冷水。定压补水膨胀水箱放置在500m设备机房内，板式换热器、二次冷水泵和管道管件承压不超过1.6MPa。

3）600～1000m空调冷水系统

每100m为一个系统分区，风冷热回收型冷水机组放置在每百米最底部设备层，定压补水膨胀水箱放置在每百米最顶部设备层。冷水机组、空调冷水泵、热回收水泵、管道管件及空调末端设备冷水盘管承压均不超过1.6MPa。采用一级泵变流量系统，新风机组及风机盘管均为四管制，竖向异程，水平异程。

（2）空调热水系统

1）裙房商业空调热水系统

燃气内燃机发电时产生的高温烟气（427℃）和高温缸套水（90℃）经过热交换器与二次侧的热水进行热交换，回收余热，冬季提供60℃/45℃热水，采用一级泵系统。变流量运行。

来自市政热网的0.8MPa饱和蒸汽，经设置在地下2层换热站房内板式换热器换成50℃/40℃的低温热水，为办公大堂地板采暖系统服务；60℃/45℃的低温热水，为100m以下办公区空调系统服务；95℃/70℃的低温热水，为厨房补风预热及热风幕水系统服务。

2）空调热水系统均为一级泵变流量系统，竖向异程，水平异程，定压均采用膨胀水箱，水箱位置设在每一压力分区最高处设备层内。系统分区与空调冷水系统基本一致，为每100m为一个压力分区，各空调末端系统承压不超1.6MPa，板式换热器、二次冷水泵和管道管件承压按不超过2.5MPa设计。分区示意如图11-12所示。

来自市政热网的0.8MPa饱和蒸汽，经设置在100、300、500、700、900m设备层热力站内板式换热器换热为50℃/40℃热水，为办公区及酒店空调系统服务；制备35℃/30℃热水为公寓毛细管辐射供暖系统服务。

（3）空调补水系统

空调冷水系统的补水为自来水，接至各系统的膨胀水箱。空调热水系统的补水为软化水，在热力站接入各热水系统。

（4）冷却水系统

1）对应冷机设置开式冷却塔，冷却水的供回水温度设置均为30℃/35℃。冷塔设置于室外地坪，占地面积约需要 3400m²。冷却塔风机配置变频器。

2）考虑本项目存在大量内区，现为内区风机盘管系统提供冷却水免费供冷系统供其使用，对应开式冷却塔设置 2 台免费供冷板式换热器，板式换热器及水泵设置于中央制冷站，一用一备。

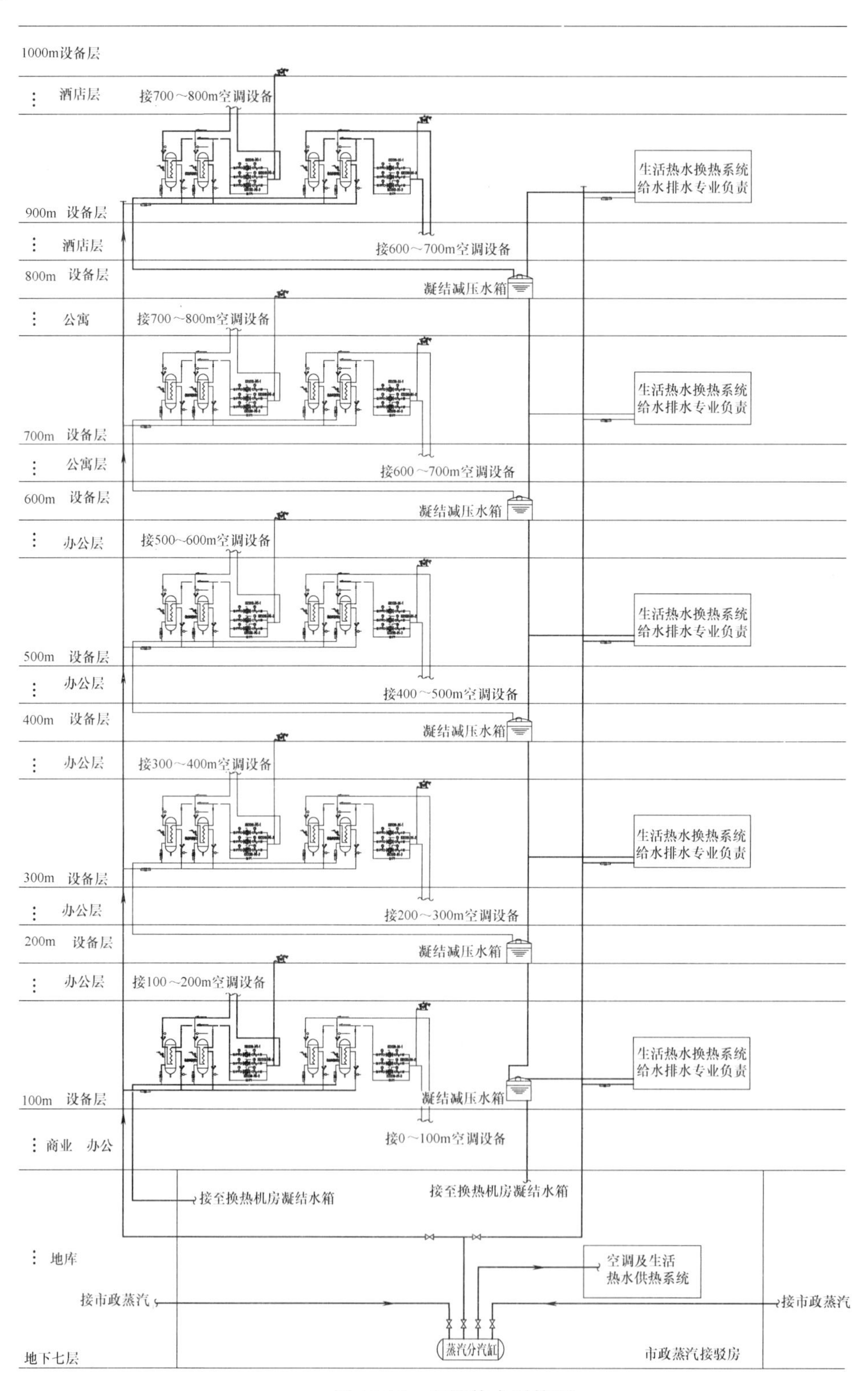

图 11-12　空调热水系统图

3）闭式冷却塔提供中央辅助冷却水系统为办公楼各相关自用单位的网络机房提供冷却水的系统装置：

① 600m 以下网络机房每百米设 1 个独立的闭式塔冷却水系统，如图 11-13 所示，闭式塔分别设置于室外地坪、100m、200m、300m、400m、500m 设备层，露天放置。水系统为同程式，冷塔内置盘管、相关水泵阀门要求承压 1.6MPa。

② 在办公楼竖井中安装冷却水供回水立管，并在每层预留接口。当租户需要使用时，可根据实际情况自行安装接驳。

③ 冷却量按照办公面积：15W/m²设计；总冷量为 13100kW。

冬季运行的闭式冷却塔冷却介质采用抑制性乙二醇防冻，冷却塔集水盘设电加热器；冬季运行的开式冷却塔相应配管设置电伴热；开式塔底部集水盘配置电加热器，作为在冬季运行低温气候时的防冻措施。

冷却水免费供冷系统如图 11-14 所示。

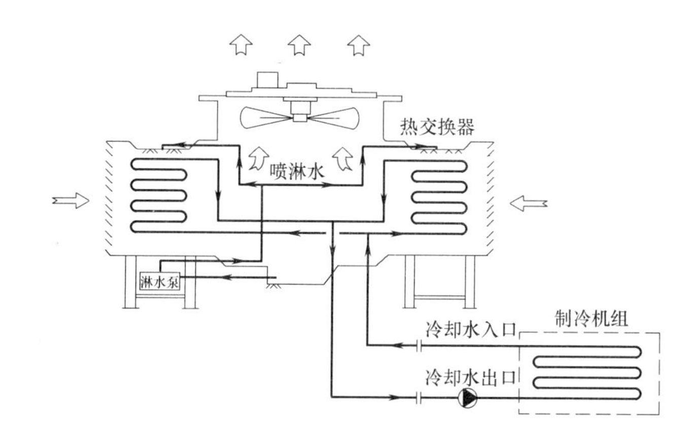

图 11-13　闭式冷塔循环冷却水系统

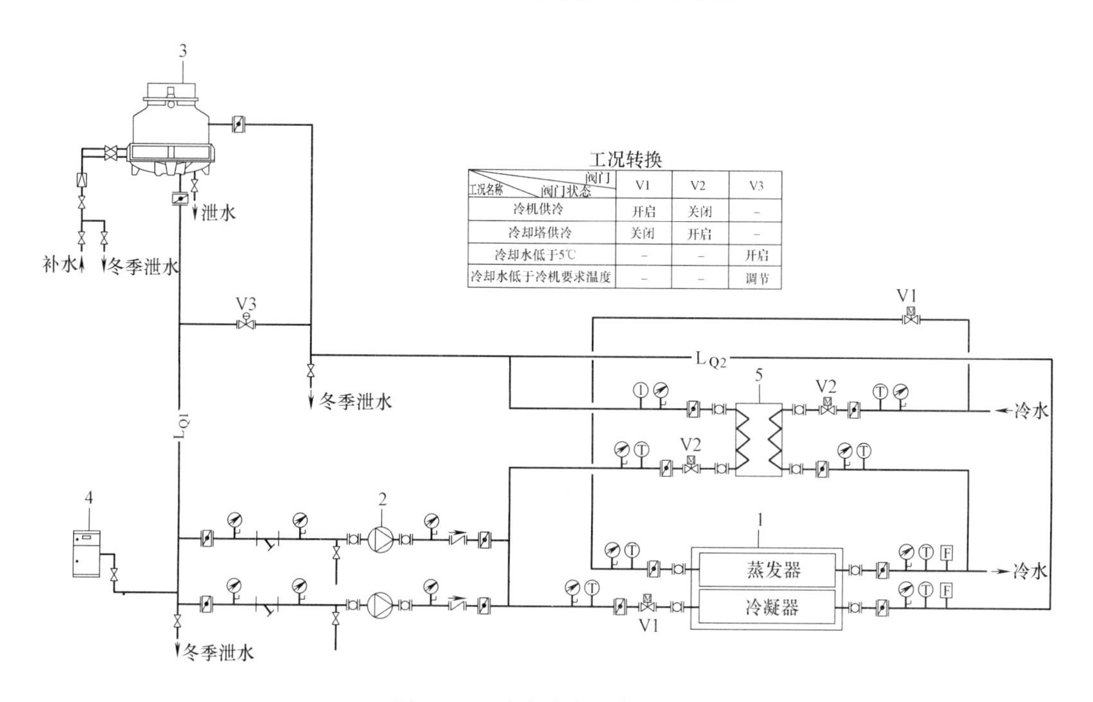

工况转换

阀门状态 阀门 / 工况名称	V1	V2	V3
冷机供冷	开启	关闭	–
冷却塔供冷	关闭	开启	–
冷却水低于5℃	–	–	开启
冷却水低于冷机要求温度	–	–	调节

图 11-14　冷却水免费供冷系统

1—冷水机组；2—冷却水循环泵；3—开式冷却塔；4—自动水处理装置；5—板式换热器

11.2.4 空调方式

（1）酒店、公寓空调方式

酒店（包括公寓）客房均采用温湿度独立控制的空调系统，风冷机组为新风系统提供7℃/12℃冷水，为干式末端及新风预冷提供18℃/23℃冷水。酒店末端采用干式风机盘管。风机盘管采用四管制空调水系统，新风机组采用两管制空调水系统。公寓末端采用毛细管辐射供冷（考虑顶面辐射），空调水系统为四管制。

客房新风系统竖向布置，新风机组设置在600、700、800、900、1000m设备层。每个系统竖向所带层数不超过10层。新风机组有热回收功能，回收排风中的冷（热）量。

（2）办公空调方式

标准办公层每个塔楼每层均按内、外区设置空调系统，办公区空调内区采用全空气变风量（VAV）系统，冬夏季均送冷风。内区每层按防火分区分设两个空调系统，组合式空调机组设于井筒专用空调机房内。外区为四管制风机盘管系统，风机盘管选用低矮式风盘设于窗下。变风量系统气流组织均为上送上回。

全空气变风量空调系统，在过渡季节可实现50%～100%新风运行；空调机组设有蒸汽加湿装置。

标准办公层所需新风，在各设备层集中处理后，送至每层空调系统。设备层新风机组带有全热回收段，回收排风中的冷（热）量。

（3）商业空调方式

裙房商业等大空间区域均采用全空气定风量系统，其他用房如物业管理等小房间均采用风机盘管加新风系统，方便各房间独立调节。

（4）控制室空调设计

所有弱电机房，控制室设分体空调；消防控制中心及变配电室采用变制冷剂流量多联机空调制冷。

11.2.5 通风系统设计

（1）酒店客房卫生间通风设计

酒店客房、公寓的卫生间设计有机械排风系统，吊顶上安装管道风机，排风管竖向布管，在设备层设置新、排风之间的全热回收新风机组。

（2）办公通风设计

标准办公层设机械排风系统，每个系统选择多台排风机并联运行，使排风系统与空调系统匹配，满足空调季节排风，特别是过渡季50%新风运行的排风量要求。排风机安装在各设备层，与各新风系统实现全热回收。

（3）均压环的设置

由于室外风压的作用，单一朝向室外进排风口可能出现无法正常进排风的现象，考虑200m以上设备层进排风口处设均压环，每个风口保证在两个方向开口。

（4）事故通风系统

位于建筑内的厨房，均设有燃气泄漏探测系统及事故排风装置，事故通风量不小于12CH/次，当厨房内燃气浓度超过额定标准时，事故排风机将开启，同时切断紧急供气阀门。厨房的事故排风机与厨房排油烟机设置各自独立的设备及管路。

设置气体消防的房间如高低压配电室等，气体消防时关闭送、排风管上的电动防火阀进行气体灭火，事故后排风。

制冷机房根据制冷剂的特性及充注量，按风量 $L=247.8G^{0.5}$ 设置事故排风，并与平时通风系统合用，机房内设置制冷剂泄露检测及报警装置，并与事故通风系统连锁。

11.2.6 防排烟系统

（1）防排烟系统构成

防排烟系统主要由楼梯及其前室、合用前室的正压送风系统，电梯井筒加压系统，排烟系统及相应的控制系统组成。

（2）防烟系统

1）对需要设加压送风的所有疏散楼梯间、消防电梯前室、合用前室、避难层分别设置各自独立的机械加压送风系统。当有火灾发生时，向上述区域加压送风，使其处于正压状态（设计参数：防烟楼梯 50Pa、合用前室 25Pa），以阻止烟气的渗入，以便建筑内的人能安全离开。加压送风机分别设在避难层；

2）地上和地下楼梯间加压送风系统分别设置；

3）楼梯合用前室及楼梯间的加压送风系统设置防止超压的措施；

4）避难层断开的楼梯间上、下考虑分段设计。

（3）排烟系统

1）办公区排烟系统。由于本项目为超高层类别，受室外风压影响较大，故办公室内部不考虑自然排烟的方式，考虑机械排烟系统，以防火分区不超过 $300m^2$ 划分竖向排烟系统，排烟风井设置于每层核心筒内；办公标准层内走道提供机械排烟系统。机械排烟系统将按竖向布置，每层设 4 个常闭型排烟风口。排烟风机分别于各个避难层、设备层设置。

设机械补风系统补风量不小于排烟量的 50%，补风系统与新风系统共用风道。

2）地下车库排烟系统。设计机械排烟系统和补风系统，机械排烟系统与平时通风系统合用，考虑双速排烟、排风风机。

11.2.7 供暖系统设计

（1）低温地板辐射供暖范围

酒店和公寓的大堂、首层大堂。

（2）散热器供暖系统范围

裙房地下 1 层至地下 4 层的卫生间、宴会厅准备间、酒店服务后勤用房、库房、水泵房、制冷机房及其控制间等。

11.2.8 蒸汽加湿系统设计

需要加湿的空调系统包括：酒店（公寓）的客房新风空调系统、办公层空调系统、裙房部分全空气空调系统，$8kg/cm^2$ 蒸汽减压至 $3kg/cm^2$ 接至机组加湿段。同时设有蒸汽凝结水管，收集高压蒸汽管路中的沿途凝结水，并送至凝结水箱。

11.2.9 暖通的自动控制要求

制冷、供热、空调通风系统采用直接数字式控制系统（DOC）进行自控，可在空调控制中心显示并自动记录、打印各系统的运行状态、主要运行参数，并可集中远程启停控制。

（1）制冷机房设置机房群控系统，并提供通信接口

在制冷系统中，冷水机组和一次冷水泵定频运行，台数调节，在供回水主管间设压旁通控制。冷水板式换热器后二次冷水泵变频变水量运行，根据二次冷水管网末端压差变化，控制二次冷水泵。

（2）防冻控制

空调机组和新风机组内均设防冻开关。在冬季，机组停机时，连锁关闭电动新风阀。防冻开关动作后，可使机组供热水管上的电动水阀保持10%开度，以防盘管冻裂。

设在办公层外区的风机盘管的电动水阀，在非工作时间当室内温度低于设定值时，可自动开启，并同时启动末端装置。

（3）VAV系统控制

变风量空调系统设置DOC控制器，通过数字接口并入楼控系统。

（4）风机盘管系统控制

酒店的风机盘管均纳入酒店BAS系统，其运行状态可在前台集中控制。

所有风机盘管设三速开关，且与室温控制器、盘管回水支管上的电动两通阀组成一个独立控制回路。

（5）空调机组控制

新风机组可通过控制盘管回水支管上的电动调节阀调节进入盘管的水量，进而控制送风温度。

全空气空调机组可根据回风温度（或房间温度）控制盘管回水支管上的电动调节阀，调节进入盘管的水量，进而控制室温。在过渡季，全空气空调机组可实现全新风运行。

变风量空调机组采用定静压（或总风量）控制法对送风量进行控制。过渡季，可实现50%新风运行。

（6）机械送排风系统控制

机械加压送风系统和机械排烟系统均纳入消防控制系统中。

火灾时，瞬时启动火灾区域的排烟系统排烟，同时启动相应的补风系统补风；火灾时，瞬时开启所有加压送风系统的加压送风机，开启着火层和其上、下相邻层的合用前室加压送风口，为防烟楼梯间及其前室，防烟楼梯间和消防电梯的合用前室加压送风；火灾时，瞬时开启所有避难层加压送风系统的加压风机，为避难层加压送风。

（7）地库通风系统控制

地下车库设CO浓度控制系统，控制机械排风机和机械补风机的启停。

（8）空调、通风设备控制

所有空调、通风设备，都能实现就地控制启停。

（9）冷、热量计量及计费系统

酒店、公寓及裙房、标准办公用房的用冷计量、收费，可分别在制冷机房设置计量收费系统，计量冷水机组、冷水泵、冷却水泵、冷却塔等相关设备的电量，计量冷却水补水量。在办公各层的空调机供水支管上设置能量计量表。

在市政供热的总供水管上设置能量计量表，计量总用热量。在热力站的一次热水分水缸各支

路上设能量计量表，可分别计量酒店、公寓、商业、标准办公用房的空调用热量。

蒸汽分送洗衣房和空调加湿的支路上设置计量表，计算各自蒸汽用量。

11.2.10　主要设备表

见表11-7～表11-11。

主要设备表　　表11-7

序号	名称	规　　格	数量	配电要求		备注
				电压	功率(kW)	
B2制冷机房						
1	双工况主机离心式制冷机组	空调工况制冷量：6682kW(1900RT)，蒸发器：1.6MPa，乙二醇：4℃/12℃，718m³/h；冷凝器：1.0Pa，水：32℃/37℃ 1368m³/h COP＝5.0，制冰工况制冷量：4250kW(1209RT)蒸发器：1.6MPa，乙二醇：－5.6℃/－0.6℃，718m³/h；冷凝器：1.0Pa，水：32℃/37℃ 1368m³/h COP＝4.1	6	10kV	空调工况：1314 制冰工况：1047	冷媒R134a 冷机置于B2制冷机房
2	基载主机离心式冷水机组	制冷量：6682kW(1900RT)蒸发器：1.6MPa，乙二醇：4℃/12℃，718m³/h；冷凝器：1.0Pa，水：32℃/37℃ 1368m³/h COP＝5.0	1	10kV	1314	冷媒R134a 冷机置于B2制冷机房
3	蓄冰装置	Q＝95550RTH				
4	冷却水泵	流量：1500m³/h，H＝35mH₂O，n＝1450r/min	9	380V	200	7用2备
5	基载冷冻泵	流量：790m³/h，H＝35mH₂O，n＝1450r/min	2	380V	110	1用1备
6	次级乙二醇泵(融冰泵)	流量：1600m³/h，H＝30mH₂O，n＝1450r/min	12	380V	200	11用1备
7	初级乙二醇泵	流量：790m³/h，H＝30mH₂O，n＝1450r/min	7	380V	110	6用1备
8	方形逆流冷塔CEF-500	流量：3×500m³/h；湿球温度：28℃	7	380V	3×18.5	室外地面
9	板式换热器(冷机空调工况)	换热量：3341kW 乙二醇温度：1～8℃，冷冻水温度2.5～10.5℃，水阻力≤90kPa，工作压力1.6MPa	12	380V		B2制冷机房
10	板式换热器	换热量：14000kW，乙二醇温度：1～8℃，冷冻水温度2.5～10.5℃，水阻力≤90kPa，工作压力1.6MPa	10	380V		B2制冷机房
11	初级冷冻水泵	流量：1600m³/h，H＝20mH₂O，n＝1450r/min	12	380V	110	11用1备
12	次级冷冻水泵(0～100m)	流量：900m³/h，H＝35mH₂O，n＝1450r/min	9	380V	110	8用1备 B2制冷机房
13	板式换热器	换热量：3825kW，乙二醇温度：2.5～10.5℃，冷冻水温度4～12℃，水阻力≤90kPa，工作压力1.6MPa	16	380V		15用1备 70%互为备用

续表

序号	名称	规格	数量	配电要求		备注
				电压	功率(kW)	
14	0～100m 冷冻水泵	流量:900m^3/h,H=35mH_2O,n=1450r/min	9	380V	110	8用1备 B2制冷机房
15	次级冷冻水泵(100～300m)	流量:690m^3/h,H=35mH_2O,n=1450r/min	5	380V	90	4用1备 B2制冷机房
16	次级冷冻水泵(300～600m)	流量:710m^3/h,H=35mH_2O,n=1450r/min	7	380V	75	6用1备 B2制冷机房
17	租户冷却水泵(0～100m)	流量:300m^3/h,H=35mH_2O,n=1450r/min	4	380V	55	3用1备 B2制冷机房
18	补水定压设备	流量:1m^3/h	1	380V	0.75×2	补水泵1用1备
B2换热站设备						
1	半即热式换热器(0～100m 商业)	Q=2400kW 一次热源0.4MPa饱和蒸汽,二次水65～50℃换热面积50m^2	3×6			分设于B2三个换热站
2	空调热水泵(0～100m 商业)	流量:150m^3/h,H=32mH_2O,n=1450r/min	3×7	380V	18.5	分设于B2三个换热站内,每个均为6用1备
3	软化水箱	V=4m^3;外形尺寸2000×1600×1500	3			分设于B2三个换热站
4	软化水装置	处理水量:4.0～5.0t/h	3	380V		分设于B2三个换热站
100m设备层单叶设备表						
1	板式换热器(100～200m)	换热量:1940kW 初级冷冻水温度:4～12℃,次级冷冻水温度5.5～13.5℃,水阻力≤90kPa,工作压力1.6MPa	2			
2	板式换热器(200～300m)	换热量:1940kW 初级冷冻水温度:4～12℃,次级冷冻水温度5.5～13.5℃,水阻力≤90kPa,工作压力2.5MPa	2			
3	板式换热器(300～600m)	换热量:2900kW 初级冷冻水温度:2.5～10.5℃,次级冷冻水温度4～12℃,水阻力≤90kPa,工作压力2.5MPa	4			
4	冷冻水泵(100～200m)	流量:230m^3/h,H=32mH_2O,n=1450r/min	3	380V	55	2用1备
5	冷冻水泵(200～300m)	流量:230m^3/h,H=35mH_2O,n=1450r/min	3	380V	55	2用1备
6	闭式冷却塔	流量:70m^3/h	3×4			分3组放置,每组4台
7	冷冻水泵(300～600m)	流量:350m^3/h,H=35mH_2O,n=1450r/min	5	380V	55	4用1备 100m换热站内
8	半即热式换热器(100～200m)	Q=2480kW 一次热源0.4MPa饱和蒸汽,二次水65～50℃换热面积25m^2	2			每台负担70%负荷 100m换热站内
9	半即热式换热器(0～100m办公)	Q=2480kW 一次热源0.4MPa饱和蒸汽,二次水65～50℃换热面积25m^2	2			每台负担70%负荷 100m换热站内

续表

序号	名称	规　　格	数量	配电要求		备注
				电压	功率(kW)	
10	空调热水泵(100～200m)	流量:120m^3/h,H=32mH_2O,n=1450r/min	3	380V	18.5	2用1备 100m换热站内
11	空调热水泵(200～300m)	流量:120m^3/h,H=35mH_2O,n=1450r/min	3	380V	18.5	2用1备 100m换热站内
12	软化水箱	V=4m^3;外形尺寸2000×1600×1500	1			100m换热站内
13	软化水装置	处理水量:4.0～5.0t/h	1			
14	膨胀水箱	1.5m^3	2			100m以下冷热水系统定压
15	租户冷却水泵(100～200m)	流量:230m^3/h,H=35mH_2O,n=1450r/min	2	380V	55	1用1备
16	补水定压设备	流量:1m^3/h	1	380V	2.5x2	补水泵1用1备
200m设备层单叶设备表						
1	闭式冷却塔	流量:70m^3/h	3			
2	膨胀水箱	1.5m^3	2			200m以下冷热水系统定压
3	租户冷却水泵(200～300m)	流量:230m^3/h,H=35mH_2O,n=1450r/min	2	380V	55	1用1备
4	补水定压设备	流量:1m^3/h	1	380V	2.5x2	补水泵1用1备
300m设备层单叶设备表						
1	板式换热器(300～400m)	换热量:1940kW 初级冷冻水温度:4～12℃,次级冷冻水温度5.5～13.5℃ 水阻力≤90kPa,工作压力1.6MPa	2			
2	板式换热器(400～500m)	换热量:1940kW 初级冷冻水温度:4～12℃,次级冷冻水温度5.5～13.5℃ 水阻力≤90kPa,工作压力2.5MPa	2			
3	板式换热器(500～600m一次)	换热量:1940kW 初级冷冻水温度:4～12℃,次级冷冻水温度5.5～13.5℃ 水阻力≤90kPa,工作压力2.5MPa	2			
4	冷冻水泵(300～400m)	流量:230m^3/h,H=32mH_2O,n=1450r/min	3	380V	55	2用1备
5	冷冻水泵(400～500m)	流量:230m^3/h,H=35mH_2O,n=1450r/min	3	380V	55	2用1备
6	冷冻水泵(500～600m)	流量:230m^3/h,H=35mH_2O,n=1450r/min	3	380V	55	2用1备
7	半即热式换热器(200～300m)	Q=2480kW 一次热源0.4MPa饱和蒸汽,二次水65～50℃换热面积25m^2	2			每台负担70%负荷
8	半即热式换热器(300～400m)	Q=2480kW 一次热源0.4MPa饱和蒸汽,二次水65～50℃换热面积25m^2	2			每台负担70%负荷
9	空调热水泵(200～300m)	流量:120m^3/h,H=32mH_2O,n=1450r/min	3	380V	18.5	2用1备
10	空调热水泵(300～400m)	流量:120m^3/h,H=35mH_2O,n=1450r/min	3	380V	18.5	2用1备

续表

序号	名称	规　格	数量	配电要求		备注
				电压	功率(kW)	
11	软化水箱	V=4m³;外形尺寸 2000×1600×1500	1			100m 换热站内
12	软化水装置	处理水量:4.0~5.0t/h	1			
13	膨胀水箱	1.5m³	2			200~300m 冷热水系统定压
14	闭式冷却塔	流量:70m³/h	3	380V		
15	租户冷却水泵(300~400m)	流量:230m³/h,H=35mH_2O,n=1450r/min	2	380V	55	1用1备
16	补水定压设备	流量:1m³/h	1	380V		补水泵1用1备

400m 设备层单叶设备表　　**表 11-8**

序号	名称	规　格	数量	配电要求		备注
				电压(V)	功率(kW)	
1	闭式冷却塔	流量:70m³/h	3	380		
2	膨胀水箱	1.5m³	2			200m 以下冷热水系统定压
3	租户冷却水泵(300~400m)	流量:230m³/h,H=35mH_2O,n=1450r/min	2	380	55	1用1备
4	补水定压设备	流量:1m³/h	1	380		补水泵1用1备

500m 设备层单叶设备表　　**表 11-9**

序号	名称	规　格	数量	配电要求		备注
				电压(V)	功率(kW)	
1	板式换热器(500~600m)	换热量:1940kW 初级冷冻水温度:5.5~13.5℃,次级冷冻水温度:7~15℃,水阻力≤90kPa,工作压力1.6MPa	2			
2	冷冻水泵(500~600m)	流量:230m³/h,H=32mH_2O,n=1450r/min	3	380V	55	2用1备
3	半即热式换热器(400~500m)	Q=2480kW 一次热源 0.4MPa 饱和蒸汽,二次水 65~50℃ 换热面积 25m²	2			每台负担 70% 负荷
4	半即热式换热器(500~600m)	Q=2480kW 一次热源 0.4MPa 饱和蒸汽,二次水 65~50℃ 换热面积 25m²	2			每台负担 70% 负荷
5	空调热水泵(400~500m)	流量:120m³/h,H=32mH_2O,n=1450r/min	3	380V	18.5	2用1备
6	空调热水泵(500~600m)	流量:120m³/h,H=35mH_2O,n=1450r/min	3	380V	18.5	2用1备
7	软化水箱	V=4m³;外形尺寸 2000×1600×1500	1			
8	软化水装置	处理水量:4.0~5.0t/h	1	380V		
9	膨胀水箱	1.5m³	2			400~500m 冷热水系统定压
10	租户冷却水泵(500~600m)	流量:230m³/h,H=35mH_2O,n=1450r/min	2	380V	55	1用1备
11	补水定压设备(500~600m)	流量:1m³/h	1	380V		补水泵1用1备
12	闭式冷却塔(400~500m)	流量:70m³/h	3	380V		

600～900m 设备层单叶设备表　　表 11-10

序号	名称	规　　格	数量	配电要求		备注
				电压(V)	功率(kW)	
1	风冷冷水机组	制冷量：152kW(43RT)蒸发器：16℃/21℃，26m^3/h 1.6MPa，COP=6 $L \times W \times H$=2150×2050×2150mm	4	380	制冷：49.6kW 风机：1.3×4kW	
2	风冷冷水机组	制冷量：152kW(43RT)蒸发器：7℃/12℃，26m^3/h 1.6MPa，COP—2.8 $L \times W \times H$=2150×2050×2150mm	2	380	制冷：49.6kW 风机：1.3×4kW	
3	高温冷冻水泵(600～700m)	流量：120m^3/h，H=32mH_2O，n=1450r/min	2	380	18.5	1用1备
4	低温冷冻水泵(600～700m)	流量：60m^3/h，H=32mH_2O，n=1450r/min	2	380	11	1用1备
5	闭式冷却塔	流量：70m^3/h $L \times W \times H$=2800×2800×4454mm	3	380		
6	膨胀水箱	1.5m^3	2			600m 以下冷热水系统定压
7	凝结减压水箱	50m^3	1			

700m 设备层单叶设备表

序号	名称	规　　格	数量	配电要求		备注
				电压(V)	功率(kW)	
1	风冷冷水机组	制冷量：152kW(43RT)蒸发器：16℃/21℃，26m^3/h 1.6MPa，COP=6	4	380	制冷：49.6kW 风机：1.3×4kW	
2	风冷冷水机组	制冷量：152kW(43RT)蒸发器：7℃/12℃，26m^3/h 1.6MPa，COP=2.8	2	380	制冷：49.6kW 风机：1.3×4kW	
3	高温冷冻水泵(700～800m)	流量：120m^3/h，H=32mH_2O，n=1450r/min	2	380	18.5	1用1备
4	低温冷冻水泵(700～800m)	流量：60m^3/h，H=32mH_2O，n=1450r/min	2	380	11	1用1备
5	半即热式换热器(600～700m)	Q=927kW 一次热源 0.4MPa 饱和蒸汽，二次水 65～50℃ 换热面积 25m^2	2			每台负担 70% 负荷
6	半即热式换热器(700～800m)	Q=1300kW 一次热源 0.4MPa 饱和蒸汽，二次水 65～50℃ 换热面积 25m^2	2			每台负担 70% 负荷
7	空调热水泵(600～700m)	流量：42m^3/h，H=32mH_2O，n=1450r/min	3	380	11	2用1备
8	空调热水泵(700～800m)	流量：60m^3/h，H=35mH_2O，n=1450r/min	3	380	11	2用1备
9	软化水箱	V=4m^3；外形尺寸 2000×1600×1500	1			
10	软化水装置	处理水量：4.0～5.0t/h	1			
11	膨胀水箱	1.5m^3	2			700m 以下冷热水系统定压

续表

800m设备层单叶设备表						
序号	名称	规　格	数量	配电要求		备注
				电压(V)	功率(kW)	
1	风冷冷水机组	制冷量:152kW(43RT)蒸发器:16℃/21℃,26m^3/h 1.6MPa,COP=6	4	380	制冷:49.6kW 风机:1.3×4kW	
2	风冷冷水机组	制冷量:152kW(43RT)蒸发器:7℃/12℃,26m^3/h 1.6MPa,COP=2.8	2	380	制冷:49.6kW 风机:1.3×4kW	
3	高温冷冻水泵(800～900m)	流量:120m^3/h,H=32mH_2O,n=1450r/min	2	380	18.5	1用1备
4	低温冷冻水泵(800～900m)	流量:60m^3/h,H=32mH_2O,n=1450r/min	2	380	11	1用1备
5	膨胀水箱	1.5m^3	2			800m以下冷热水系统定压
6	凝结减压水箱	25m^3	1			

900m设备层单叶设备表						
序号	名称	规　格	数量	配电要求		备注
				电压(V)	功率(kW)	
1	风冷冷水机组	制冷量:152kW(43RT)蒸发器:16℃/21℃,26m^3/h 1.6MPa,COP=6	4	380	制冷:49.6kW 风机:1.3×4kW	
2	风冷冷水机组	制冷量:152kW(43RT)蒸发器:7℃/12℃,26m^3/h 1.6MPa,COP=2.8	2	380	制冷:49.6kW 风机:1.3×4kW	
3	高温冷冻水泵(900～1000m)	流量:120m^3/h,H=32mH_2O,n=1450r/min	2	380	18.5	1用1备
4	低温冷冻水泵(900～1000m)	流量:60m^3/h,H=32mH_2O,n=1450r/min	2	380	11	1用1备
5	膨胀水箱	1.5m^3	2			900m以下冷热水系统定压
6	半即热式换热器(800～900m)	Q=1300kW一次热源0.4MPa饱和蒸汽,二次水65～50℃换热面积25m^2	2			每台负担70%负荷
7	半即热式换热器(900～1000m)	Q=1300kW一次热源0.4MPa饱和蒸汽,二次水65～50℃换热面积25m^2	2			每台负担70%负荷
8	空调热水泵(800～900m)	流量:60m^3/h,H=35mH_2O,n=1450r/min	3	380	11	2用1备
9	空调热水泵(900～1000m)	流量:60m^3/h,H=35mH_2O,n=1450r/min	3	380	11	2用1备
10	软化水箱	V=4m^3;外形尺寸2000×1600×1500	1			
11	软化水装置	处理水量:4.0～5.0t/h	1			

B1 冷热电三联供机房 表 11-11

序号	名称	规格	数量	配电要求		备注
				电压	功率(kW)	
1	燃气发电机组		4			
	ENG-1.2.3.4 马达(发电装置内)	型式: C200N5C 输出:2000kW,缸套数:18 转数:1500/min^{-1} 燃料消费量:503Nm^3/h 排气温度:462℃ 冷却水回收热量:1066kW 排气回收热量:1371kW	4	10kV		
	GE-1.2.3.4 发电机(发电装置内)	型式:横轴 输出:2000kW,1875kVA,50HZ 电压:10kV 极数:4P	4	10kV	2000	
	HEX-1-1.2.3.4 缸套水热交换器	型式:板式 换热量:1066kW 高温侧:70m^3/h;(30%乙二醇) 低温侧:70m^3/h; 88℃→83℃	3			
	HEX-2-1.2.3.4 中间室用热交换	型式:板式 换热量:1894.7MJ/h 高温侧:30m^3/h; (30%乙二醇) 低温侧:88.6m^3/h; 32℃→37.1m℃	3			
	JWP-1.2.3.4 缸套水循环泵	型式:立式离心泵 流量:70.7m^3/h(30%乙二醇) 扬程:22m	4	380V	7.5	
	ICP-1.2.3.4 中间室冷却水循环泵	型式:立式离心泵 流量:30m^3/h(30%乙二醇) 扬程:18m	4	380V	4	
2	HEX-3-1.2.3.4 放热用热交换器(缸套水)	型式:板式 换热量:1066kW 高温侧:70m^3/h;88℃→83℃(30%乙二醇);压差:44.76Pa 低温侧:70m^3/h;37℃→42℃; 压差:47.39Pa	4			
3	HWP-1,2,3,4 温水循环泵	型式:卧式单吸离心泵 介质:88℃ 水流量:77m^3/h 扬程:20m	4	380V	15	
4	CWP-1.2.3.4 冷却水泵	型式:卧式单吸离心泵 介质:32℃ 水流量:88.6m^3/h 扬程:25m	4	380V	15	
5	R-1.2.3.4 烟气热水型冷热水机	制冷能力:3204kW 911RT 采暖能力:2563kW 冷水流量:551m^3/h 空调冷水温度:入口 12℃/出口 7.0℃ 冷水压力损失:58kPa 温水流量:280m^3/h 空调温水温度:50.0℃/出口 60.0℃ 温水压力损失:80kPa 冷却水温度:32.0℃/出口 38℃ 冷却水流量:901m^3/h	4	380V	16	

续表

序号	名称	规　　格	数量	配电要求		备注
				电压	功率(kW)	
5	R-1.2.3.4 烟气热水型冷热水机	冷却水压力损失:54kPa 排气流量:7059m^3N/h 排气温度:入口 462℃/出口 105℃ 排气热量:1232kW 排气压力损失:2.0kPa 驱动温水温度:入口 88.0℃/出口 83.0℃ 驱动水流量:70m^3/h 驱动温水压力损失:100kPa 制冷 COP:1.25 采暖 COP:1.00	4	380V	16	
6	CP-1.2.3.4(S)冷冻水泵	形式:双吸离心泵 流量:606m^3/h 扬程:34m	5	380V	90	4 用 1 备
7	HP-1.2.3.4(S)热水泵(采暖用)	形式:双吸离心泵 流量:308m^3/h 扬程:28m	5	380V	45	4 用 1 备
8	CDPR-1.2.3.4(S)冷却水泵	形式:双吸离心泵 流量:990m^3/h 扬程:34m	5	380V	110	4 用 1 备
9	CTR-1.2.3.4 冷却塔	形式:低噪声开放型直交流热交换式(内部配管) 冷却水温度:入口 32.0℃/出口 37.37℃ 流量:989.6m^3/h 采用变频风机	4	380V	30×2	
10	RSQ-1 全自动软水器	处理水量:10t/h				
11	RSX-1 软化水箱	V=8m^3,外形尺寸:2000×2500×2000				
12	定压补水装置	补水泵流量:4m^3/h; 扬程:20mH_2O		380V	1.5	

11.2.11　系统图示

制冷系统原理如图 11-15～图 11-17 所示，三联供水系统原理如图 11-18 所示，燃气引擎内循环配管如图 11-19 所示，空调冷水系统原理如图 11-20、图 11-21 所示，换热机房水系统原理如图 11-22 所示，空调热水系统原理如图 11-23 所示，蒸汽加湿系统原理如图 11-24 所示，空调风系统原理如图 11-25 所示，排风、加压送风系统原理如图 11-26 所示。

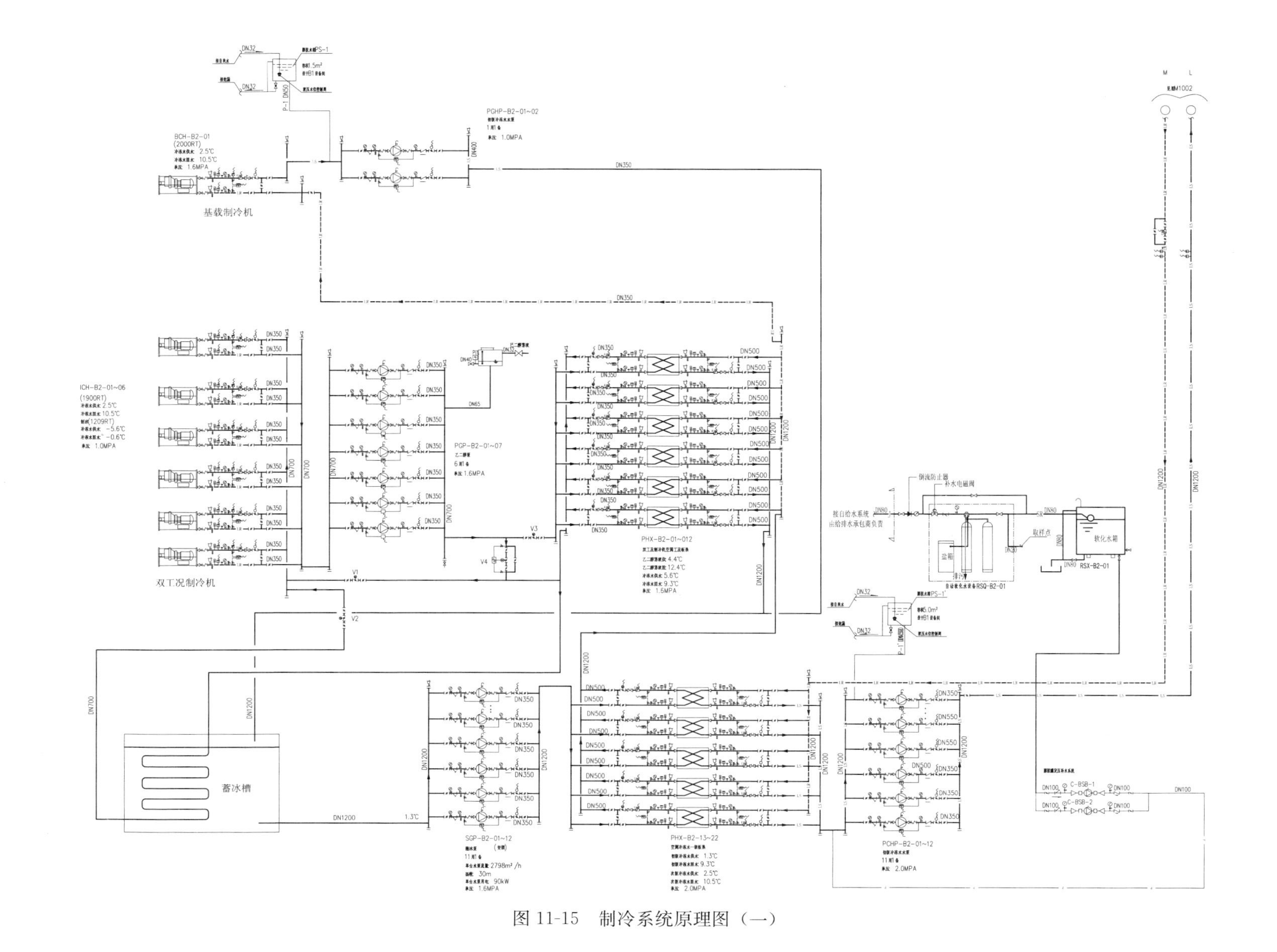

图11-15 制冷系统原理图（一）

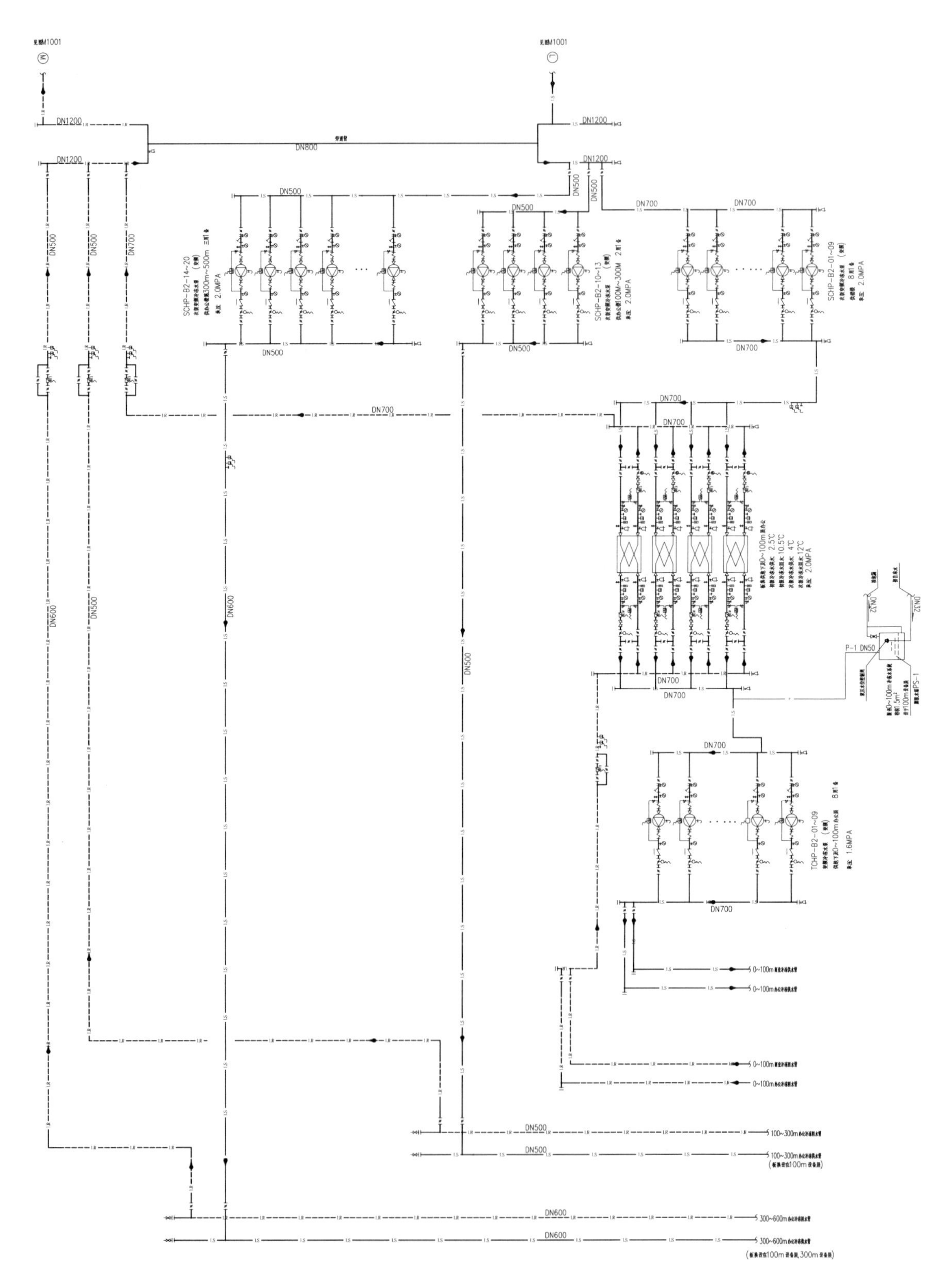

图 11-16 制冷系统原理图（二）

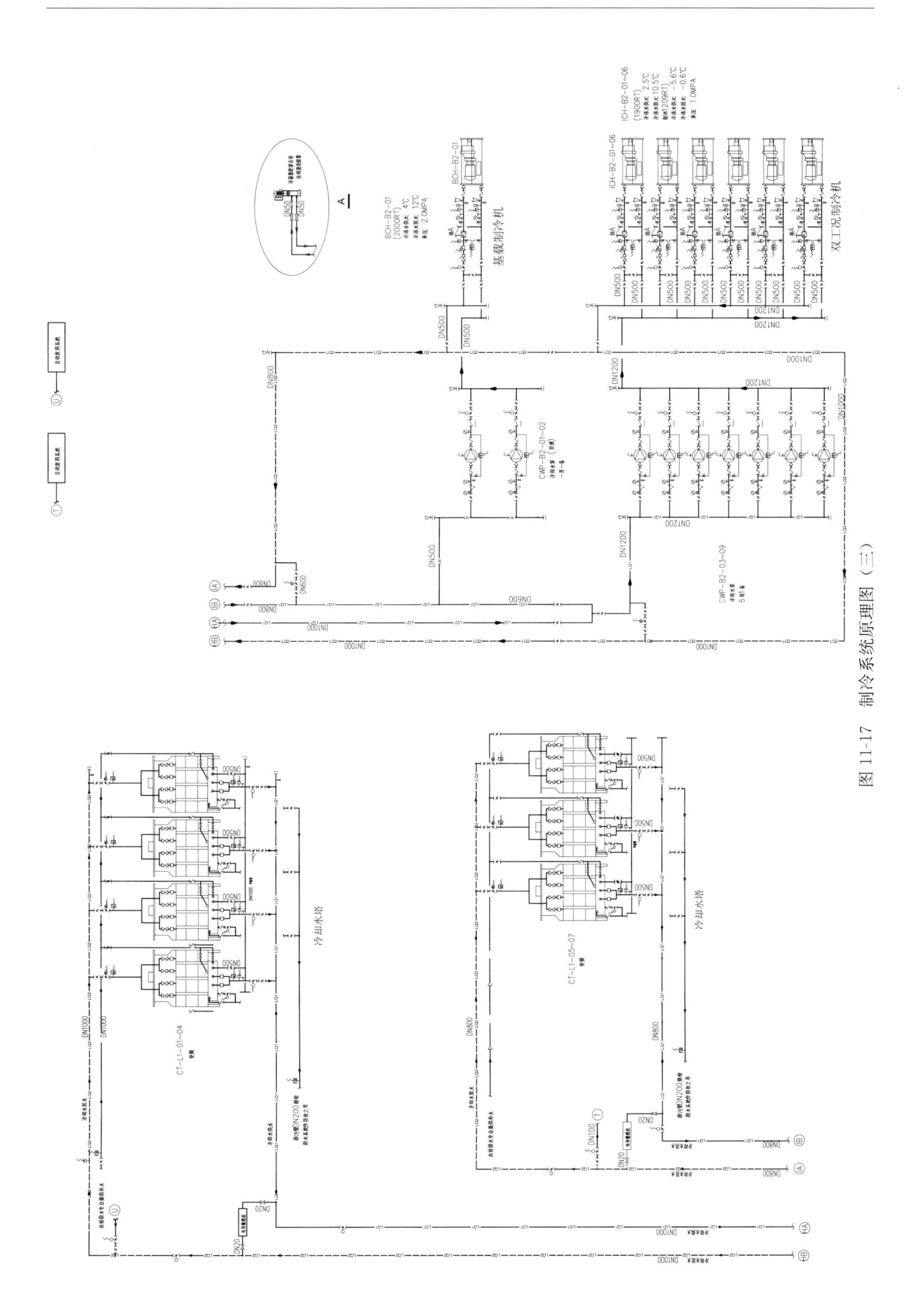

图 11-17 制冷系统原理图（三）

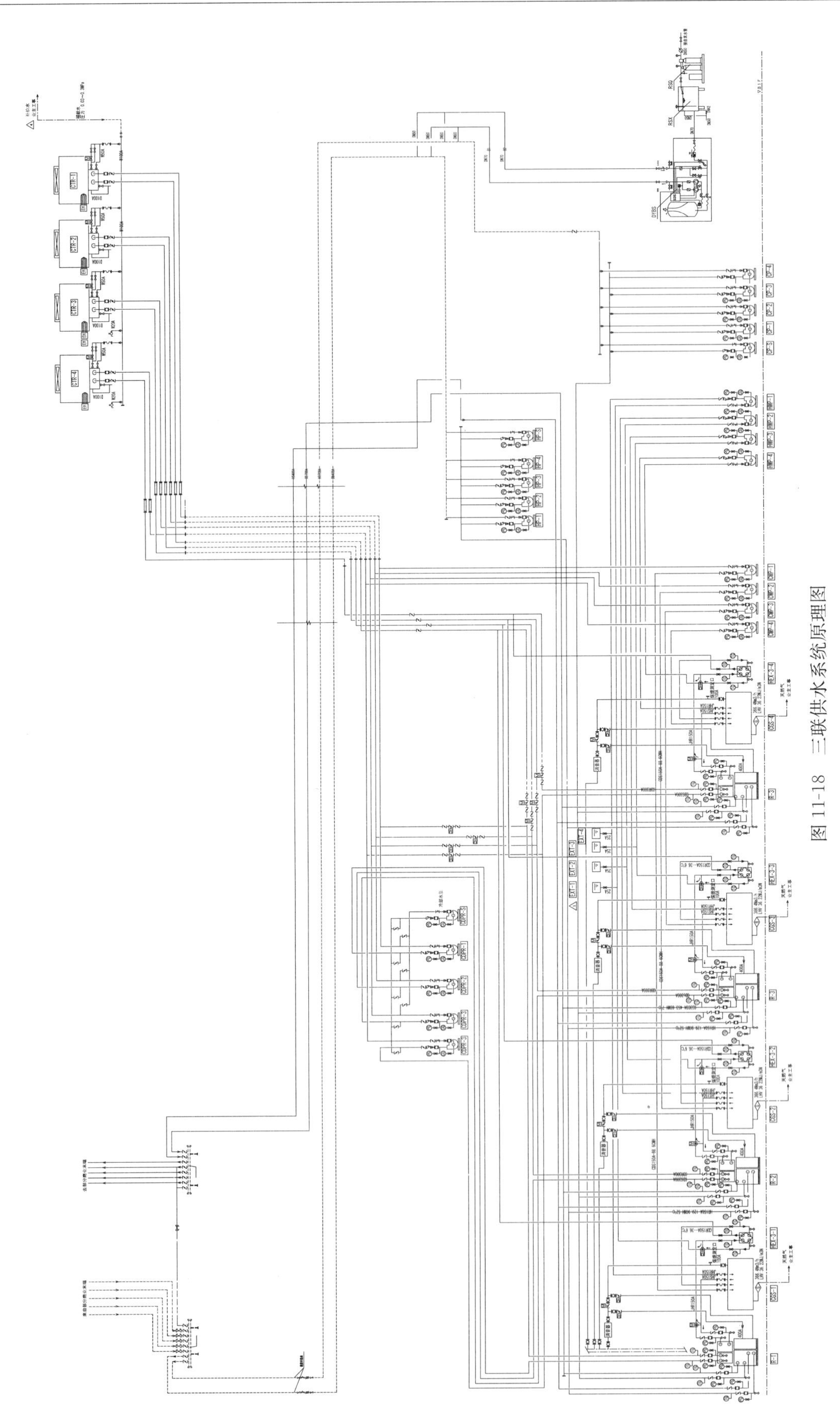

图 11-18　三联供水系统原理图

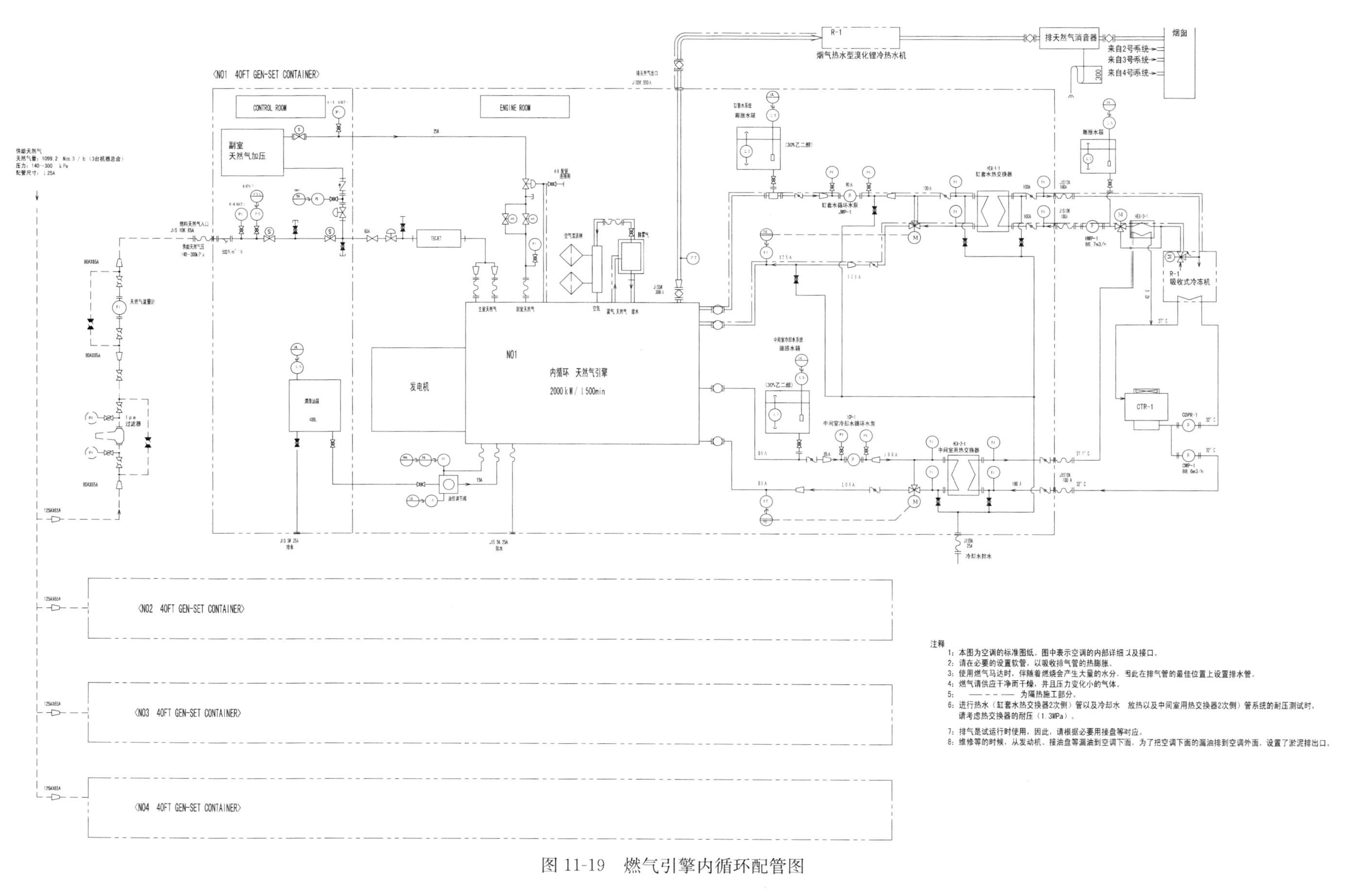

图 11-19 燃气引擎内循环配管图

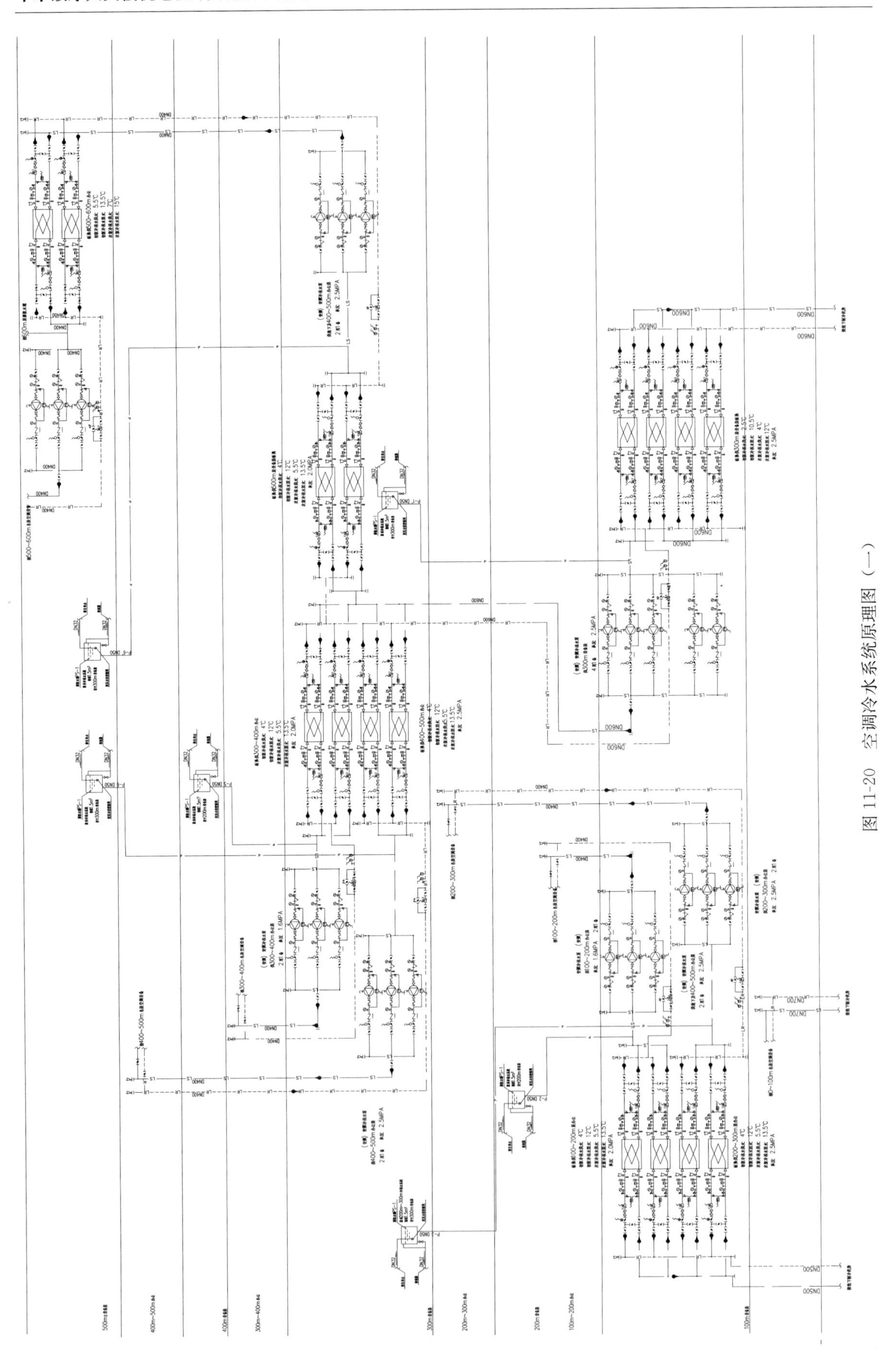

图 11-20　空调冷水系统原理图（一）

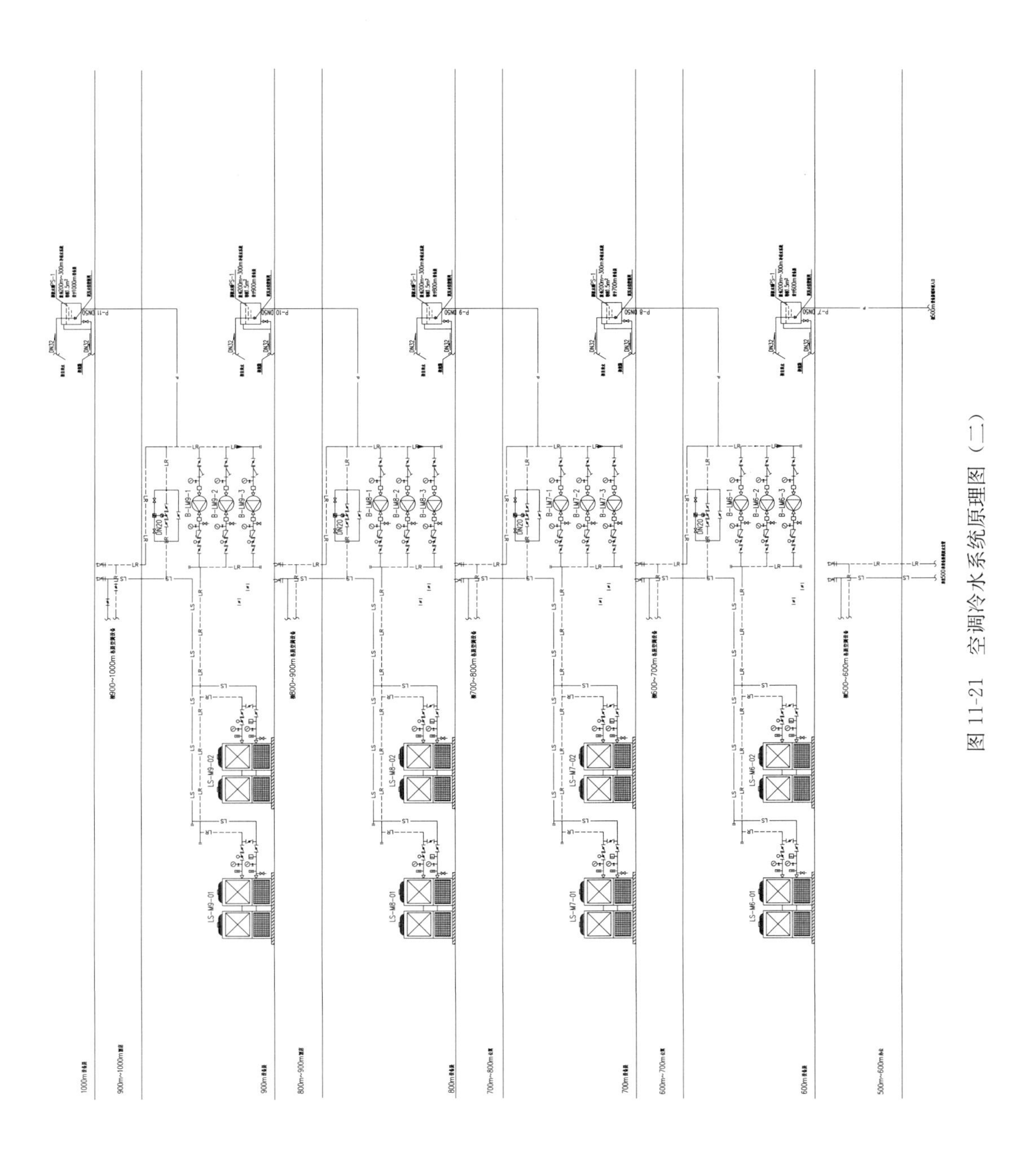

图 11-21　空调冷水系统原理图（二）

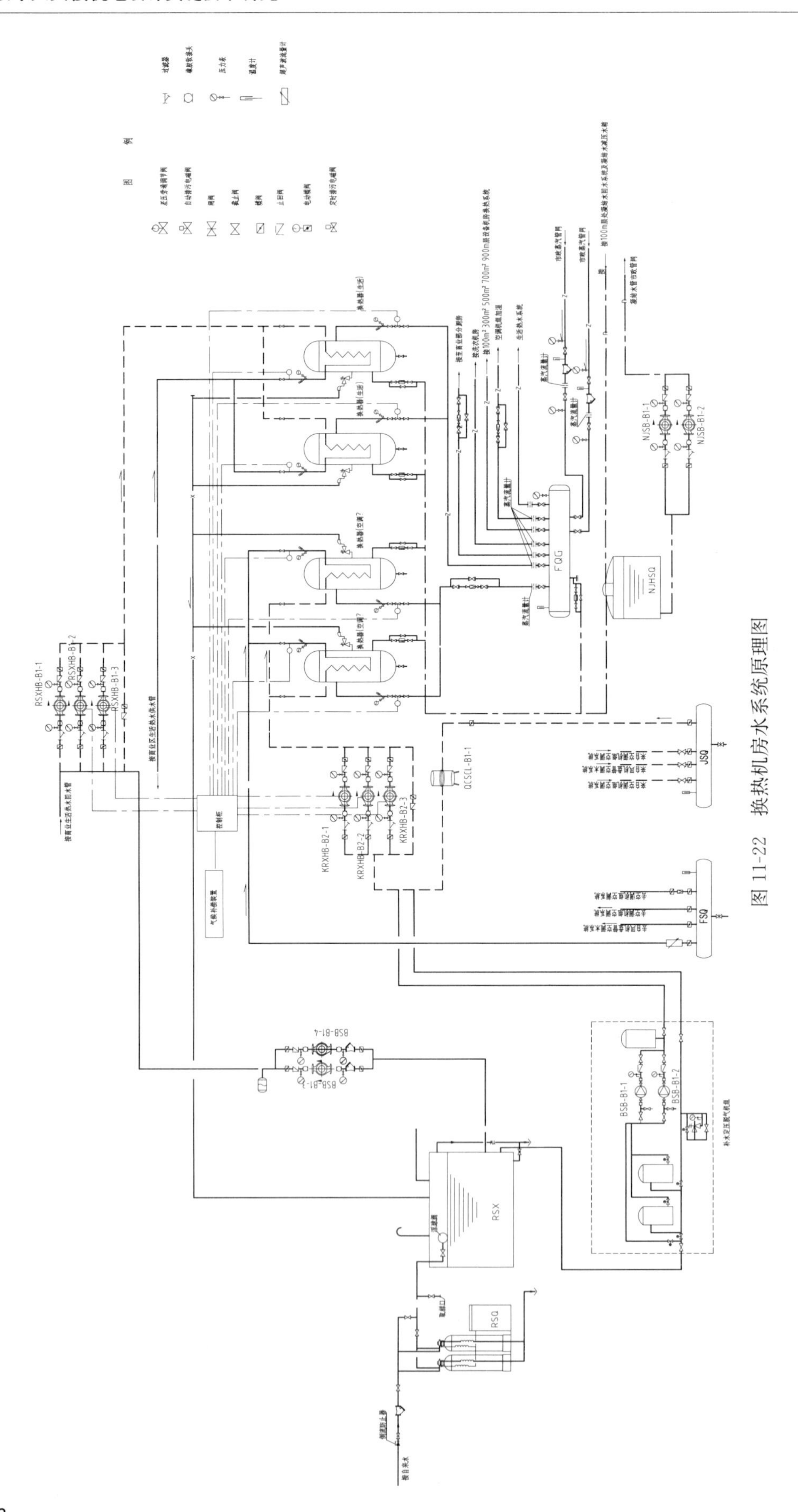

图 11-22 换热机房水系统原理图

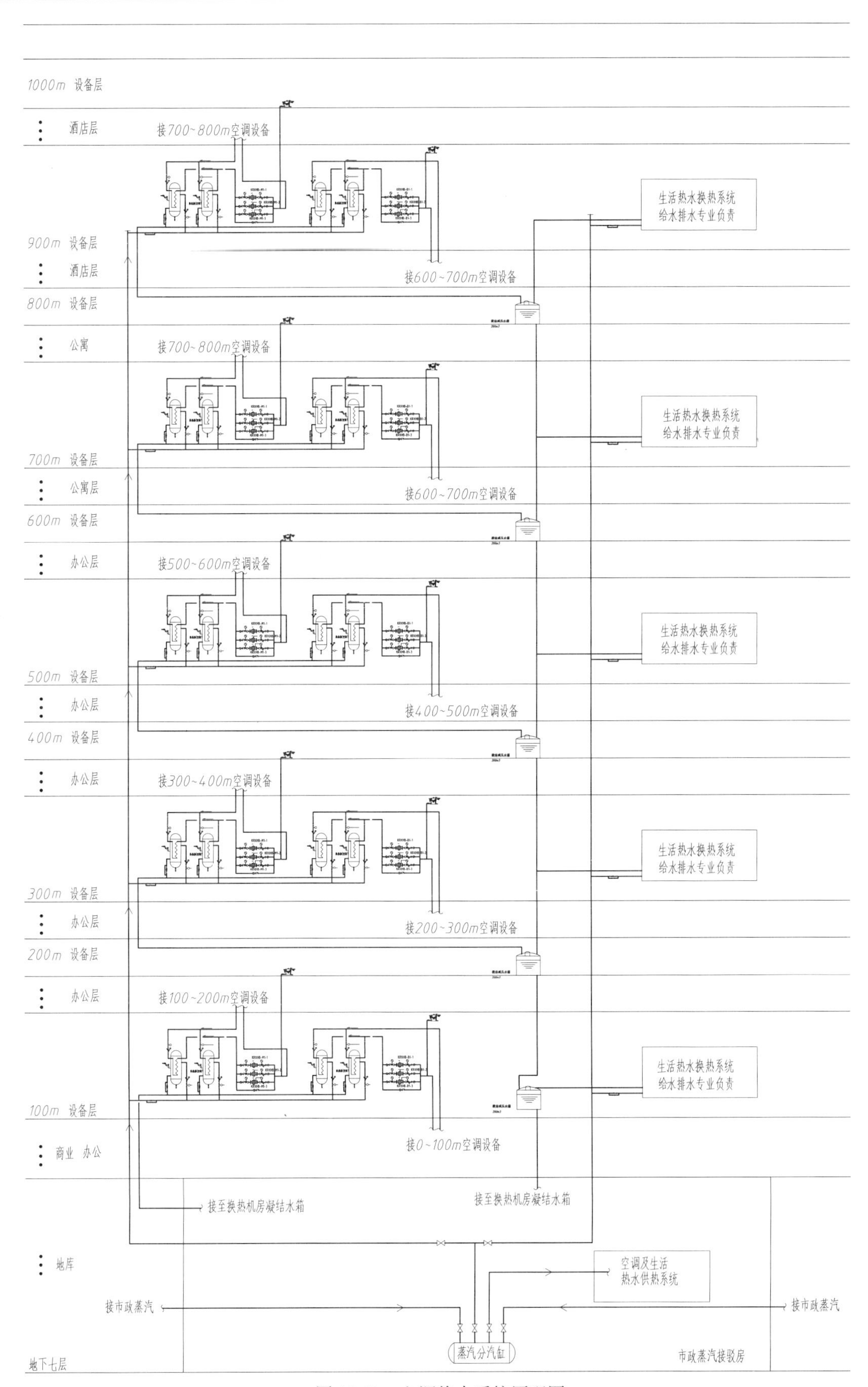

图 11-23　空调热水系统原理图

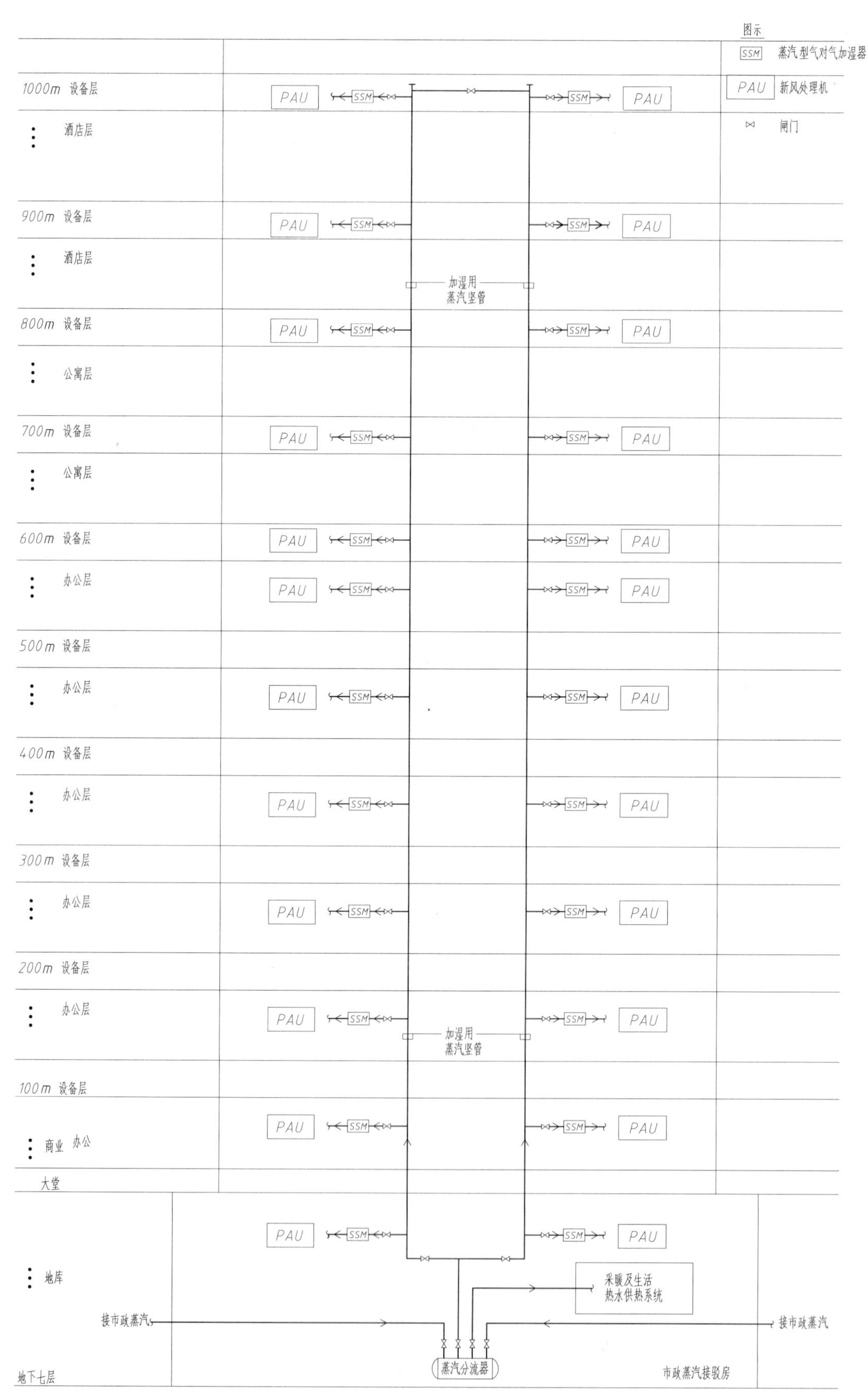

图 11-24 蒸汽加湿系统原理图

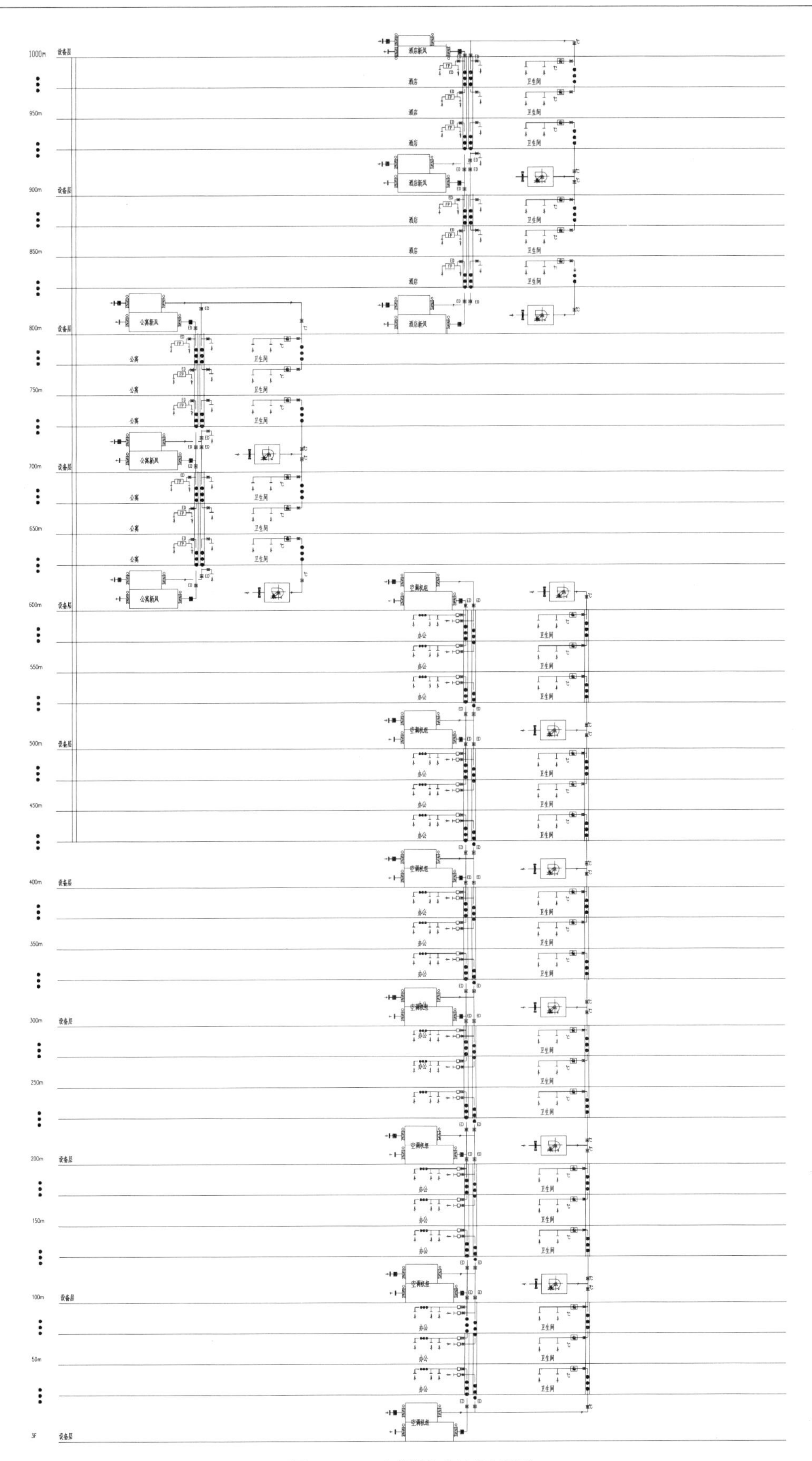

图 11-25 空调风系统原理图

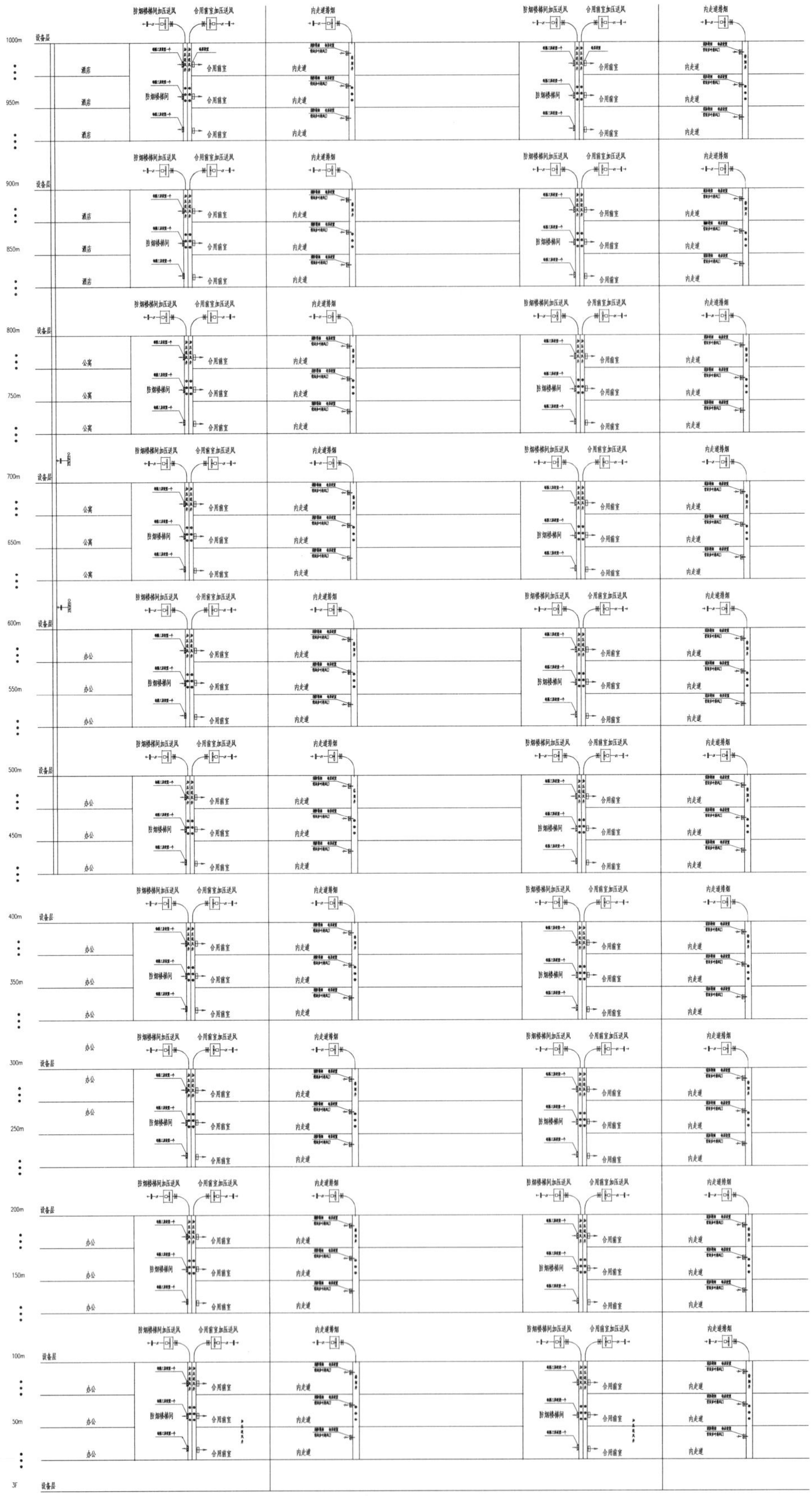

图 11-26 排风、加压送风系统原理图

11.2.12 平面图示

办公标准层空调通风、空调水管平面布置图见图 11-27、图 11-28；公寓标准层空调水管、空调风管平面布置图见图 11-29、图 11-30；酒店标准层空调通风平面布置图见图 11-31；各机房及设备层平面管线布置图如图 11-32～图 11-36 所示。

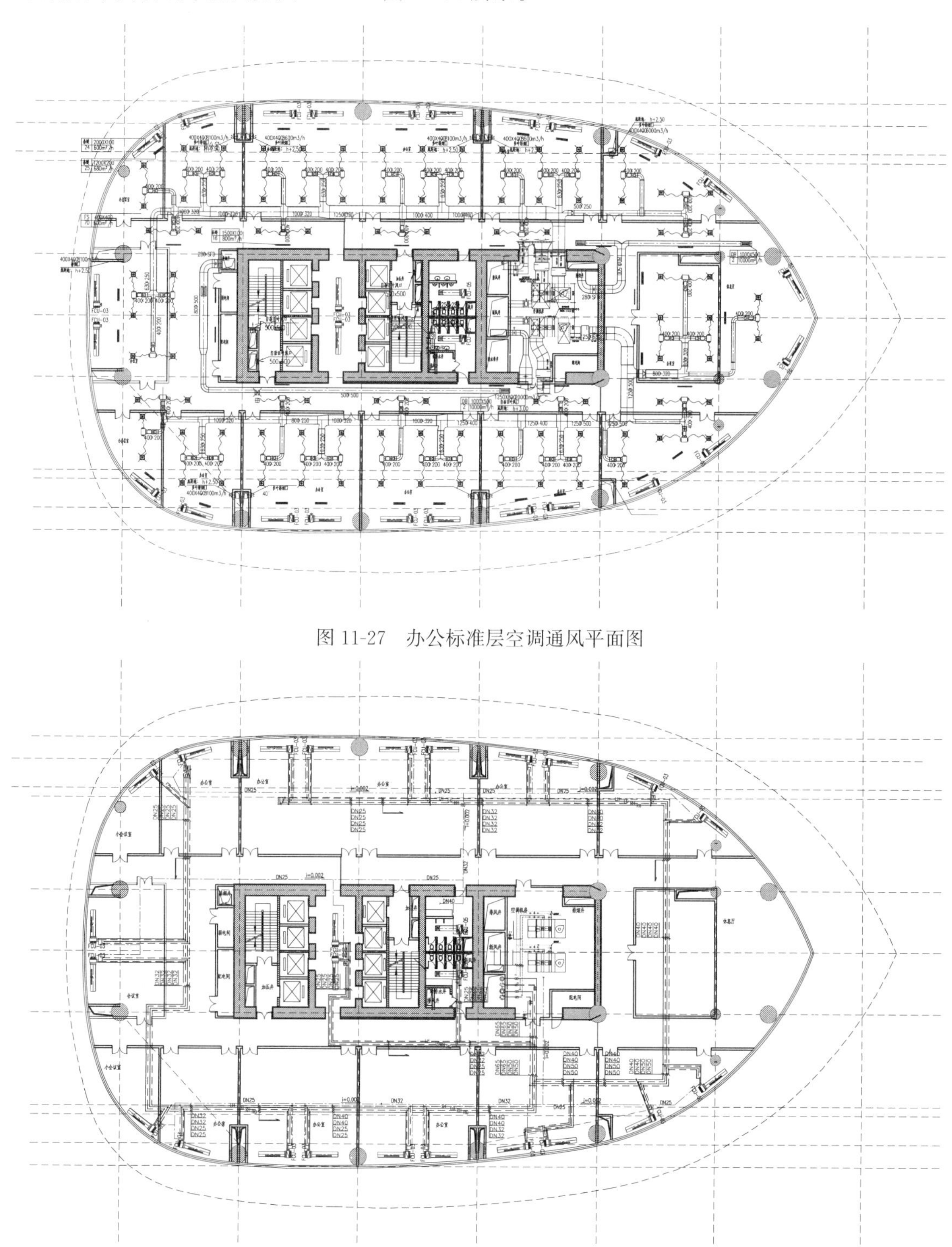

图 11-27　办公标准层空调通风平面图

图 11-28　办公标准层空调水管平面图

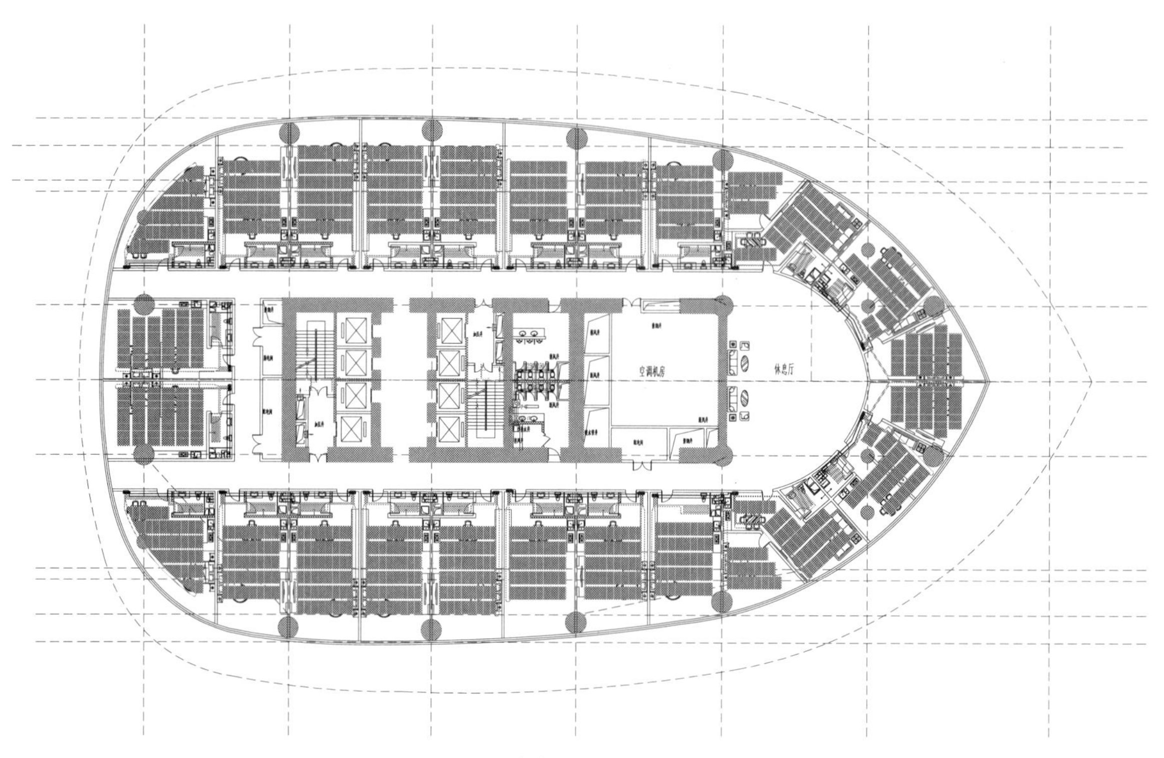

图 11-29　公寓标准层空调水管平面图

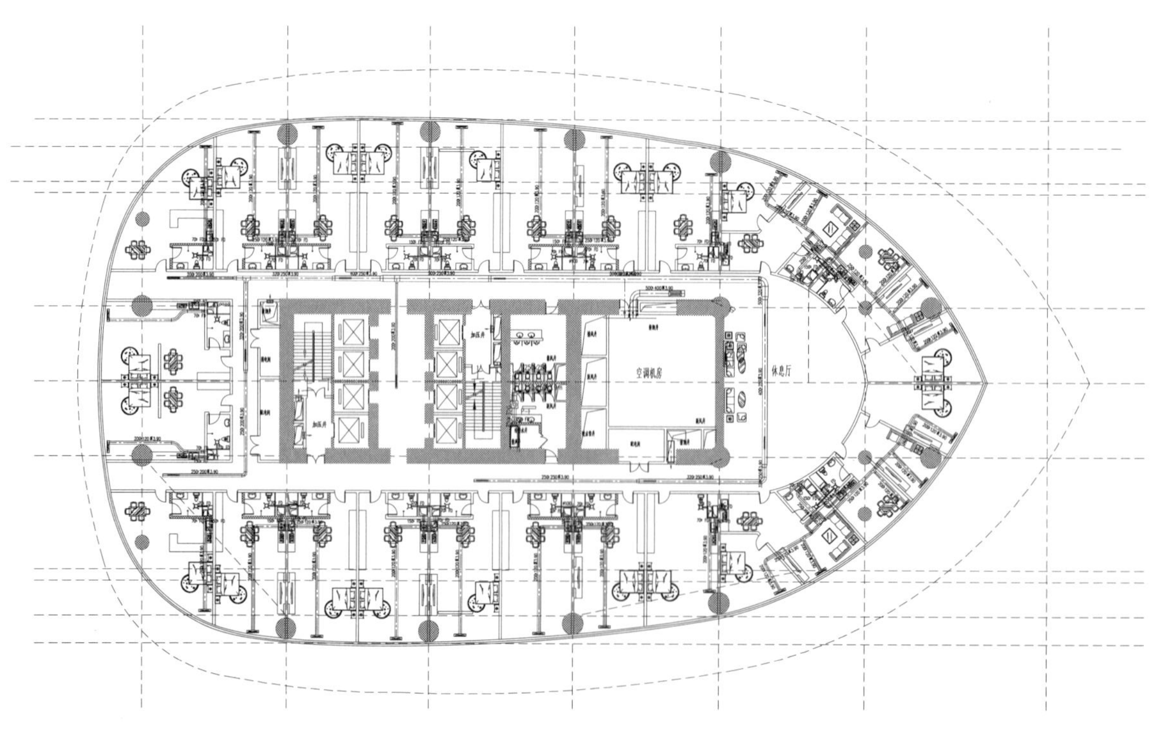

图 11-30　公寓标准层空调风管平面图

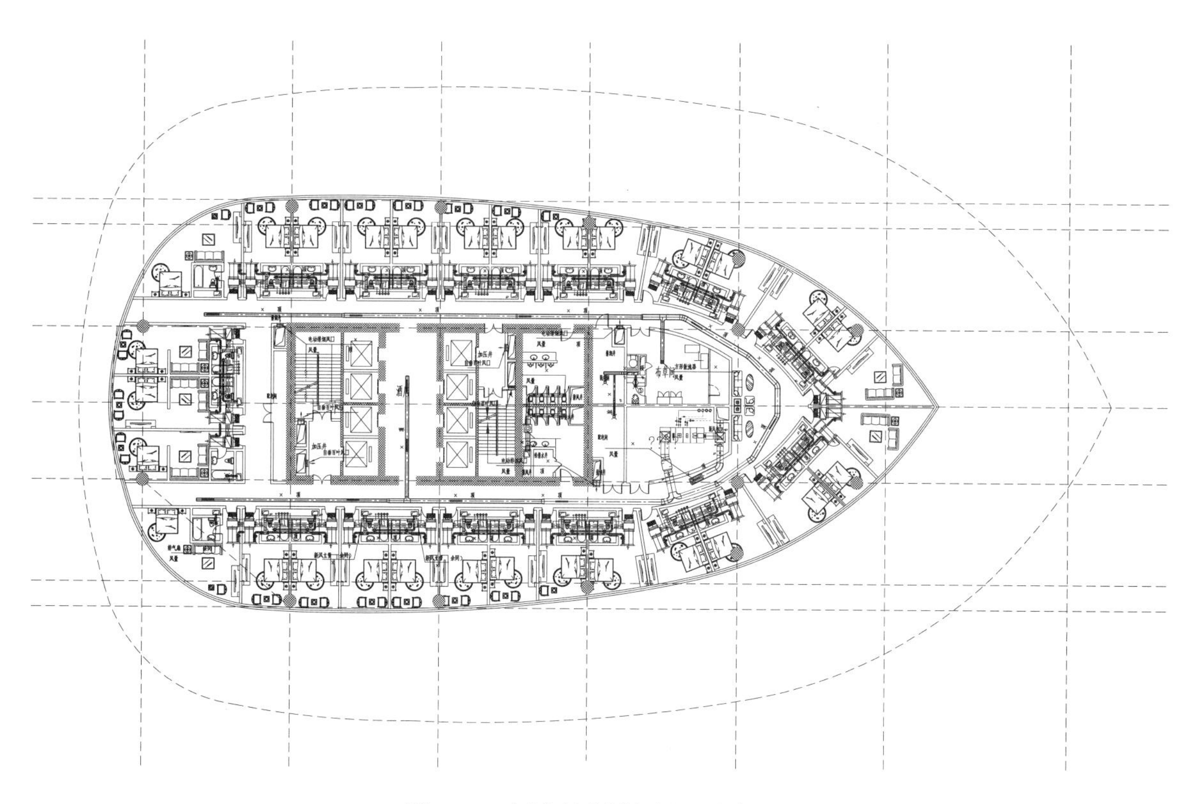

图 11-31　酒店标准层空调通风平面图

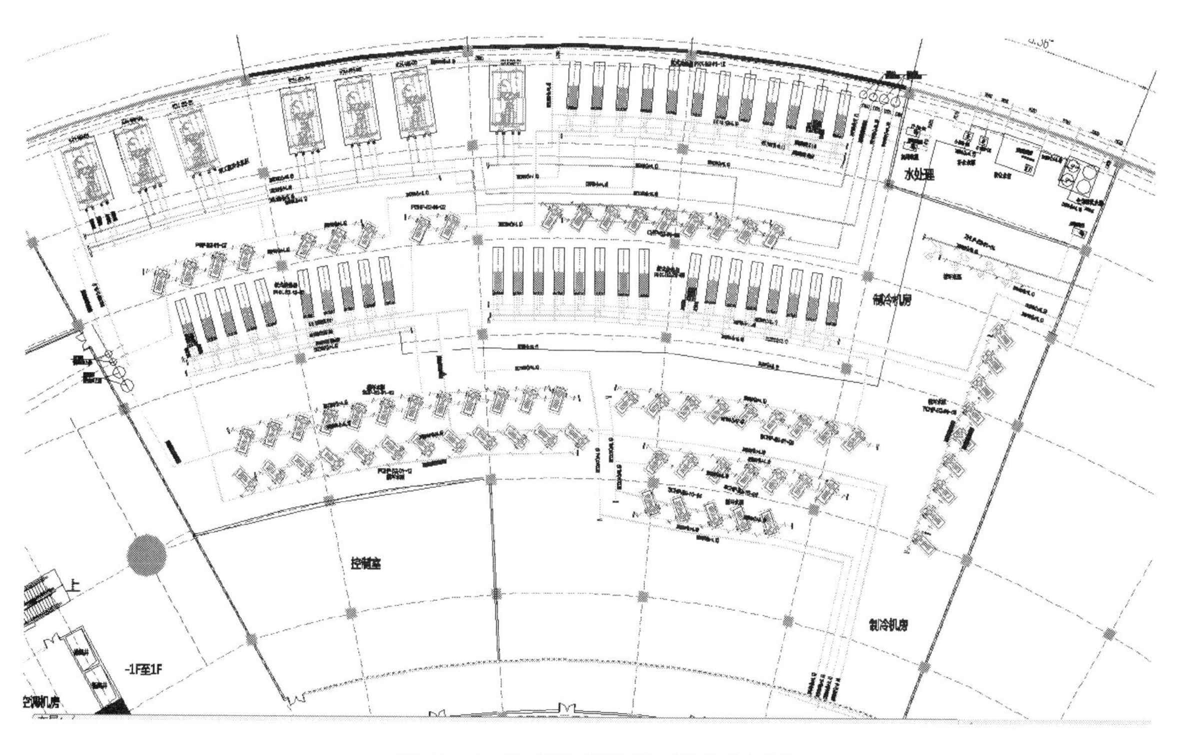

图 11-32　B2 制冷机房平面管线布置图

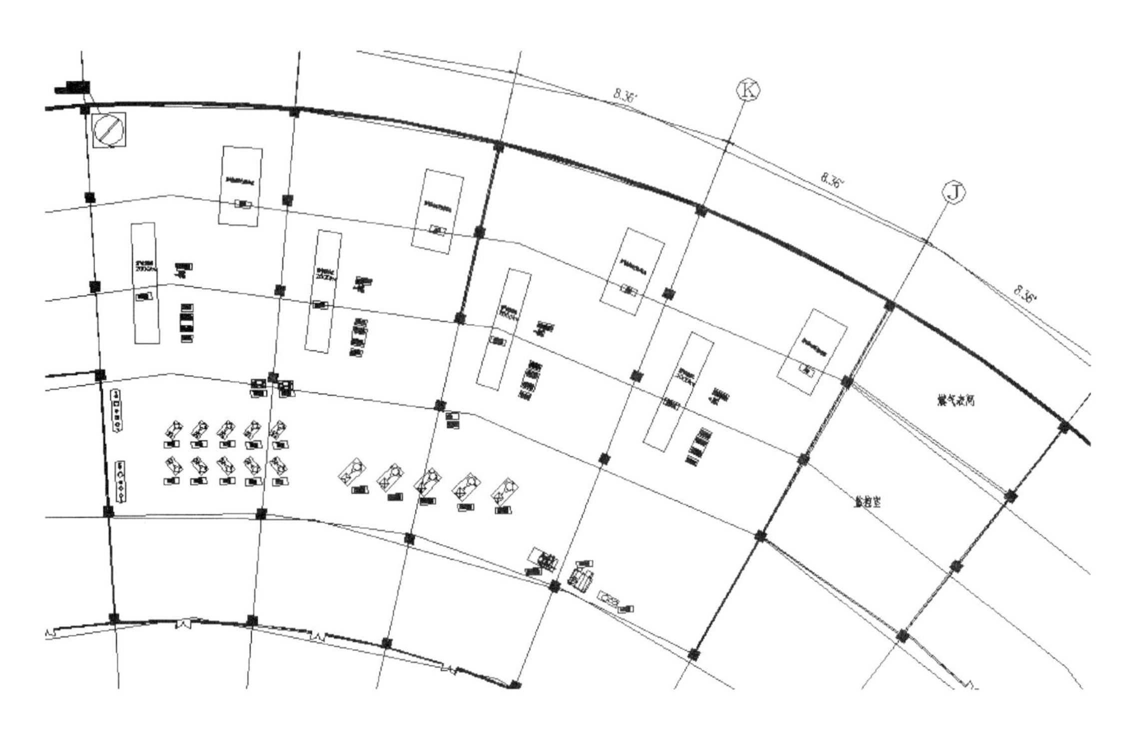

图 11-33　B1 三联供机房平面布置图

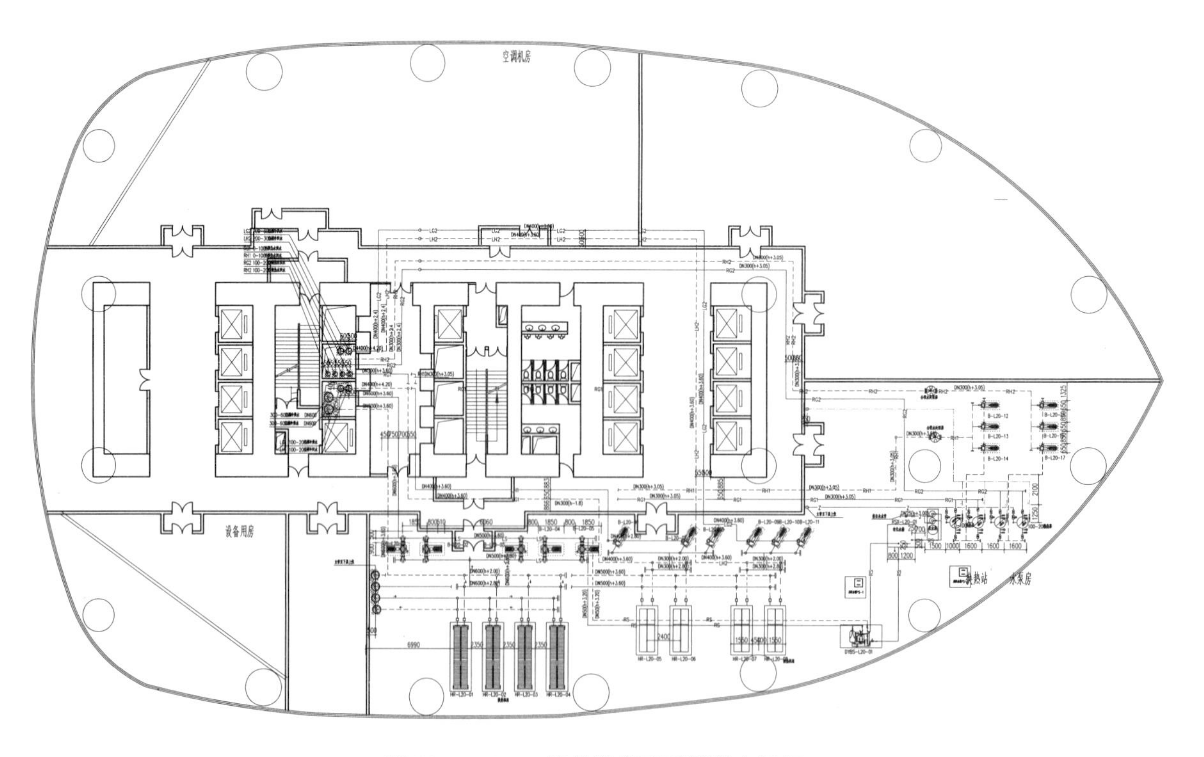

图 11-34　100m 换热站房平面管线布置图

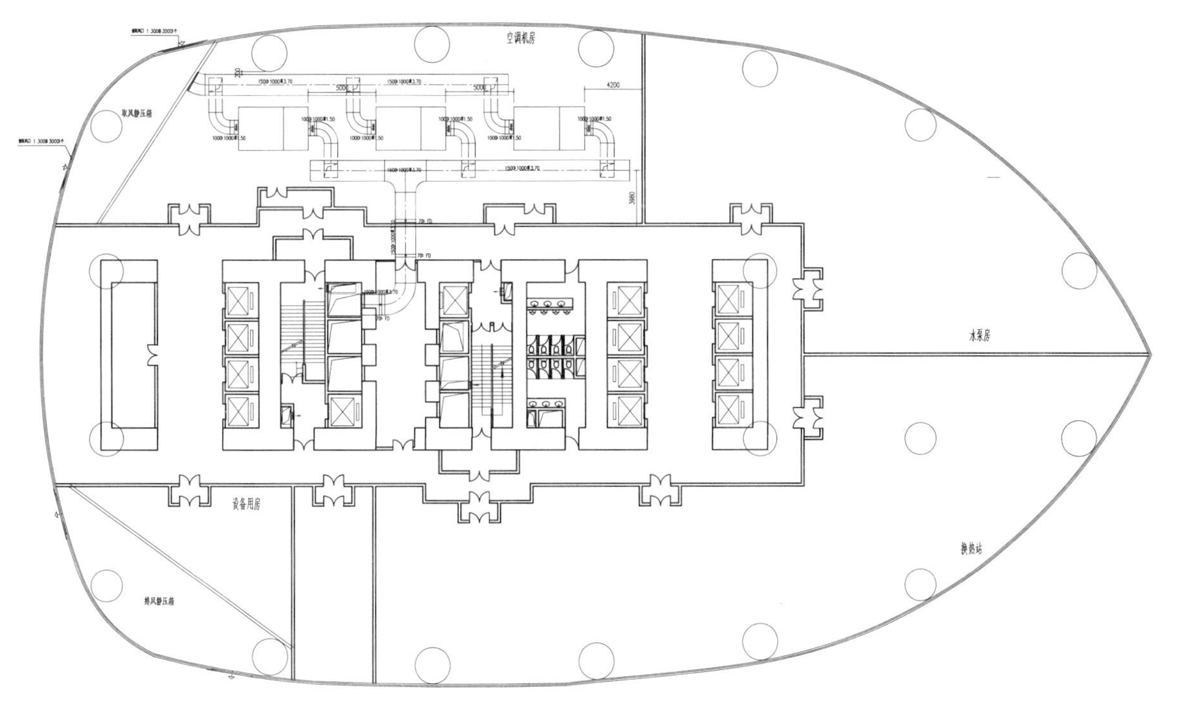

图 11-35 100m 设备层送风管线布置图

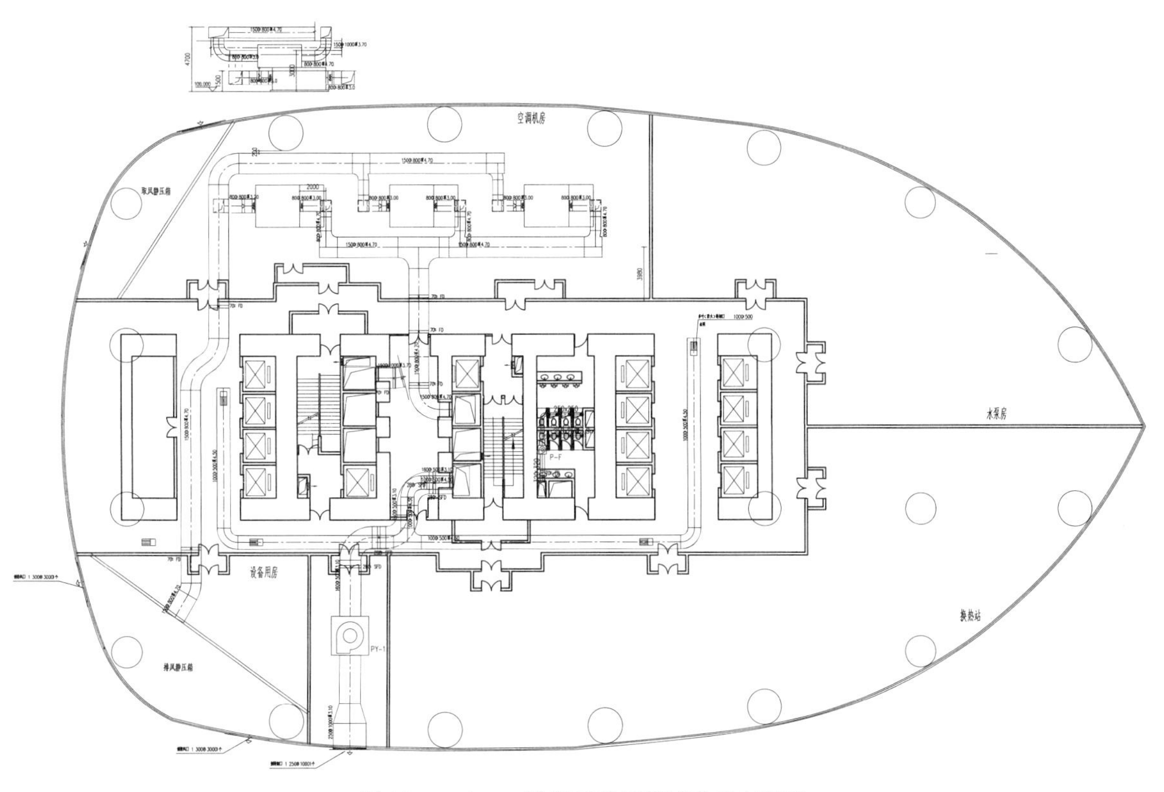

图 11-36 100m 设备层排风管线平面布置图

11.2.13 BIM图示

设备层及各标准层的机电设备管线BIM设计如图11-37～图11-41所示。

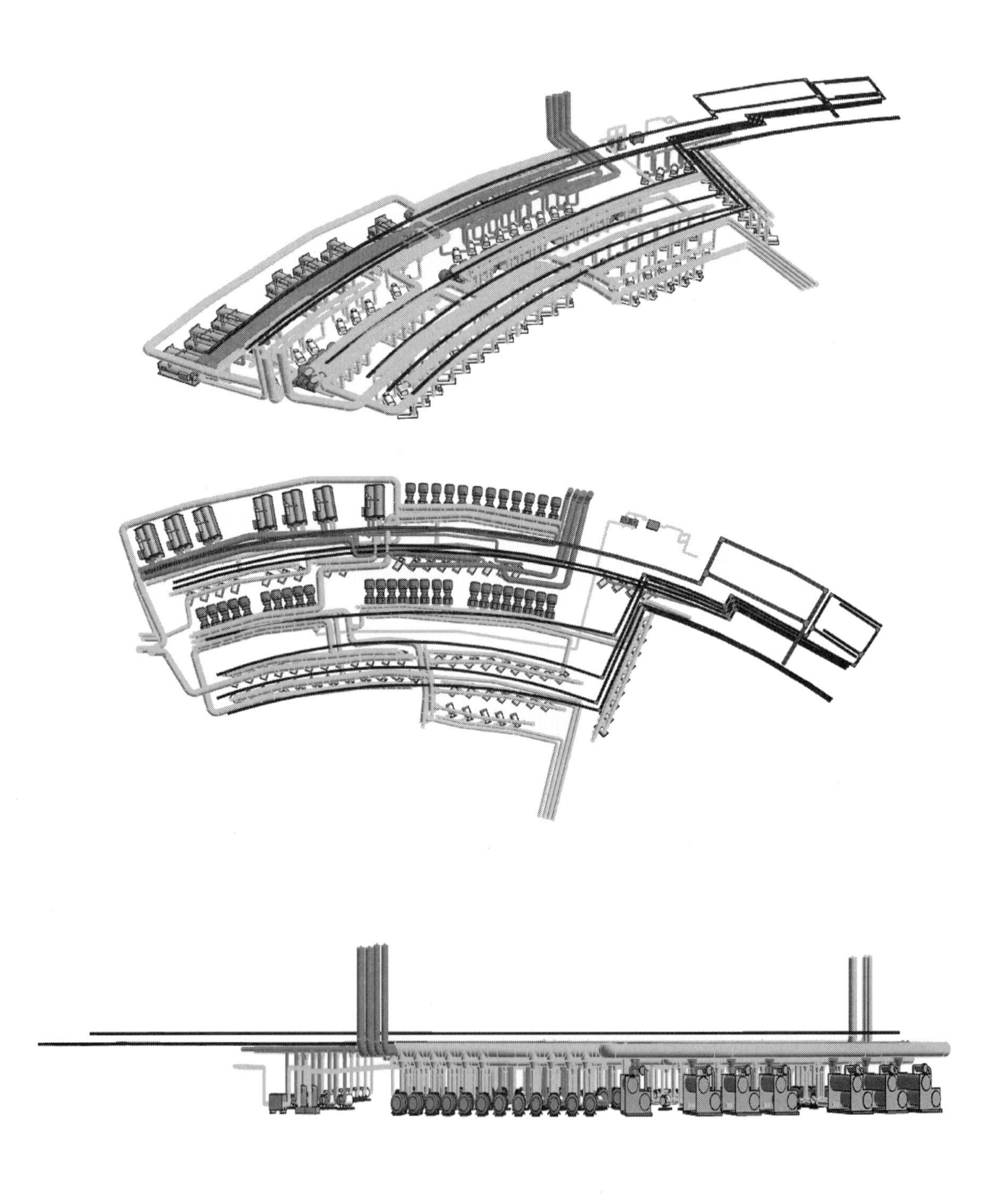

图11-37 制冷机房的机电设备和管道BIM设计

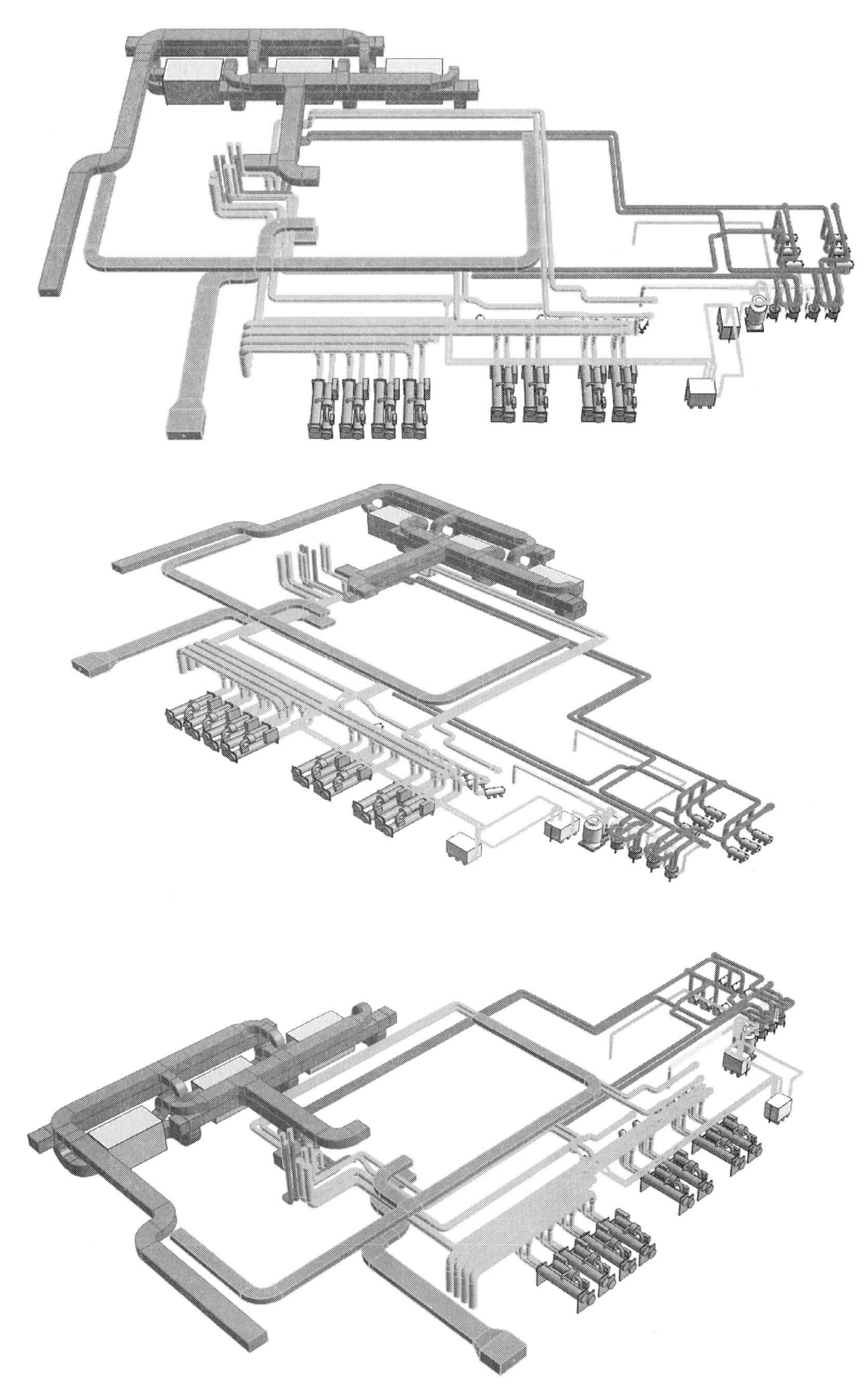

图 11-38 100m 设备层机电设备管线 BIM 设计

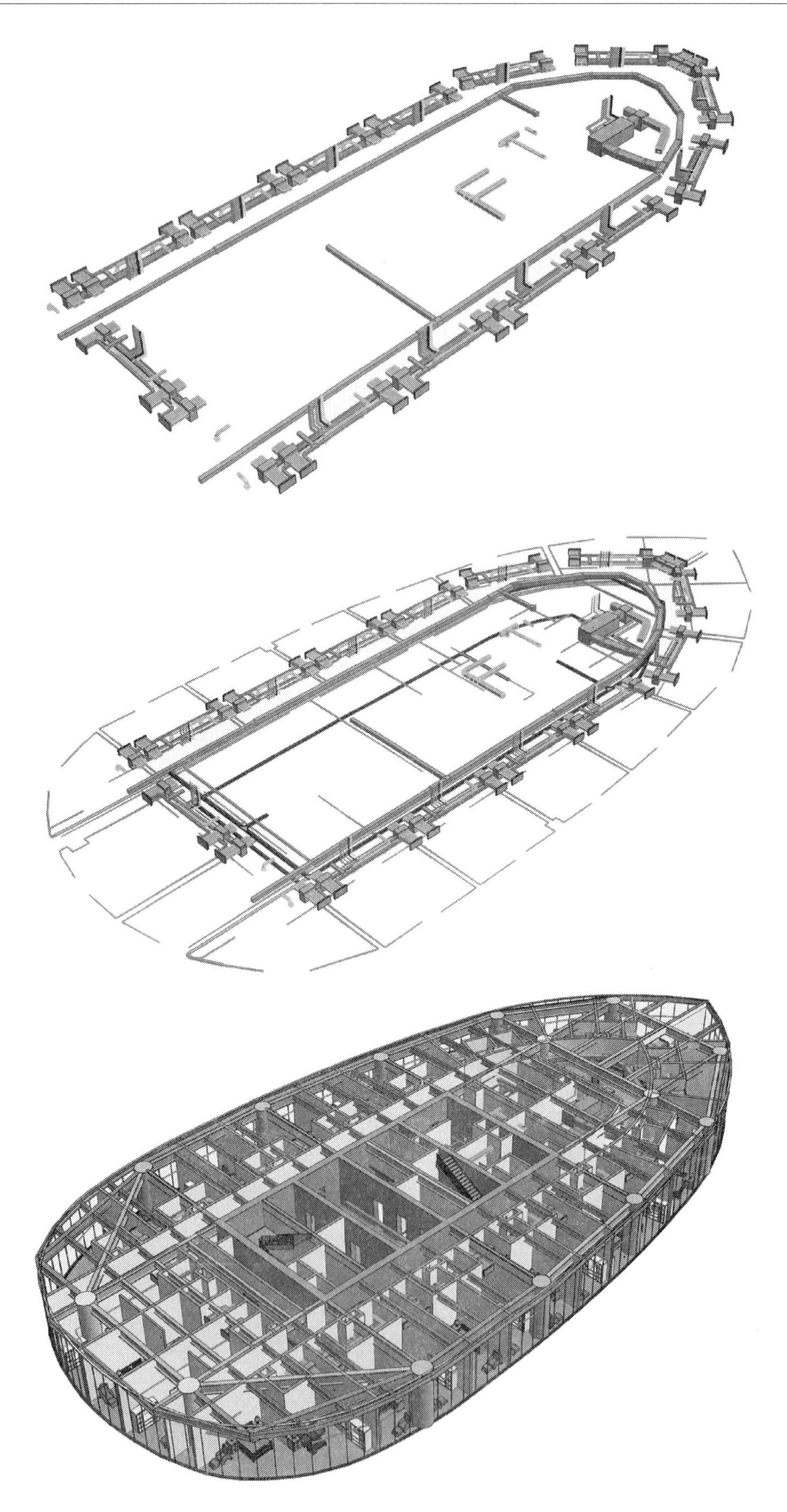

图 11-39　酒店标准层机电设备管线 BIM 设计

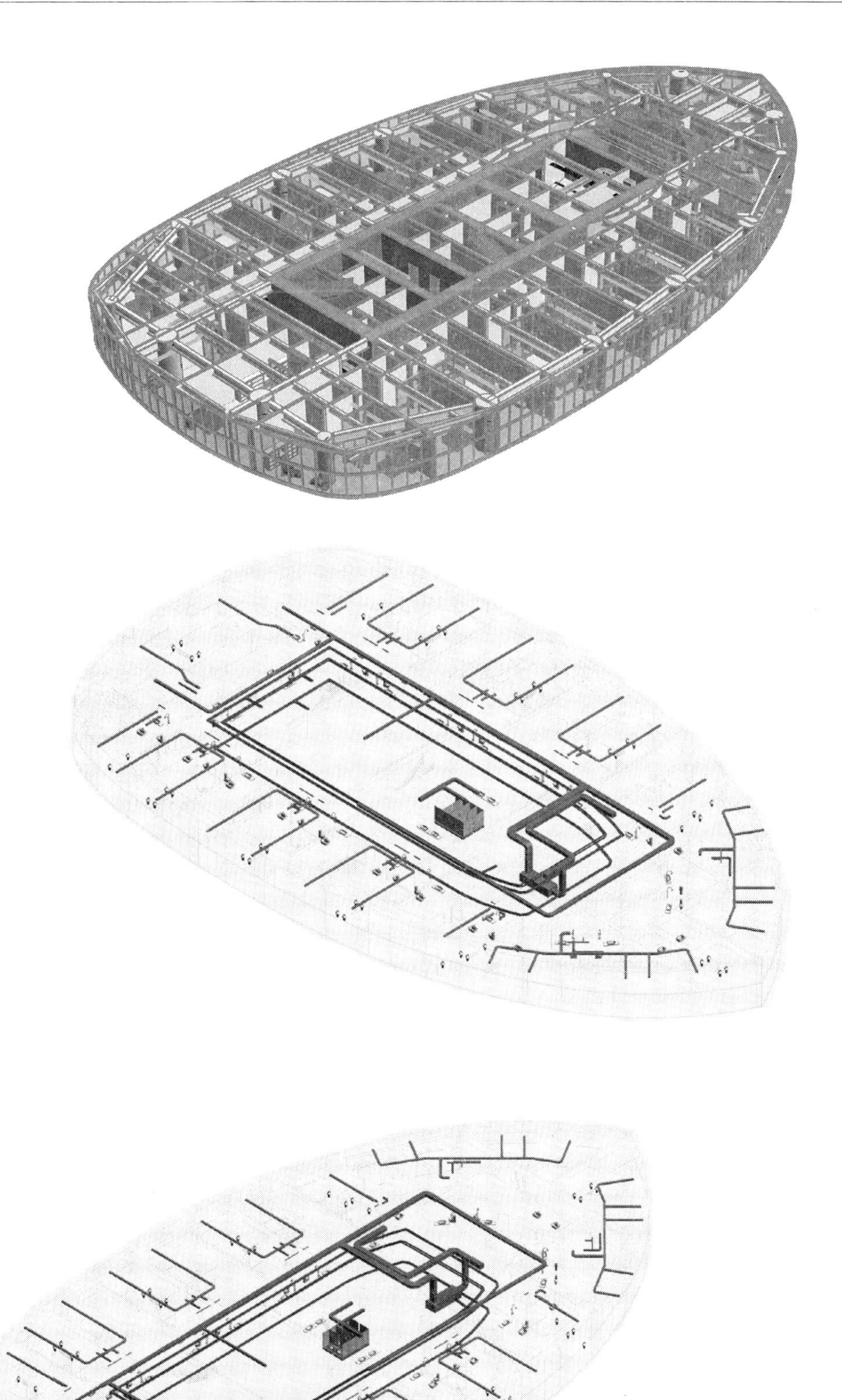

图 11-40　公寓标准层机电设备管线 BIM 设计

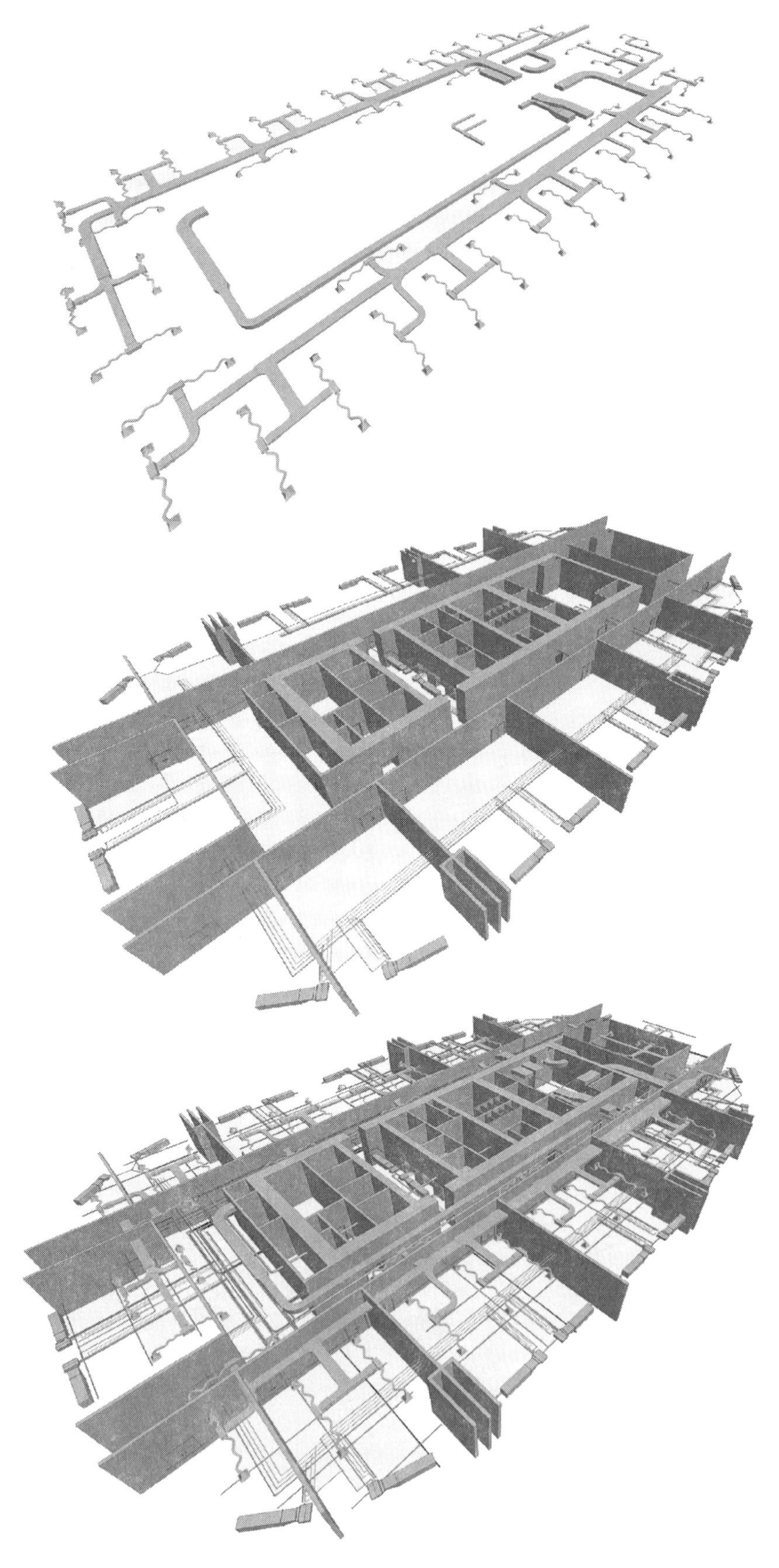

图 11-41　办公标准层机电设备管线 BIM 设计

11.3 给水排水专业方案

11.3.1 给水系统

（1）给水用水量

给水用水量标准和用水量见表 11-12。

给水用水量 表 11-12

序号	用水部位	使用数量	用水量标准（L/d·人次）	日用水时间（h）	小时变化系数	用水量（m^3）			备注
						最高日	最高时	平均时	
1	酒店	1160 间	400	24	1.5	928	58	38.6	
2	公寓	880 间	300	24	1.5	528	33	22	
3	办公	1040000 人	50	10	1.5	2600	390	260	
4	小计					4056	481	320.6	
5	合计					4461	529.1	352.7	不可预见 10%

（2）水源

供水水源为城市自来水，市政供水压力 0.20MPa。根据周围给水管网现状，拟从用地南侧 DN300 给水管接出一根 DN200 给水管供酒店生活给水，西侧 DN300 给水管接出一根 DN200 给水管供办公和公寓生活给水。

（3）室内管网系统

管网系统竖向分区的压力控制参数为：各区最不利点的出水压力为酒店不小于 0.20MPa，公寓、办公不小于 0.10MPa，最低用水点最大静水压力（0 流量状态）不大于 0.45MPa。管网竖向具体分区和供水方式见表 11-13。

生活给水系统分区 表 11-13

建筑功能	详细分区		供水方式
地下部分	F1 以下部分		市政直接供给
商业、办公	1 区	2F～100m	100m 生活转输水箱重力供给
	2 区	100～200m	200m 生活转输水箱重力供给
	3 区	200～300m	300m 生活转输水箱重力供给
	4 区	300～400m	400m 生活转输水箱重力供给
	5 区	400～500m	500m 生活转输水箱重力供给
	6 区	500～600m	600m 生活水箱重力供给
公寓	7 区	600～700m	700m 生活转输水箱重力供给
	8 区	700～800m	800m 生活水箱重力供给
酒店	9 区	800～900m	900m 生活转输水箱重力供给
	10 区	900～1000m	1000m 生活水箱重力供给

储水箱及供水泵设于地下设备机房，材质为不锈钢。其中酒店部分的有效容积为 650m^3，公寓部分的有效容积为 132m^3，办公部分的有效容积为 650m^3。为方便清洗，酒店的储水箱分成 7

格、公寓的储水箱分成2格、办公的储水箱分成7格。各组加压水泵和转输水泵均设备用泵1台。加压及转输等恒速水泵由高位及中间水箱内的水位自动控制。冷却塔补水的储水与地下设备机房的消防水池合用，冷却塔补水均采用变频泵组供水。

所有水箱出水管上设紫外线消毒器消毒。

酒店的水质与处理：生活用水与洗衣房用水均进行软化处理，其中生活用水采用部分软化、在水箱混合，洗衣房用水采用全部软化，软化后水的硬度为：生活用水不超过100mg/L、洗衣房不超过50 mg/L。

（4）洁具选择

坐便器冲洗采用6.0L水箱、小便器均采用感应式冲洗阀。洗脸盆酒店采用陶瓷片密封水龙头、办公采用自动感应式水龙头。酒店公共浴室及员工浴室淋浴器采用脚踏式开关。

（5）管材选用

室外供水管采用内壁涂塑的球墨给水铸铁管，管道连接方式：承插接口、橡胶圈密封；室内供水管采用薄壁不锈钢管，管道连接方式：$DN\leqslant100$mm供水管采用电动液压工具卡压或环压连接，其余采用沟槽式柔性连接；冷却塔补水管采用钢塑复合管，管道连接方式：$DN\leqslant100$mm管道采用螺纹连接，其余采用沟槽式连接。管道敷设要求：客房及公共卫生间内管道均暗装。

11.3.2 热水供应系统

（1）热水用水量

热水用水量标准和用水量见表11-14。

热水用水量标准表 表11-14

序号	用水部位	使用数量	用水量标准（L/d·人次）	日用水时间（h）	小时变化系数	用水量（m^3）			备注
						最高日	最高时	平均时	
1	酒店	1160间	150	24	2.58	348	37.41	14.5	
2	公寓	880间	100	24	2.6	176	18.98	7.3	
3	办公	1040000人	5	10	1.5	260	39	26	
4	小计					784	95.39	47.8	
5	合计					862.4	104.93	52.58	不可预见10%

（2）热水供应范围和热源

热水供应部位：酒店客房卫生间、公共卫生间、浴室、厨房操作间、办公卫生间及公寓厨房和卫生间淋浴等。

集中热水系统的热源为自备燃气锅炉供应热媒，热媒为热水，供、回温度分别为90℃、70℃，加热设备采用波节管半容积式换热器。

（3）冷水计算温度

冷水计算温度取10℃。集中热水系统换热器出水温度为60℃，回水温度范围55℃。

（4）集中热水供应系统的竖向分区

集中热水供应系统的竖向分区及各区冷水的供应方式同给水系统。

加热设备设于地下设备机房和每100m的设备层。

（5）集中热水系统

酒店、公寓集中热水系统采用干、立管全日制机械循环，办公集中热水系统采用干、立管定时机械循环。循环系统保持配水管网内温度在55℃以上。温控点设在各区热水循环泵进水管处，当温度低于50℃，循环泵开启，当温度上升至55℃，循环泵停止。集中热水系统为闭式，日用水量超过10m³的系统设置膨胀罐，膨胀罐设于各区换热器进水管处，膨胀罐吸纳热水膨胀量。

为保证系统循环效果，节水节能，采取的措施为：各区供回水管道同程布置；支管采用电伴热保温。

（6）管材

管材采用薄壁不锈钢管。管道连接电动液压工具卡压或环压连接。管道敷设方式同给水。热水管保温材料为泡沫橡塑制品。

11.3.3　中水系统

（1）水源

中水水源为酒店、公寓的淋浴废水。废水经过设置在600m设备层的中水处理装置，处理后的中水采用重力水箱的供水方式，供给办公楼的卫生间冲厕、地下停车库地面冲洗和室外绿化、景观补水，如图11-42所示。在100、200、300、400、500m的设备层设置了转输减压水箱，逐级减压供水。

处理后的中水水质应符合《城市污水再生利用　城市杂用水水质》GB/T 18920—2002和《城市污水再生利用　景观环境用水水质》GB/T 18921—2002。

（2）室内管网系统

管网系统竖向分区的压力控制参数为：各区最不利点的出水压力均不小于0.10MPa，最低用水点最大静水压力（0流量状态）不大于0.45MPa。

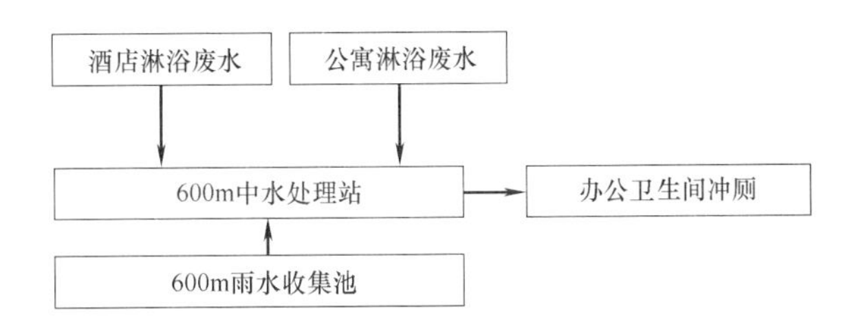

图11-42　中水水量平衡表

（3）管材选用

室内外供水管均采用内外涂环氧树脂复合钢管，管道连接方式：DN外供水管均采用螺纹连接，其余采用沟槽式连接。

（4）计量与安全措施

下列部位设计量水表：中水储水池的中水进水管和自来水补水管，绿化和景观补水；管道及用水点处注明非饮用水标识。

11.3.4　生活排水系统

（1）污废水排放量

酒店、公寓卫生间生活污废水采用污、废分流立管共用一根通气立管排水系统，办公卫生间污废水采用专用通气立管排水系统。卫生间污水经室外化粪池简易处理、厨房污水经室内油水分离器处理后与废水合并，排至市政污水管道系统。

（2）排水方式

室内地面±内地面±水以上采用重力自流排除，排水立管每百米设置消能措施。地下室污废水均汇至地下室最下层的潜水泵坑，用污水潜水泵提升排出。各集水坑设带自动耦合装置的潜污泵两台，1用1备。水泵由集水坑水位自动控制交替运行。备用泵在报警水位时可自动投入运行。

卫生间污水和厨房污水集水坑均设通气管。公共厨房污水采用明沟收集，明沟设在楼板上的垫层内，污水进集水坑之前设油水分离器处理。

（3）地漏、坐便器

采用水封深度不小于50mm的地漏，坐便器具有冲洗后延时补水（封）功能。

（4）管材与管道敷设

室内管道采用柔性接口的机制排水铸铁管，法兰连接、橡胶圈密封。

卫生间内管道安装在吊顶内，水暖专业设备机房内管道明装。地漏及存水弯水封深度不小于50mm。

11.3.5 雨水系统

（1）雨水排水量

雨水量按大连市暴雨强度公式计算，室外设计重现期取5年，大连市暴雨强度517.85L/s.公顷，屋面雨水设计重现期为50年，降雨历时5min。

（2）雨水系统

屋面雨水利用重力排除，雨水量按50年重现期设计。

屋面雨水采用87型斗雨水系统，多斗系统中雨水斗未在同一平面者的最大高差为12.8m。在600m设备层设置了雨水收集池，经处理后作为中水用水的补水，同时也作为雨水的减压水箱。裙房屋面雨水单独排到室外。

（3）管材

87型雨水斗系统：屋面雨水管采用内外涂环氧树脂复合钢管，管道连接方式：$DN \leqslant 100$mm者采用螺纹连接，其余采用法兰连接。

11.3.6 消防系统

（1）消防水源

消防用水标准和用水量见表11-15。

消防水源为市政自来水。室外消防用水由市政管道直接供给。室内消防用水由内部贮水池供给。贮水池分设在地下设备层和1000m设备层，其中地下设备层消防贮水约150m^3（1h自动喷水灭火系统用水量，20min室内消火栓系统用水量），用于水泵接合器供水及转输水泵抽水；1000m设备层消防贮水约600m^3，贮存了室内消火栓系统（包括固定泡沫消防炮系统）、自动喷水灭火系统（包括大空间智能型主动灭火系统）和锅炉房、柴油发电机房的高压细水喷雾系统的用水，其中室内消火栓系统和固定泡沫消防炮系统的水量取较大值，即室内消火栓系统432m^3；自喷系统和大空间智能型主动灭火系统的水量取较大值，即自动喷水灭火系统108m^3。

消防用水标准和用水量 表 11-15

用水名称	用水量标准(L/s)	一次灭火时间(h)	一次灭火用水量(m^3)
室外消火栓系统	80	3	864
室内消火栓系统	40	3	432
预作用自动灭火系统	40	1	144
湿式自动灭火系统	30		108
水喷雾灭火系统	130	0.5	234
大空间智能型主动喷水灭火系统	20	1	72
自动灭火系统设计用水量			378
总设计用水量			1134

注：表中设计自动灭火用水量考虑湿式自动灭火系统和水喷雾灭火系统不同时动作。

（2）室外消火栓系统

1）两路市政水引入管为本项目供水，一路从北侧接入，管径 DN150，一路从南侧接入，管径 DN150。进入用地红线后围绕本建筑形成室外消防给水环网，环管管径 DN150。

2）室外消防水量 30L/s，需设不少于 3 个 DN100 室外消火栓。本设计在建筑物四周的 DN150 环管上设计了消火栓间距不超过 120m，保护半径不超过 150m 的室外消火栓。

3）管材：采用内壁涂塑的球墨给水铸铁管，管道连接方式：承插接口、橡胶圈密封。

（3）室内消火栓系统

1）消火栓。除无可燃物的管道层外，均设消火栓保护。每一消火栓箱内配 DN65mm 消火栓一个，D65、$L=25$m 麻质衬胶水带 1 条，直流水枪 1 支，自救消防卷盘 1 套。所有消火栓处均配带指示灯和常开触点的起泵按钮一个。

消火栓布置使任一着火点有 2 股充实水柱到达，各消防电梯前室均设消火栓。水枪充实水柱不小于 13m，流量不小于 5L/s。

消火栓设计出口压力控制在 0.24～0.5MPa，栓口压力超过 0.5MPa，采用减压消火栓。

2）供水系统。屋顶水池两条进水管：生活给水加压系统引一条 DN100 作为水池进水管，另一条为水泵接合器转输水泵供水管 DN200，以此保证供水安全度；由屋顶水池引出两条 DN200 主供水管，作为各竖向分区室内消火栓和自动喷水灭火系统的水源。供给各竖向分区和各避难层的减压水箱。在 200、400、600、800m 避难层设置了 60m^3（10min 室内消防水量）的转输水箱，在 100、300、500、700、900m 避难层设置了 60m^3（10min 室内消防水量）的减压水箱。

3）水泵控制和讯号。消防水泵应由消防水泵出水干管上设置的压力开关、高位消防水箱上的流量开关等开关信号直接自动启动消防水泵。

消防水泵控制柜应设置机械应急启泵功能，并应保证在控制柜内的控制线路发生故障时由有管理权限的人员在紧急时启动消防水泵。机械应急启动时，应确保消防水泵在报警后 5min 内正常工作。

消火栓泵在消防控制中心和消防泵房内可手动启、停。

消防泵启动后，在消火栓处用红色讯号灯显示。

水泵的运行情况将用红绿讯号灯显示于消防控制中心和泵房内控制屏上。

水泵启动后，便不能自动停止，消防结束后，手动停泵。

4）管材。采用内外热浸镀锌无缝钢管，丝接、法兰和沟槽式卡箍连接。地下一层车库、屋顶水箱间、避难层和设备层中的消火栓管道做电伴热防冻保温。

（4）高压细水雾消防卷盘系统

在建筑内设高压细水雾消防卷盘系统，每层设置 3 套高压细水雾消防卷盘。系统共分 5 个区，每 200m 设一套高压细水雾消防卷盘系统。细水雾机组分别设置在 100、300、500、700、900m 避难层。

细水雾消防卷盘系统参数为：喷枪流量为25/min，软管长度为30m；泵组压力为12MPa，流量为50L/min。

（5）湿式自动喷水灭火系统

设计参数：系统按中危险Ⅰ级要求设计，设计喷水强度6L/min·m^2，作用面积160m^2。地下车库中危险Ⅱ级，设计喷水强度8L/min·m^2，作用面积160m^2。净空高度为12m高大空间的设计喷水强度6L/min·m^2，作用面积260m^2。系统最不利点喷头工作压力取0.10MPa。系统设计流量约34.2L/s。

除下列部位外，其余均设喷头保护：游泳池、变配电室、柴油发电机房、电话总机房、消防控制中心、电梯机房。采用玻璃球喷头，吊顶下为吊顶型喷头，吊顶内喷头为直立型。公称动作温度：厨房为93℃级，其余均为68℃级。

每个防火分区均设水流指示器，并在靠近管网末端设试水装置。

室外设3个DN100地下式水泵接合器，分设3处，并在其附近设室外消火栓。

稳压泵装置和报警阀组的压力开关均可自动启动喷洒水泵。水泵也可在消防控制中心和泵房内手动启、停。喷洒泵开启后，只能手动停泵。喷水系统工作泵和稳压泵的运行情况用红绿讯号灯显示于消防控制中心和泵房内的控制屏上。报警阀组、信号阀和各层水流指示器，动作讯号将显示于消防控制中心。

采用内外热镀锌钢管，丝扣和沟槽式卡箍连接。阀门为信号蝶阀。地下一层车库、屋顶水箱间、避难层和设备层中的湿式管道做电伴热防冻保温。

报警阀组处、水流指示器前的阀门采用信号阀。

（6）中庭玻璃幕墙水喷淋系统

采用自动喷水灭火系统保护中庭玻璃幕墙。

采用K80喷头，喷头间距为1.8m，喷头与幕墙间距为0.3m。幕墙喷头数量的计算方法为：1.2×1.8(可按实际间距，m)×$\sqrt{作用面积}$。

保护幕墙的自喷水灭火系统设置独立的报警阀组，系统设计工作时间不小于60min。

（7）水喷雾灭火系统

保护部位：本工程在地下层的柴油发电机房和燃气锅炉房采用水喷雾自动喷水灭火系统。

设计参数：按灭火设计，灭火设计喷雾强度20L/min·m^2，作用面积374.1m^2（柴油发电机表面积与储油间面积之和），持续喷雾时间0.5h，最不利点喷头工作压力取0.35MPa，系统响应时间不大于45s。水喷雾系统设计流量为130L/s。

喷头设置：在柴油发电机房、燃油燃气锅炉房设置水雾喷头。喷头围绕柴油发电机和燃气锅炉设备立体布置。采用中速水雾喷头。

供水系统：雨淋阀下游为空管，流量为130L/s。水喷雾系统单设水泵，水泵3台，2用1备。雨淋阀前压力平时由100m消防转输水箱维持。

控制：雨淋阀的开启由电气自动报警线路控制。当两路火灾探测器都发出火灾报警后，相对应报警阀的控制腔泄水管上的电磁阀打开泄水，腔内水压下降，阀瓣在阀前水压的作用下被打开，阀上的压力开关自动启动消防水泵。雨淋阀也可在防护现场、消防控制中心和就地手动开启。报警阀组动作讯号将显示于消防控制中心。

管材：采用内外热镀锌钢管，丝扣和沟槽式卡箍连接。阀门为信号蝶阀。地下车库中的湿式管道做电伴热防冻保温。报警阀组前的阀门采用信号阀。

在建筑顶部1000m停机坪部位，设置2台移动式高压细水雾-泡沫灭火装置；500m避难层，地下一层消防总控制室，分别配备1台移动式高压细水雾灭火装置。

该装备采用汽油机驱动，水箱容积不小于100L，喷枪软管长度不小于50m，喷枪喷雾模式不宜少于 3 种，高压泵压力 12MPa，流量 20L/min。

(8) 大空间智能型主动喷水灭火系统

保护部位：本工程在空间净高超过 12m 部位，设置大空间智能型主动喷水灭火系统。

设计参数：系统按中危险Ⅰ级要求设计，设计喷水强度 6L/min·m^2，作用面积 160m^2。系统最不利点喷头工作压力取 0.25MPa。系统设计流量约 20L/s。

喷头：设于保护部位的侧墙或顶部。采用标准型大空间智能灭火装置，标准喷水流量为 5L/s，喷头及智能型红外探测组件安装高度不超过 25m。

供水系统：由 100m 的设备层的减压水箱供给。供水系统由消防水泵、信号阀、水流指示器、电磁阀、喷头、智能型红外探测组件和模拟末端试水装置组成，每个智能型红外探测组件控制一个喷头及电磁阀。

水泵接合器：室外设 2 个 DN100 地下式水泵接合器，分设 2 处，并在其附近设室外消火栓。

控制：采用单体控制系统，由智能型红外探测组件、电源装置、火灾报警装置和消防水泵控制箱组成。电磁阀由智能型红外探测组件自动控制、消防控制室手动强制控制（设有防止误操作设施）、现场手动控制，三种控制方式能进行相互转换。消防水泵具有自动控制、消防控制室手动控制和消防泵房现场控制。

管材：采用内外热镀锌钢管，减压阀前采用厚壁内外热镀锌钢管，丝扣和沟槽式卡箍连接。阀门为信号蝶阀。地下车库、屋顶水箱间、避难层和设备层中的湿式管道做电伴热防冻保温。

(9) 气体消防自动灭火系统

部位：地下层的变电站、通信网络机房、计算机房、通信机房设组合分配气体灭火系统，采用 IG541 气体灭火系统。在最低温度下的设计浓度不小于灭火浓度的 1.3 倍，在最高温度下的实际使用浓度不超过 36.6%。气瓶贮存压力 15MPa，放置在保护区域外的专用钢瓶间内。系统设计温度为 20℃，环境温度为 0～50℃。气体喷放至设计用量的 95%时，喷放时间不大于 60s，不小于 48s，浸渍时间 10min。

系统控制：气体灭火系统设自动控制、手动控制、应急操作三种控制方式。有人工作或值班时，采用电气手动控制，无人值班的情况下，采用自动控制方式。自动、手动控制方式的转换，可在灭火控制器上实现（在防护区的门外设置手动控制盒，手动控制盒内设有紧急停止和紧急启动按钮）。

自动控制：每个防护区域内均设有双探测回路，当某一个回路报警时，系统进入报警状态，警铃鸣响；当两个回路都报警时，设在该防护区域内外的蜂鸣器及闪灯将动作，通知防护区内人员疏散，关闭空调、防火阀；在经过 30s 延时或根据需要不延时，控制盘将启动气体钢瓶组上释放阀的电磁启动阀和对应防护区域的选择阀，或启动对应氮气小钢瓶的电磁瓶头阀和对应防护区域的选择阀，气体释放后，设在管道上的压力开关将灭火剂已经释放的信号送回控制盘或消防控制中心的火灾报警系统。保护区域门外的蜂鸣器及闪灯，在灭火期间一直工作，警告所有人员不能进入防护区域，直至确认火灾已经扑灭。

手动控制：人工直接拉动拉杆或远距离人工手动拉盒拉动缆绳来启动人工拉杆释放启动器，启动钢瓶。

应急操作：当自动控制和手动控制均失灵时，可通过操作设在钢瓶间中钢瓶释放阀上的手动启动阀和保护区域选择阀上的手动启动器，开启整个气体灭火系统。防护区内通风管道上防火阀在释放灭火剂前关闭。灭火后，防护区内通风系统开启，将废气排出后，指示灯显示，人员方可进入。

管材：采用无缝钢管、螺纹或法兰连接。

（10）灭火器配置

灭火器配置级别按严重危险等级设置，单具灭火器最低配置基准为3A，保护面积为$50m^2/A$，最大保护距离为15m。手提式灭火器将按规范要求设置于各机电室、厨房及停车库和每一室内消火栓旁等处，以便保安人员或有关人员于发现火灾时就地及时扑救之用。每处设两具3A磷酸胺盐手提式灭火器，机电房内每个手提式灭火器配置处设三具3A磷酸胺盐灭火器。电话机房、变配电房等强、弱电用房设置推车式或手提式磷酸胺盐灭火器。

11.3.7 系统图示

给水系统原理如图11-43、图11-44所示；消火栓系统原理如图11-45所示；高压细水雾卷盘系统原理如图11-46所示；自动喷水灭火系统原理如图11-47、图11-48所示；酒店、公寓热水系统原理如图11-49、图11-50所示；排水、雨水、中水系统原理如图11-51所示。

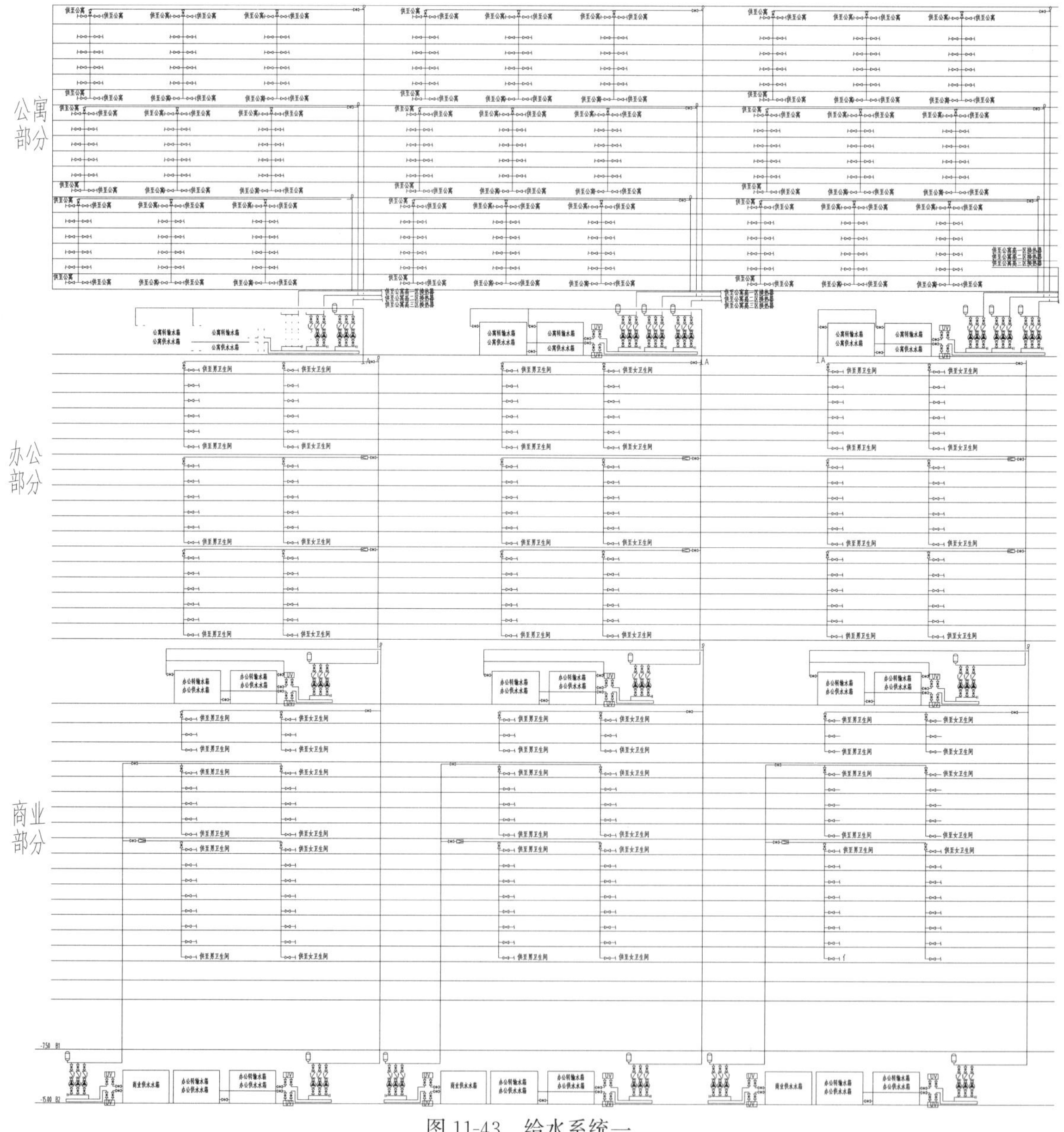

图11-43 给水系统一

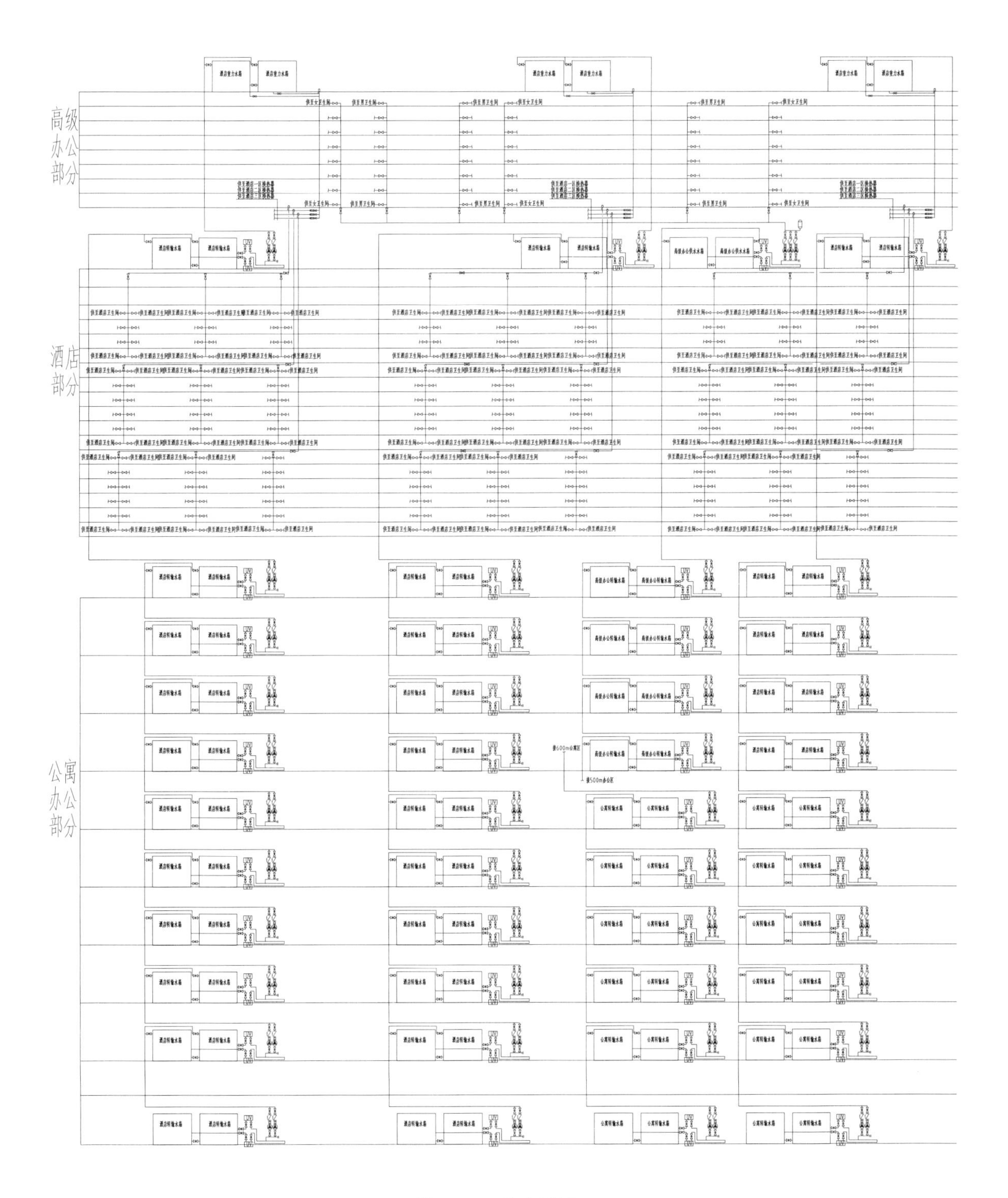

图 11-44 给水系统二

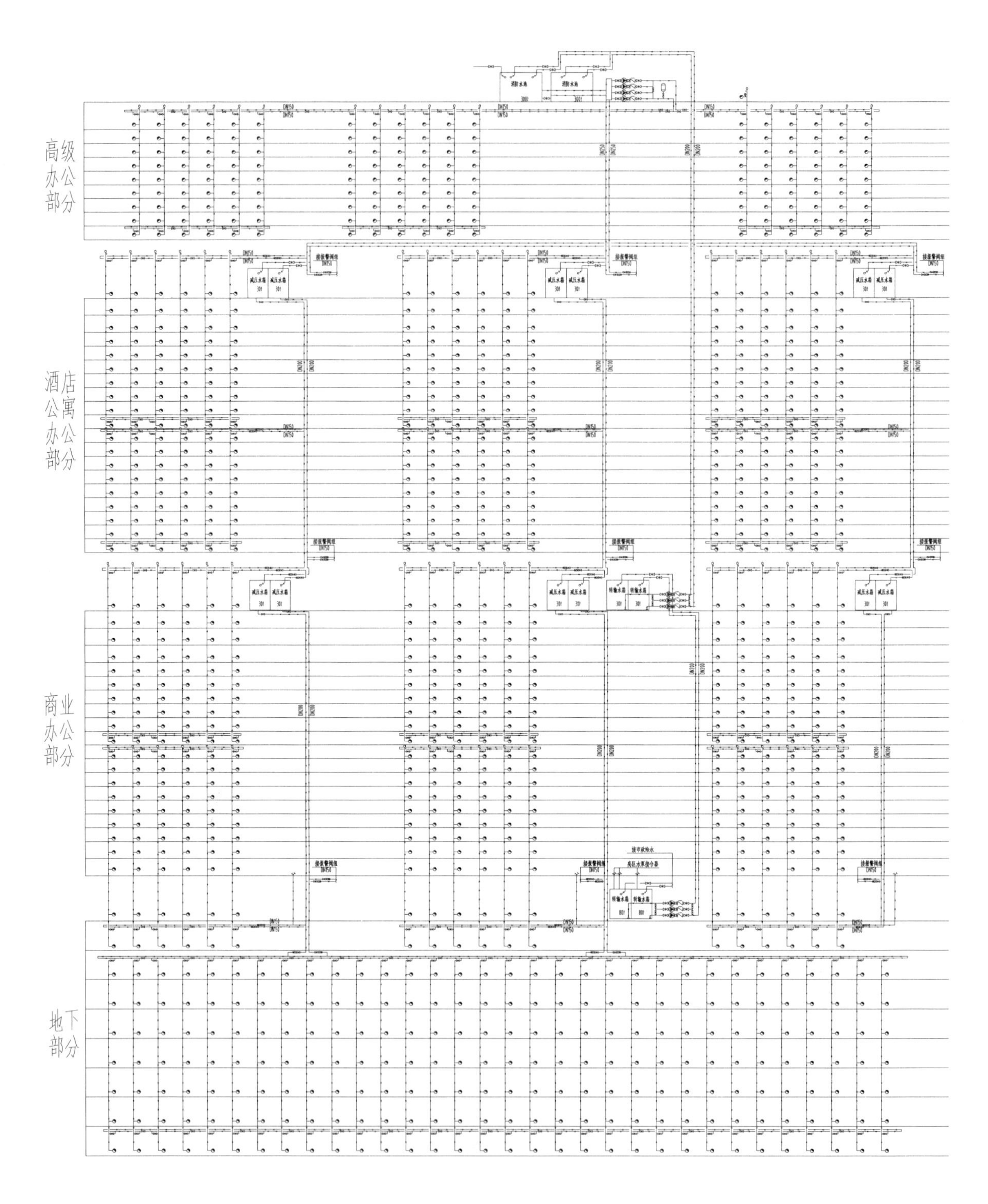

图 11-45　消火栓系统

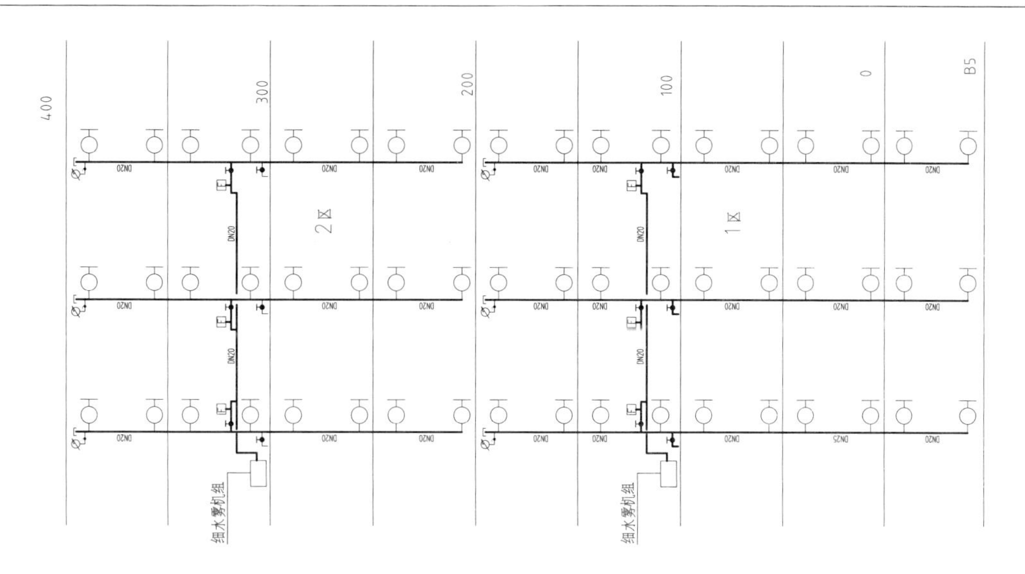

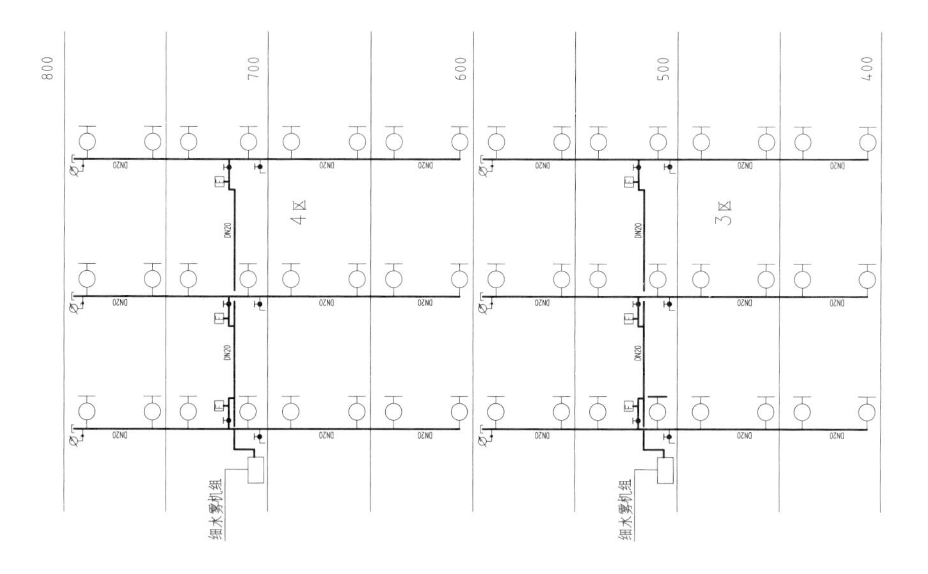

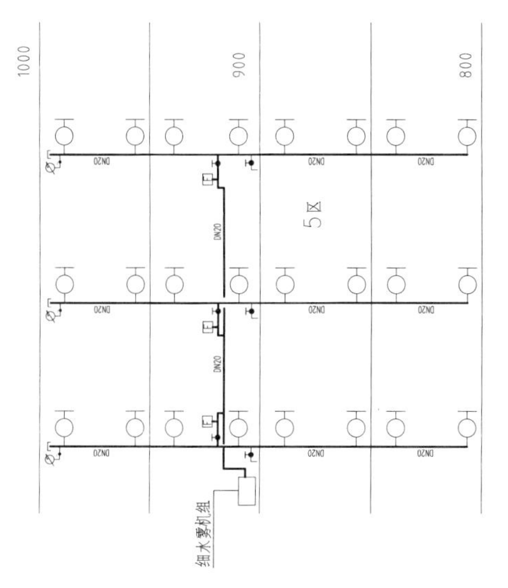

图 11-46　高压细水雾卷盘系统

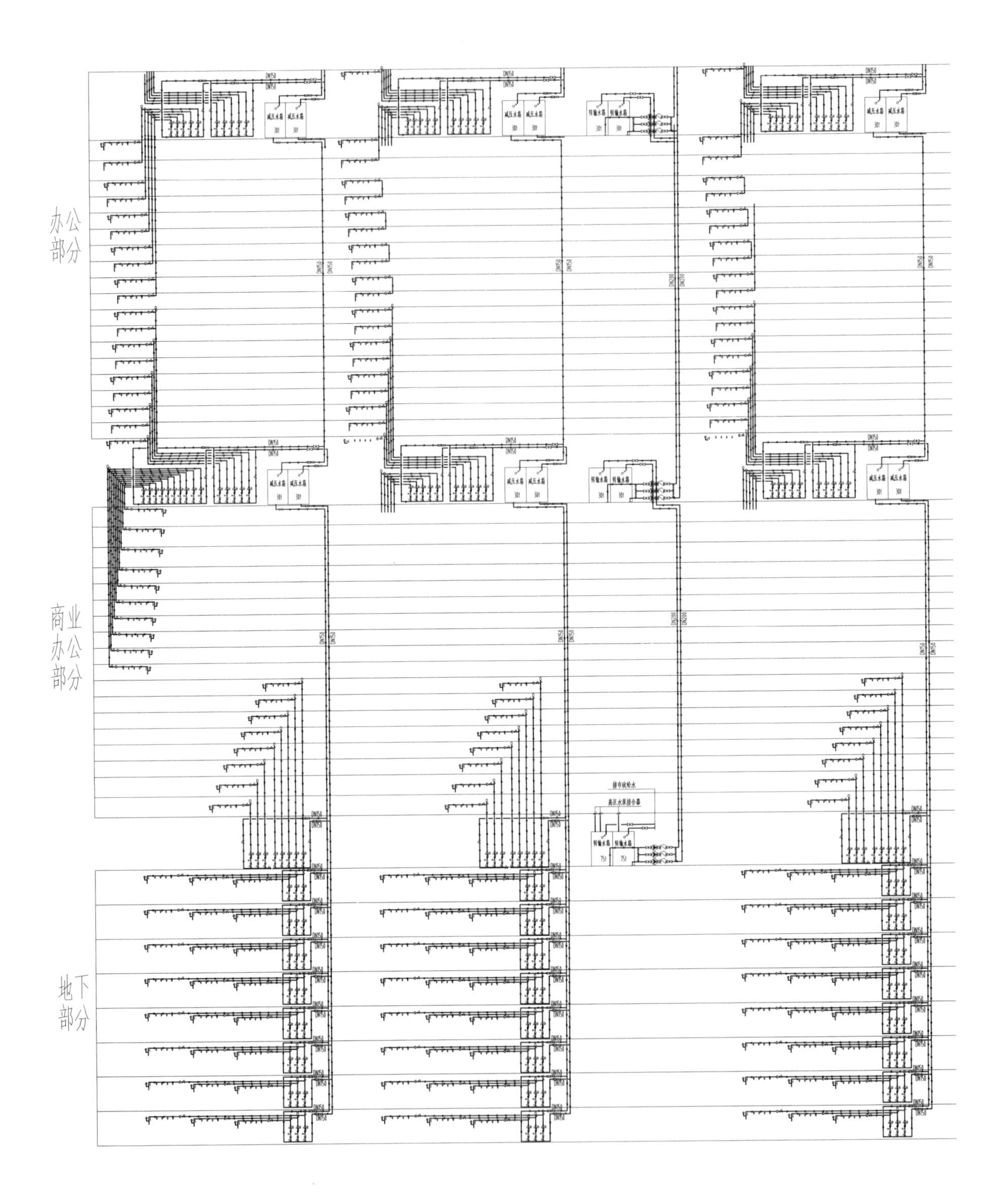

图 11-47　自动喷水灭火系统一

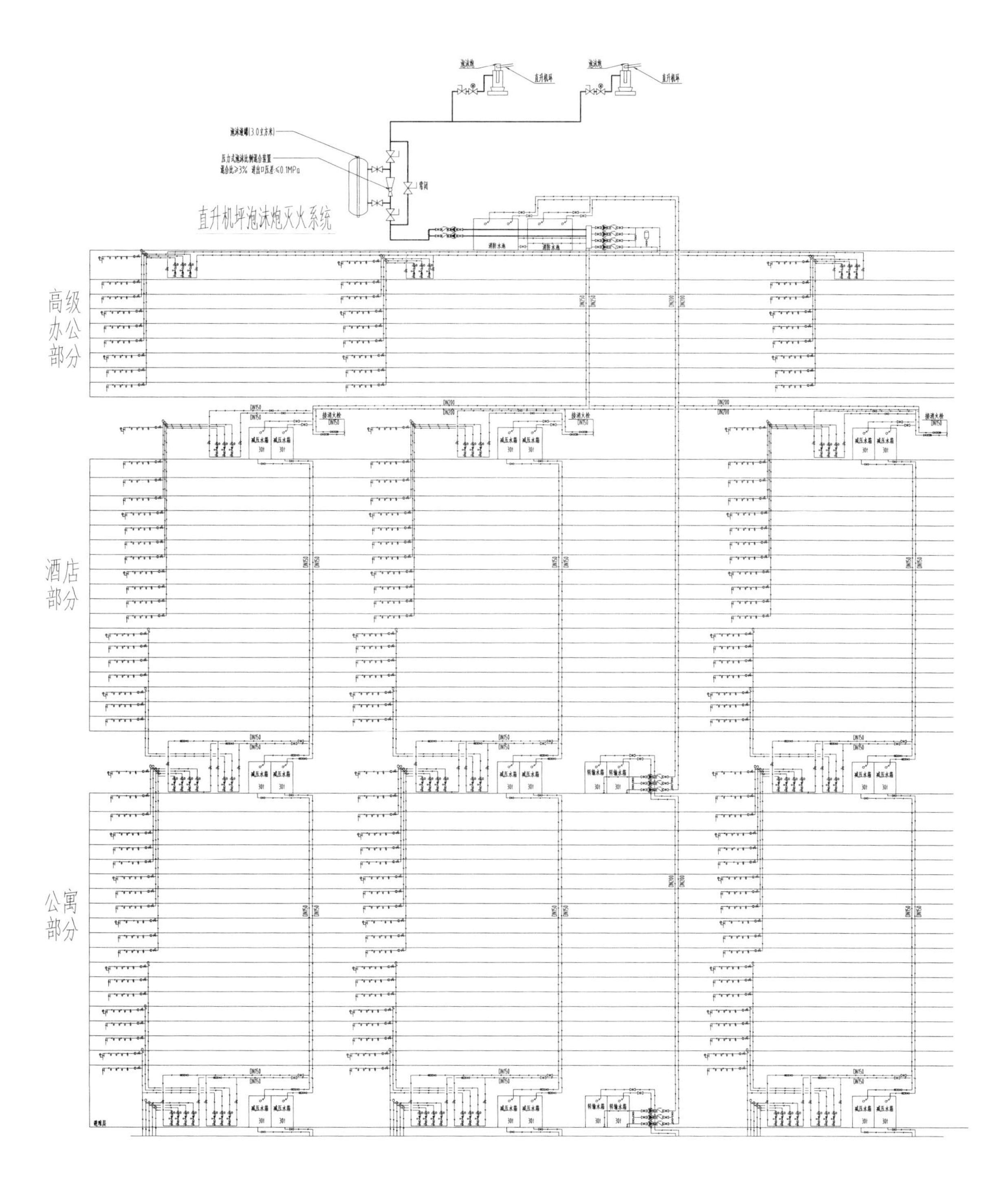

图 11-48 自动喷水灭火系统二

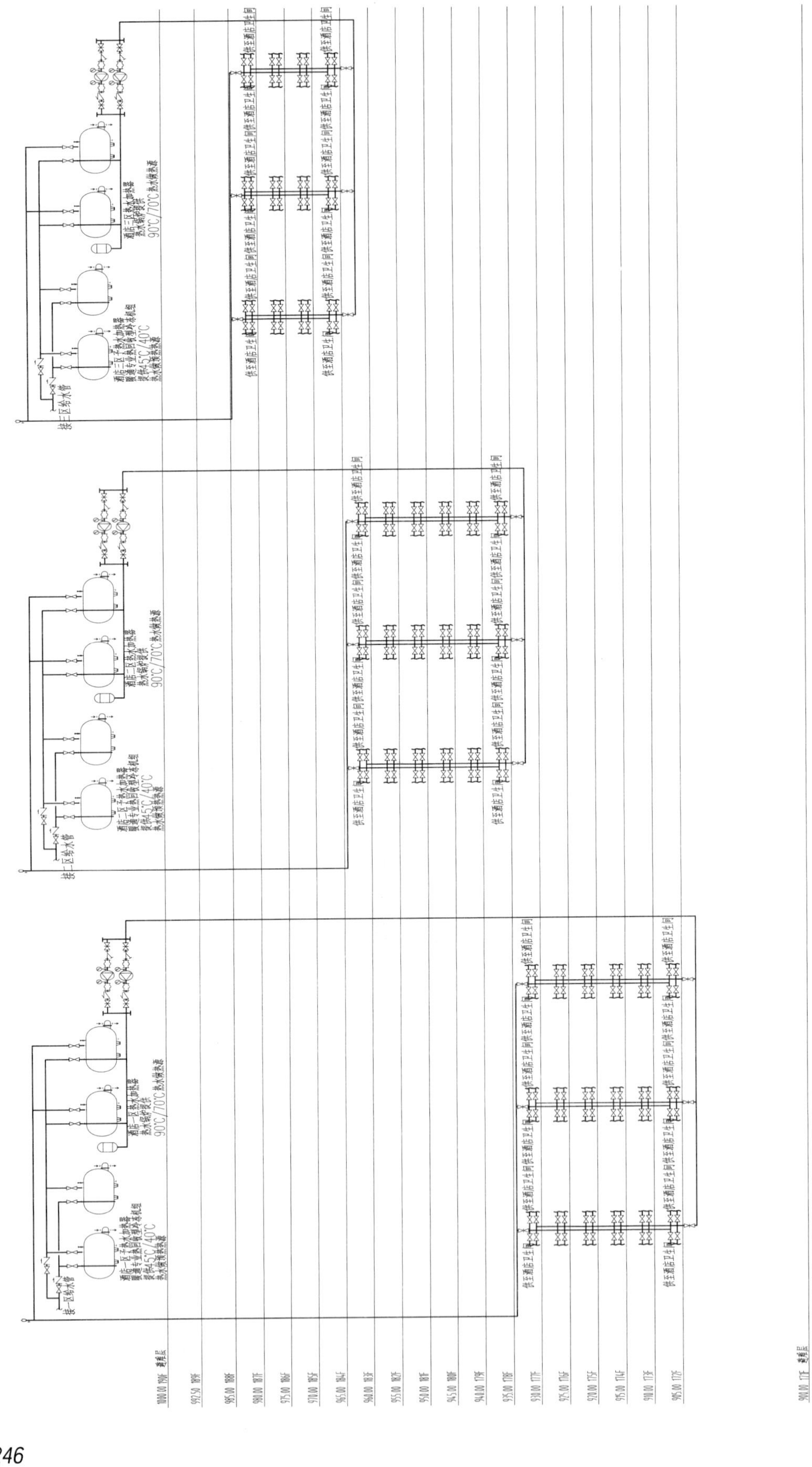

图 11-49 酒店热水系统

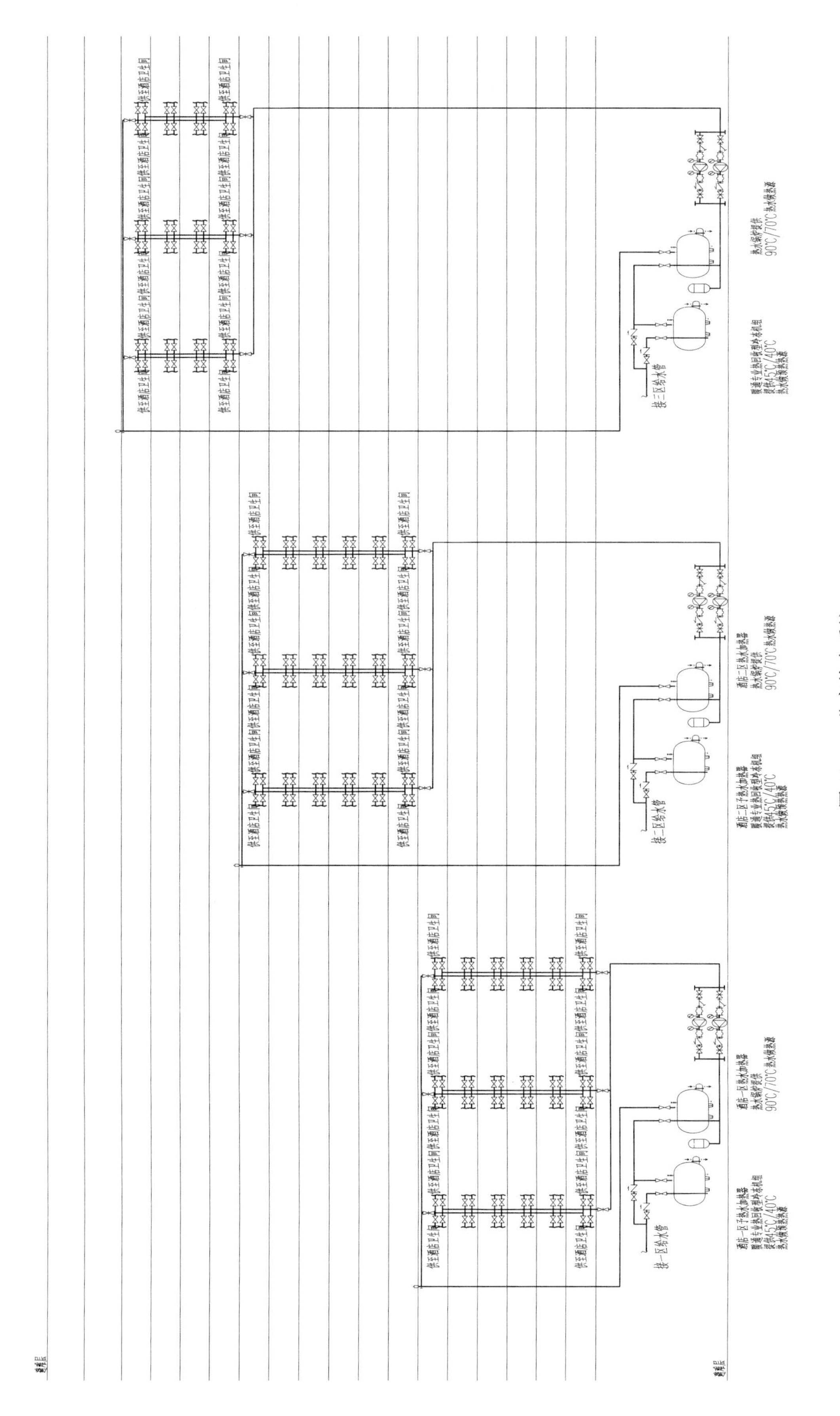

图 11-50 公寓热水系统

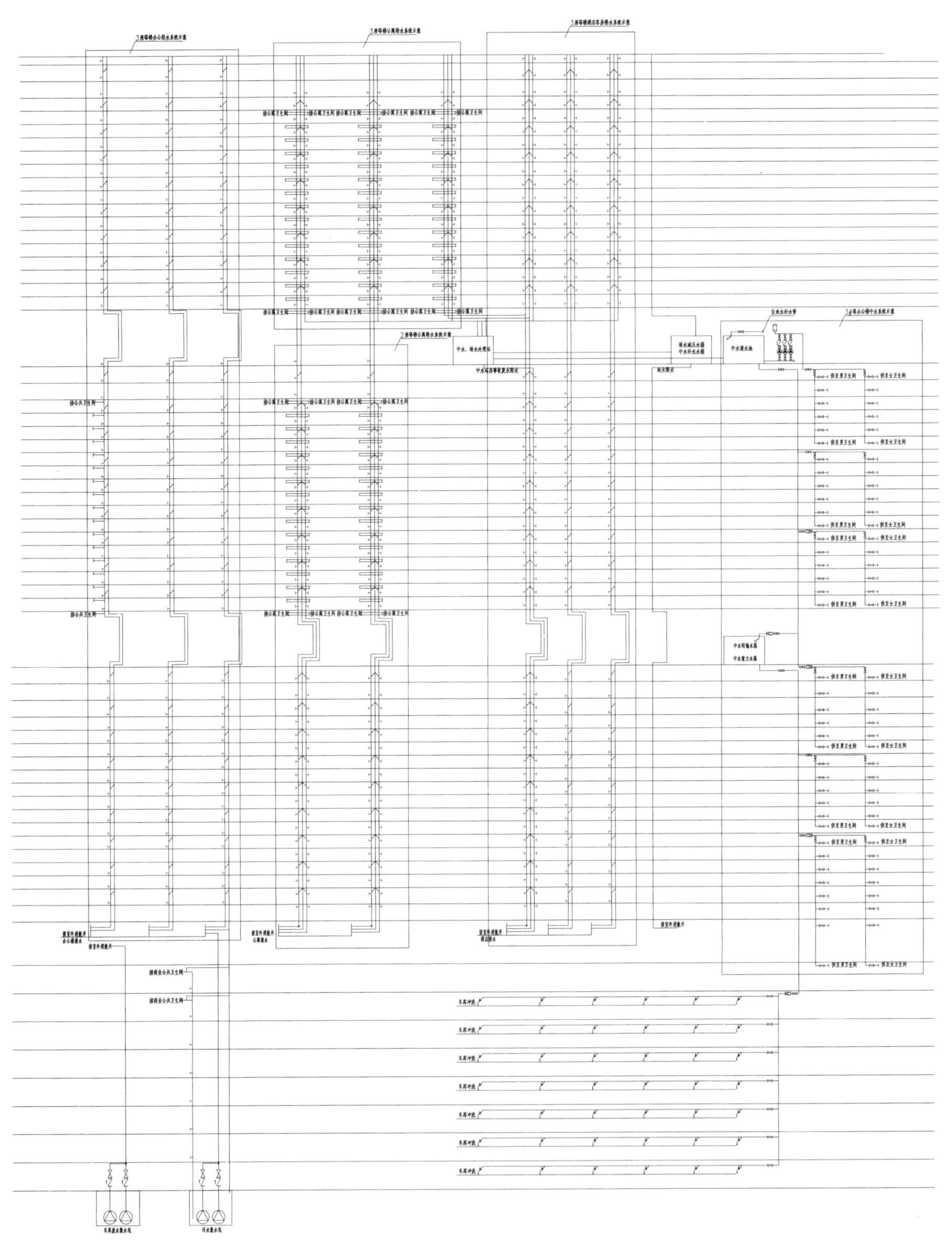

图 11-51 排水、雨水、中水系统

11.3.8 平面图示

室外管线总平面图见图 11-52；各泵房及机房平面图见图 11-53～图 11-56；酒店、办公的各平面图见图 11-57～图 11-61。

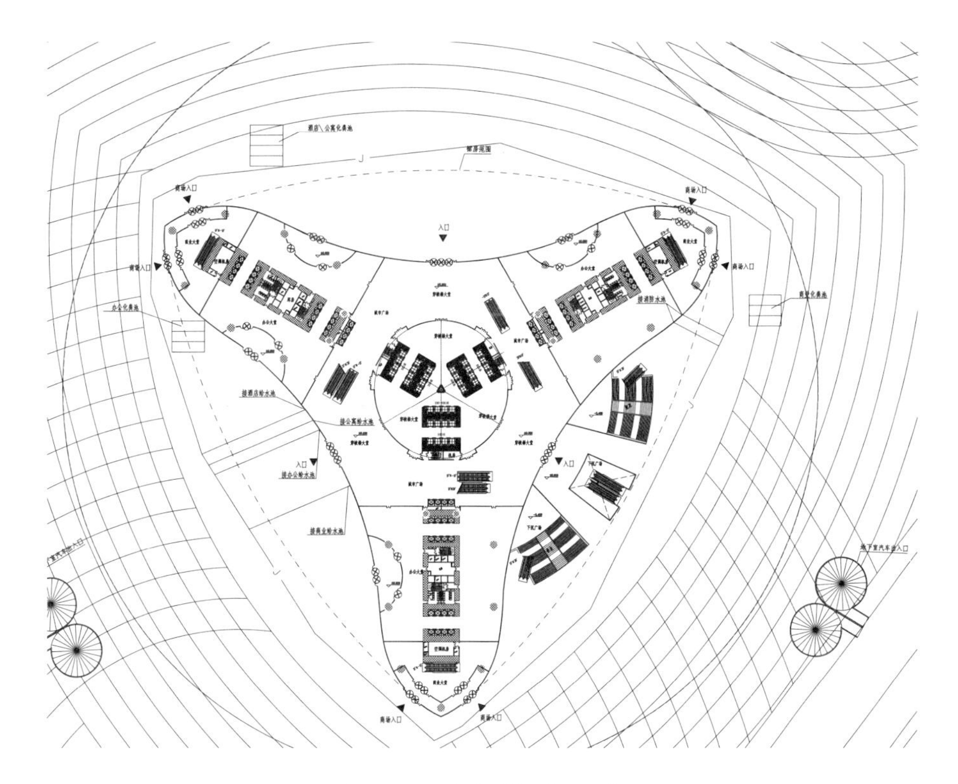

图 11-52　室外管线总平面图

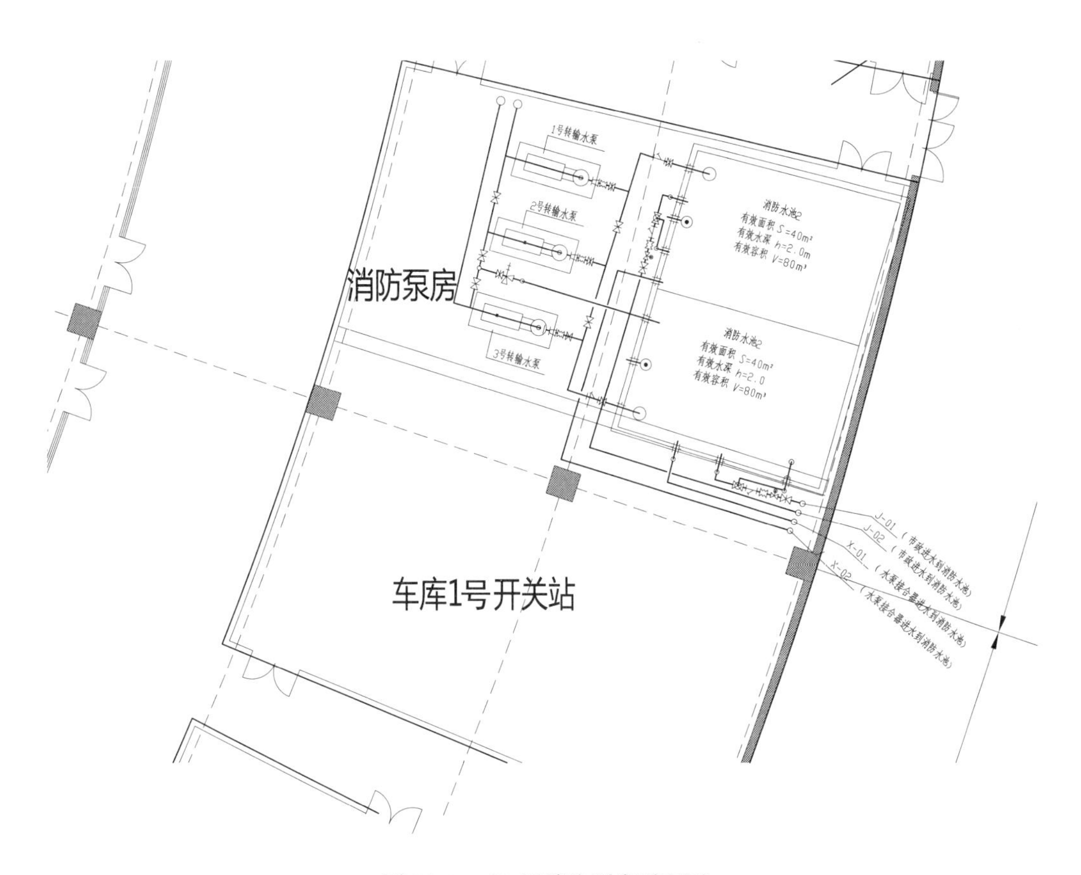

图 11-53　B1 层消防泵房平面图

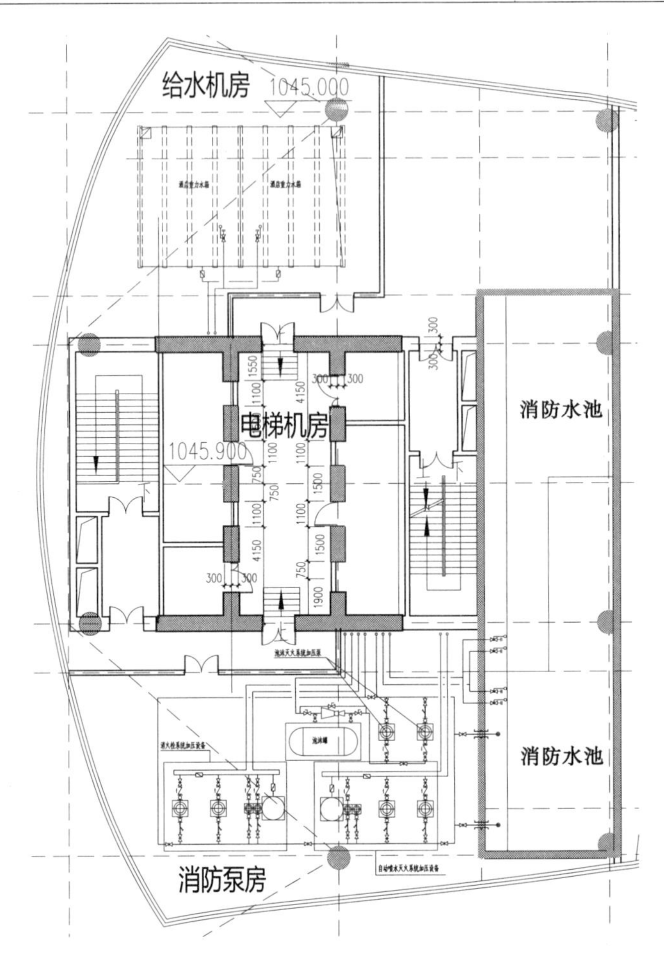

图 11-54　1045m 消防泵房平面图

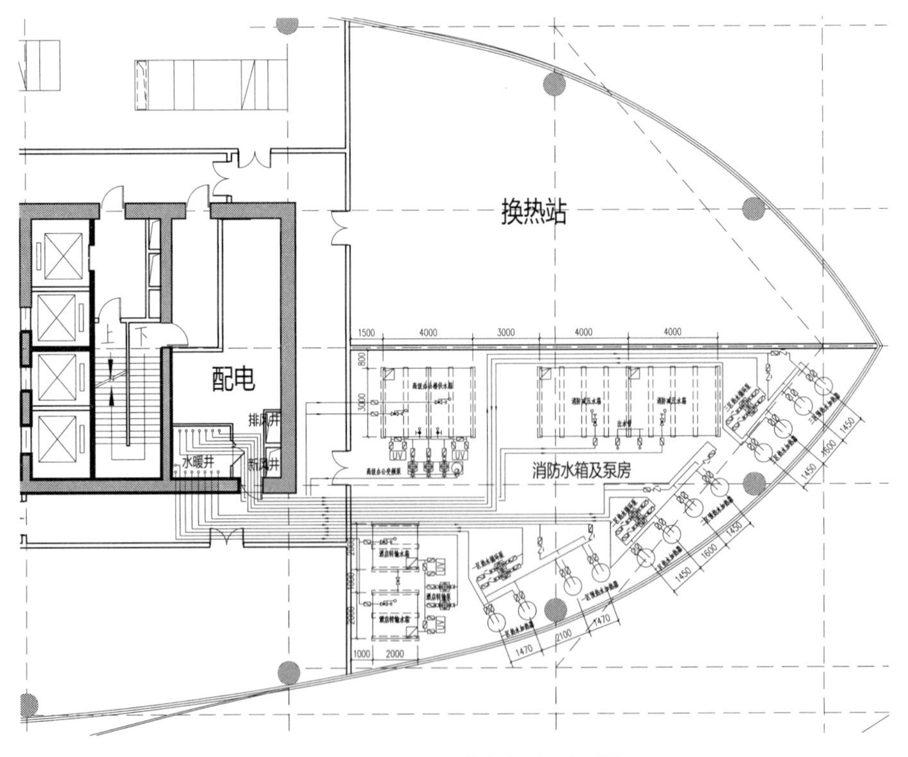

图 11-55　1000m 设备机房平面图

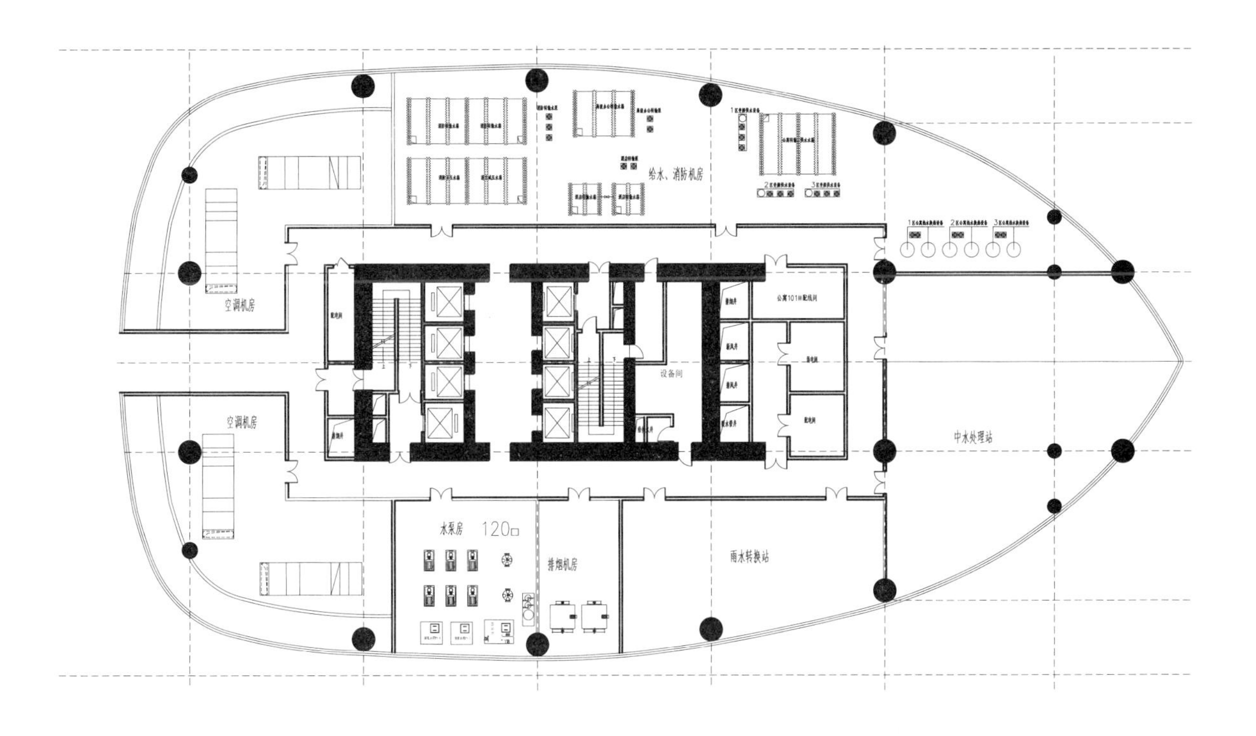

图 11-56 600m 设备机房平面图

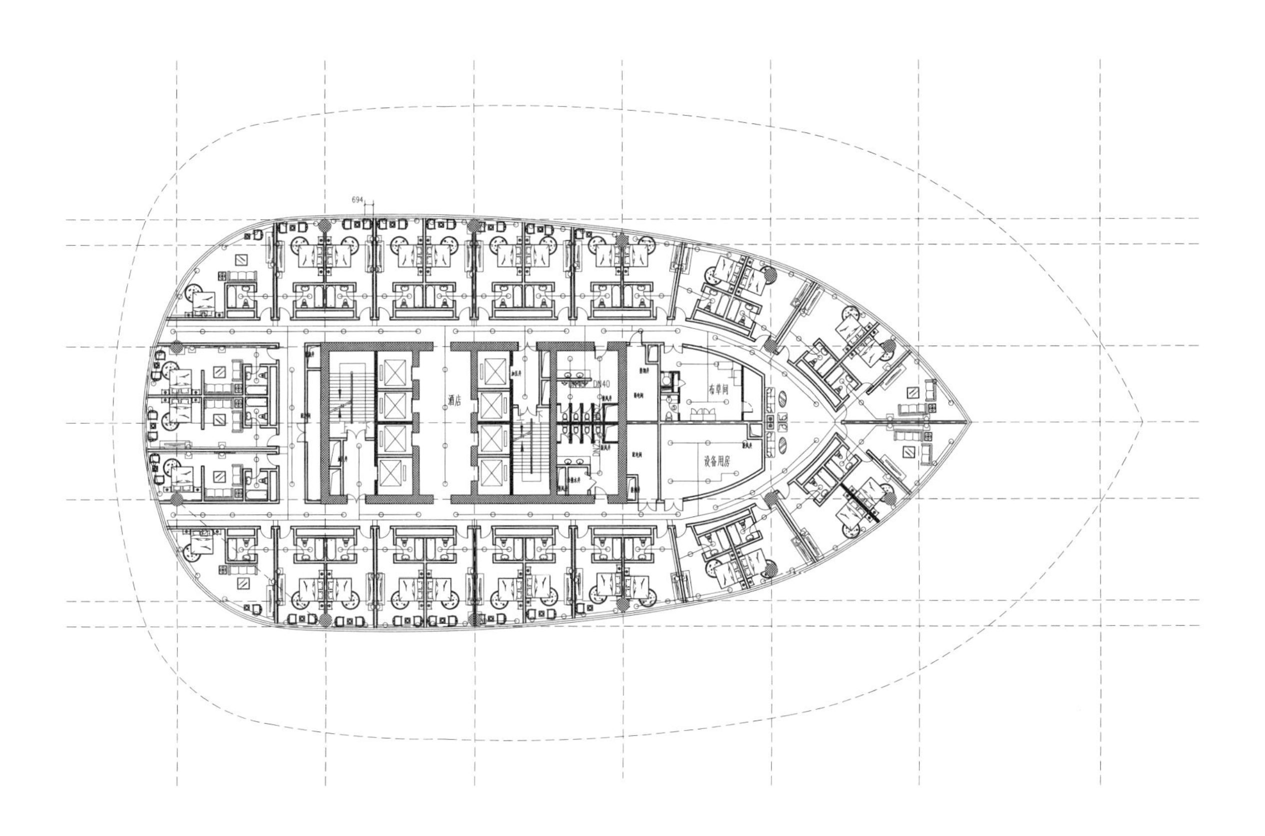

图 11-57 酒店自喷平面图

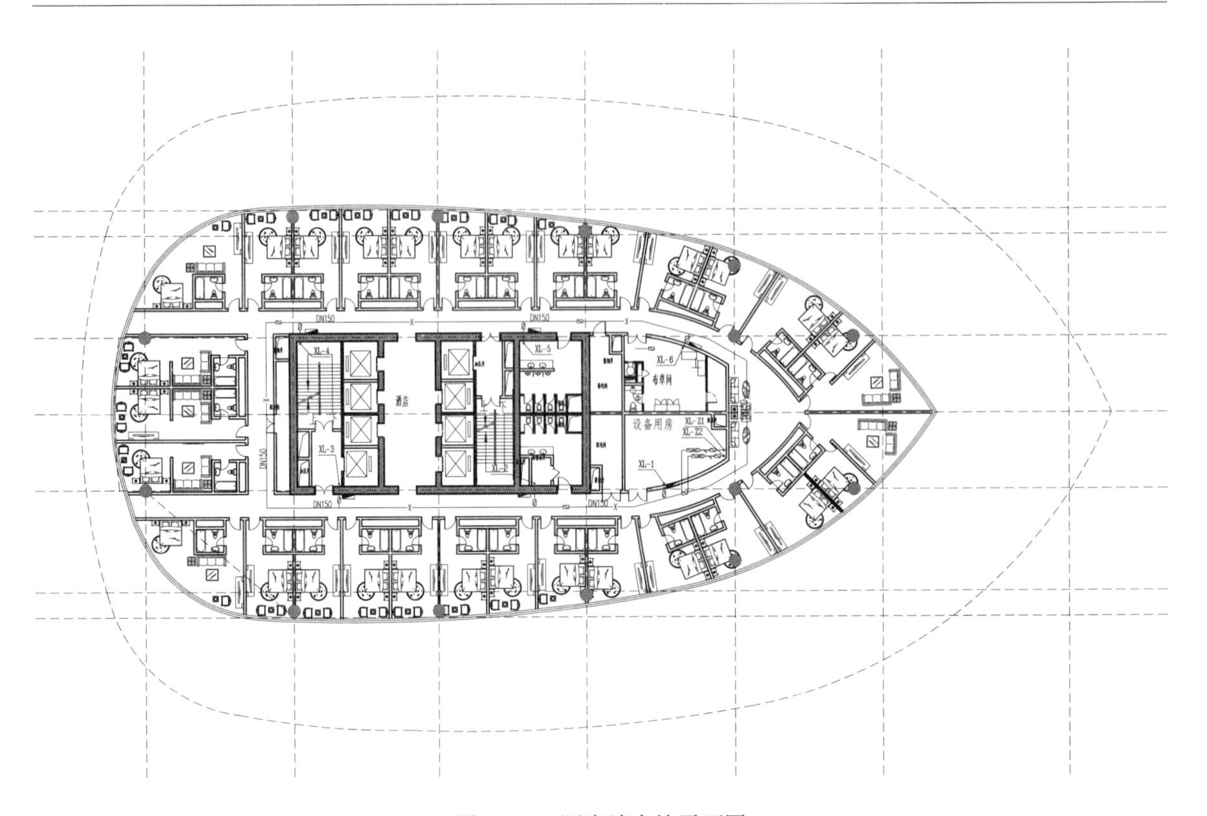

图 11-58 酒店消火栓平面图

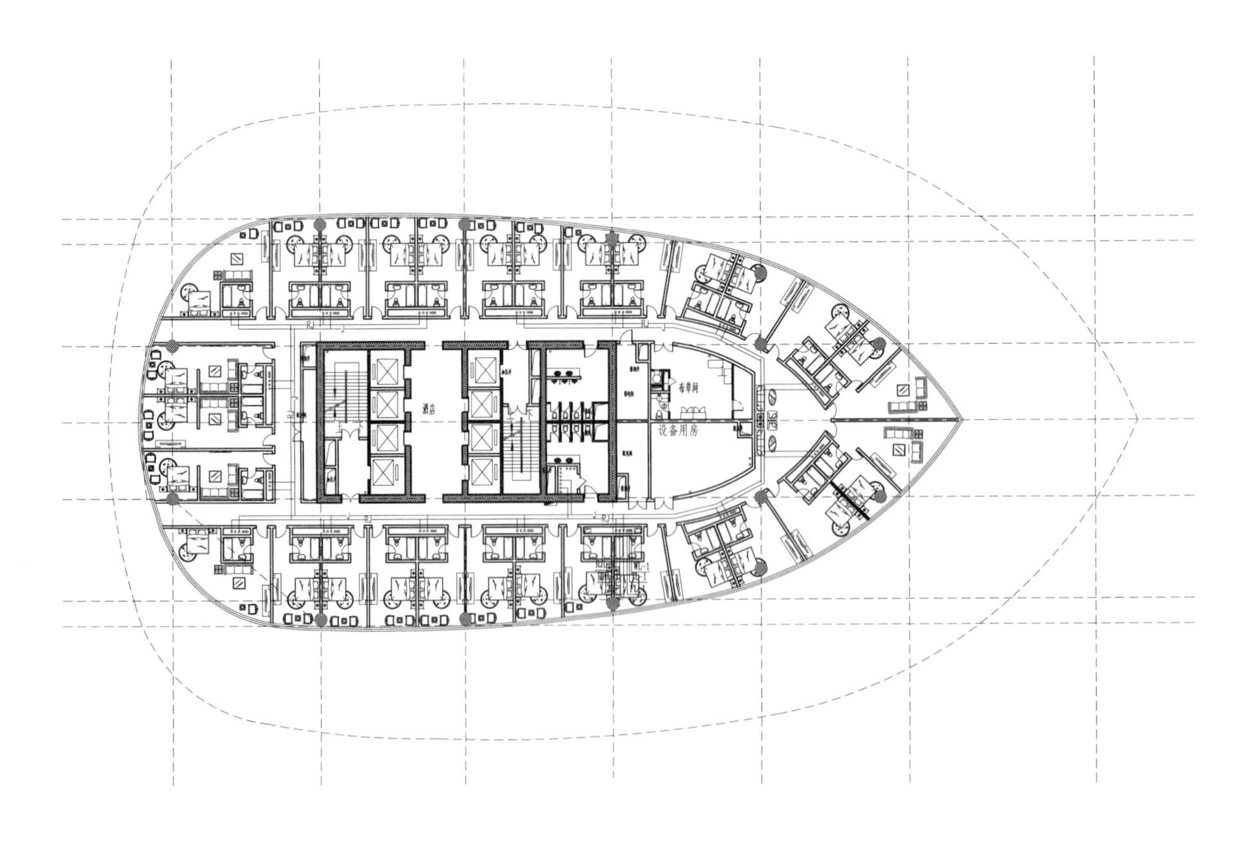

图 11-59 酒店给水排水平面图

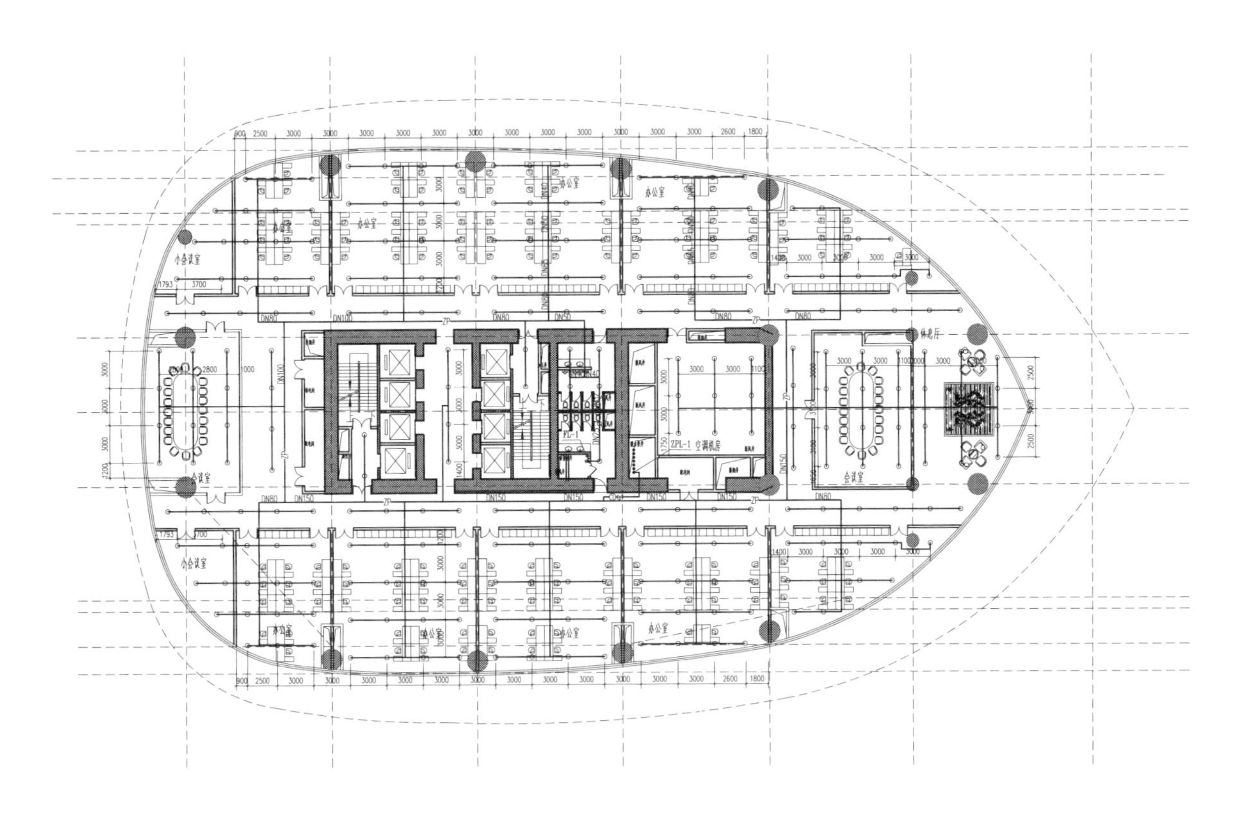

图 11-60 办公自喷平面图

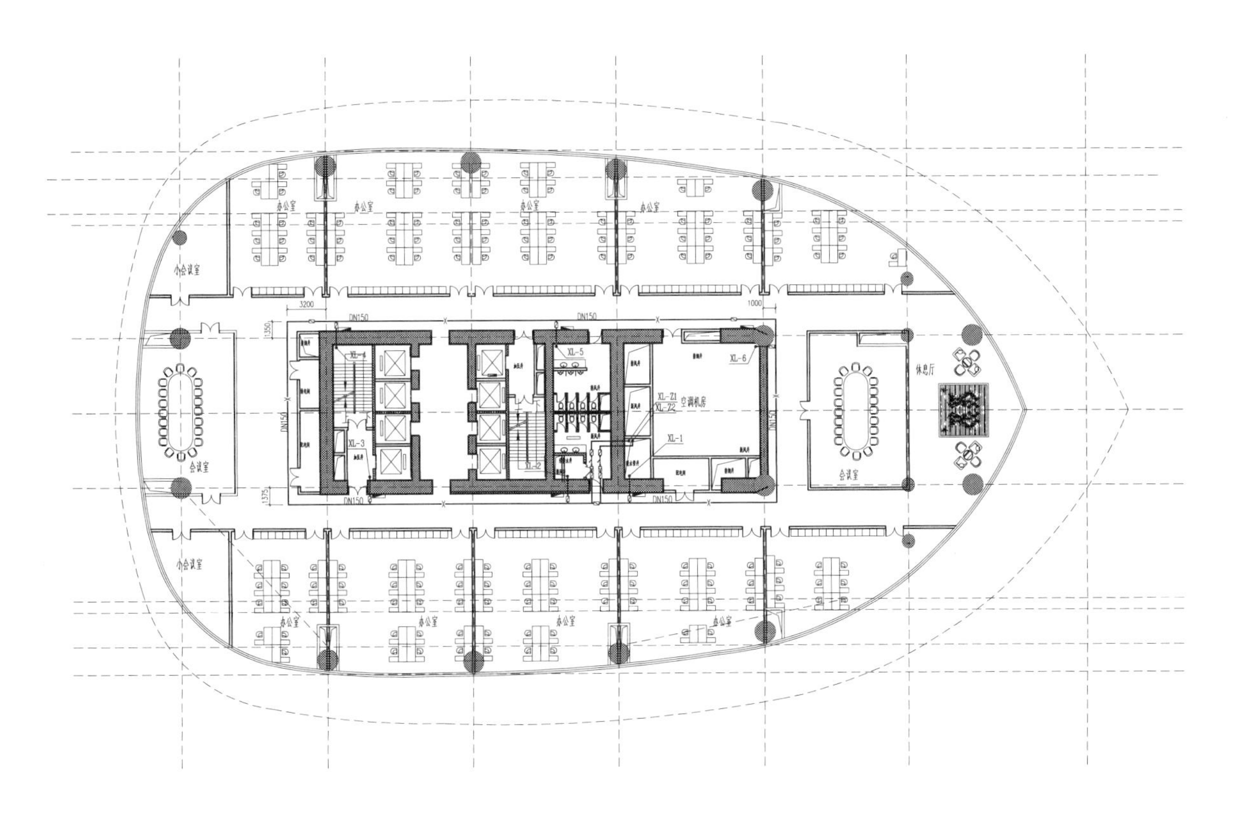

图 11-61 办公消火栓平面图

11.4 电气专业方案设计

11.4.1 电力负荷

（1）负荷级别

根据工程特点和性质，将负荷进行分级，见表 11-16 。

负荷分级表　　表 11-16

负荷等级	供电方式	负荷举例
特别重要的一级负荷	双市电＋油机＋UPS/EPS	大型商场和超市的经营管理用计算机系统用电，酒店经营及设备管理用计算机系统用电
一级负荷	双市电＋油机	消防水泵、消防电梯及其排水泵、防烟排烟设施、火灾自动报警及连动控制装置、漏电火灾报警系统、自动灭火系统、应急照明、疏散指示标志和电动的防火门、窗、卷帘、阀门
	双市电	走道照明、值班照明、警卫照明、障碍照明用电，客梯用电，排污泵、生活水泵用电；通信机房、安全防范系统、数据网络系统、变配电室、消防控制室等；酒店的宴会厅、餐厅、厨房(酒店)、康乐设施、门厅及高级客房等场所照明用电，厨房、客梯、计算机和录像设备、新闻摄影用电，机械停车装置
	双市电＋油机	酒店备用电源，见注
二级负荷	双市电经切换柜(箱)	大型商场和超市的自动扶梯、擦窗机、办公用电、换热站等
三级负荷	单路供电	办公区域照明、冷冻机组、冷冻冷却泵、热交换站、地源热泵、冷却塔，风机等普通动力、景观和立面照明等

注：发电机供电负荷一般包括：①发电机燃油泵、通风系统及附属设备；②火灾报警系统：消防系统电源、保安系统电源；③消防泵及附属设备；④应急照明。需要 100%的应急照明区域，地下室约 20%的普通照明负荷作为应急照明；总经理办公室 100%照明；主要机房（酒店相关机房、消防水泵间、锅炉房、中水机房等）及电梯机房的 20%照明负荷；20%的服务区域照明负荷；10%公共区域的照明；高档及面积较大办公室须供应 2 盏灯；每间标准客房小走廊 1 盏灯；每个收银台 1 盏灯；医务室照明；保安经理办公室照明；避难层整体需应急照明；⑤应急疏散标志；⑥消防电梯；⑦其他电梯，核心筒需要保证的少数客梯；⑧防排烟风机；⑨没有连接到 UPS 的电话、数据、安防设备；⑩航空障碍照明；⑪酒店备用负荷包含以下内容：食品冷藏、冷冻柜，包括客房中的冷藏、冷冻柜；排水及污水泵；容量允许时，尽可能多带电梯；容量允许时，尽可能多带照明；生活泵。

关于负荷供电部分，根据业主要求和实际运行模式，保证最低供电要求时，适当提高标准，保证供电可靠性。

（2）负荷容量

根据业态形式进行负荷测算，见表 11-17。

负荷计算表　　表 11-17

序号	业态	面积(m^2)	单位指标(VA/m^2)	安装容量(kVA)	需要系数	计算容量(kVA)
1	酒店	260000	120	31200	0.7	21840
2	公寓	300000	90	27000	0.7	18900
3	500m 以上办公	208000	130	27040	0.7	18928
4	500m 以下办公	832000	100	83200	0.7	58240
5	商业	340000	110	37400	0.7	26180

续表

序号	业态	面积(m^2)	单位指标(VA/m^2)	安装容量(kVA)	需要系数	计算容量(kVA)
6	车库	190000	25	4750	0.7	3325
7	配套	258000	80	20640	0.7	14448
8	地下冷冻机房			28920	0.7	20244
合计		2388000		260150		182105

(3) 变电站设置

本项目为超高层建筑，大部分负荷为二级以上负荷，保证供电的可靠性是至关重要的，不仅要考虑市电的备用和冗余，还要考虑合理的设置变电站和发电机房。本项目供电容量超大，每段百米的负荷容量也相对巨大。为满足负荷供电，均在负荷中心区域设置变配电室。

为了满足电压降及节约导线等因数，低压考虑供电不超过200m。

根据负荷性质、容量、使用功能及低压供电半径，在建筑物内设如下开关站及变电站，见表11-18。

变电站设置表 **表 11-18**

序号	功能	名称	位置	变压器设置(kVA)
1	酒店	酒店1号开关站	800m设备层	15600
		酒店101号变电站	800m设备层,塔1范围内	4×800+2×1000
		酒店102号变电站	800m设备层,塔2范围内	4×800+2×1000
		酒店103号变电站	800m设备层,塔3范围内	4×800+2×1000
		酒店2号开关站	900m设备层	15600
		酒店201号变电站	900m设备层,塔1范围内	4×800+2×1000
		酒店202号变电站	900m设备层,塔2范围内	4×800+2×1000
		酒店203号变电站	900m设备层,塔3范围内	4×800+2×1000
2	公寓	公寓开关站	600m设备层	13500
		公寓101号变电站	600m设备层,塔1范围内	2×1250+2×1000
		公寓102号变电站	600m设备层,塔2范围内	2×1250+2×1000
		公寓103号变电站	600m设备层,塔3范围内	2×1250+2×1000
		公寓2号开关站	700m设备层	13500
		公寓201号变电站	700m设备层,塔1范围内	2×1250+2×1000
		公寓202号变电站	700m设备层,塔2范围内	2×1250+2×1000
		公寓203号变电站	700m设备层,塔3范围内	2×1250+2×1000
3	办公	办公1号开关站	100m设备层	21000
		办公101号变电站	100m设备层,塔1范围内	4×1250+2×1000
		办公102号变电站	100m设备层,塔2范围内	4×1250+2×1000
		办公103号变电站	100m设备层,塔3范围内	4×1250+2×1000
		办公2号开关站	200m设备层	21000
		办公201号变电站	200m设备层,塔1范围内	4×1250+2×1000
		办公202号变电站	200m设备层,塔2范围内	4×1250+2×1000
		办公203号变电站	200m设备层,塔3范围内	4×1250+2×1000
		办公3号开关站	300m设备层	21000
		办公301号变电站	300m设备层,塔1范围内	4×1250+2×1000

续表

序号	功能	名称	位置	变压器设置(kVA)
3	办公	办公302号变电站	300m设备层,塔2范围内	4×1250+2×1000
		办公303号变电站	300m设备层,塔3范围内	4×1250+2×1000
		办公4号开关站	400m设备层	21000
		办公401号变电站	400m设备层,塔1范围内	4×1250+2×1000
		办公402号变电站	400m设备层,塔2范围内	4×1250+2×1000
		办公403号变电站	400m设备层,塔3范围内	4×1250+2×1000
		办公5号开关站	500m设备层	27000
		办公501号变电站	500m设备层,塔1范围内	4×1250+4×1000
		办公502号变电站	500m设备层,塔2范围内	4×1250+4×1000
		办公503号变电站	500m设备层,塔3范围内	4×1250+4×1000
4	商业	商业开关站	B1层	38400
		商业1号变电站	B1层,塔1范围内	8×1600
		商业2号变电站	B1层,塔2范围内	8×1600
		商业3号变电站	B1层,塔3范围内	8×1600
5	车库及配套	车库1号开关站	B1层东侧	19200
		车库101号变电站	B1层,东北侧	4×1600
		车库102号变电站	B1层,东南侧	4×1600
		车库103号变电站	B1层,西北侧	4×1600
		车库2号开关站	B1层西南侧	15900
		车库201号变电站	B1层,西南侧	4×1600
		制冷站变电站	B2层,贴近制冷机房	4×1600+2×1000
6	高压冷机	制冷站开关站	B2层,贴近制冷机房	20500
7	高压发电机	1号发电机房	B1层,靠外墙	9×2500+3×2000+10×1600
		2号发电机房	B1层,靠外墙	2×2500
合计		变压器装机容量		241600
		高压冷机容量		20500
		高压发电机容量		49500

11.4.2 供电电源

（1）市电供电电源

根据项目规模及需求，为确保一级负荷供电系统的安全和可靠，同时满足负荷容量，要求由市政引入15组（30路）10kV线路为本工程供电。当每组1路10kV电源失电时，另1路10kV电源可以承担所有一、二级负荷的供电。

根据用户运行管理考虑，酒店、公寓、办公、商业及车库的负荷分别设置变电站。

（2）备用电源

1）不间断电源UPS。在重要弱电负荷附近（如中央监控室、消防控制室、安防系统、计算机网络机房、扩声系统等）集中设置在线式UPS，为其提供优质、连续供电电源，蓄电池供电时间30min。

2）应急蓄电池类电源装置——应急蓄电池。采用EPS应急蓄电池类电源装置为应急疏散照明系统提供应急电源，电源切换时间不大于0.25s，蓄电池供电时间≥蓄电池供电时初装容量不小于90min。

3）柴油发电机组。项目备用电源柴油发电机设置10kV机组。

酒店、办公楼内的银行等金融单位重要的计算机系统和安防系统用电以及商业部分的大型商场和超市的经营管理用计算机系统用电为一级负荷中的特别重要负荷，为确保一级负荷中的特别重要负荷供电系统的安全和可靠，设置柴油发电机组作为独立备用电源，同时兼做消防负荷的备用电源。

星级酒店柴油机可作为备用电源为酒店下列区域提供备用电源：全日餐厅、总统套房照明及动力；弱电机房设备，中控室设备，安防机房设备，重要机房的空调机；厨房的食品冷库；生活水泵，污水泵；厨房，大堂、全日餐厅、总统套房和行政酒廊的空调机组（AHU/PAU、FCU）。

① 启动和运行方式：当10kV市电停电、缺相、电压或频率超出范围，或同一变配电所两台变压器同时故障时，可从各变配电室的自动互投开关ATSE处拾取柴油发电机的延时启动信号，送至柴油发电机房，信号延时0～10s（可调）自动启动柴油发电机组，柴油发电机组15s内达到柴油发电机组30s内达到额定转速、电压、频率后，投入额定负载运行。（此时，若发生火灾，应切断应急母线段上的非保证负荷）。当市电恢复30～60s（可调）后，自动恢复市电供电，柴油发电机组经冷却延时后，自动停机。

② 油箱：从消防角度看，每台发电机组配有1m³的日用油箱。同时，在户外红线内设一个80m³的地下油罐。本设计可以保证酒店备用柴油发电机组24h以上的用油量和消防备用负荷的消防时间。

③ 机房位置：柴油发电机房设在地下一层，集中设置，便于管理，而且形成相对独立的“污染区域”，便于通风、排烟、供油、运输等设计。

设计考虑预留了1～2台发电机的机位，用于未来办公租户根据需要租用。

4）燃气内燃机发电。选用两台燃气内燃机作为三联供系统的原动机，每台燃气内燃机的发电量为4400kW（10kV），所发电量并入大厦内部电网，供商业能源站内空调冷热负荷，也可用于冰蓄冷机组。如图11-62所示。

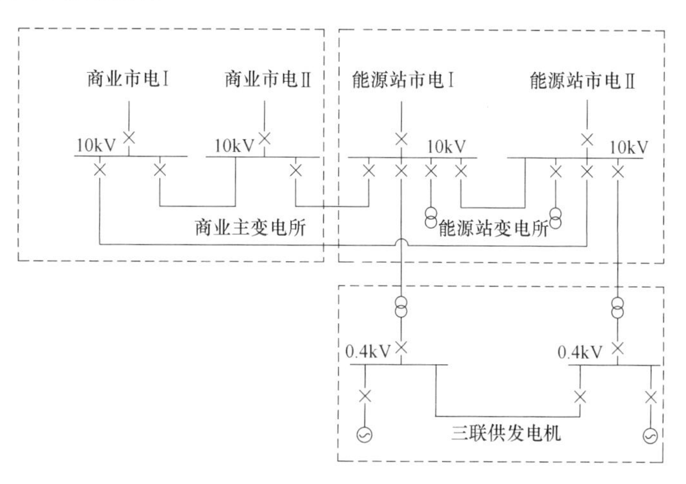

图11-62　三联供发电机供电示意图

采用并网不上网的系统形式，解决避免功率反送和非正常并网造成系统环流问题，应保障正常运行方式下，每台发电机在经济效率范围内，可调控的输出功率总是小于所并网母线的稳定的最小负荷；当负荷处于波动期时，系统能够通过切换使发电机在经济效率范围内，可调控的输出功率总是小于在该运行方式下所对应的最小负荷；发电机、各外部电源相互之间形成必要的联锁关系。

正常运行方式下，2 台发电机启动后分别和能源站市电并网，负荷范围为能源站和冷冻站。2 台发电机之间设联络断路器，保持常开状态。必要时闭合联络断路器，使 2 台发电机并联运行。燃气发电机组能自动识别并网点的各项参数并实时自调，以达到发电机组和市网同步运行的目的。由市电为发电机提供启动电源，发电机的接入不需要改变 10kV 以下各级配电的运行方式。

对于冷冻站，由于有了 2 台发电机可以为其供电，当发电机均故障或检修停机时，能源站 10kV 电源也可以临时向冷冻站供电，供电可靠性较只有市电电源的情况有更大保障。冷冻站电力负荷可按由发电机全带或和市电分列运行。

当春秋两季 2 台发电机都长时间停运时，冷冻站的负荷需要切换到自己的市电上作为正常运行方式，而不是由能源站电源通过联络线供电。

（3）高、低压供电系统接线型式

1）高压配电系统。10kV 系统按照小电阻接地系统。

10kV 高压配变电系统将采用主—分变电站结构，主站为 10kV 高压开关站，即高压配电室，高压采用单母线分段运行方式，中间设联络断路器，平时两路电源同时分列运行，互为备用。当一路电源故障时，通过手/自动操作联络断路器闭合，由另一路电源负担全部一、二级负荷。二路主进电源断路器和母联断路器之间设置电气和机械（钥匙）联锁，在任何情况下保证三台断路器只有二台断路器投入。

分变电站采用变压器深入负荷中心的方式，由高压开关柜、变压器和低压开关柜组成分站。变压器采用两台一组，电源分别来自不同的母线。变电站高压系统为单母线分段方式，中间不设联络，而低压侧设置联络断路器。

变电站内设有多台变压器，需要柴油发电机作为备用电源的负荷集中由一台变压器供电，发电机进线与市电进线做互投联锁，两路市电均失电，由发电机为重要负荷供电。供电示意如图 11-63所示。

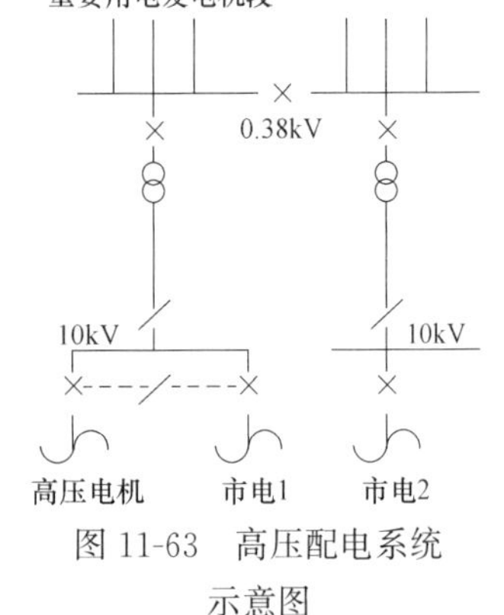

图 11-63　高压配电系统示意图

2）低压配电系统。低压配电系统采用单母线分段运行，联络断路器设自投自复/自投不自复/手动三种方式。自投时应自动断开三级负荷，以保证变压器正常工作。两个主进断路器与联络断路器设电气联锁，任何情况下只能合其中的两个断路器。

低压配电根据负荷的级别、安装容量、用途及防火分区的划分等采用树干式与放射式相结合的供电方式。

超高层负荷竖向配电采用预分支电缆或插接母线，提高系统的可靠性。

单台容量较大或重要负荷采用放射式供电。保证各级保护之间的选择性配合，减小故障范围。

能源中心大负荷用电变配电室就近设置，就近母线配电，缩短配电间距，减少压降。

办公配电照明及插座分别设置配电箱，灵活使用达到更加节能要求。

一级负荷中特别重要负荷采用双市电及柴油发电机供电并在末端互投；一级负荷采用双电源供电，在末端或合适位置互投；二级负荷采用市电双电源供电并在适当位置互投；三级负荷采用单电源供电。

3）消防负荷及其他重要负荷的配电。为满足消防负荷及其他重要负荷的需要，低压系统设有备用母线段。备用母线段上接有消火栓泵、自动喷洒泵、排烟风机、加压风机、消防电梯、消防控制室、应急照明等紧急情况时使用的负荷，以及接有酒店中特别重要的一级负荷。上述消防类的重要负荷采用双电源专用回路供电并在末端互投。

11.4.3　继电保护

10kV 高压继电保护将采用综合继电保护单元。10kV 系统为小电阻接地系统，继电保护设置在开关站。

11.4.4　电能计量装置

在开关站设置计量柜，对高压进线做总计量。

所有变配电室做低压复费率计量，低压馈线设置变配电室监控系统进行有功电度计量，对于出租出售的区域在区域配电装置处计量。

以电力为主要能源的冷冻机组、锅炉等大负荷设备在设备机房设专用电能计量装置。

其他有关专业区域和未来独立经营的区域将配置单独的计量表。

11.4.5　无功功率补偿装置

在冷冻机房 10kV 高压机组高压侧设置功率因数就地补偿装置；在变电站低压侧，设功率因数集中自动补偿装置，电容器组采用自动循环投切方式，要求补偿后低压侧最大负荷下的功率因数不小于 0.95。电容补偿装置的选择应考虑配电系统中高次谐波的影响。并要求荧光灯、气体放电灯单灯自带补偿装置，补偿后的功率因数不小于 0.90。

11.4.6　谐波治理

配电变压器高压侧绕组采用三角形接线形式，对 3 次及 $3n$ 次谐波有抑制作用；各用电设备满足 EMC 要求是选用条件之一；在配变电所低压侧采用调谐电抗器，安装于电容器柜内，电抗器配比 XL/XC=14%，抑制 3 次谐波；预留有源滤波器位置及安装条件，当设备安装并调试后，如果谐波较大，安装有源滤波器。

11.4.7　漏电火灾报警系统

为准确监控电气线路的故障和异常状态，及时发现电气火灾的隐患，设置漏电火灾报警系统。

在中央监控室设置一套报警系统集中控制器，在区域照明、应急照明、插座、大负荷设备配电箱和动力配电箱等进线处设置漏电火灾报警探测器。

11.4.8　消防设备电源监控

设置消防设备电源监控系统，可有效降低消防设备供电电源的故障发生率，确保消防设备的正常工作，从而在火灾情况下使消防设备正常运转。

消防电源监控器通过中文实时显示消防用电设备的供电电源和备用电源的工作状态和故障报警信息，及被监测电源的电压、电流值和开关状态判断电源是否存在断路、短路、过压、欠压等状态进行报警和记录。

11.4.9 工程供电

（1）低压电缆

低压电缆的选择见表11-19。

低压电缆的选择　　表11-19

负　　荷	电缆类型	敷设方式
特一级、一级消防设备干线及分支干线	矿物绝缘耐火铜芯电缆 BTTZ或YTTW	明敷
消防设备支线	阻燃型耐火铜芯电缆 WDZN-YJFE-A类	金属线槽或穿金属管
特一级非消防回路	阻燃型铜芯电缆WDZ-YJFE-A类	暗敷在不燃烧结构内保护层厚度>30mm
一级非消防负荷回路	阻燃铜芯电缆WDZ-YJFE-B类	
二级负荷回路	阻燃铜芯电缆WDZ-YJFE-C类	
特一级、一级消防设备控制回路	耐火型铜芯电缆WDZN-KYJF	暗敷在不燃烧结构内保护层厚度>30mm
其他控制回路	阻燃型铜芯电缆WDZ-KYJF	
柴油发电机至低压应急母线	矿物绝缘耐火铜芯电缆 BTTZ或YTTW	明敷

（2）线路敷设

水平方向，由变电站的低压配电屏配出的各种电缆和封闭母线，沿电缆桥架和线槽敷设至电气竖井。

垂直方向上，设置竖向的强电竖井，竖井上下贯通，每层做防火封堵。来自配变电站的220/380V交流电经强电竖井再分送至各楼层水平方向的各用电点。另外，向高区配变电站供电的10kV电缆设置专用高压电缆竖井，在物理上将高压与低压分开，保证安全用电。

（3）主要设备选择

1）变压器：变压器采用符合《配电变压器能效限定值与节能评价值》GB 20052—2013目标能效值要求的节能低损耗型变压器，设强制风冷系统、温度监测及报警装置。接线为D，Yn-11，带保护罩，其防护等级不低于IP20。变压器设金属外壳并做好接地防止电磁干扰。因高层部分变压器需要布置在避难层，为了减小尺寸，变压器可去掉外壳，楼上变压器考虑SCB1250kVA以下，设备重量约3.8t，尺寸约1800mm×1100mm×1900mm（长×宽×高），可通过服务梯来满足运输要求。如不能满足，也可采用SGB干式变压器，此变压器重量和体积均较SCB干式变压器小，但造价有所增加。

2）高压开关柜：变压器高压中置式开关柜按KYN28A金属铠装式开关柜设计，电缆上进上出，直流屏采用免维护铅酸电池组成套柜、信号屏与之配套。

3）低压开关柜：一层变配电室低压配电柜按抽屉式开关柜设计，框架断路器安装型式为插拔式。出线方式均采用上出线方式，柜上设电缆桥架。

消防泵房、喷灌泵房等大负荷设备用房采用低压固定柜，上出线方式，柜上部设电缆桥架。

11.4.10 照明

（1）照明种类及照度标准

1）照明种类。本工程照明分为一般照明、精装修照明、室外照明、航空障碍物照明、应急照明等。其中应急照明包括疏散照明、备用照明和安全照明。

2）照度标准。本工程照度标准按现行国家标准，并参考国际同类建筑的照度指标设计。

（2）光源、灯具及附件

选用绿色节能灯具，灯具有高效、长寿、美观和具有防眩光功能，光源应具有良好的显色性和适宜的色温，各功能用房的照度标准均符合现行国家标准。

一般照明采用直接照明方式，所有照明灯具、光源、电气附件等均选用高效、节能型产品。办公室、会议场所多采用细管径直管形三基色荧光灯。较宽通道采用细管径直管形三基色荧光灯，一般通道采用节能筒灯。大空间文体活动场所照明采用金属卤化物灯。设备机房、厨房等设防尘防潮型灯具。光源、灯具及附件配置要求见表11-20。

光源、灯具及附件配置要求表　　表11-20

房间或场所	灯具	光源	附件	安装方式
办公室	无眩光高效格栅灯，效率≥60%，IP20	T5管稀土三基色荧光灯，光通量≥2600lm，T=3500～5000K，R_a≥85	电子镇流器，功率因数≥0.95	嵌入式
控制室、通信机房、计算机房等	无眩光高效格栅灯，效率≥60%，IP20	T5管稀土三基色荧光灯，光通量≥2600lm，T=3500～5000K，R_a≥85	电子镇流器，功率因数≥0.95	嵌入式
地下车库	防水防尘荧光灯，效率≥65%，IP54	T5管稀土三基色荧光灯，光通量≥2600lm，T=3500～5000K，R_a≥80	电子镇流器，功率因数≥0.95	链吊或吸顶
走道、卫生间	筒灯，IP20	单端荧光灯，光效≥60lm/W，T=3500～5000K，R_a≥80	电子镇流器，功率因数≥0.95	嵌入或吸顶
空调机房、新风机房等	控照型荧光灯，开敞式，效率≥75%	T5管稀土三基色荧光灯，光通量≥2600lm，T=3500～5000K，R_a≥80	电子镇流器，功率因数≥0.95	管吊或吸顶
水泵房、浴室、开水间等	防水防尘荧光灯，效率≥65%，IP54	T5管稀土三基色荧光灯，光通量≥2600lm，T=3500～5000K，R_a≥80	电子镇流器，功率因数≥0.95	吸顶或管吊

（3）照明控制

本设计采用KNX/EIB智能照明控制系统及数字照明控制系统DALI，对灯具进行自动/手动控制。设备机房、库房、办公用房、卫生间及各种管井等处的照明采用就地设置照明开关控制；大堂、大型会议厅、宴会厅、多功能厅、酒店客房等照明要求较高的场所根据要求采用智能控制系统；地下汽车库、疏散走廊、电梯厅等公共场所的照明采用照明配电箱就地控制并纳入智能照明控制系统中，智能照明控制系统属于建筑设备监控系统的子系统，火灾时由消防控制室自动点亮应急照明灯。

（4）应急照明

1）在下列部位设置应急照明：

① 疏散走道、楼梯间、防烟楼梯间前室、消防电梯间及其前室、合用前室和避难层（间）及屋顶直升机停机坪。

② 变配电所、消防控制室、消防水泵房、防烟排烟机房、自备发电机房、电话总机房以及发生火灾时仍需坚持工作的其他房间。

③ 多功能厅、餐厅和商业营业厅等人员密集的场所。

④ 疏散照明在地面上的最低照度不低于 5lx，室外广场疏散照明最小水平照度值不应低于 1lx。

2）采用集中控制型智能应急照明和疏散指示系统。系统符合国家标准《消防应急照明和疏散指示系统》GB 17945—2010。并满足《消防控制室通用技术要求》GB 25506—2010 第 5.6 条要求。系统包括集中监控主机、路由配电箱（含路由控制模块）、消防应急标志灯、消防应急照明灯等其他通信设备。系统实时监测供电（通信）网络各回路及灯具的开路、短路及连接状态、光源故障及电池的充电情况，并判定是否充满；定时检测蓄电池应急时间、应急预案启动及应急灯具的应急转换功能。集中监控主机具有消防联动及每个楼层的 CAD 平面图形监控功能，能显示各灯具的位置、灯具状态（故障、充电、应急状态等信息）、疏散指示方向并能动态显示应急逃生路线等信息。采用集中式蓄电池控制，应急备用时间不低于 90min。灯具采用绿光 LED 光源，功率不大于 1～5W。

3）在不便于安装电光源的疏散走道和主要疏散路线的地面或靠近地面的墙上设置蓄光型疏散指示标志或疏散导流标志。设置蓄光型消防安全疏散标志时，应符合下列要求：

① 设置场所和部位的正常电光或日光照度，对于荧光灯，不低于 25lx；

② 消防安全疏散标志表面的最低照度不小于 5lx；

③ 满足正常电源中断 30min 后其表面任一发光面积的亮度不小于 0.1cd/m^2。

应急照明最少持续供电时间及最低照度见表 11-21 。

疏散应急照明灯设在墙面上或顶棚上。安全出口标志设在出口的顶部；疏散走道的指示标志设在疏散走道及其转角处距地面 1.00m 以下的墙面上，局部大空间场所设置在地面上。走道疏散标志灯的间距不应大于 20m。

最少持续供电时间及最低照度表 **表 11-21**

区域类别	场所举例	最少持续供电时间(min)		照度(lx)	
		备用照明	疏散照明	备用照明	疏散照明
一般平面疏散区域	疏散楼梯间、防烟楼梯间前室、疏散通道、消防电梯间及其前室、合用前室等	—	≥30	—	≥0.5
竖向疏散区域	疏散楼梯	—	≥30	—	≥5
人员密集流动疏散区域及地下疏散区域	多功能厅、餐厅、宴会厅、会议厅、营业厅、办公大厅和避难层(间)等	—	≥30	—	≥5
航空疏散场所	屋顶消防救护用直升机停机坪	≥60	—	不低于正常照明照度	—

续表

区域类别	场所举例	最少持续供电时间(min)		照度(lx)	
		备用照明	疏散照明	备用照明	疏散照明
避难疏散区域	避难层	≥60	—	不低于正常照明照度	—
消防工作区域	消防控制室、电话总机房	≥180	—	不低于正常照明照度	—
	配电室、发电站	≥180	—	不低于正常照明照度	—
	水泵房、风机房	≥180	—	不低于正常照明照度	—

疏散标志灯为长明灯，其他场所的应急照明在火灾时强行点亮。

(5) 航空障碍物照明

本工程分别在45、90、135、110、225、270、315～945m和屋顶层四角位置设置航空障碍标志灯，航空障碍标志灯的控制引入安防及消防中心统一管理，并根据室外光照及时间自动控制。航空障碍灯要求见表11-22。航空障碍物照明采用分散供电。

航空障碍灯技术要求表　　表11-22

障碍标志灯类型	低光强	中光强		高光强
灯光颜色	航空红色	航空红色	航空白色	航空白色
控光方式及数据(次/min)	恒定光	闪光 20～60	闪光 20～60	闪光 20～60
有效光强	32.5cd用于夜间	2000cd±25%用于夜间	2000cd±25%用于夜间 20000cd±25%用于白昼、黎明或黄昏	2000cd±25%用于夜间 20000cd±25%用于黄昏与黎明 270000cd /140000cd±25%用于白昼
可视范围	水平光束扩散角360束 垂直光束扩散角≥10°	水平光束扩散角360束 垂直光束扩散角≥3°	水平光束扩散角360束 垂直光束扩散角≥3°	水平光束扩散角90≥3°或120° 垂直光束扩散角3°～7°
	最大光强位于水平仰角 4°～20°之间	最大光强位于水平仰角0°		
安装高度	45m	90m	135m	180～945m及屋顶，间距45m

11.4.11　防雷接地

(1) 防雷

工程为二类防雷建筑物。本工程的防雷设计包括防直击雷、防侧击雷、防闪电电涌侵入措施和防雷电电磁脉冲措施，并满足总等电位联结的要求。

工程包含五星级酒店及以上超五星级酒店，因此本工程电子信息系统雷电防护等级确定为A级。

1）防直击雷措施。接闪器采用避雷带，避雷带采用接闪器镀锌圆钢，装设在建筑物屋角、女儿墙等易受雷击部位，并在整个屋面上装设不大于10m钢，装设的网格。为了直升机安全降落，本设计不采用避雷针作为接闪器。

引出屋面的金属物体，如擦窗机金属构建、风冷机组金属外壳、风机金属外壳、金属水箱、天线的金属立柱等与屋面防雷装置可靠相连。

防直击雷的引下线利用建筑物钢结构柱，其中包括建筑外廓易受雷击的各个角上的钢柱，引下线间距不大于18m。

防直击雷的接地网利用建筑物护坡桩钢柱及基础底板轴线上的上下两层主筋中的两根通长焊接形成的基础接地网。

2）防侧击雷措施。由于本建筑高度高达1000m，防侧雷击是重要防雷措施。建筑物内钢结构相互连接，形成完好的法拉第笼；利用外围钢柱作为防雷装置引下线；结构圈梁方钢每三层连成闭合回路，并同防雷装置引下线、钢结构楼板工字钢和钢板、混凝土楼板钢筋可靠连接；将45m及以上外墙上的栏杆、门窗等较大金属物直接或通过预埋件与防雷装置相连；垂直敷设的金属管道如金属水管、金属风管、金属桥架等应在顶端和底端与防雷装置连接，且每三层与局部等电位联结端子板连接一次。局部等电位联结利用本层结构圈梁方钢、楼板内工字钢和钢筋，与金属管道可靠连接。

3）防闪电电涌侵入措施。为防止雷电波的侵入，进入本工程的各种电气线路及金属管道采用全线埋地引入，并在入户端将电缆的金属外皮、钢导管及金属管道与接地网连接。

进出本建筑物的架空和直接埋地的各种金属管道在进出建筑物处与防雷接地网连接。

当低压线路由建筑物引出到建筑物外时，采用电缆线路埋地敷设，并在引出处的配电箱（柜）内装设浪涌保护器。

设在建筑物内、外的配电变压器，宜在高、低压侧的各相装设避雷器。

4）防雷电电磁脉冲措施。由室外引入或由室内引出至室外的电力线路、信号线路、控制线路、信息线路其入口处的配电箱、控制箱、前端箱等的引入处应装设SPD。在第二级配电箱/柜、室外用电设备以及有电子设备的终端配电控制箱（柜）内均设置浪涌保护装置；线缆敷设采用金属桥架或金属线槽或金属管。

5）其他

① 设有大量电子信息设备的建筑物，其电气、电信竖井内的接地干线应与每层楼板工字钢或钢筋做等电位联结。

② 外墙四角引下线（共8处）在距地面上0.5m处设测试卡子。

③ 直升机降落在停机坪上时，应将直升机的金属物与防雷装置就近连接。

④ 所有防雷构件均采用镀锌件，凡焊接处均应刷沥青防腐。

（2）接地

1）接地的种类及接地电阻要求。接地包括保护性接地和功能性接地，具体有建筑物防雷接地、变压器中性点接地、电气设备的保护接地、电梯机房、消防控制室、通信机房、计算机机房等，所有接地采用共用接地网，要求接地电阻不大于0.5Ω。

2）等电位设置。采用总等电位联结，总等电位连接板（MEB）由紫铜板制成。将建筑物内保护干线、电气装置中的接地母线、进出建筑物的设备金属管（如水管、煤气管、采暖和空调管道等）、建筑物金属构件进行联结，具体做法参见《等电位联结安装15D502》。

总等电位联结导体的采用BV-25mm^2，沿地面或墙内暗敷设。

在消防中心、通信机房、计算机机房、电梯机房、卫星电视机房、冷冻机房、水泵机房等处设局部等电位联结，具体做法参见《等电位联结安装 15D502》。

浴室、有淋浴的卫生间、游泳池、喷水池等场所，除采取总等电位联结外，尚进行辅助等电位联结。此处，辅助等电位联结同时具有局部等电位联结的作用。

3）安全接地及特殊接地的措施。低压配电为 TN-S 系统，其工作零线和保护地线在接地点后应严格分开。凡正常不带电，而当绝缘破坏有可能呈现电压的一切电气设备金属外壳均应可靠接地。专用接地线（PE 线）的截面要求如下：

当相线截面≤16mm² 时：PE 线与相线相同。

当相线截面为 16～35mm² 时：PE 线为 16mm²。

当相线截面＞35mm² 时：PE 线为相线截面的一半。

在变配电室低压配电柜处、各层总配电箱处、通信机房、计算机网络机房、保安监控室、卫星天线控制室、消防控制室、电梯机房、屋顶及室外设备的供电电源处均装设防雷及浪涌保护器。

电视天线引入端、有线电视、电信线路引入端设过电压保护装置。

电子设备接地包括信号电路接地——为保证信号具有稳定的基准电位而设置的接地，可简称为信号地；电源接地——对电子设备供电的交、直流电路的功能接地；保护接地——为保证人身及设备安全的接地。其中信号地要求见表 11-23，各区域对电气的要求见表 11-24。

电子设备接地系统要求表 **表 11-23**

接地形式	条件	做法
单点接地	接地导体长度小于或等于 0.02λ，频率为 30kHz 及以下	宜先将电子设备的信号电路接地、电源接地和保护接地分开敷设的接地导体，接至电源室的接地总端子板，再将端子板上的信号电路接地、电源接地和保护接地接在一起
多点接地	接地导体长度大于 0.02λ，频率大于 300kHz	宜将信号电路接地、电源接地和保护接地接在一个公用的环状接地母线上
混合式接地	频率为 30～300kHz	宜设置一个等电位接地平面，以满足高频信号多点接地的要求，再以单点接地形式连接到同一接地网，以满足低频信号的接地要求

各区域对电气的要求 **表 11-24**

区域	电气设备 IP 等级	线路要求	开关控制设备
0 区 1 区 2 区	IPX7 IPX5 IPX5	(1)加强绝缘的铜芯电线或电缆 (2)不允许非本区的配电线路通过 (3)也不允许在该区内装设接线盒	(1)不应装设开关设备 (2)开关和插座，距预制淋浴间的门口不得小于 0.6m

注：在 2 区内的防溅型剃须插座除外。

11.4.12 节能环保设计

配变电所靠近负荷中心设置，根据负荷用户特点，设置多个高低压变配电室，降低了配电系统损耗，减少铜的使用量。

变压器采用节能型变压器，变压器自身损耗大大降低。其绕组接线采用 D，yn-11 型式，有利于抑制高压侧 3 次及 3n 次谐波电流，减少谐波所产生的能耗和温升。

主照明电源线路尽可能采用三相供电，以减少电压损失，并尽量使三相照明负荷平衡，以免影响光源的发光效率。

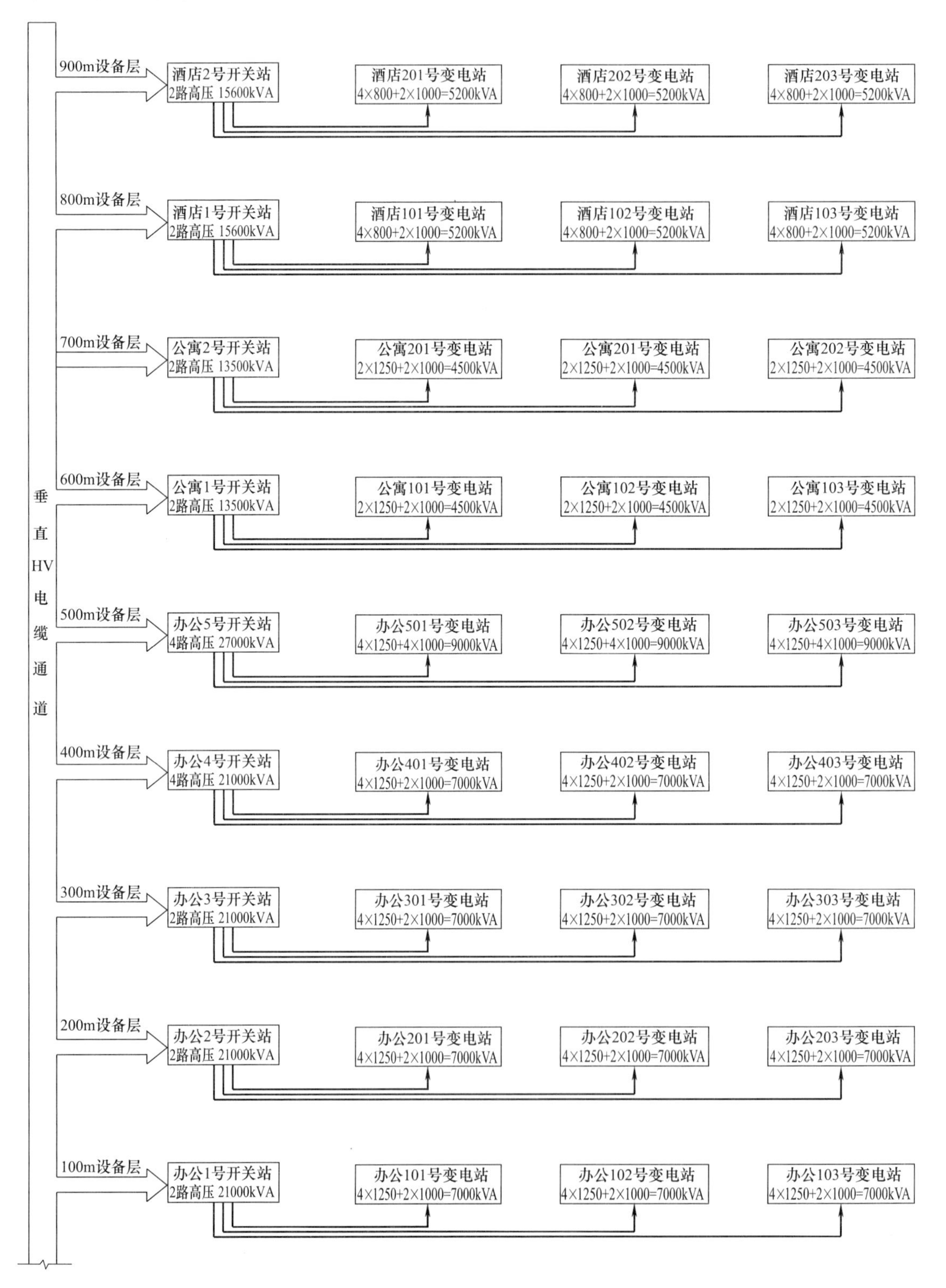

图 11-64　变配电室设置联系概念图（一）

设置功率因数自动补偿装置，降低无功损耗。并采用谐波综合治理措施，如调谐电抗器、预留有源滤波器等，降低谐波的影响。

合理选择线缆截面及线路路径，降低线路损耗。使用低烟无卤型电线、电缆代替常用的聚氯乙烯电线、电缆，单位面积载流能力得以提高，减少铜的使用量，节约资源。火灾燃烧时，该类电缆不产生有毒气体，对人体及环境危害小。

设置变配电监控系统，通过对各电气回路运行状态的实时监测，完成保护、测量、监视、故障报警及诊断记录等功能，进行电力负荷的系统维护和管理，有针对性制订节能措施，提高运营中的节能管理水平，满足美国 LEED 关于“测量与查证”的要求。

照明设计采用绿色照明技术，满足《建筑照明设计标准》GB 50034—2013 所对应的 LPD 目标值要求，照明能耗满足我国现行标准《绿色建筑评价标准》三星级的要求。立面及景观照明可适当采用可编程的 LED 照明，丰富建筑物的表情。

所采用的电气设备、材料，如开关柜、变压器、电缆、灯具等大多为无污染、可回收的环保材料，部分产品符合欧洲 ROHS 标准。

11.4.13 系统图示

变配电室设置联系概念图如图 11-64、图 11-65 所示，图 11-66、图 11-67 所示为高压单线原理图；发电机房原理图如图 11-68 所示；酒店、办公竖向电气系统图如图 11-69、图 11-70 所示。

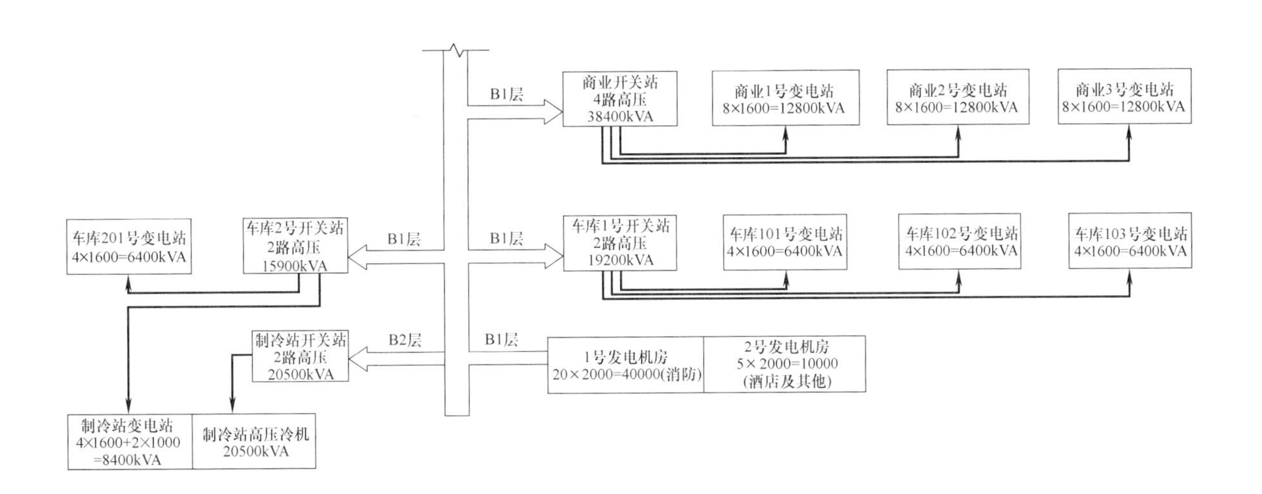

图 11-65 变配电室设置联系概念图（二）

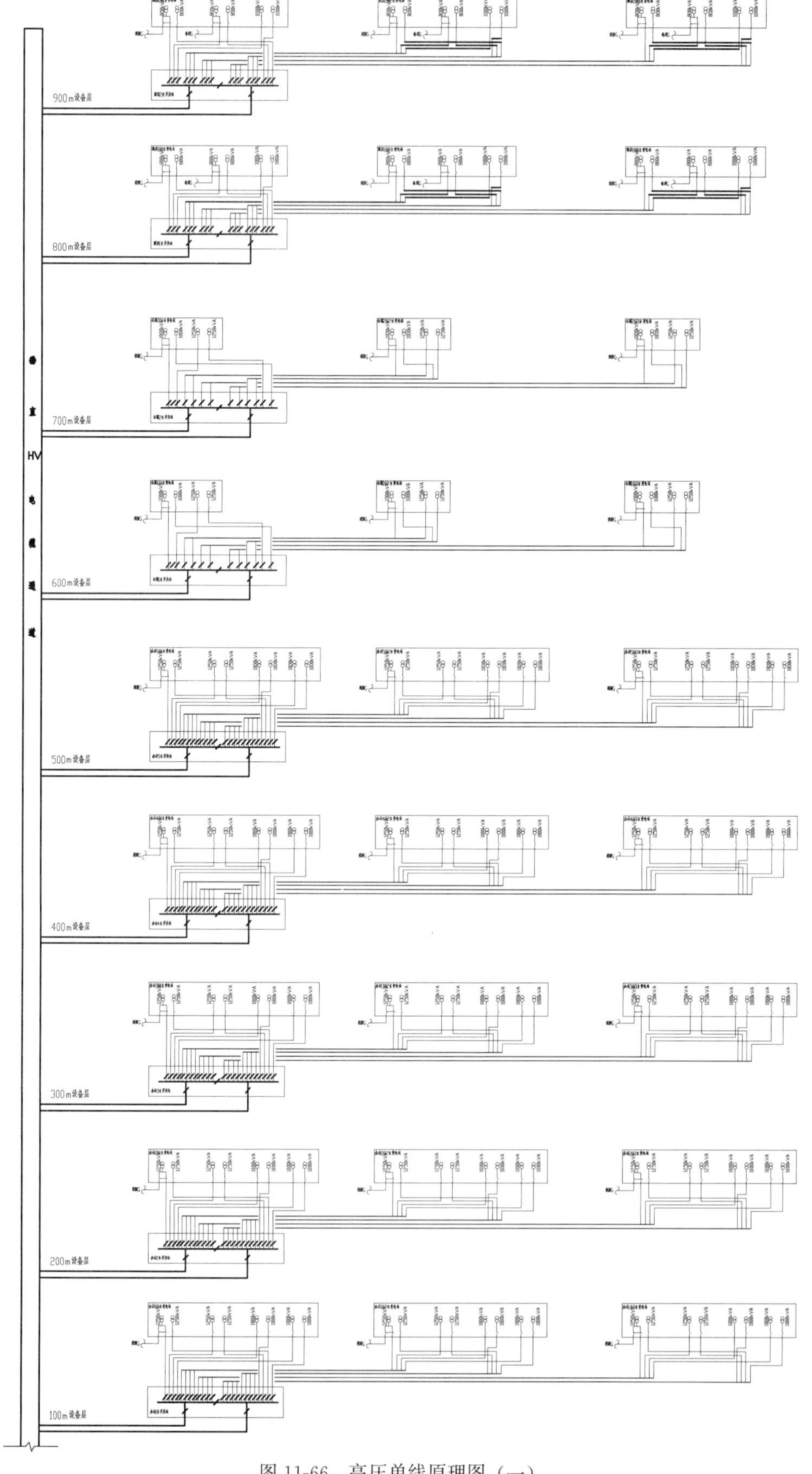

图 11-66 高压单线原理图（一）

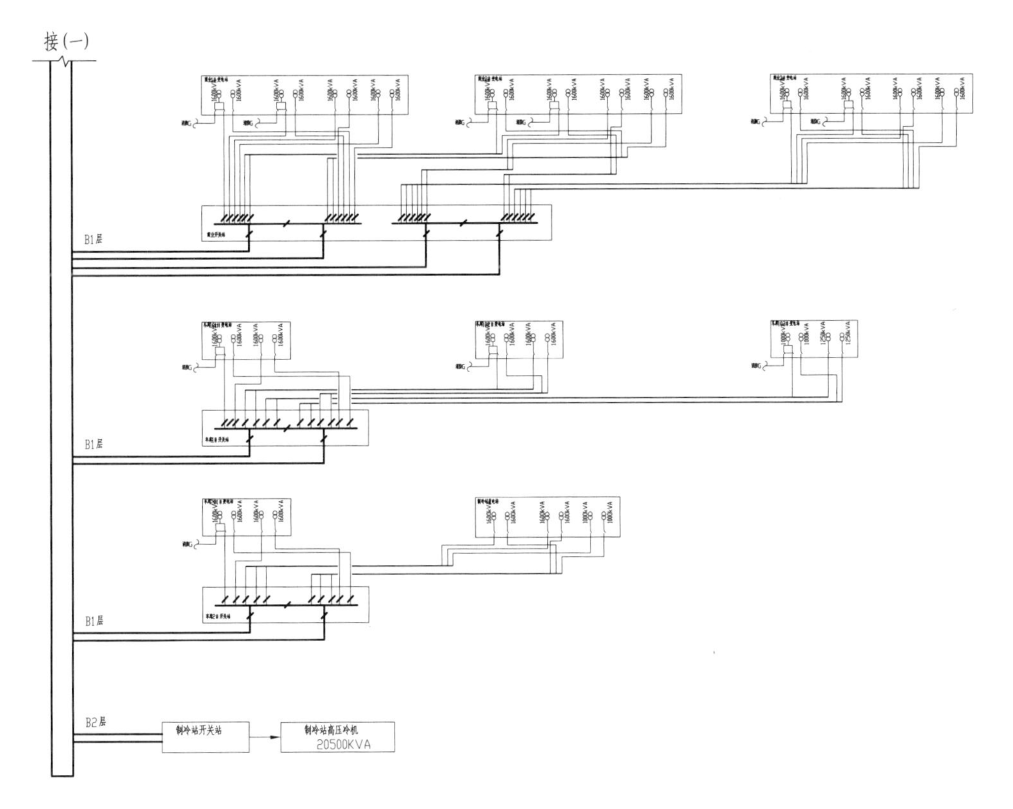

图 11-67　高压单线原理图（二）

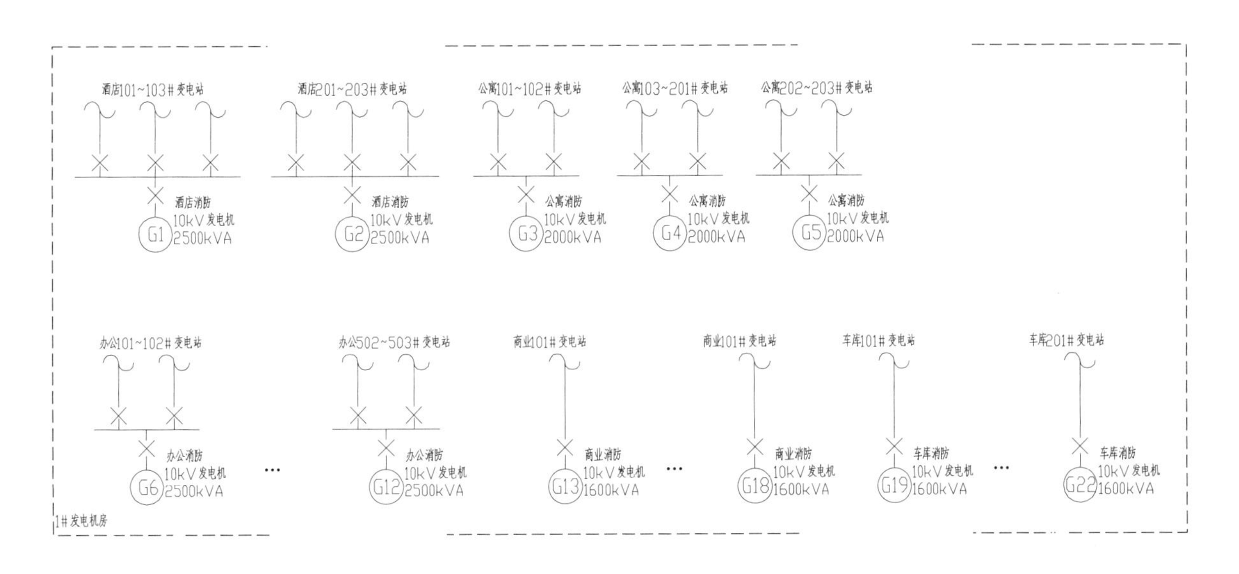

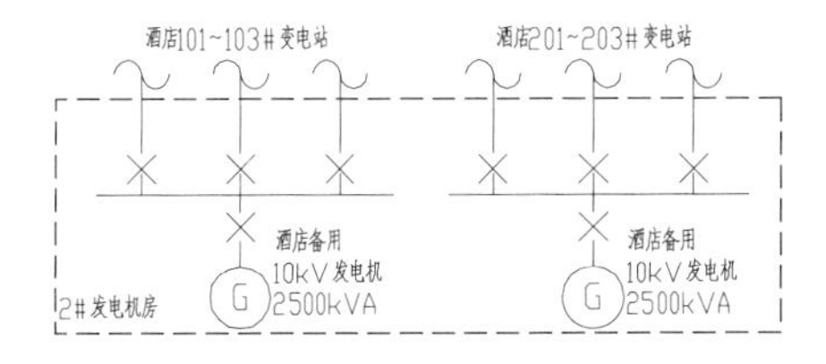

图 11-68　发电机房原理图

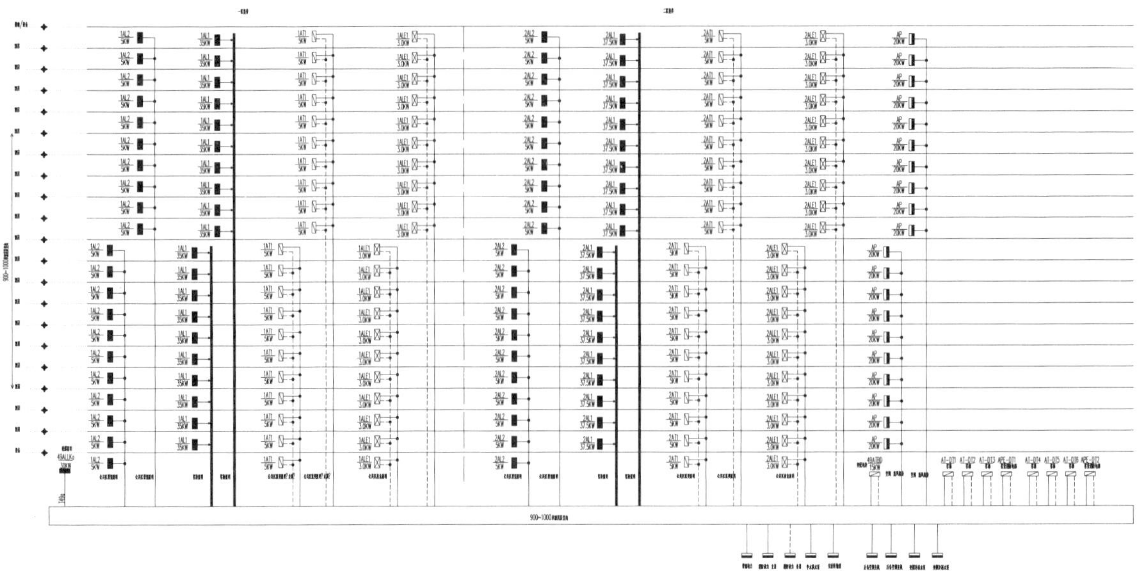

1AL2 5KW
1AL1 35KW
1AT1 5KW
1ALE1 3.0KW
2AL2 5KW
2AL1 37.5KW
2AT1 5KW
2ALE1 3.0KW
AP 20KW
49ALLKa 30KW
49ATBD 15KW
AT-DT1
AT-DT2
AT-DT3
APE-DT1
AT-DT4
AT-DT5
AT-DT6
APE-DT2
900~1000

图 11-69　900～1000m 酒店层竖向电气系统图

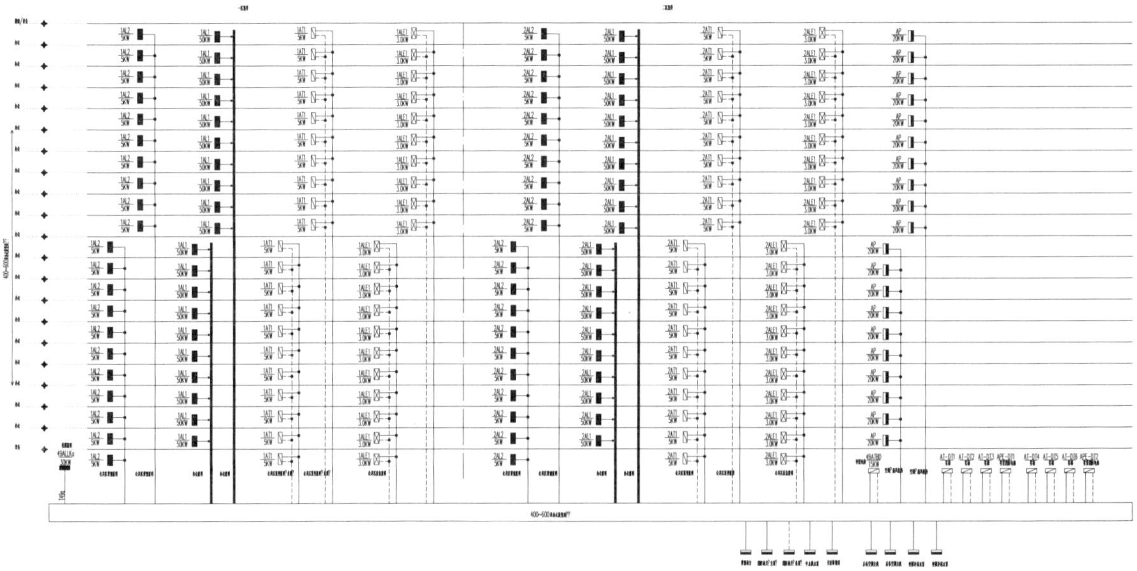

1AL2 5KW
1AL1 50KW
1AT1 5KW
1ALE1 3.0KW
2AL2 5KW
2AL1 50KW
2AT1 5KW
2ALE1 3.0KW
AP 20KW
49ALLKa 30KW
49ATBD 15KW
AT-DT1
AT-DT2
AT-DT3
APE-DT1
AT-DT4
AT-DT5
AT-DT6
APE-DT2
400~600

图 11-70　400～500m 办公层竖向电气系统图

11.4.14　平面图示

办公标准层及酒店标准层的各平面图见图 11-71～图 11-77；900m 设备层电力干线平面图见图 11-78。

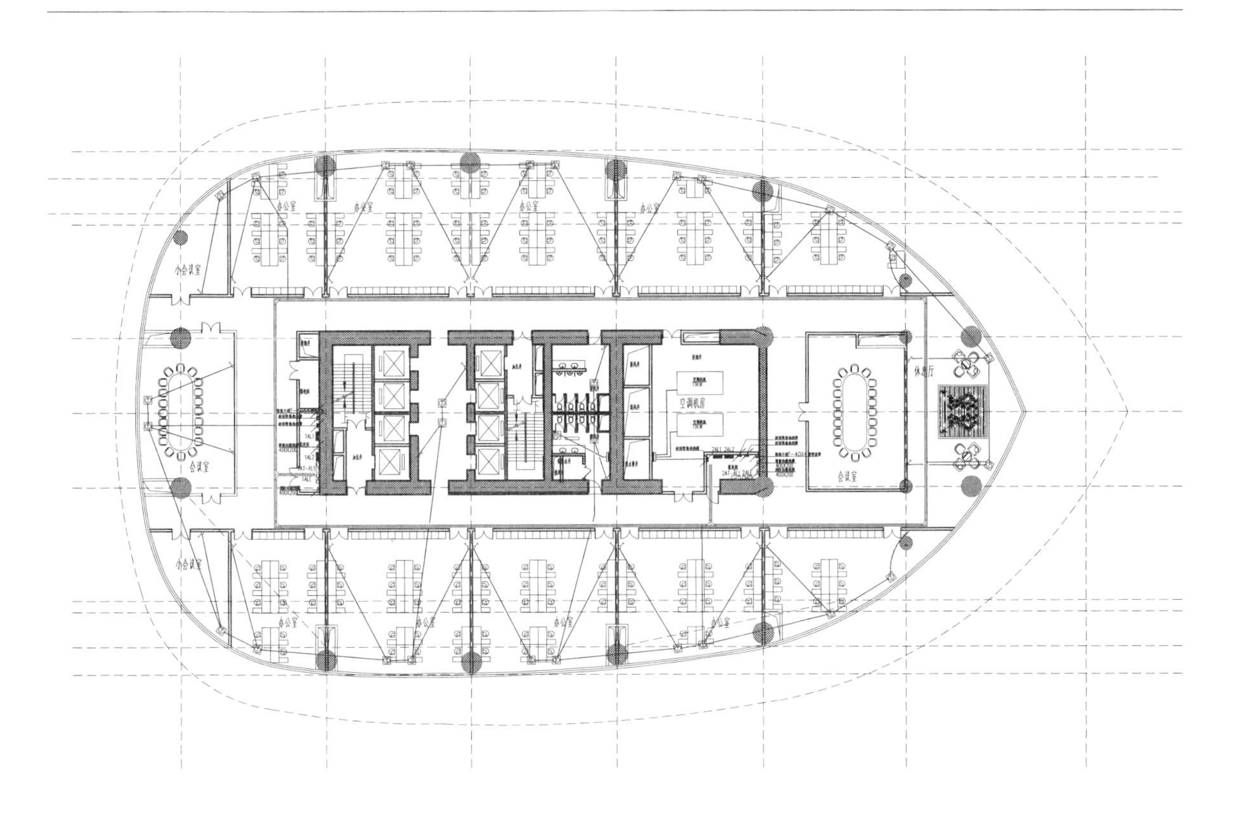

图 11-71 办公标准层动力平面图

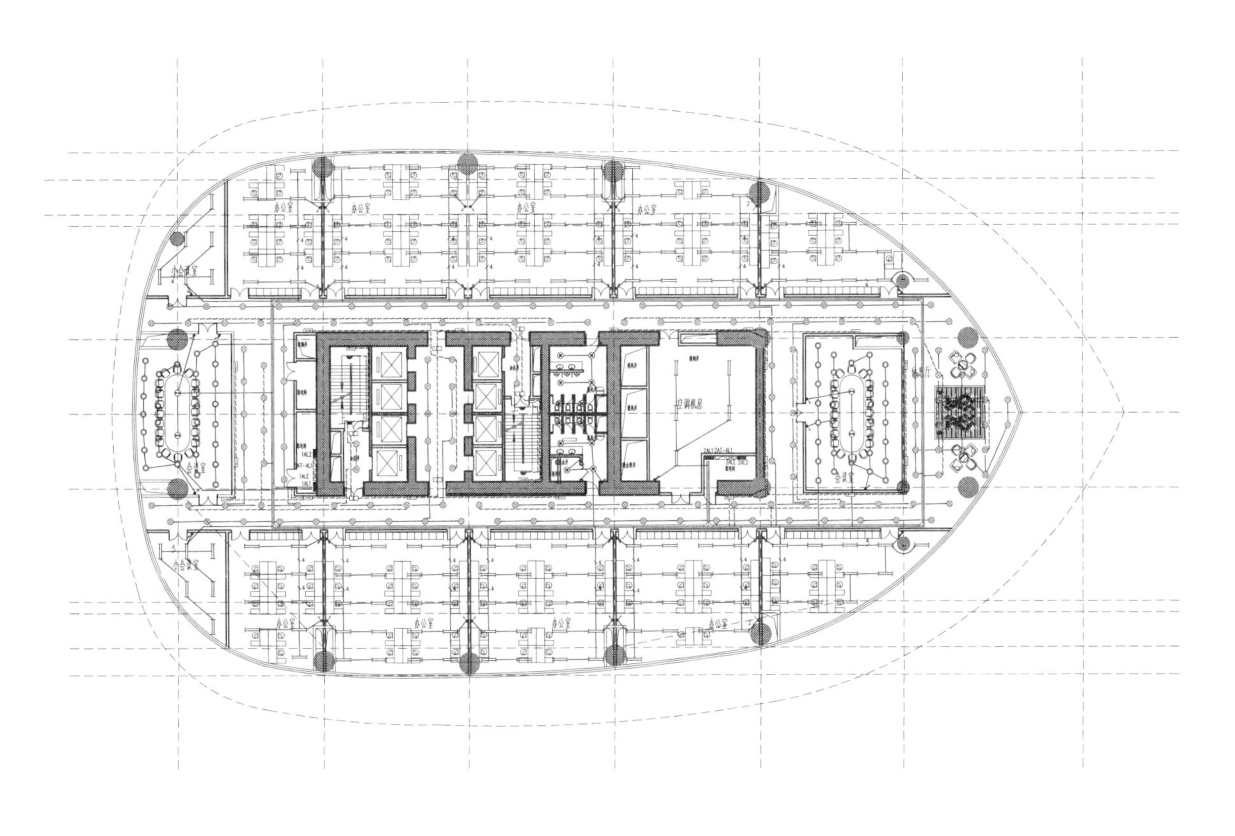

图 11-72 办公标准层照明平面图

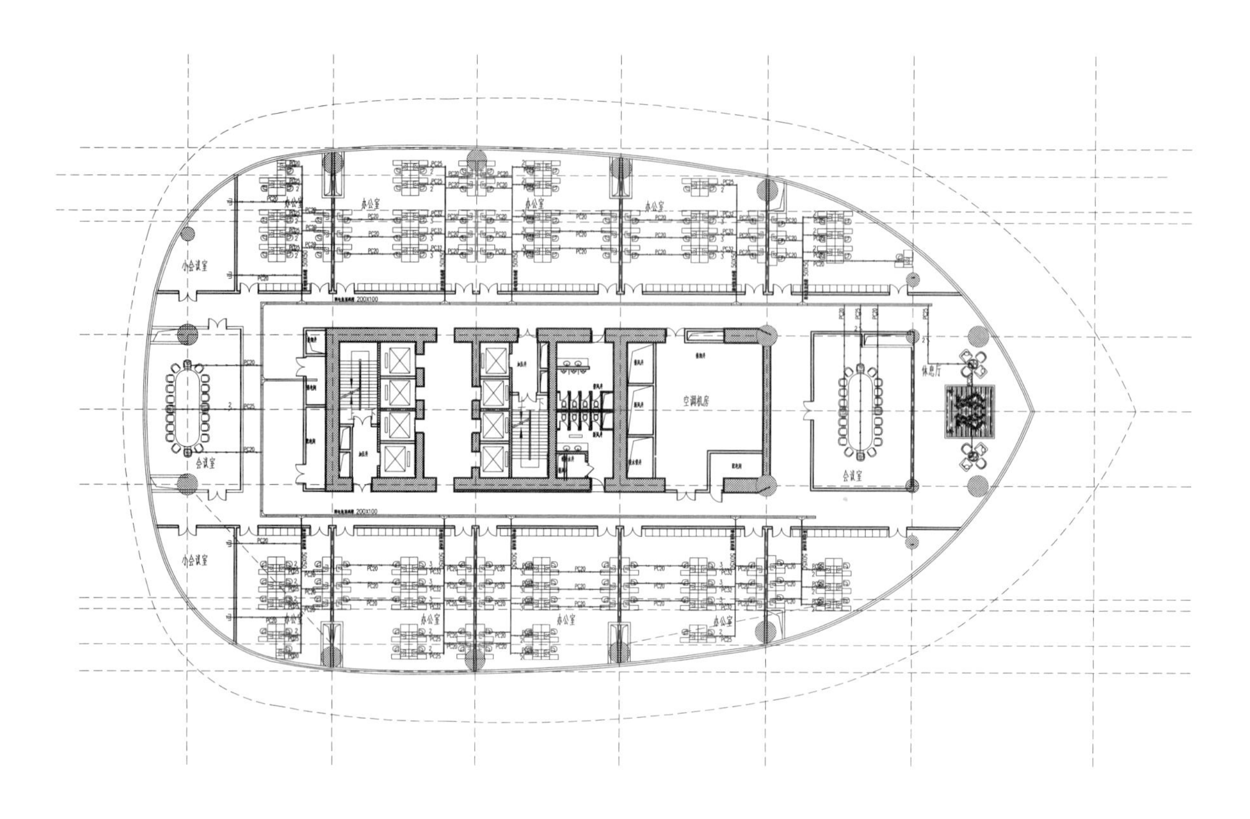

图 11-73　办公标准层弱电平面图

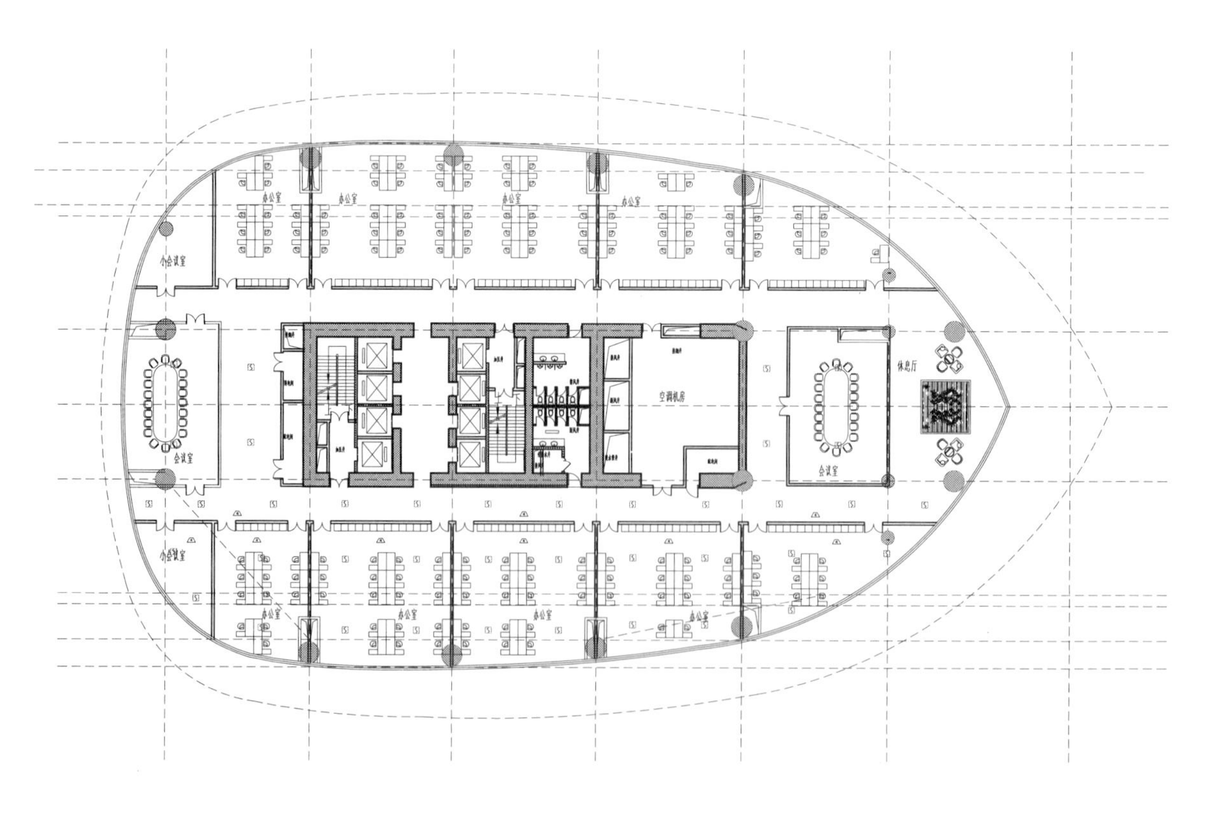

图 11-74　办公标准层消防平面图

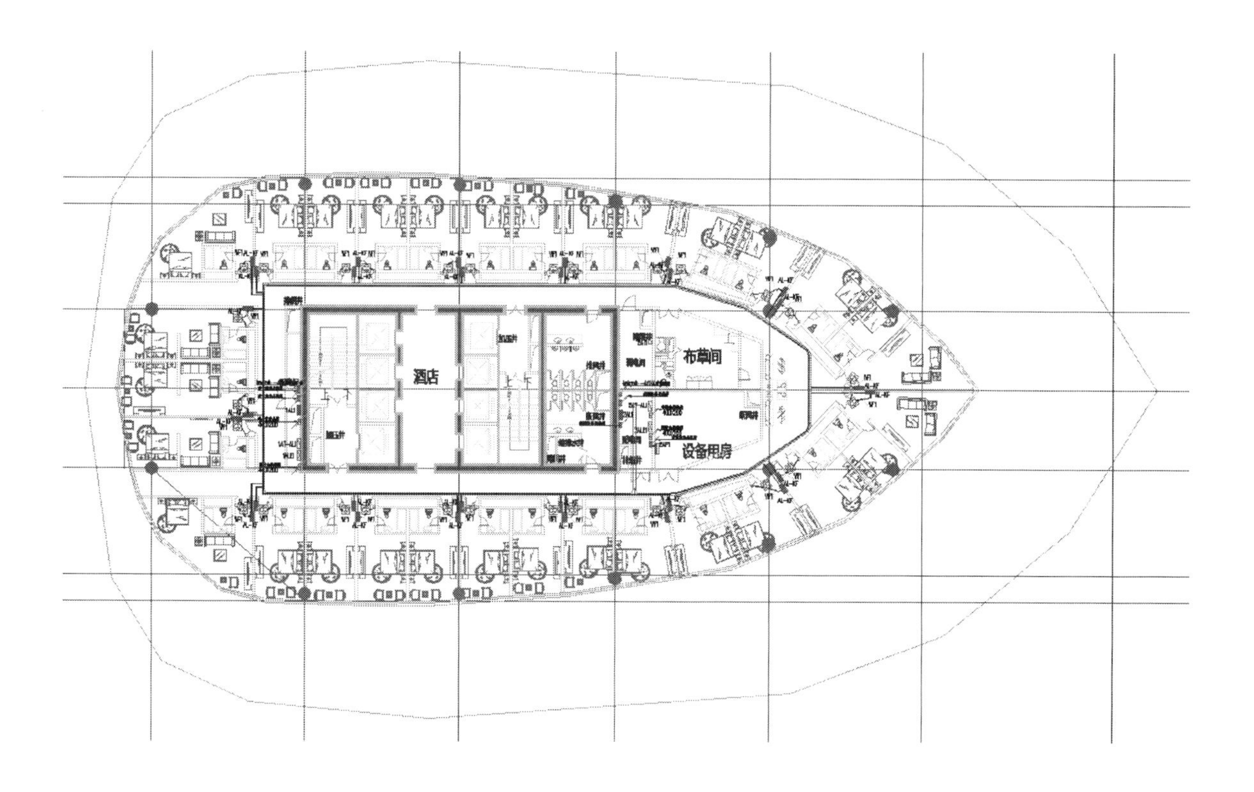

图 11-75　酒店标准层动力平面图

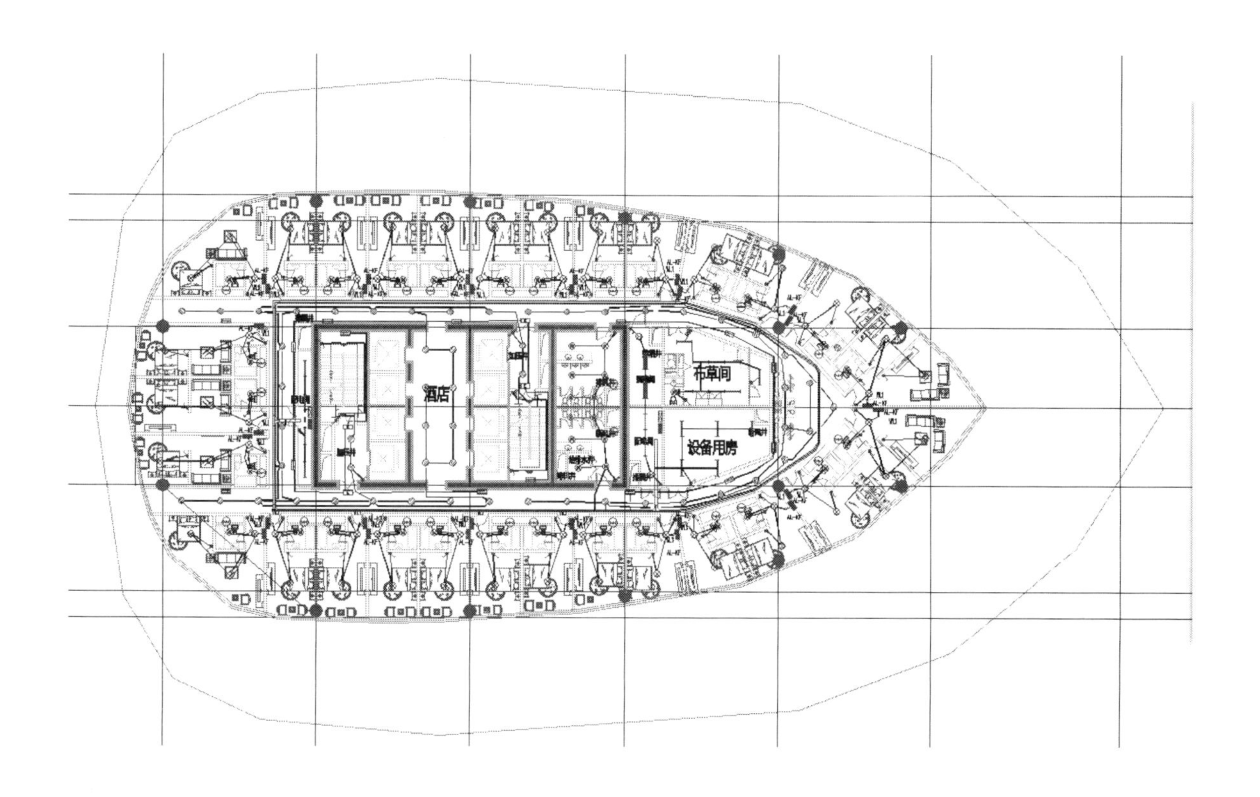

图 11-76　酒店标准层照明平面图

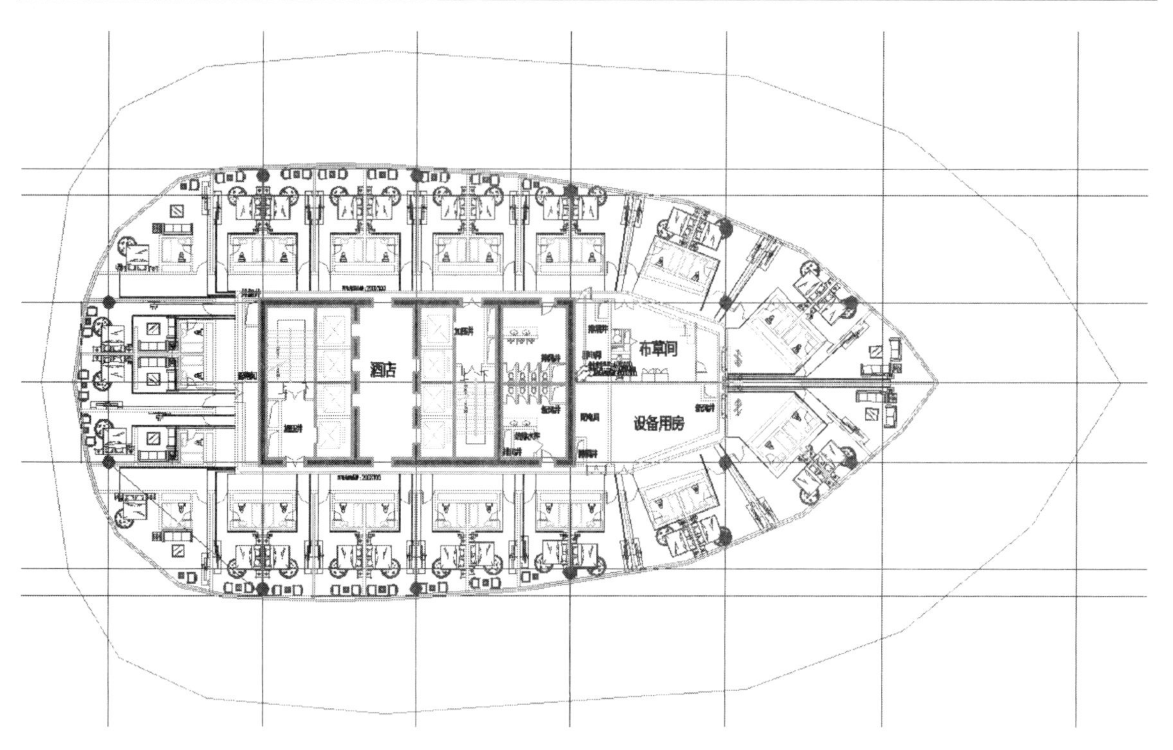

图 11-77　酒店标准层弱电平面图

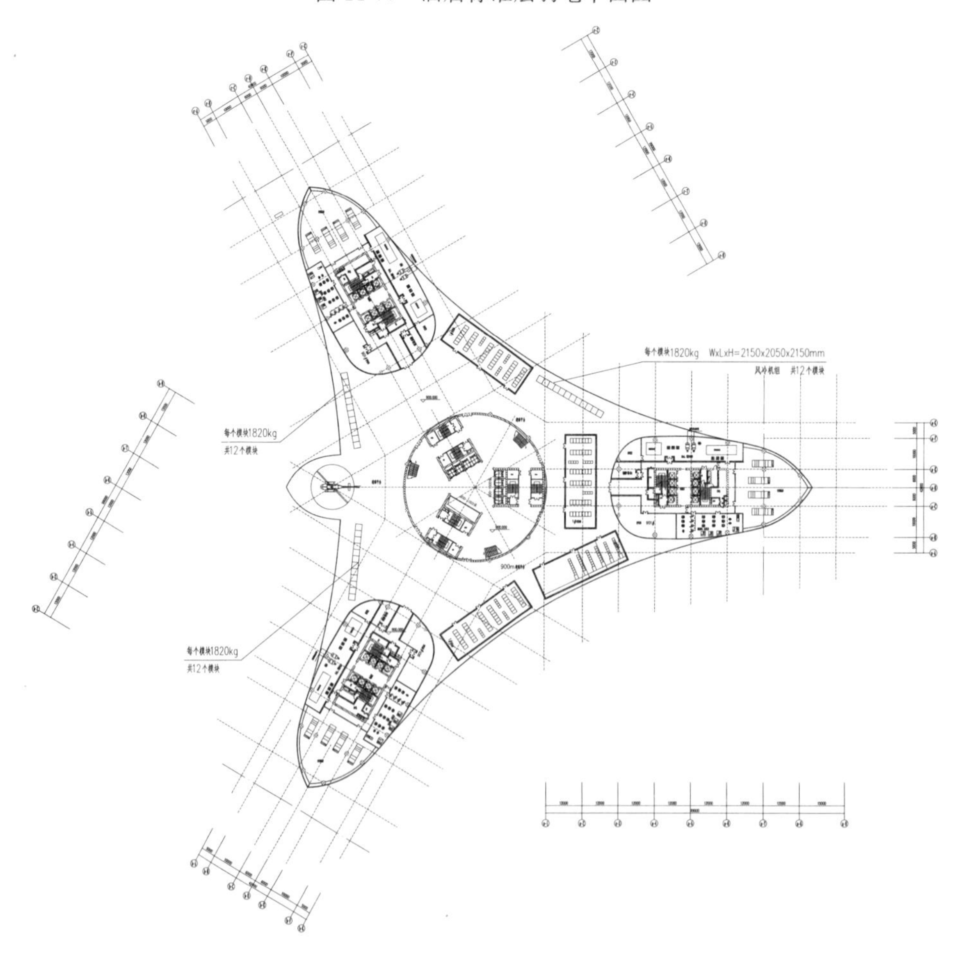

图 11-78　900m 设备层电力干线平面图

参考文献

[1] 世界最高的100座建筑. www. skyscrapercenter. com.

[2] 高甫生. 关注超高层建筑烟囱效应可能引发的安全问题 [J]. 暖通空调，2012，42 (11)：82-90.

[3] 100座建筑最高建筑功能统计. www. ctbuh. org. 世界高层都市建筑学会官方网站.

[4] 王福军. 计算流体动力学分析——CFD软件原理与应用 [M]. 北京：清华大学出版社，2008.

[5] Chaorong Zheng，Yinsong Li，Yue Wu. Pedestrian-level wind environment on outdoor platforms of a thousand-meter-scale megatall building：Sub-configuration experiment and wind comfort assessment [J]. Building and Environment，2016，106.

[6] Chen F，Kusaka H，Bornstein R，et al. The integrated WRF/urban modelling system：development，evaluation，and applications to urban environmental problems [J]. International Journal of Climatology，2011，31 (2)：273-288.

[7] W. C. Skamarock，J. B. Klemp，J. Dudhi，et al.，A Description of the Advanced Research WRF Version 3，Technical Report，2008.

[8] TRNSYS，a Transient System Simulation Program. User's Manual，Version 17. Solar Energy Laboratory，University of Wisconsin-Madison，USA，2006.

[9] 中华人民共和国国家标准. 公共建筑节能设计标准 GB 50189—2015 [S]. 北京：中国建筑工业出版社：2012.

[10] 马最良，邹平华，陆亚俊. 暖通空调 [M]. 北京：中国建筑工业出版社，2007.

[11] 贾欢渝. 千米摩天大楼热压分布及防排烟的数值模拟研究 [D]. 哈尔滨：哈尔滨工业大学，2014.

[12] 高甫生. 关注超高层建筑烟囱效应可能引发的安全问题 [J]. 暖通空调，2012，42 (11)：82-90.

[13] Dols W. S.，Walton G. N.. CONTAMW 1.0 User Manual. NISTIR 6476. National Institute of Standards and Technology，2000.

[14] 中华人民共和国国家标准. 民用建筑供暖通风与空气调节设计规范 GB 50736—2012 [S]. 北京：中国建筑工业出版社：2012.

[15] 李亚峰，马学文，余海静. 建筑消防工程 [M]. 北京：机械工业出版社，2013.

[16] Richard D. Peacock，Paul A. Reneke. A user's guide for CFAST [M]. NIST. 2011.

[17] 中华人民共和国国家标准. 建筑设计防火规范 GB 50016—2014 [S]. 北京：中国计划出版社，2018.

[18] (日本) 风洞实验指南研究委员会. 建筑风洞实验指南 [M]. 北京：中国建筑工业出版社，2011.

[19] 中华人民共和国国家标准. 建筑结构荷载规范 GB 50009—2012 [S]. 北京：中国建筑工业出版社，2012.

[20] 蔡增基，龙天渝. 流体力学泵与风机 [M]. 北京：中国建筑工业出版社，2009.